应用回归分析

唐年胜　李会琼　编著

科学出版社
北　京

内 容 简 介

本书基于 R 软件系统介绍回归分析的理论和方法，包括一元线性回归模型与多元线性回归模型的参数估计理论和方法以及自变量选择，影响点和异常点的识别及处理，异方差性诊断和自相关性问题及处理，多重共线性问题及处理，多元线性回归模型的有偏估计，非线性回归模型和含定性变量的回归模型的参数估计理论、方法及算法，广义线性回归模型和缺失数据模型的统计推断等. 此外，还收集了大量的实际例子，并配有相应的 R 程序来介绍这些回归分析方法在社会学、经济学、教育学和心理学等领域的具体应用.

本书可作为统计学专业本科生、应用统计专业硕士生的教学用书，也可作为社会学、教育学、心理学、经济学、金融学、人口学、生物医学和临床研究等领域的理论研究者和实际应用者的参考书.

图书在版编目(CIP)数据

应用回归分析/唐年胜，李会琼编著. —北京：科学出版社，2014.1（2024.8 重印）

ISBN 978-7-03-039375-3

Ⅰ. ①应… Ⅱ. ①唐…②李… Ⅲ. ①回归分析-高等数学-教材 Ⅳ. O212.1

中国版本图书馆 CIP 数据核字(2013) 第 309597 号

责任编辑：张 展 侯若男／责任校对：彭 映
责任印制：罗 科／封面设计：墨创文化

科学出版社 出版
北京东黄城根北街 16 号
邮政编码：100717
http://www.sciencep.com

成都锦瑞印刷有限责任公司 印刷
科学出版社发行 各地新华书店经销
*
2014 年 1 月第 一 版 开本：787×1092 1/16
2024 年 8 月第十三次印刷 印张：15
字数：356 000

定价：45.00 元

（如有印装质量问题，我社负责调换）

前　言

随着计算机技术的快速发展与统计软件的开发使用, 统计学在各行各业的应用越来越广泛. 在这些应用中, 如何用统计的理论和方法对给定的数据建立一个与之相符的回归模型呢? 这是数据分析人员极为关心的一个重要问题. 为了回答这个问题, 本书首先从数据和变量的概念入手, 深入浅出地介绍建立回归模型的一般步骤, 一元线性回归模型与多元线性回归模型的参数估计理论和方法以及自变量选择, 影响点和异常点的识别及处理, 异方差性诊断和自相关性问题及处理, 多重共线性问题及处理, 多元线性回归模型的有偏估计, 非线性回归模型和含定性变量的回归模型的参数估计理论、方法及算法, 以及广义线性回归模型和缺失数据模型的统计分析等. 这些内容为数据分析人员提供了一个完整的数据处理过程以及建立统计回归模型的技巧和方法.

尽管国内已有一些介绍回归分析的专著和教材, 但他们大都用常见的统计软件, 如 SPSS、Excel、Matlab 等来介绍其回归分析的理论和方法. 由于 R 软件不仅免费使用, 而且它还拥有世界各地统计学家贡献的大量最新软件包且这些软件包的代码都是公开的, 因此, R 软件备受各国统计学家的广泛关注. 目前国内也有一些基于 R 软件来介绍数据分析的教材, 但没有系统地介绍回归分析的理论和方法. 而本书所有的分析都是通过 R 来实现的. 这就大大地增加了本书的实用性, 这也是本书的一大特色.

为使学生了解回归分析的最新发展和适应新时期下社会对统计学发展的新需要, 本书增加了一些国内其他回归分析教材中没有的, 但是新近发展的且学生不难理解并富有实用价值的内容, 如缺失数据模型的自变量选择、参数估计及其应用、广义线性回归模型及其参数估计和应用等. 这些内容在社会学、经济学、教育学、心理学和抽样调查等领域有着广泛的应用.

本书收集、编写了大量的实际例子, 所用的数据例子都可以在《中国统计年鉴》网站上找到, 并且包括了最新的数据, 如 2011 年的数据等, 每一数据例子都配有相应的 R 程序. 这些例子还反映了回归分析方法应用的很多方面的问题. 同时, 本书各章还附有习题. 这对培养学生的动手能力和应用所学知识解决实际问题的能力都是非常有益的.

本书力求理论结合实际例子讲授回归分析方法的直观意义、来龙去脉、什么问题用什么方法解决以及证明的思路. 有的证明放在本书习题中, 请学生参阅有关书目或自行完成.

本书除了作为统计学专业本科生的教学用书, 还可作为应用统计硕士的教学用书, 也可作为从事统计理论研究和实际应用的统计工作者、教师和学生的教学参考书. 此外, 本书还可作为从事社会学、教育学、心理学、经济学、金融学、人口学、生物医学以及临床研究等领域的理论研究者和实际应用者的参考书.

由于编写时间紧且编者水平有限, 书中难免有不足之处, 敬请读者和同行批评指正.

唐年胜　李会琼

2013 年 9 月 17 日于昆明

目　　录

第 1 章　一些基本概念

1.1　数据和变量

在生活中, 我们随时随地都在与数据打交道, 可以说数据遍布于我们生活中的每一个角落. 例如, 从学生宿舍到上课地点的距离和所需时间, 某一宿舍的床位数, 某一学生的家庭人口数, 某一学生的年龄、身高、体重等. 统计数据是统计工作活动过程中取得的反映国民经济和社会现象的数字资料以及与之相联系的其他资料的总称. 统计研究客观事物的数量特征, 离不开统计数据, 统计数据是对客观现象进行计量的结果.

数据按其取值可分为以下四种类型.

(1) 计量数据, 如人的身高、体重, 物体的长度、质量, 粮食的产量、价格, 室内外的气温、湿度, 水库的容量、储水量, 家庭每月的用电量, 银行存款利率, 房价, 国民生产总值 (GNP), 国内生产总值 (GDP), 商品零售价格指数, 居民消费价格指数 (CPI) 等. 这些数据的取值可以是某一区间内的任一实数.

(2) 计数数据, 如某一学校的学生人数、教师人数、班级数, 某一农户的牲口数, 某一城市的汽车数, 某一时间段内接听电话次数, 书的页数等. 这些数据在整数范围内取值, 而且绝大多数还只能在非负整数范围内取值.

(3) 属性数据 (又称为名义数据), 如人的性别 (男、女), 民族 (汉族、回族、彝族、傣族、苗族等), 季节 (春季、夏季、秋季、冬季), 婚姻状况 (未婚、有配偶、丧偶、离婚等), 国籍 (中国、美国、英国、法国、德国等), 种族 (黑色人种、白色人种、黄色人种、红色人种、棕色人种等) 等. 在属性数据分析中, 通常用数来表示属性的分类. 例如, 用数“1”和“2”分别表示男和女, 用“1”、“2”、“3”和“4”分别表示春季、夏季、秋季和冬季. 这些数只起一个名义的作用, 只是一个代码, 没有大小关系, 也不能进行运算.

(4) 有序数据, 如人的文化程度由低到高可分为文盲、小学、初中、高中、中专、大专、本科、硕士、博士等, 可用数 0, 1, 2, 3, 4, 5, 6, 7, 8 表示. 又如学生对老师教学效果的评价可分为“不好”、“好”和“非常好”三类, 可分别用数“1”“2”和“3”表示; 顾客对银行营业员服务态度的评价可分为“不满意”、“基本满意”、“满意”和“非常满意”四类, 可分别用数“0”、“1”、“2”和“3”表示 (也可分别用数“1”、“2”、“3”和“4”表示或用数“1”、“3”、“5”和“7”表示); 人的身体状况可分为“有病”“亚健康”“健康”, 可分别用数“1”、“2”和“3”表示. 不管用什么数表示, 这些数仅起一个顺序作用而没有通常数的意义, 类与类之间的差别是不能运算的. 例如, “小学”文化程度的人比“文盲”的人更有知识, 但他们的知识相差多少呢, 这是不能用数来计算的, 即用“1-0”来表示他们的文化程度的差异是没有意义的.

通常把**计量数据**和**计数数据**统称为**定量数据**, 而把**属性数据**和**有序数据**统称为**定性数据**.

数据按其形态可分为以下三种类型.

(1) 时间序列数据, 是指在不同时间点上对某一个体的某一指标或某些指标进行观测, 并将得到的数据按其时间先后顺序排列而成的一组数列, 也称为动态数据. 这类数据反映了某一个体的某一指标或某些指标随时间的变化趋势或程度. 如某一商店 (或超市) 每月的销售额, 某一家庭每年末的存款额, 1980 年以来我国历年的国内生产总值 (或国民生产总值或商品零售价格指数等), 某一年内每月消费者价格指数. 非随机性时间序列包括: 平稳性时间序列、趋势性时间序列和季节性时间序列三种. 由于经济变量或社会现象的前后期之间存在相关性, 所以, 时间序列数据容易产生模型中随机误差项的序列相关性.

(2) 横截面数据, 是指对若干个体在同一时间截面上进行观测得到的数据, 也称为静态数据. 这类数据反映了不同事物或现象在同一时间截面上的变化状况或程度. 如第六次全国人口普查各省市数据, 年度工业普查各市县数据、经济普查各市县数据, 某一学期某一班全体同学某一门课程的成绩, 某一奶牛场某一天所有奶牛的产奶量, 2011 年 3 月全国 32 个大中城市的物价指数等都是截面数据.

(3) 面板数据 (Panel Data) 或纵向数据 (Longitudinal Data), 是同时在时间和截面上取得的二维数据, 它是截面数据与时间序列数据综合起来的一种数据类型. 它是指对若干个体在不同时间点上进行重复观察得到的数据. 从横截面看, 面板数据是由若干个体在某一时点构成的截面观测数据, 而从纵剖面看每一个体都是一个时间序列. 面板数据根据个体观测次数的不同可以分为平衡面板数据和非平衡面板数据. 平衡面板数据是指面板数据中每一个体的重复观测次数是一样的, 而非平衡面板数据是指面板数据中每一个体的重复观测次数不完全一样. 例如: 1978~2011 年我国东北、华北、华东 15 个省级地区的居民家庭人均年收入数据.

数据按其是否存在缺失可以分为: 观测数据和缺失数据. 缺失数据在我们的问卷调查中是普遍存在的. 例如: 在家庭问卷调查中被访者可能拒绝回答其收入情况, 在民意调查中被访者可能拒绝表达他们对某些敏感或令人尴尬的问题的态度, 在药物药效研究中由于药物的副作用致使病人放弃该药物的治疗, 在心理学实验中由于机械故障而导致某些观测结果丢失, 等等. 为了得到更好的统计推断结果, 在进行统计分析时我们必须考虑缺失数据的影响.

在日常生活中, 我们经常发现有一些量是确定的, 而有些量是不确定的. 譬如, 一架飞机有多少个座位是一个确定的数, 通常称为**常数 (constant)** 或者常量. 然而, 某一天乘坐此架飞机从甲地到乙地的旅客数就不确定了, 这与季节、航班时间、甲乙两地的地理位置等有关. 我们把某一次乘坐此架飞机的旅客数称为**变量 (variable)**. 又如一个学校的教师人数是一固定值, 它是一个常量. 然而, 该校每天给本科学生上课的教师人数则是一个变量. 因此, 统计学中把一个可取两个或更多个可能值的特征、特质或属性称为**变量 (或随机变量)**. 如人的性别是可取两个值的变量, 汽车每升油耗所能行驶的里程数是一个可取很多值的变量. 变量的取值被称为数据. 变量和数据是统计学中很重要的两个概念. 它们既相互联系又相互区别. 一般情况下可以通用. 在数据分析中, 我们通常需要确定感兴趣的变量及其取值范围. 我们可以把变量的取值想象为散布在一条直线上的点, 而直线本身代表了这个变量.

变量按其取值不同可分为定量变量和定性变量两大类. 如果变量的取值是一些数值, 则称该变量为**定量变量或数值变量 (quantitative variable)**; 因为是随机的, 也称为**随机变量 (random variable)**. 定量变量包括连续型变量和离散型变量两种. 如人的身高、体重则是连续型变量, 而购买某商品的人数则是离散型变量. 离散型随机变量和连续型随机变量的取值可由数轴上的点表示. 离散型随机变量的取值可由数值上的一些点表示, 而连续型随机变量的取值可由数轴上的一个区间表示. 如性别、民族、观点之类的取非数值的变量就称为**定性变量或属性变量 (qualitative variable) 或分类变量 (categorical variable)**. 定性变量可分为名义变量和有序变量. 一些定性变量也可以由定量变量来描述, 如男女生的数目, 持有某观点的人数比例, 定性变量只有用数量来描述时, 才有可能建立数学模型, 并使用计算机来分析.

变量按其在回归分析中的作用和地位不同可分为**协变量** (或解释变量) 和**因变量** (或被解释变量). 一般地, 在统计建模过程中, 我们把影响某一变量的量称为协变量, 而被影响的量称为因变量. 当协变量或因变量为定性变量时, 我们通常用**哑元 (dummy variable)** 来表示它们, 如性别通常用 0 和 1 分别表示女性和男性, 用 1、2、3 和 4 分别表示春、夏、秋和冬季, 等.

1.2 变量之间的关系

1.2.1 定量变量间的关系

现实世界各现象之间是相互联系、相互制约、密不可分的. 一个现象的发生总是由与之相联系的其它现象的变化所引起的. 譬如: 房价的变动是由与之相联系的建筑材料、地价、劳动力成本、供求关系等因素的变化所引起的. 现实世界中任何一个现象不仅同与之相联系的现象构成一个关联体, 而且该现象各内部因素之间也存在着各种各样的联系, 在一定的条件下, 一些因素的变化引起另外一些与之相联系的因素发生变化. 因此, 正确认识影响某一现象的各因素之间的相关关系是我们正确把握或揭示这一现象的内在规律性的一个重要工作基础. 这就要求我们探讨变量之间的相互关系. 譬如: 一个地区想通过招商引资的方式来改善该地区的经济状况, 此时, 该地区的管理部门就想知道投资方式和经济发展之间的关系; 也一个地区想通过发展旅游来提速该地区的经济发展, 则需研究旅客人数和经济发展之间的内在联系等. 所有这些例子表明, 为了研究某一社会经济现象或自然现象就要讨论变量之间的关系, 否则就无从谈起任何有深度的应用. 下面我们来考察两个定量变量之间关系的例子.

例 1.1 广告投入和销售额之间的关系. 表 1.1 显示了某企业的广告投入 x 和销售额 y 之间的关系 (单位: 万元).

表 1.1 某企业的广告投入 x 和销售额 y 之间的关系

广告投入x	1.0	3.2	3.2	5.5	5.9	7.1	7.3	9.2	10.8	12.1
销售额y	9.4	31.8	33.2	52.4	53.5	56.0	56.9	59.2	60.1	63.5

在此例中, 我们考虑下面的问题:

(1) 变量 x 和 y 是否相关?

(2) 如果相关, 它们之间的关系是否显著?

(3) 它们之间的关系能否用一个模型来描述?

(4) 这个关系是否带有普遍性?

(5) 这个关系是不是因果关系?

为了研究变量 x 和 y 之间的关系, 我们在图 1.1 中描绘出了它们的散点图. 从图 1.1 可以看出, 随着该企业广告费用投入的增加, 其销售额也在不断的增长, 由此表明：它们之间有很强的相关关系, 但是否存在因果关系呢？这需要我们首先明确因果关系和相关关系的概念.

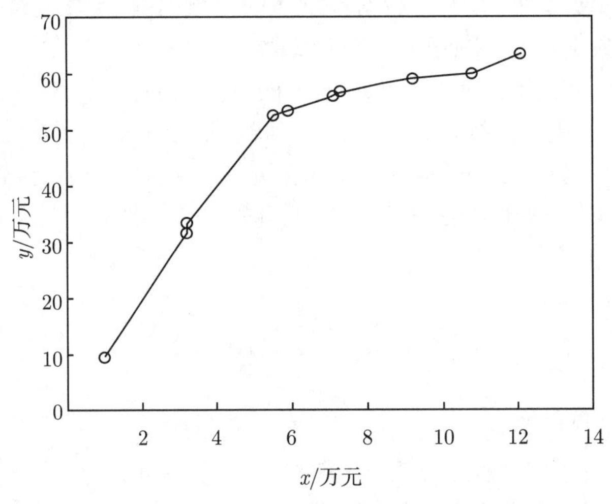

图 1.1 广告投入与销售额的散点图.

所谓因果关系是指某一因素的存在一定会导致某一特定结果发生. 因果关系中最常见的是一因一果, 也存在一因多果、一果多因、多因多果等现象. 而相关关系是统计学上的一个概念, 它是指某个因素的变化会导致另外一个因素的变化, 但这个因素的变化是不是另外一个因素变化的原因, 是不能确定的. 一般来说, 变量之间有关系并不意味着它们之间一定存在明确的因果关系. 譬如, 夏天太阳镜的销售量和雪糕的销售量存在相关性, 但这不是说因为太阳镜卖多了, 雪糕就会卖的多. 它们呈相关关系, 仅仅是因为它们受同一因素——日光辐射强度——的影响, 它们都是日光辐射强度的共同的结果. 又如, 天气冷和下雪的关系. 下雪的时候通常会伴随着气温的下降, 但是究竟是气温下降导致了下雪呢还是下雪导致了气温下降呢, 这是一个很难界定的问题, 只有根据具体情况而定了. 再如, 努力与学习成绩之间的关系. 我们经常遇见努力而学习成绩无法提高的现象, 而不努力但学习成绩未必下降 (有时还会上升) 的现象, 既是表明：努力与提高学习成绩之间只有相关关系但并无因果关系. 在可控试验中, 较容易找到变量之间的因果关系. 譬如, 治疗方式和疗效的关系等. 然而, 在许多实际问题研究中, 因果关系的确定是很复杂的, 要根据研究的问题本身来确定. 因果关系与相关关系是说明事物之间联系的两种形式, 也是常被人们混淆的两种关系, 因此, 正确理解它们的定义对我们研究变量之间的关系是非常有益的.

只要有关系, 即使不是因果关系也不妨碍人们利用这种关系来进行统计推断. 譬如, 利用公鸡打鸣来预报太阳升起; 虽然公鸡打鸣绝对不是日出的原因 (虽然打鸣发生在先). 简单的办法 (诸如画图) 可以得到一些信息, 但不一定能够给出满意的答案, 需要更多的工具和手段来进行数值分析得到更加严格和精确的解答. 因此, 需要继续我们的研究.

1.2.2 定性变量间的关系

定性变量可以用定量变量来进行表述, 下面我们看一个例子.

例 1.2 表 1.2 中的数据来自于 123 名有关贯彻执行某项政策的调查研究. 这是一个基于收入 (定量变量)、性别 (定性变量) 和观点 (定性变量) 的一个简单的三维表, 它显示了人们的收入和性别与其对该项政策的观点之间的关系.

表 1.2 不同收入和不同性别人群对某项政策的观点

性别	观点：反对			观点：赞成		
	低收入	中收入	高收入	低收入	中收入	高收入
男	5	8	10	20	10	5
女	2	7	9	25	15	7

基于表 1.2, 我们希望可以看出收入和性别对该项政策的观点是否有影响及如何影响. 如果要想得到更加精确的结论, 就要进行进一步的分析和计算.

1.2.3 定性和定量变量间的混合关系

在研究过程中, 我们经常发现有些数据不仅只有定性变量或只有定量变量, 而且是同时包含两类变量. 在数据分析时, 通常想知道同时包括定性变量和定量变量的数据集中各变量之间的关系. 下面数据就是这一问题的一个例子.

```
   sex  polut   age  cunt
1    1      1  12.2     7
2    1      1  18.6     3
3    1      1  23.5     8
4    1      1  33.6    11
5    1      1  38.6     7
6    1      1  43.8     5
7    1      1  52.8     9
8    1      1  60.1     6
9    1      1  64.7     6
10   1      1  72.7     6
11   1      1   8.9    12
12   1      1  19.6     5
13   1      1  25.9    13
14   1      1  31.5    10
15   1      1  39.2    12
```

该数据有 2 个定性变量 (性别 sex、污染程度 polut)、2 个定量变量 (年龄 age、发生哮喘的人数 Count). 我们希望通过分析, 能够知道哮喘这一变量与其他 3 个变量之间的关系.

1.3 回归分析与相关分析

1.3.1 回归分析

"回归"一词的由来归功于英国著名遗传学家、统计学家高尔顿 (F. Galton, 1822~1911). 高尔顿和他的学生、现代统计学的奠基者之一皮尔逊 (K. Pearson, 1856~1936) 在研究父母身高与其子女身高的遗传问题时, 观测了 1078 对夫妇的平均身高 (用 x 表示) 和他们的一个成年儿子的身高 (用 y 表示). 将这些结果在平面直角坐标系上绘成散点图后, 发现 x 与 y 几乎呈一条直线, 其计算出来的回归直线方程为: $\hat{y} = 33.73 + 0.516x$. 这一结果表明, 父母平均身高 x 每增加一个单位时, 其成年儿子的身高也平均增加 0.516 个单位. 高尔顿在对试验数据进行深入分析后, 发现了一个很有趣的现象: 高个子父辈确有生高个子儿子的趋势, 但父辈身高每增加一个单位, 其儿子身高仅增加半个单位左右; 矮个子父辈确有生矮个子儿子的趋势, 但父辈身高每减少一个单位, 其儿子身高仅减少半个单位左右. 这即表明, 当父辈身高较高时, 他的成年儿子的身高一般不会比父亲身高更高; 同样当父辈个子较矮时, 他的成年儿子的身高一般不会比父辈身高还矮, 而是向一般人的均值靠拢. 高尔顿和皮尔逊把这一现象称为**回归效应**, 即回归到一般高度的效应. 高尔顿依据试验数据推算出父辈身高与其成年儿子身高的关系式的过程就是著名的"回归分析", 其关系式所代表的这条直线称为回归直线. 由此可以看出, 所谓"回归分析"就是指对具有相关关系的两个或多个变量之间的数量变化进行定量测定, 配以一定的数学方程 (或模型), 以便由自变量的数值对因变量的可能取值进行估计或预测的一种统计方法. 根据数学模型描绘出来的几何图形称为回归线.

回归分析按所涉及的自变量的个数不同, 可分为一元回归分析和多元回归分析. 当只有一个自变量时, 称为**一元回归分析**; 当自变量有两个或多个时, 则称为**多元回归分析**. 按自变量和因变量之间的关系类型, 可将回归分析分为**线性回归分析**和**非线性回归分析**. 如果回归分析所得到的回归方程关于未知参数是线性的, 则称为**线性回归分析**; 否则, 则称为**非线性回归分析**.

1.3.2 相关分析

社会经济各现象之间在数量上的依存关系通常有两种类型, 一是函数关系, 二是相关关系.

函数关系是指变量之间存在确定性的数量对应关系. 我们可以把变量 y 与 p 个变量 $x_1, \cdots, x_p$ 之间存在着的某种函数关系写成下面的形式: $y = f(x_1, \cdots, x_p)$. 在此函数关系中, 当 p 个变量的取值一定时, 与其相对应的变量 y 的值也就随之而定了. 例如, 圆的面积与半径的关系可表示为: $s = \pi r^2$, 其中, r 是圆的半径, s 为圆的面积; 假设银行一年期定期存款利率为年息 3%, 则存入本金 x 与年到期的本息 y 之间的关系可表示为: $y = (1 + 3\%)x$.

1. 相关关系

相关关系是指变量之间客观存在非确定性的数量对应关系 (因果关系). 在相关关系中, 当一个或几个变量取一定值时, 与其相对应的另一个变量的值不完全确定, 而是有多个值与其对应. 例如, 学习成绩与学习时间的关系, 收入与消费支出的关系, 都是相关关系. 在社会经济现象中, 这种相关关系是大量存在的. 如提高劳动生产率会使成本降低, 提高劳动生产率会使利润增加、粮食的亩产量与施肥量之间也存在着关联等.

相关关系是一种不完全确定的随机关系, 在相关关系的情况下, 因素标志的每个数值都可能有若干个结果标志的数值与之对应. 因此, 相关关系是一种不完全的依存关系. 现象之间之所以会存在这种不完全的依存关系, 是因为除了被分析的影响因素外, 还有诸多其他的因素在发挥着作用. 如学习成绩的高低除了受到学习时间长短的影响外, 还受到学习效率、学习基础、智力等因素的影响.

2. 相关关系与函数关系的区别与联系

相关关系与函数关系的不同之处表现在：① 函数关系中变量之间的关系是确定的, 而相关关系中两变量的关系是不确定的, 可以在一定范围内变动；② 函数关系变量之间的依存关系可以用一定的方程 $y = f(x)$ 表示出来, 可以给定自变量来推算因变量, 而相关关系则不能用一定的方程表示. 函数关系是相关关系的特例, 即函数关系是完全的相关关系, 相关关系是不完全的相关关系.

函数关系与相关关系虽然有明显的区别, 但两者之间并不存在不可逾越的界限. 由于存在测算误差等原因, 函数关系在实际中往往通过相关关系表现出来. 而在研究相关关系时, 为了找到现象间数量关系的内在联系和表现形式, 又常常需要借助于函数关系的形式加以描述. 因此, 相关关系是相关分析的研究对象, 函数关系是相关分析的工具.

1.3.3 相关分析的内容

从狭义的角度来看, 相关分析以现象之间是否相关、相关的方向和密切程度等为主要研究内容, 它不区别自变量与因变量, 因为变量 x 与变量 y 是否相关和变量 y 与变量 x 是否相关是同一个问题；另外, 狭义的相关分析对各变量的构成形式 (关系的表现形态) 也不关心.

从广义的角度来看, 相关分析就是研究两个或两个以上变量之间相关方向和相关密切程度大小以及用一定函数来表达现象相互关系的方法. 也就是说, 广义的相关分析除了包括对现象间数量关系的密切程度的测定, 还包括具体的相关形式的分析, 即**回归分析**.

1.3.4 相关关系的种类

1. 按相关的因素多少可分为单相关和复相关

这是按所考虑的变量数的多少对相关关系进行的分类. 所谓单相关 (又称一元相关), 是指两个变量之间的相关关系, 即因素标志只有一个, 研究一个自变量与一个因变量之间的相关关系.

复相关 (又称多元相关), 是指三个或三个以上变量之间的相关关系. 即因素标志不只一个, 有两个或两个以上, 研究一个因变量与多个自变量之间的相关关系.

2. 按相关的表现形式可分为线性相关和非线性相关

线性相关 (又称直线相关) 是指如果自变量数值发生变动, 因变量数值随之发生大致均等的变动, 从平面图上观察其各点的分布近似地表现为一直线, 这种相关关系就称为直线相关 (也称线性相关).

非线性相关 (又称曲线相关) 是指如果自变量发生变动, 因变量数值也随之发生变动, 但这种变动不是沿着一个方向发生均等变动, 从图形上看, 其分布表现为各种不同的曲线形式, 这种相关关系称为曲线相关.

3. 按相关的方向可把直线相关分为正相关和负相关

正相关是指当自变量 x 的数值增加 (或减少) 时, 因变量 y 的数值也将随之相应的增加 (或减少), 即因变量和自变量的变动方向是一致的, 这种相关关系称为正相关. 例如, 可支配收入越多, 则消费支出也增加；儿童数量增加, 玩具的销售量也会增加等.

负相关是指当自变量 x 的数值增加 (或减少) 时, 因变量 y 的数值随之减少 (或增加), 即自变量与因变量的变动方向是相反的, 这种相关关系称为负相关. 例如, 劳动生产率提高, 产品成本降低；商品价格降低, 销售量增加等.

4. 按相关的程度可分为完全相关、不完全相关和不相关

完全相关是指两个变量之间的相关关系, 当自变量改变一定量时, 因变量的改变量是一个确定的量, 则这两个变量间的关系称为完全相关, 此种关系实际上就是函数关系. 如前面提到的园的面积与半径之间的关系、商品销售额与价格、销售量的关系等都是完全相关关系.

不相关是指研究的两个变量之间没有任何关系, 而是各自独立或互不影响, 则称为不相关 (或零相关). 如一年中天气晴好所占的比率与同学们的学习成绩之间没有什么关系, 这两种现象就不相关.

不完全相关是指若变量之间的关系介于完全相关与不相关之间, 则称为不完全相关. 不完全相关是相关分析的主要对象, 也就是我们一般意义上所讲的相关关系.

回归分析和相关分析是互相补充、密切联系的. 回归和相关都是研究两个变量相互关系的分析方法. 它们的差别主要有以下两点：① 相关分析研究两个变量之间相关的方向和相关的密切程度. 但是相关分析不能指出两变量相互关系的具体形式, 也无法从一个变量的变化来推测另一个变量的变化关系. 回归方程则是通过一定的数学方程来反映变量之间相互关系的具体形式, 以便从一个已知量来推测另一个未知量. 为估算预测提供一个重要的方法. ② 相关分析既可以研究因果关系的现象也可以研究共变的现象, 不必确定两变量中哪个是自变量, 哪个是因变量. 而回归分析是研究两变量具有相关关系的数学形式, 因此必须事先确定变量中自变量与因变量的地位. 计算相关系数的两变量是对等的, 可以都是随机变量, 各自接受随机因素的影响, 改变两变量的地位并不影响相关系数的数值.

相关分析需要回归分析来表明现象数量相关的具体形式, 而回归分析则应该建立在相关分析的基础上. 依靠相关分析表明现象的数量变化具有密切相关, 进行回归分析求其相关的具体形式才有意义. 在相关程度很低的情况下, 回归函数的表达式代表性就很差.

1.4 建立回归模型的步骤

一般来说, 对一个实际问题建立回归模型, 需要考虑, 下面六个步骤.

第一步：根据研究目的，设置指标变量

回归模型主要是用来揭示事物间相关变量的数量关系. 首先要根据所研究的问题设置因变量 y, 然后再选取与 y 有统计关系的一些变量作为自变量.

通常情况下, 我们希望因变量与自变量之间具有因果关系. 尤其是在研究具体实际问题时, 我们必须根据实际问题的研究目的, 确定实际问题中各因素之间的因果关系.

对于一个具体的问题, 当研究目的确定后, 被解释变量容易确定, 被解释变量一般直接表达、刻画研究目的. 另外, 不要认为一个回归模型所涉及的解释变量越多越好. 一个经济模型, 如果把一些主要变量漏掉肯定会影响模型的应用效果, 但如果引入的变量太多, 可能会选择一些与问题无关的变量, 还可能由于一些变量的相关性很强, 它们所反映的信息有严重的重叠, 这就出现共线性问题. 当变量太多时, 计算工作量太大, 计算误差就大, 估计的模型参数精度自然不高.

总之, 回归变量的确定是一个非常重要的问题, 是建立回归模型最基本的工作. 这个工作一般一次并不能完全确定, 通常要反复比较, 最终选出最适合的一些变量.

第二步：收集、整理统计数据

回归模型的建立是基于回归变量的样本统计数据. 当确定好回归模型的变量之后, 就要对这些变量进行收集、整理和统计数据. 数据的收集是建立回归模型的重要环节, 数据质量如何, 对回归模型有至关重要的影响.

常用的样本数据分为**时间序列数据**和**横截面数据**.

时间序列数据就是按时间顺序排列的统计数据. 如最近 10 年的 CPI、PPI 统计数据. 时间序列数据容易产生模型中随机误差项的序列相关, 这是因为许多经济变量的前后期之间总是有关系的. 如在建立需求模型时, 人们的消费习惯、商品短缺程度等具有一定的延续性, 它们对相当一段时间的需求量有影响, 这样就产生随机误差项的序列相关. 对于具有随机误差项序列相关的情况, 最常用的处理方法是差分法, 我们将在后面章节中详细介绍.

横截面数据, 即为在同一时间截面上的统计数据. 如同一年份全国 35 个大中城市的物价指数等都是横截面数据. 当用截面数据作样本时, 容易产生异方差性. 这是因为一个回归模型往往涉及到许多解释变量, 如果其中某一因素或一些因素随着解释变量观测值的变化而对被解释变量产生不同影响, 就产生异方差性. 对于具有异方差性的建模问题, 数据整理就要注意消除异方差性, 这常与模型参数估计方法结合起来考虑.

不论是时间序列数据还是横截面数据的收集, 样本容量的多少一般要与设置的解释变量数目相配套. 通常为了使模型的参数估计更有效, 要求样本容量 n 大于解释变量的

个数 p . 样本容量的个数小于解释变量数目时, 普通的最小二乘法失效. n 与 p 到底应该有一个怎样的比例? 英国一位统计学家指出, 样本容量 n 应是解释变量个数 p 的 10 倍. 但在实际问题中 p 较大时, 样本容量就会很难达到要求. 但样本容量应比解释变量个数大一些较好, 这告诉我们在收集数据时应尽可能多地收集一些样本数据.

统计数据的整理中不仅要把一些变量数据进行拆算、差分, 甚至把数据对数化、标准化等, 有时还必须剔除一些异常值.

第三步：确定回归模型的数学形式

当收集到所设置的变量的数据之后, 就要确定适当的数学形式来描述这些变量之间的关系. 绘制变量 y_i 与 x_i $(i = 1, 2, \cdots, n)$ 的样本散点图是选择数学模型形式的重要一环. 一般我们把 (x_i, y_i) 所对应的点在平面直角坐标系上画出来, 如果样本点的分布大致在一条直线上, 我们便可考虑用线性回归模型去拟合这条直线, 也即选择线性回归模型. 如果 n 个样本点的分布大致在一条指数曲线的周围, 我们就可选择指数形式的理论回归模型去描述它.

有时候, 我们无法根据所获信息确定模型的形式, 这时就可以采用不同数学形式进行计算机模拟, 对于不同的模拟结果, 选择较好的一个数学形式作为理论模型.

尽管模型中待估的未知参数需要等到参数估计、模型检验之后才能确定, 但在很多情况下可以根据所研究的实际问题来确定未知参数所带符号以及大小范围.

第四步：模型参数的估计

回归模型确定之后, 利用收集、整理的样本数据对模型的未知参数给出估计是回归分析的重要内容. 未知参数的估计方法最常用的是普通最小二乘法, 它是经典的估计方法. 对于不满足模型基本假设的回归问题, 人们给出了种种新方法, 如岭回归、主成分回归、偏最小二乘估计等. 但它们都以普通最小二乘法为基础.

第五步：模型的检验与修改

当模型的未知参数估计出来后, 可以说就初步建立了一个回归模型. 我们建立回归模型的目的是为了应用它来研究实际问题, 但如果马上就用这个模型去作预测、控制和分析, 显然是不够谨慎的. 因为这个模型是否真正揭示了被解释变量和解释变量之间的关系, 必须通对模型的检验才能决定.

对回归模型的检验一般需要进行统计检验和模型实际意义的检验. 统计检验通常有对回归方程的显著性检验, 以及回归系数的显著性检验, 还有拟合优度的检验, 随机误差项的序列相关检验, 异方差检验, 解释变量的多重共线性检验等. 这些内容都将在后面的章节中论述.

在实际问题中, 往往还碰到回归模型通过了一系列统计检验, 但不能得到合理的解释. 因此回归方程的实际意义的检验同样是非常重要的. 如果一个回归模型没有通过某种统计检验, 或者通过了统计检验而没有合理的实际意义, 就需要采取各种办法对回归模型进行修改. 模型的建立往往需要反复几次, 特别是对一个实际问题建立回归模型时, 要反复修正才能得到一个理想模型.

第六步：回归模型的运用

当一个回归模型通过了各种统计检验, 且模型具有合理的实际意义, 我们就可以运用这个模型来进一步研究实际问题了.

在回归模型的运用中, 我们还应强调定性分析和定量分析的有机结合. 这是因为数理统计方法只是从事物外在的数量关系去研究问题, 不涉及事物质的规律性. 单纯的表面上的数量关系是否反映事物的本质？本质究竟如何？必须依靠专门学科的研究才能下决定. 所以, 在实际问题中, 我们不能仅凭样本数据估计的结果就不加分析应用, 必须把参数估计的结果和具体的实际问题紧密结合, 这样才能保证回归模型在实际问题中的正确运用.

为了解决自变量个数较多的大型回归模型的自变量的选择问题, 人们提出了许多关于回归自变量选择的准则和算法；为了克服最小二乘估计对异常值的敏感性, 人们提出了各种稳健回归；为了研究模型假设条件的合理性及样本数据对统计推断影响的大小, 产生了回归诊断.

近年来, 新的研究方法不断出现, 如非参数统计、自助法、刀切法、经验贝叶斯估计等方法都对回归分析起到了渗透和促进作用.

由此看来, 回归模型技术随着它本身的不断完善和发展以及应用领域的不断扩大, 必将在统计学中占有更重要的未知, 也必将为人类社会的发展起着它独到的作用.

复习思考题

1. 什么是变量与数据？
2. 什么是定量变量与定性变量？
3. 相关关系与函数关系的区别是什么？
4. 相关分析与回归分析的区别与联系是什么？
5. 收集、整理数据包括哪些内容？
6. 为什么要对回归模型进行检验？
7. 为什么要强调运用回归分析研究实际问题要定性分析与定量分析相结合？

第 2 章　一元线性回归分析

2.1　一元线性回归模型

2.1.1　一元线性回归模型的数据例子

在实际问题研究中，常常需要研究某一因素与影响它的某一最主要因素之间的关系. 譬如，影响粮食产量的因素很多，但在这众多因素中，施肥量是一个最重要的影响因素，我们往往需要研究施肥量这一因素与粮食产量之间的关系；在居民消费水平研究中，影响居民消费水平的因素很多，但通常只研究居民可支配收入与居民消费额之间的关系，这是因为居民可支配收入是影响居民消费的一个最主要的因素；在空气质量指数研究中，PM2.5 是用来衡量空气质量的一个非常重要的指标，但影响 PM2.5 的因素有很多，其中汽车尾气排放量是一个很重要的因素.

以上几个例子都是研究两个变量之间的关系，而且它们的一个共同特点就是：两个变量之间有着密切的关系，但它们之间的关系又没有密切到可通过一个变量唯一地确定另一个变量的程度，即它们之间的关系是一种非确定性的关系. 同时，我们也注意到这两个变量之间并不存在因果关系. 那么，它们之间到底有着怎样的关系呢？这就是下面要进一步研究的问题.

例 2.1 表 2.1 是某城市某季度新建房屋的销售价格 y 与房屋的面积 x 的数据.

表 2.1　新建房屋的销售价格 y 与房屋的面积 x 的数据

房屋面积 x/m^2	115	110	80	135	105
销售价格 y/万元	24.8	21.6	18.4	29.2	22

为了考察销售价格 y 与房屋面积 x 之间的关系，我们先看看它们之间的散点图(图 2.1).

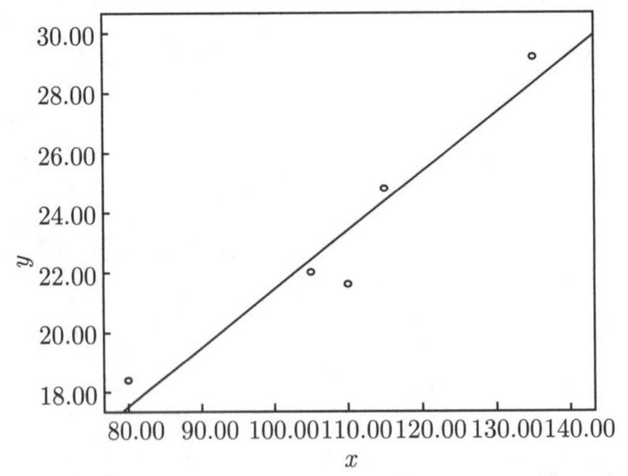

图 2.1　房屋面积 x 和销售价格 y 之间的散点图

由散点图图 2.1 可以看出, 这些点大致落在一条直线附近, 这说明变量 x 与 y 之间具有明显的线性关系. 从散点图上还可以看到, 这些点又不全在一条直线上, 这表明变量 x 与 y 之间并非是确定性的线性关系. 事实上, 除 x 对 y 有影响的这一因素外, 还有房屋的楼层、朝向、地理位置、所在城市的居民的消费水平等都对 y 的取值有影响. 可把每个样本点与直线的偏差看作是其它因素对 y 的影响. 当研究两个变量之间的线性关系时, 我们通常考虑一元线性回归模型.

2.1.2 一元线性回归模型的数学形式

1. *总体回归函数*

由于统计相关的随机性, 回归分析关心的是根据解释变量的已知或给定值, 考察被解释变量的总体均值, 即当解释变量取某个确定值时, 与之相关的被解释变量所有可能出现的对应值的平均值.

例 2.2 某城市某一社区由 99 户家庭组成, 研究该社区每月家庭消费支出 y 与每月家庭可支配收入 x 之间的关系. 为研究方便, 将该 99 户家庭组成的样本按可支配收入水平划分为 10 组, 并分别分析每一组的家庭消费支出, 数据如表 2.2 所示.

表 2.2 某社区 99 户家庭每月可支配收入与消费支出数据

组序	1	2	3	4	5	6	7	8	9	10
可支配收入 x	800	1100	1400	1700	2000	2300	2600	2900	3200	3500
	561	638	869	1023	1254	1408	1650	1969	2090	2299
	594	748	913	1100	1309	1452	1738	1991	2134	2321
	627	814	924	1144	1363	1551	1749	2046	2178	2530
	638	847	979	1155	1397	1595	1804	2068	2266	2629
		935	1012	1210	1408	1650	1848	2101	2354	2860
		968	1045	1243	1474	1672	1881	2189	2486	2871
消费支出 y			1078	1254	1496	1683	1925	2233	2552	
			1122	1298	1496	1716	1969	2244	2585	
			1155	1331	1562	1749	2013	2299	2640	
			1188	1364	1573	1771	2035	2310		
			1210	1408	1606	1804	2101			
				1430	1650	1870	2112			
				1485	1716	1947	2200			
						2002				
合计	2420	4950	11495	16445	19805	23870	25025	21450	21285	15510

从表 2.2 可以看出, 对同一可支配收入水平 x, 不同家庭的消费支出也不完全相同, 既是说, 给定 x 值后, y 的取值并不是确定的, 它是一个随机变量. 但给定可支配收入水平 x, 消费支出 y 的分布是确定的, 即以 x 的给定值为条件的 y 的条件分布是已知的. 根据该条件分布, 可以计算出可支配收入水平下家庭消费支出的条件均值, 如表 2.3 所示.

表 2.3　某社区家庭每月可支配收入组所对应的家庭消费支出的条件概率和条件均值

可支配收入 x	800	1100	1400	1700	2000	2300	2600	2900	3200	3500
条件概率	1/4	1/6	1/11	1/13	1/13	1/14	1/13	1/10	1/9	1/6
条件均值	605	825	1045	1265	1485	1705	1925	2145	2365	2585

为了考察可支配收入 x 与家庭消费支出 y 之间的关系, 我们可先看看它们之间的散点图. 图 2.2 给出了依据表 2.2 中的数据绘制得到的 x 与 y 的散点图.

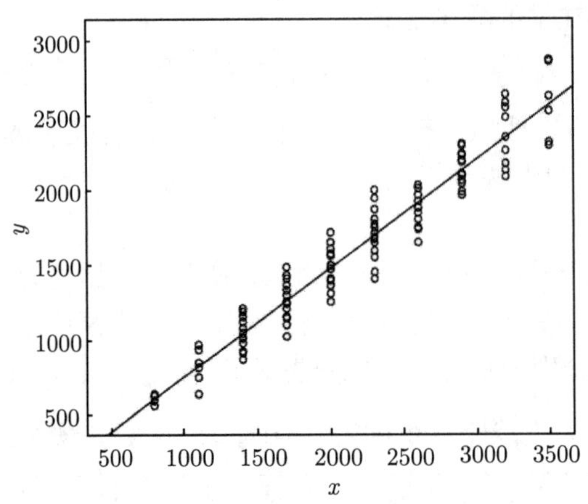

图 2.2　可支配收入与家庭消费支出的散点图

从该散点图图 2.2 可以看出, 虽然不同家庭的消费支出存在差异, 但就平均值而言, 随着可支配收入的增加, 家庭消费支出也在不断地增加, 即 y 的条件均值 $E(y|x)$ 是 x 的函数. 进一步地, y 的条件均值几乎落在一条直线上, 我们把这条直线称为总体回归线. 基于此回归线, 可得到 y 与 x 之间的相关关系的表达式.

在给定解释变量 x 的条件下, 我们把被解释变量 y 的期望轨迹称为总体回归线. 把其相应的函数

$$E(y|x) = f(x) \tag{2.1}$$

称为总体回归函数. 若将总体回归函数 $f(x)$ 采用线性函数的形式表示, 则可写为

$$E(y|x) = \beta_0 + \beta_1 x, \tag{2.2}$$

其中, β_0 和 β_1 是未知而固定的参数, 把它们称为回归系数; β_0 称为截距项系数, β_1 称为斜率系数.

在上述家庭可支配收入与消费支出的例子中, 总体回归函数 $E(y|x)$ 描述了所考察总体的家庭平均消费支出水平. 但是, 对于某一户居民的家庭消费支出 y_i 而言, 它的值不一定恰好与该水平一致, 或多或少地存在一些偏差. 该偏差可用 ε_i 来表示, 记

$$\varepsilon_i = y_i - E(y|x_i), \tag{2.3}$$

ε_i 反映了除可支配收入之外其他影响消费支出的因素的综合影响, 是一个不能观测的随机变量, 把它称为随机误差项. 综合式 (2.2) 和式 (2.3), 我们可得到 y_i 与 x_i 之间如下函

数关系式：

$$y_i = E(y|x_i) + \varepsilon_i = \beta_0 + \beta_1 x_i + \varepsilon_i, \tag{2.4}$$

这便是 y 关于 x 的一元线性回归模型的数据结构式.

2. *样本回归函数*

尽管总体回归函数揭示了所考察总体的被解释变量与解释变量之间的平均变化规律, 但总体的信息往往无法全部获得, 因此, 总体回归函数实际上是未知的. 在实际问题研究中, 我们往往需要通过抽样来获得总体的样本, 再基于获得的样本信息来估计总体回归函数. 为了说明这一思想, 我们考察例 2.2 的应用.

假设从例 2.2 的样本中从每组可支配收入水平中各取一个家庭进行观测, 得到其总体的一组样本观测数据. 其获得的样本数据如下表所示：

表 2.4　家庭每月可支配收入 x 与消费支出 y 的一个随机样本数据

可支配收入/x	800	1100	1400	1700	2000	2300	2600	2900	3200	3500
消费支出/y	594	638	1122	1155	1408	1595	1969	2068	2585	2530

为了考察 x 与 y 之间的关系, 我们对该样本数据绘制了其散点图, 如图 2.3 所示.

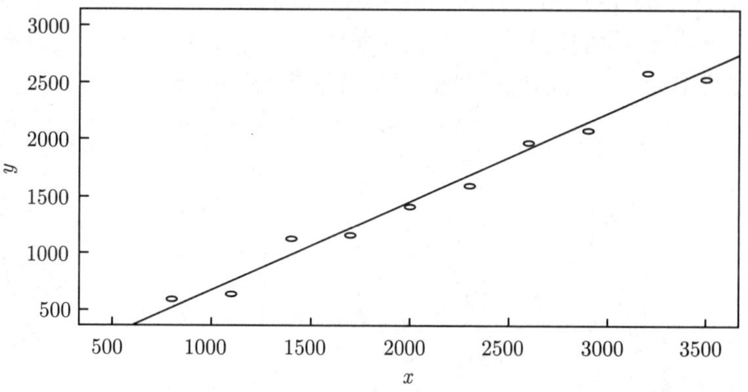

图 2.3　家庭可支配收入 x 与家庭消费支出 y 之间的样本散点图

从图 2.3 可以看出, x 与 y 的散点图几乎成一条直线. 由于样本取自总体, 因此, 可用该直线近似地代表总体回归线. 我们称该直线为样本回归线, 其函数形式记为

$$\hat{y}_i = \hat{\beta}_0 + \hat{\beta}_1 x_i, \tag{2.5}$$

称此函数为样本回归函数. $\hat{y}_i$ 称为 $E(y|x_i)$ 的估计量, $\hat{\beta}_0$ 称为 β_0 的估计量, $\hat{\beta}_1$ 称为 β_1 的估计量. $\hat{y}_i$ 与 y_i 的实际观测值存在一定的偏差, 记该偏差为 e_i. 定义

$$e_i = y_i - \hat{y}_i,$$

则

$$y_i = \hat{y}_i + e_i = \hat{\beta}_0 + \hat{\beta}_1 x_i + e_i,$$

e_i 称为样本剩余项, 也称为残差.

3. 一元线性回归模型的基本假设

一元线性回归模型是最简单的回归模型, 其一般形式如下:

$$y = \beta_0 + \beta_1 x + \varepsilon, \tag{2.6}$$

其中, y 为被解释变量, x 为解释变量, β_0 与 β_1 为待估参数, ε 为随机误差项.β_0 通常被称为回归常数, β_1 被称为回归系数. 在式 (2.6) 中, 我们通常假定解释变量 x 是一非随机变量, ε 是不可观测的随机误差, 它满足 $E(\varepsilon)=0$ 和 $\mathrm{Var}(\varepsilon)=\sigma^2$, 其中, $E(\varepsilon)$ 表示 ε 的数学期望, $\mathrm{Var}(\varepsilon)$ 表示 ε 的方差.

在给定样本观测值 $\{(x_i, y_i): i=1,\cdots,n\}$ 后, 模型 (2.6) 也可以写成

$$\begin{cases} y_i = \beta_0 + \beta_1 x_i + \varepsilon_i, \ i=1,\cdots,n, \\ E(\varepsilon_i)=0, \ \ \mathrm{Var}(\varepsilon_i)=\sigma^2, \ \ \mathrm{Cov}(\varepsilon_i,\varepsilon_j)=0 \ \ (\forall i \neq j). \end{cases} \tag{2.7}$$

我们把随机误差项 ε_i 所满足的条件 (2-7) 称为 Gauss-Markov(高斯–马尔可夫) 条件.

在一些实际问题研究中, 我们通常还假设 n 组样本数据 $\{(x_i, y_i): i=1,\cdots, n\}$ 是独立观测的, 随机误差项 ε_i 也相互独立且服从正态分布 $N(0,\sigma^2)$. 这样, 随机变量 y_i $(i=1,\cdots,n)$ 相互独立且也服从正态分布 $N(\beta_0+\beta_1 x_i, \sigma^2)$. 为了对未知参数做区间估计或假设检验, 我们需要假定随机误差服从正态分布.

下面我们给出一元线性回归模型的矩阵表示式. 令

$$\boldsymbol{Y}=\begin{pmatrix} y_1 \\ y_2 \\ \vdots \\ y_n \end{pmatrix}, \boldsymbol{X}=\begin{pmatrix} 1 & x_1 \\ 1 & x_2 \\ \vdots & \vdots \\ 1 & x_n \end{pmatrix}, \boldsymbol{\varepsilon}=\begin{pmatrix} \varepsilon_1 \\ \varepsilon_2 \\ \vdots \\ \varepsilon_n \end{pmatrix}, \boldsymbol{\beta}=\begin{pmatrix} \beta_0 \\ \beta_1 \end{pmatrix}.$$

于是, 模型 (2.7) 可表示为

$$\begin{cases} \boldsymbol{Y}=\boldsymbol{X}\boldsymbol{\beta}+\boldsymbol{\varepsilon}, \\ \boldsymbol{\varepsilon} \sim N_n(\boldsymbol{0}, \sigma^2 \boldsymbol{I}_n), \end{cases} \tag{2.8}$$

其中 $\boldsymbol{I}_n$ 为 n 阶单位矩阵.

2.2 参数估计及其性质

2.2.1 最小二乘估计

利用样本回归函数估计总体回归函数的基本思想是: 根据收集到的 n 组样本观测数据 $\{(x_i, y_i): i=1,\cdots,n\}$, 建立样本回归函数 $\hat{y}_i=\hat{\beta}_0+\hat{\beta}_1 x_i$, 使得由此样本回归函数得到的 y_i 的估计值 $\hat{y}_i$ 尽可能地接近其观测值 y_i. 最小二乘原理就是根据离差平方和达到最小的准则来确定一元线性回归模型中回归参数 β_0 和 β_1 的理想估计值, 由此建立样本回归函数.

根据最小二乘原理, 我们就是要找 β_0 和 β_1 使得离差平方和

$$Q(\beta_0,\beta_1)=\sum_{i=1}^{n}(y_i-\beta_0-\beta_1 x_i)^2$$

达到最小, 即若 $\hat{\beta}_0$ 和 $\hat{\beta}_1$ 满足

$$Q(\hat{\beta}_0,\hat{\beta}_1)=\min_{\beta_0,\beta_1}Q(\beta_0,\beta_1),$$

则称 $\hat{\beta}_0$, $\hat{\beta}_1$ 分别为 β_0, β_1 的**最小二乘估计** (简记为 LSE). 数学史上, 一般都把这个方法归功于德国数学家 C. F. Gauss 在 1799~1809 年之间的工作, 但也存在一些争议. 尽管这个方法直观上看是很自然的, 但仔细分析不难发现它对数据结构做了某些假定. 譬如: 表达式 $Q(\beta_0,\beta_1)$ 中每个样本观测数据都各占一项, 不与其它样本观测数据有什么牵连, 即是假设了各次观测独立或者至少不相关; 其次, 各样本观测数据在表达式 $Q(\beta_0,\beta_1)$ 中的权数都一样, 这即是假定了各样本观测数据具有大致一样的方差. 以上这些分析表明 Gauss-Markov 假设条件 (2.7) 式成立时, 我们便可用最小二乘原理来找一元线性回归模型中未知参数 β_0 和 β_1 的 LSE. 后面的分析将进一步表明, 只有当 Gauss-Markov 假设条件 (2.7) 式成立时, 一元线性回归模型中未知参数 β_0 和 β_1 的 LSE 才有优良的性质.

我们注意到, 对任意 β_0 和 β_1 都有 $Q(\beta_0,\beta_1)\geqslant 0$, 并且 $Q(\beta_0,\beta_1)$ 关于未知参数 β_0,β_1 的导数存在. 因此, β_0 和 β_1 的最小二乘估计 $\hat{\beta}_0$ 和 $\hat{\beta}_1$ 可以通过对 $Q(\beta_0,\beta_1)$ 函数关于 β_0 和 β_1 求偏导并令其导数等于 0 而得到, 即 $\hat{\beta}_0$ 和 $\hat{\beta}_1$ 满足:

$$\begin{cases}\dfrac{\partial Q}{\partial\beta_0}\Big|_{\beta_0=\hat{\beta}_0,\beta_1=\hat{\beta}_1}=-2\displaystyle\sum_{i=1}^{n}(y_i-\hat{\beta}_0-\hat{\beta}_1x_i)=0,\\ \dfrac{\partial Q}{\partial\beta_1}\Big|_{\beta_0=\hat{\beta}_0,\beta_1=\hat{\beta}_1}=-2\displaystyle\sum_{i=1}^{n}(y_i-\hat{\beta}_0-\hat{\beta}_1x_i)x_i=0.\end{cases}\tag{2.9}$$

我们称方程组 (2.9) 为**正规方程组**. 由方程 (2.9) 可得

$$\begin{cases}\displaystyle\sum_{i=1}^{n}(y_i-\hat{\beta}_0-\hat{\beta}_1x_i)=0,\\ \displaystyle\sum_{i=1}^{n}(y_i-\hat{\beta}_0-\hat{\beta}_1x_i)x_i=0.\end{cases}$$

经整理, 可得

$$\begin{cases}\displaystyle\sum_{i=1}^{n}y_i=n\hat{\beta}_0+\hat{\beta}_1\sum_{i=1}^{n}x_i,\\ \displaystyle\sum_{i=1}^{n}x_iy_i=\hat{\beta}_0\sum_{i=1}^{n}x_i+\hat{\beta}_1\sum_{i=1}^{n}x_i^2.\end{cases}\tag{2.10}$$

解式 (2.10) 可得

$$\begin{cases} \hat{\beta}_1 = \dfrac{\sum\limits_{i=1}^{n}(x_i-\bar{x})(y_i-\bar{y})}{\sum\limits_{i=1}^{n}(x_i-\bar{x})^2}, \\ \hat{\beta}_0 = \bar{y}-\hat{\beta}_1\bar{x}, \end{cases} \tag{2.11}$$

其中, $\bar{x}=\dfrac{1}{n}\sum\limits_{i=1}^{n}x_i$, $\bar{y}=\dfrac{1}{n}\sum\limits_{i=1}^{n}y_i$.

若记

$$l_{xx}=\sum_{i=1}^{n}(x_i-\bar{x})^2=\sum_{i=1}^{n}x_i^2-n\bar{x}^2,\quad l_{xy}=\sum_{i=1}^{n}(x_i-\bar{x})(y_i-\bar{y})=\sum_{i=1}^{n}x_iy_i-n\bar{x}\bar{y},$$

则

$$\hat{\beta}_1=l_{xy}/l_{xx},\quad \hat{\beta}_0=\bar{y}-\hat{\beta}_1\bar{x}. \tag{2.12}$$

由以上公式即可得到一元线性回归模型中未知参数 β_0 和 β_1 的最小二乘估计 $\hat{\beta}_0$ 和 $\hat{\beta}_1$. 进而, 可得回归直线 $\hat{y}=\hat{\beta}_0+\hat{\beta}_1x$, 此即表明：我们得到的回归直线过点 $(\bar{x},\bar{y})$, 这个事实对回归直线的作图是非常有帮助的. 从物理学的角度看, $(\bar{x},\bar{y})$ 是 n 个样本值的重心.

以表 2.4 的样本数据资料为例建立一元线性回归模型, 如表 2.5 所示.

表 2.5 以表 2.4 的样本数据为例建立回归模型的计算表

$\sum x_i$=21500	$n=10$	$\sum y_i=15674$
$\bar{x}$=2150		$\bar{y}$=1567.4
$\sum x_i^2=53650000$	$\sum x_iy_i=39468400$	$\sum y_i^2=29157448$
$n\bar{x}^2=46225000$	$n\bar{x}\bar{y}=33699100$	$n\bar{y}^2=24567427.6$
$l_{xx}=7425000$	$l_{xy}=5769300$	$l_{yy}=4590020.4$
$\hat{\beta}_1=l_{xy}/l_{xx}=0.777$ $\hat{\beta}_0=\bar{y}-\bar{x}\hat{\beta}_1=-103.172$		

由此得一元线性回归方程

$$\hat{y}=-103.172+0.777x.$$

上式表明, 该社区家庭每月可支配收入每增加 100 元, 其家庭消费将增加 77.7 元.

2.2.2 极大似然估计

由上面的分析可以看出, 当我们只知道随机误差项的前二阶矩且它们满足 Gauss-Markov 条件时, 我们可用最小二乘估计来估计一元线性回归模型中的未知参数. 但在一些实际问题研究中, 有时我们还假设随机误差项服从某一假定的分布, 如正态分布等. 此时, 我们还可以用极大似然估计 (maximum likelihood estimation) 法来估计一元线性回归模型中的未知参数. 极大似然估计法是求参数估计的另一种方法, 它最早由德国数学家 C. F. Gauss 于 1821 年提出, 后来英国统计学家 R. A. Fisher(费希尔)

在 1922 年的论文中重新提出这个思想, 并且证明了这种方法的一些性质. 极大似然估计这一名称也是 Fisher 给出的. 这是一种目前仍然得到广泛应用的估计方法.

极大似然估计 (也称为**最大似然估计**) 的基本原理是: 给定一组数据和一个参数待定的模型, 如何确定模型的参数, 使得参数确定后的模型在所有模型中产生已知数据的概率最大. 假定总体 $\tilde{X}$ 的概率密度函数为 $f(\tilde{x}|\boldsymbol{\theta})$ 以及从该总体中抽得的一个样本容量为 n 的样本为 $(\tilde{X}_1,\cdots,\tilde{X}_n)$, 则样本 $\tilde{\boldsymbol{X}}=(\tilde{X}_1,\cdots,\tilde{X}_n)$ 取观测值 $\tilde{\boldsymbol{x}}=(\tilde{x}_1,\cdots,\tilde{x}_n)$ 的概率为 $L(\boldsymbol{\theta})=L(\boldsymbol{\theta}|\tilde{\boldsymbol{x}})=\prod\limits_{i=1}^{n}f(\tilde{x}_i|\boldsymbol{\theta})$. 然而, 在实际问题中, $\boldsymbol{\theta}$ 是未知的. 因此, 最大似然估计就是从 $\boldsymbol{\theta}$ 的所有可能的取值中挑选一个使 $L(\boldsymbol{\theta})$ 达到最大的 $\boldsymbol{\theta}$ 作为其真值的估计. 其定义如下:

定义 2.1 设 $\boldsymbol{\theta}\in\Theta\subseteq\mathbb{R}^q$ 为统计模型 $\{\tilde{Y},f(\tilde{Y}|\boldsymbol{\theta}),\boldsymbol{\theta}\in\Theta\}$ 的参数, 其中, 统计模型既可为连续型也可为离散型. 设 $\tilde{y}_1,\cdots,\tilde{y}_n$ 为总体 $\tilde{Y}$ 的一个样本观测值, 若存在统计量 $\hat{\boldsymbol{\theta}}(\tilde{y}_1,\cdots,\tilde{y}_n)$ 使得

$$L(\hat{\boldsymbol{\theta}}(\tilde{y}_1,\cdots,\tilde{y}_n))=\max_{\theta\in\Theta}L(\boldsymbol{\theta})=\max_{\theta\in\Theta}\prod_{i=1}^{n}f(\tilde{y}_i|\boldsymbol{\theta}),$$

其中 $L(\boldsymbol{\theta})$ 为**似然函数**, 则称 $\hat{\boldsymbol{\theta}}(\tilde{y}_1,\cdots,\tilde{y}_n)$ 为模型参数 $\boldsymbol{\theta}$ 的极大似然估计 (简记为 ML 估计). 若 $\hat{\boldsymbol{\theta}}$ 为参数 $\boldsymbol{\theta}$ 的 ML 估计, 且 $g(\boldsymbol{\theta})$ 为可测函数, 则 $\boldsymbol{\theta}$ 的函数 $g(\boldsymbol{\theta})$ 的 ML 估计可定义为 $g(\hat{\boldsymbol{\theta}})$.

对连续型随机变量, 似然函数就是样本的联合密度函数; 对离散型随机变量, 似然函数就是样本的联合概率函数. 似然函数的概念并不局限于独立同分布的样本, 只要样本的联合密度的形式是已知的, 就可以用 ML 估计方法来估计模型中的未知参数. 即是说, ML 估计方法可适应于任何参数统计模型求其参数的估计问题. 尽管 ML 估计的思想非常地简单, 但它的意义十分深刻, 从本节后面的讨论可以看出, ML 估计具有很多优良性质. 大量研究表明: 模型参数的 ML 估计在各种意义下都具有最优性.

下面我们来说明 ML 估计的基本思想在一元线性回归模型中的具体应用. 对 $i=1,\cdots,n$, 假设样本观测值 (x_i,y_i) 满足一元线性回归模型: $y_i=\beta_0+\beta_1x_i+\varepsilon_i$ 且 $\varepsilon_i\sim N(0,\sigma^2)$, 则 y_i 服从正态分布: $y_i\sim N(\beta_0+\beta_1x_i,\sigma^2)$. 由此可得 y_i 的概率密度的表达式:

$$f(y_i|\beta_0,\beta_1,\sigma^2)=\frac{1}{\sqrt{2\pi\sigma^2}}\exp\left\{-\frac{1}{2\sigma^2}(y_i-\beta_0-\beta_1x_i)^2\right\}.$$

于是, $(y_1,\cdots,y_n)$ 的似然函数可表示为

$$L(\beta_0,\beta_1,\sigma^2)=\prod_{i=1}^{n}f(y_i|\beta_0,\beta_1,\sigma^2)=(2\pi\sigma^2)^{-n/2}\exp\left\{-\frac{1}{2\sigma^2}\sum_{i=1}^{n}(y_i-\beta_0-\beta_1x_i)^2\right\}.$$

由于极大化 $L(\beta_0,\beta_1,\sigma^2)$ 与极大化 $\ln\{L(\beta_0,\beta_1,\sigma^2)\}=\ell(\beta_0,\beta_1,\sigma^2)$ 是等价的, 因此, 参数 $\boldsymbol{\theta}=(\beta_0,\beta_1,\sigma^2)$ 的 ML 估计能够通过极大化对数似然函数 $\ell(\boldsymbol{\theta})$ 得到. 综合以上各式, 参数 $\boldsymbol{\theta}$ 的对数似然函数可表示为

$$\ell(\boldsymbol{\theta}) = -\frac{n}{2}\ln(2\pi\sigma^2) - \frac{1}{2\sigma^2}\sum_{i=1}^{n}(y_i - \beta_0 - \beta_1 x_i)^2.$$

我们注意到, 对该式关于参数 β_0 和 β_1 求最大值等价于对 $\sum\limits_{i=1}^{n}(y_i - \beta_0 - \beta_1 x_i)^2$ 关于参数 β_0 和 β_1 求最小值, 此即一元线性回归模型的最小二乘估计的目标函数, 这即是说明: 参数 β_0 和 β_1 的 ML 估计 $\hat{\beta}_0$ 和 $\hat{\beta}_1$ 就是其最小二乘估计. 此外, σ^2 的 ML 估计可通过对数似然函数 $\ell(\boldsymbol{\theta})$ 关于未知参数 σ^2 求偏导并令其导数为零得到. 根据此原理, 即得 σ^2 的估计量的表达式: $\hat{\sigma}^2 = \dfrac{1}{n}\sum\limits_{i=1}^{n}(y_i - \hat{\beta}_0 - \hat{\beta}_1 x_i)^2$. 这个估计量是 σ^2 的有偏估计. 在实际应用中, 我们常用其无偏估计量

$$\tilde{\sigma}^2 = \frac{1}{n-2}\sum_{i=1}^{n}(y_i - \hat{\beta}_0 - \hat{\beta}_1 x_i)^2$$

作为 σ^2 的估计量.

比较最大似然估计和最小二乘估计, 我们不难看出: 最大似然估计是在假设 $\varepsilon_i \sim N(0,\sigma^2)$ 的条件下获得的, 而最小二乘估计则对随机误差项没有假设其分布的情况下得到的. 另外, 在推导参数 $\boldsymbol{\theta}$ 的 ML 估计时, 我们假设 $y_1,\cdots,y_n$ 是独立的正态分布样本, 但这并不意味着我们假设它们同分布, 这是因为对不同的个体观测 (x_i, y_i) 其期望值 $E(y_i|x_i) = \beta_0 + \beta_1 x_i$ 是不完全相同的. 在这些情况下, 我们仍然可用 ML 估计方法来估计其模型参数.

2.2.3 参数估计的性质

1. 线性性

所谓线性性就是指参数 β_0 和 β_1 的估计量 $\hat{\beta}_0$ 和 $\hat{\beta}_1$ 分别是观测值 $y_1,\cdots,y_n$ 的线性函数.

由 $\sum\limits_{i=1}^{n}(x_i - \bar{x}) = 0$ 可得: $\sum\limits_{i=1}^{n}(x_i - \bar{x})\bar{y} = 0$. 从而, 由方程 (2.12) 得

$$\begin{aligned}\hat{\beta}_1 &= \frac{l_{xy}}{l_{xx}} = \frac{1}{l_{xx}}\sum_{i=1}^{n}(x_i - \bar{x})(y_i - \bar{y}) \\ &= \frac{1}{l_{xx}}\sum_{i=1}^{n}(x_i - \bar{x})y_i = \sum_{i=1}^{n}\frac{(x_i - \bar{x})}{l_{xx}}y_i \\ &\triangleq \sum_{i=1}^{n}k_i y_i, \end{aligned} \tag{2.13}$$

其中, $k_i = (x_i - \bar{x})/l_{xx}$. 式 (2.13) 表明: $\hat{\beta}_1$ 是 $y_1,\cdots,y_n$ 的线性函数.

类似地, 因为

$$\hat{\beta}_0=\bar{y}-\hat{\beta}_1\bar{x}=\frac{1}{n}\sum_{i=1}^{n}y_i-\left(\sum_{i=1}^{n}k_iy_i\right)\bar{x}=\sum_{i=1}^{n}\left(\frac{1}{n}-k_i\bar{x}\right)y_i\triangleq\sum_{i=1}^{n}\kappa_iy_i, \tag{2.14}$$

其中 $\kappa_i=1/n-k_i\bar{x}$, 因此, $\hat{\beta}_0$ 又是 $y_1,\cdots,y_n$ 的线性函数.

2. 无偏性

若某个估计量的均值等于其总体参数的真值, 则称该估计量为其无偏估计量.

由 k_i 的定义容易验证 $\sum_{i=1}^{n}k_i=0$ 和 $\sum_{i=1}^{n}k_ix_i=1$ 成立. 于是, 由此及方程 (2.13) 可得:

$$\begin{aligned}\hat{\beta}_1&=\sum_{i=1}^{n}k_iy_i=\sum_{i=1}^{n}k_i(\beta_0+\beta_1x_i+\varepsilon_i)\\&=\beta_0\sum_{i=1}^{n}k_i+\beta_1\sum_{i=1}^{n}k_ix_i+\sum_{i=1}^{n}k_i\varepsilon_i=\beta_1+\sum_{i=1}^{n}k_i\varepsilon_i.\end{aligned}$$

因此, 由上式及 Gauss-Markov 假设条件得

$$E(\hat{\beta}_1)=E(\beta_1+\sum_{i=1}^{n}k_i\varepsilon_i)=\beta_1+\sum_{i=1}^{n}k_iE(\varepsilon_i)=\beta_1.$$

上式表明: $\hat{\beta}_1$ 是参数 β_1 的无偏估计.

类似地, 由方程 (2.14) 和 Gauss-Markov 假设条件可得: $\hat{\beta}_0$ 是参数 β_0 的无偏估计.

无偏估计的意义是指: 基于 $\{(x_i,y_i):i=1,\cdots,n\}$ 的一组数据计算得到 β_0 和 β_1 的估计值不会很精确, 但基于 $\{(x_i,y_i):i=1,\cdots,n\}$ 的无穷多组数据计算得到 β_0 和 β_1 的估计值没有高估或低估的系统趋向, 它们的平均值将趋于 β_0 和 β_1 的真值. 进一步地, 有

$$E(\hat{y}_i)=E(\hat{\beta}_0+\hat{\beta}_1x_i)=\beta_0+\beta_1x_i=E(y_i),$$

上式表明: 回归值 $\hat{y}_i$ 是 $E(y_i)$ 的无偏估计, 也即是说 $\hat{y}_i$ 与真实值 y_i 的平均值是相同的.

3. 最优性

在所有关于模型参数真值的无偏估计量中, 若某个估计量具有最小方差, 则称该估计量为该模型参数真值的最佳线性无偏估计量.

假设 $\hat{\beta}_1^*=\sum_{i=1}^{n}\omega_iy_i$ 是参数 β_1 的任一线性无偏估计量, 则由无偏性 ($E(\hat{\beta}_1^*)=\beta_0\sum_{i=1}^{n}\omega_i+\beta_1\sum_{i=1}^{n}\omega_ix_i=\beta_1$) 和任意性可得

$$\sum_{i=1}^{n}\omega_i=0,\quad \sum_{i=1}^{n}\omega_ix_i=1.$$

由上式及 k_i 的定义 (参见方程 (2.13)) 容易得: $\sum_{i=1}^{n} k_i\omega_i = \sum_{i=1}^{n} k_i^2 = l_{xx}^{-1}$. 由此即得 $\sum_{i=1}^{n}(\omega_i - k_i)k_i = 0$. 又因为 $\mathrm{Var}(\hat{\beta}_1) = \sigma^2 \sum_{i=1}^{n} k_i^2$, 所以, 综合以上方程, 有

$$\mathrm{Var}(\hat{\beta}_1^*) = \mathrm{Var}\left\{\sum_{i=1}^{n}((\omega_i - k_i) + k_i)y_i\right\} = \sigma^2 \sum_{i=1}^{n}(\omega_i - k_i)^2 + \mathrm{Var}(\hat{\beta}_1).$$

因为 $\sigma^2 \sum_{i=1}^{n}(\omega_i - k_i)^2 \geqslant 0$, 因此, $\mathrm{Var}(\hat{\beta}_1^*) \geqslant \mathrm{Var}(\hat{\beta}_1)$. 此即表明: $\hat{\beta}_1$ 是参数 β_1 的所有线性无偏估计量中方差最小的估计量.

类似地, 假设 $\hat{\beta}_0^* = \sum_{i=1}^{n} c_i y_i$ 是参数 β_0 的任一线性无偏估计量, 则由无偏性 ($E(\hat{\beta}_0^*) = \beta_0 \sum_{i=1}^{n} c_i + \beta_1 \sum_{i=1}^{n} c_i x_i = \beta_0$) 和任意性可得:

$$\sum_{i=1}^{n} c_i = 1, \quad \sum_{i=1}^{n} c_i x_i = 0.$$

由上式及 κ_i 的定义 (参见方程 (2.14)) 容易得 $\sum_{i=1}^{n} \kappa_i c_i = \sum_{i=1}^{n} \kappa_i^2 = 1/n + \bar{x}^2/l_{xx}$. 由此即得: $\sum_{i=1}^{n}(c_i - \kappa_i)\kappa_i = 0$. 又因为 $\mathrm{Var}(\hat{\beta}_0) = \sigma^2 \sum_{i=1}^{n} \kappa_i^2$, 因此, 综合以上方程, 有

$$\mathrm{Var}(\hat{\beta}_0^*) = \mathrm{Var}\left\{\sum_{i=1}^{n}((c_i - \kappa_i) + \kappa_i)y_i\right\} = \sigma^2 \sum_{i=1}^{n}(c_i - \kappa_i)^2 + \mathrm{Var}(\hat{\beta}_0).$$

因为 $\sigma^2 \sum_{i=1}^{n}(c_i - \kappa_i)^2 \geqslant 0$, 因此, $\mathrm{Var}(\hat{\beta}_0^*) \geqslant \mathrm{Var}(\hat{\beta}_0)$. 此即表明: $\hat{\beta}_0$ 是参数 β_0 的所有线性无偏估计量中方差最小的估计量.

4. 估计量 $\hat{\beta}_0$ 和 $\hat{\beta}_1$ 的分布

因为 $\hat{\beta}_0$ 和 $\hat{\beta}_1$ 分别是 $y_1, \cdots, y_n$ 的线性函数, 因此, 当假设随机误差项 $\varepsilon_i \sim N(0, \sigma^2)$ 时, 根据正态分布的性质可知, $\hat{\beta}_0$ 和 $\hat{\beta}_1$ 亦服从正态分布. 特别地, 关于最小二乘估计我们有下面的结论.

定理 2.1 在模型 (2.8) 下, 有

(1) $\hat{\beta}_0 \sim N\left(\beta_0, \sigma^2(1/n + \bar{x}^2/l_{xx})\right)$, $\hat{\beta}_1 \sim N\left(\beta_1, \sigma^2/l_{xx}\right)$;

(2) $\mathrm{Cov}(\hat{\beta}_0, \hat{\beta}_1) = -\sigma^2\bar{x}/l_{xx}$;

(3) 对给定的 x_0, $\hat{y}_0 = \hat{\beta}_0 + \hat{\beta}_1 x_0 \sim N(\beta_0 + \beta_1 x_0, \sigma^2(1/n + (x_0 - \bar{x})^2/l_{xx}))$.

证明 (1) 由方程 (2.13) 和式 (2.14) 可知, $\hat{\beta}_0$ 和 $\hat{\beta}_1$ 都是独立正态随机变量 $y_1,\cdots,y_n$ 的线性函数, 故在模型 (2.8) 下它们都服从正态分布. 又由前面的无偏性和最优性的讨论知, $E(\hat{\beta}_0)=\beta_0$, $E(\hat{\beta}_1)=\beta_1$, $\mathrm{Var}(\hat{\beta}_0)=\sigma^2\sum\limits_{i=1}^{n}\kappa_i^2=\sigma^2(1/n+\bar{x}^2/l_{xx})$, $\mathrm{Var}(\hat{\beta}_1)=\sigma^2\sum\limits_{i=1}^{n}k_i^2=\sigma^2/l_{xx}$. 这就证明了 (1). 进一步地, 由 $y_1,\cdots,y_n$ 的独立性和 $\sum\limits_{i=1}^{n}k_i=0$ 以及 $\sum\limits_{i=1}^{n}k_i^2=l_{xx}^{-1}$, 可得

$$
\begin{aligned}
\mathrm{Cov}(\hat{\beta}_0,\hat{\beta}_1)&=\mathrm{Cov}\left(\sum_{i=1}^{n}\kappa_i y_i,\sum_{j=1}^{n}k_j y_j\right)=\sum_{i=1}^{n}\sum_{j=1}^{n}\kappa_i k_j\mathrm{Cov}(y_i,y_j)\\
&=\sum_{i=1}^{n}\kappa_i k_i\mathrm{var}(y_i)=\sigma^2\sum_{i=1}^{n}\left(\frac{1}{n}-k_i\bar{x}\right)k_i\\
&=\sigma^2\left\{\frac{1}{n}\sum_{i=1}^{n}k_i-\bar{x}\sum_{i=1}^{n}k_i^2\right\}=-\sigma^2\frac{\bar{x}}{l_{xx}},
\end{aligned}
$$

这就证明了 (2). 为证明 (3), 我们注意到 $\hat{y}_0=\hat{\beta}_0+\hat{\beta}_1x_0$ 也是 $y_1,\cdots,y_n$ 的线性函数, 也服从正态分布, 因此, 只需求出其 期望与方差即行.

$$
E(\hat{y}_0)=E(\hat{\beta}_0)+E(\hat{\beta}_1)x_0=\beta_0+\beta_1x_0=E(y_0),
$$

$$
\begin{aligned}
\mathrm{Var}(\hat{y}_0)&=\mathrm{Var}(\hat{\beta}_0)+\mathrm{Var}(\hat{\beta}_1)x_0^2+2\mathrm{Cov}(\hat{\beta}_0,\hat{\beta}_1x_0)\\
&=\sigma^2\left\{\left(\frac{1}{n}+\frac{\bar{x}^2}{l_{xx}}\right)+\frac{x_0^2}{l_{xx}}-2\frac{x_0\bar{x}}{l_{xx}}\right\}\\
&=\sigma^2\left\{\frac{1}{n}+\frac{(x_0-\bar{x})^2}{l_{xx}}\right\},
\end{aligned}
$$

这就证明了 (3).

定理 2.1 说明：(1)$\hat{y}_0$ 是 $E(y_0)=\beta_0+\beta_1x_0$ 的无偏估计；

(2) 除 $\bar{x}=0$ 外, $\hat{\beta}_0$ 与 $\hat{\beta}_1$ 是相关的；

(3) 要提高 $\hat{\beta}_0$ 和 $\hat{\beta}_1$ 的估计精度 (即降低它们的方差), 就要求 n 大且 l_{xx} 大 (即要求 $x_1,\cdots,x_n$ 较分散)；此外, 它们的精度还与 σ^2 有关.

2.2.4 实例分析及 R 软件应用

例 2.3 为研究某一单位员工业务能力测试成绩与员工智商之间的相关关系, 研究者对该单位 20 名员工进行了智商测试, 并收集了本年度这批员工的业务能力测试成绩, 其测试数据如表 2.6 所示：

表 2.6 能力测试成绩与员工智商测试数据

编号	a	b	c	d	e	f	g	h	i	j	k	l	m	n	o	p	q	r	s	t
智商	89	98	126	87	119	101	130	115	108	105	84	121	97	101	92	110	128	111	99	120
成绩	55	74	87	60	71	54	90	73	67	70	53	82	58	60	67	80	85	73	71	90

下面以表 2.6 的数据为例, 简单介绍用 R 进行一元线性回归分析的过程. 本书所有分析结果都是基于 R 软件获得的. 要考察成绩与智商之间的数量关系, 需建立线性回归方程, 以便进行分析、估计和预测. 步骤如下.

(1) 输入数据:

```
>x<-c(89, 98, 126, 87, 119, 101, 130, 115, 108, 105, 84, 121, 97,
    101, 92, 110, 128, 111, 99, 120)
>y<-c(55, 74, 87, 60, 71, 54, 90, 73, 67, 70, 53, 82, 58, 60, 67,
    80, 85, 73, 71, 90)
```

(2) 拟合模型:

```
>a=lm(y~x)
Call: lm(formula=y~x)
Coefficients:
(Intercept)    x
-7.6020     0.7343
```

于是得到回归方程为: $\hat{y} = -7.6020 + 0.7343x$.

(3) 做回归直线:

```
>plot(x,y);    abline(a)
```

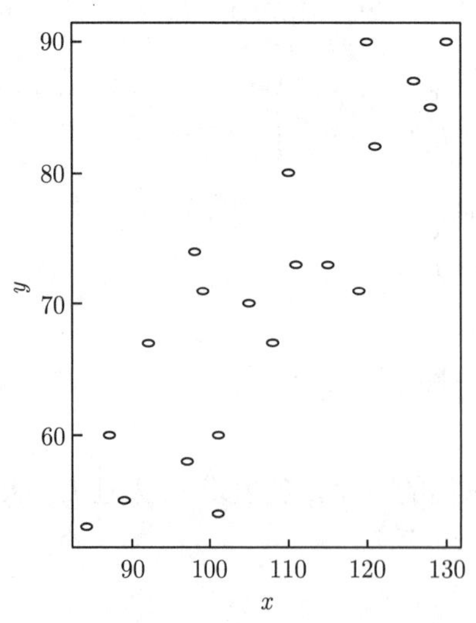

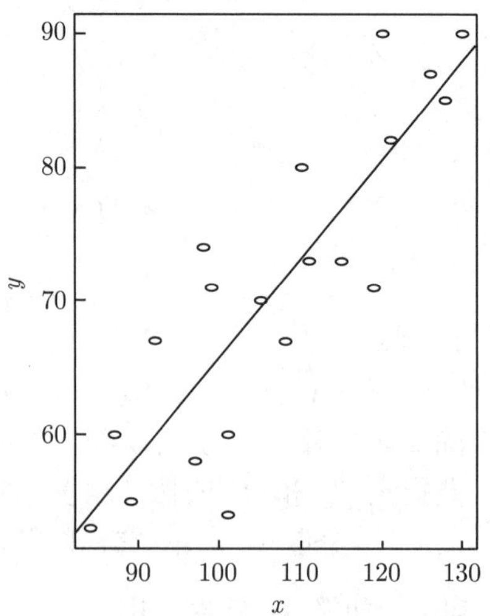

图 2.4 业务能力测试成绩与员工智商之间的样本散点图和回归拟合图

从图 (2.4) 中看出, 这些点大致 (但并不完全) 地落在一条直线上. 为了判断 y 与 x 是否具有线性相关的关系, 除了需要对方程的显著性进行检验, 还需要检验所建立的方程是否违背回归模型的基本假定, 为此需进行残差分析. 由于此部分内容较复杂而且理论性较强, 所以, 不在此处详细介绍, 将在后面一一介绍.

2.3 显著性检验

2.3.1 回归方程的显著性检验

由最小二乘估计的分析可以看出, 只要给定数据 $\{(x_i, y_i) : i = 1, \cdots, n\}$, 我们可由表达式 (2.11) 求出参数 β_0 与 β_1 的估计值 $\hat{\beta}_0$ 和 $\hat{\beta}_1$, 从而可得其回归方程 $\hat{y} = \hat{\beta}_0 + \hat{\beta}_1 x$. 但这个回归方程同实际观察数据的拟合不一定有意义, 即拟合效果不一定好. 因此, 在使用回归方程做进一步的分析之前, 我们应当对所建立的回归方程是否有意义进行判断. 什么叫回归方程有意义呢? 我们知道, 建立回归方程的目的是寻找 y 的均值随 x 变化的规律, 即找回归方程 $E(y) = \beta_0 + \beta_1 x$. 若 $\beta_1 = 0$, 则不管 x 怎么变化, $E(y)$ 都不随 x 的变化做线性变化, 那么此时求得的一元线性回归方程就没有意义了, 我们就称回归方程**不显著**. 若 $\beta_1 \neq 0$, 则当 x 变化时, $E(y)$ 随 x 的变化作线性变化, 从而, 此时求得的回归方程就有意义了, 并称回归方程是**显著**的. 上面的分析表明：对回归方程是否有意义做判断就是要检验下面的假设：

$$H_0 : \beta_1 = 0 \quad \text{vs} \quad H_1 : \beta_1 \neq 0, \tag{2.15}$$

拒绝 H_0 即是说回归方程是显著的.

在对回归方程进行检验时, 通常需要假设 $\varepsilon_i \sim N(0, \sigma^2)$. 以下若无特别的声明, 所有叙述都是在此正态性假设下进行的. 下面我们分别介绍检验假设 (2.15) 的三种常用的检验方法.

1. F 检验

基于方差分析的思想, 我们从数据出发来研究各因变量之间的差异的原因. 为了叙述方便, 记 $\hat{y}_i = \hat{\beta}_0 + \hat{\beta}_1 x_i$ 为因变量 y_i 的拟合 (回归) 值, $e_i = y_i - \hat{y}_i$ 为其对应的残差.

数据 $y_1, \cdots, y_n$ 的波动大小可用总离差 (偏差) 平方和

$$\mathrm{SS}_T = \sum_{i=1}^{n} (y_i - \bar{y})^2$$

来度量. 一般地, SS_T 越大, 数据 $y_1, \cdots, y_n$ 的波动也就越大, 即数据也就越分散. 引起 $y_1, \cdots, y_n$ 波动的原因主要有以下两个方面：(1)H_0 可能非真 (即自变量对因变量的影响), 这样 $E(y)$ 随 x 的变化而变化, 此即表明在 x 的不同观测值其拟合值亦不同, 其波动大小可用回归平方和

$$\mathrm{SS}_R = \sum_{i=1}^{n} (\hat{y}_i - \bar{y})^2$$

来度量, 它的大小反映了自变量的贡献; (2) 其它因素的影响, 包括随机误差、x 对 $E(y)$ 的非线性影响等, 这样在得到 y 的拟合值后, y 的观测值与拟合值之间可能存在偏差, 这可用残差平方和

$$\mathrm{SS}_E = \sum_{i=1}^{n}(y_i - \hat{y}_i)^2$$

来表示, 它的大小反映了自变量不能解释部分的影响.

由于 $\hat{\beta}_0$ 和 $\hat{\beta}_1$ 满足正规方程组 (2.9), 因此, 有

$$\sum_{i=1}^{n}(y_i - \hat{\beta}_0 - \hat{\beta}_1 x_i) = 0 \Longrightarrow \sum_{i=1}^{n}(y_i - \hat{y}_i) = 0,$$

$$\sum_{i=1}^{n}(y_i - \hat{\beta}_0 - \hat{\beta}_1 x_i)x_i = 0 \Longrightarrow \sum_{i=1}^{n}(y_i - \hat{y}_i)x_i = 0.$$

根据 $\hat{y}_i = \hat{\beta}_0 + \hat{\beta}_1 x_i = \bar{y} + \hat{\beta}_1(x_i - \bar{x})$ 可得

$$\begin{aligned}\sum_{i=1}^{n}(y_i - \hat{y}_i)(\hat{y}_i - \bar{y}) &= \sum_{i=1}^{n}(y_i - \hat{y}_i)\hat{\beta}_1(x_i - \bar{x}) \\ &= \hat{\beta}_1\left\{\sum_{i=1}^{n}(y_i - \hat{y}_i)x_i - \sum_{i=1}^{n}(y_i - \hat{y}_i)\bar{x}\right\} = 0.\end{aligned}$$

综合以上各式可得

$$\begin{aligned}\mathrm{SS}_T = \sum_{i=1}^{n}(y_i - \bar{y})^2 &= \sum_{i=1}^{n}(y_i - \hat{y}_i + \hat{y}_i - \bar{y})^2 \\ &= \sum_{i=1}^{n}(y_i - \hat{y}_i)^2 + \sum_{i=1}^{n}(\hat{y}_i - \bar{y})^2,\end{aligned}$$

即

$$\mathrm{SS}_T = \mathrm{SS}_E + \mathrm{SS}_R, \tag{2.16}$$

式 (2.16) 就是一元线性回归模型的**平方和分解式**.

定理 2.2 在模型 (2.7) 下, 有

$$E(\mathrm{SS}_R) = \sigma^2 + \beta_1^2 l_{xx}, \quad E(\mathrm{SS}_E) = (n-2)\sigma^2.$$

证明 由 $\hat{y}_i = \bar{y} + \hat{\beta}_1(x_i - \bar{x})$ 可得

$$\mathrm{SS}_R = \sum_{i=1}^{n}(\hat{y}_i - \bar{y})^2 = \sum_{i=1}^{n}\{\hat{\beta}_1(x_i - \bar{x})\}^2 = \hat{\beta}_1^2 l_{xx}.$$

由上式及定理 2.1 得

$$\begin{aligned}E(\mathrm{SS}_R) &= E(\hat{\beta}_1^2)l_{xx} = [\mathrm{Var}(\hat{\beta}_1) + \{E(\hat{\beta}_1)\}^2]l_{xx} \\ &= (\sigma^2/l_{xx} + \beta_1^2)l_{xx} = \sigma^2 + \beta_1^2 l_{xx}.\end{aligned}$$

这就证明了第一个结论. 为了证明第二个结论, 我们首先将 SS_E 写成如下形式:

$$\begin{aligned}
\mathrm{SS}_E &= \sum_{i=1}^{n}(y_i - \hat{y}_i)^2 \\
&= \sum_{i=1}^{n}(\beta_0 + \beta_1 x_i + \varepsilon_i - \hat{\beta}_0 - \hat{\beta}_1 x_i)^2 \\
&= \sum_{i=1}^{n}[(\beta_0 - \hat{\beta}_0) + (\beta_1 - \hat{\beta}_1)x_i + \varepsilon_i]^2 \\
&= \sum_{i=1}^{n}[(\beta_0 - \hat{\beta}_0)^2 + (\beta_1 - \hat{\beta}_1)^2 x_i^2 + \varepsilon_i^2 + 2(\beta_0 - \hat{\beta}_0)(\beta_1 - \hat{\beta}_1)x_i \\
&\quad + 2(\beta_0 - \hat{\beta}_0)\varepsilon_i + 2(\beta_1 - \hat{\beta}_1)x_i\varepsilon_i].
\end{aligned}$$

对上式两端取期望得

$$\begin{aligned}
E(\mathrm{SS}_E) =& n\mathrm{Var}(\hat{\beta}_0) + \mathrm{Var}(\hat{\beta}_1)\left(\sum_{i=1}^{n} x_i^2\right) + n\mathrm{Var}(\varepsilon) + 2n\bar{x}\mathrm{Cov}(\hat{\beta}_0, \hat{\beta}_1) \\
& - 2\sum_{i=1}^{n}\mathrm{Cov}(\hat{\beta}_0, \varepsilon_i) - 2\sum_{i=1}^{n} x_i\mathrm{Cov}(\hat{\beta}_1, \varepsilon_i).
\end{aligned} \tag{2.17}$$

由方程 (2.13) 和式 (2.14) 并利用 y_j 与 ε_i $(i \neq j)$ 的独立性可得

$$\mathrm{Cov}(\hat{\beta}_0, \varepsilon_i) = \sum_{j=1}^{n}\left(\frac{1}{n} - k_j\bar{x}\right)\mathrm{Cov}(y_j, \varepsilon_i) = \sigma^2\left(\frac{1}{n} - \frac{(x_i - \bar{x})\bar{x}}{l_{xx}}\right),$$

$$\mathrm{Cov}(\hat{\beta}_1, \varepsilon_i) = \sum_{j=1}^{n} k_j\mathrm{Cov}(y_j, \varepsilon_i) = \sigma^2\frac{x_i - \bar{x}}{l_{xx}}.$$

从而, $\sum_{i=1}^{n}\mathrm{Cov}(\hat{\beta}_0, \varepsilon_i) = \sum_{i=1}^{n} x_i\mathrm{Cov}(\hat{\beta}_1, \varepsilon_i) = \sigma^2$. 将上式代入方程 (2.17) 并利用定理 2.1 的结论, 有

$$\begin{aligned}
E(\mathrm{SS}_E) &= n\sigma^2\left(1/n + \bar{x}^2/l_{xx}\right) + \sigma^2\sum_{i=1}^{n} x_i^2/l_{xx} + n\sigma^2 - 2n\sigma^2\bar{x}^2/l_{xx} - 4\sigma^2 \\
&= \sigma^2\left(n - 3 + \left(\sum_{i=1}^{n} x_i^2 - n\bar{x}^2\right)/l_{xx}\right) = (n-2)\sigma^2,
\end{aligned}$$

这就证明了第二个结论.

进一步地, 我们有下面的结论.

定理 2.3 在模型 (2.8) 下, 有

(1) $\mathrm{SS}_E/\sigma^2 \sim \chi^2(n-2)$;

(2) 若 H_0 成立, 则 $\mathrm{SS}_R/\sigma^2 \sim \chi^2(1)$;

(3) SS_R、SS_E 和 $\bar{y}$ 三者独立 (或 $\hat{\beta}_1$、SS_E 和 $\bar{y}$ 三者独立), 其中 $\chi^2(k)$ 表示自由度为 k 的卡方分布.

证明 假设 n 阶正交阵 $\boldsymbol{A}$ 具有如下形式:

$$\boldsymbol{A}=\begin{pmatrix} a_{11} & a_{12} & \cdots & a_{1n} \\ \vdots & \vdots & & \vdots \\ a_{n-2,1} & a_{n-2,2} & \cdots & a_{n-2,n} \\ (x_1-\bar{x})/\sqrt{l_{xx}} & (x_2-\bar{x})/\sqrt{l_{xx}} & \cdots & (x_n-\bar{x})/\sqrt{l_{xx}} \\ 1/\sqrt{n} & 1/\sqrt{n} & \cdots & 1/\sqrt{n} \end{pmatrix},$$

则由矩阵 $\boldsymbol{A}$ 的正交性得

$$\sum_{j=1}^{n} a_{ij}=0,\quad \sum_{j=1}^{n} a_{ij}x_j=0,\quad \sum_{j=1}^{n} a_{ij}^2=1,\ i=1,\cdots,n-2,$$

$$\sum_{k=1}^{n} a_{ik}a_{jk}=0,\quad 1\leqslant i<j\leqslant n-2,$$

这里共有 $n(n-2)$ 个未知参数, 约束条件有 $(n-2)(n+3)/2$ 个, 只要 $n\geqslant 3$, 未知参数个数就不少于约束条件数, 因此, 满足上述条件的矩阵 $\boldsymbol{A}$ 就一定存在. 记 $\boldsymbol{Z}=(z_1,\cdots,z_n)^{\mathrm{T}}$, $\boldsymbol{Y}=(y_1,\cdots,y_n)^{\mathrm{T}}$. 若令 $\boldsymbol{Z}=\boldsymbol{A}\boldsymbol{Y}$, 即 $z_i=\sum\limits_{j=1}^{n} a_{ij}y_j\ (i=1,\cdots,n-2)$, $z_{n-1}=\sum\limits_{i=1}^{n}(x_i-\bar{x})y_i/\sqrt{l_{xx}}=\sqrt{l_{xx}}\hat{\beta}_1$, $z_n=\sum\limits_{i=1}^{n} y_i/\sqrt{n}=\sqrt{n}\bar{y}$, 则 $\boldsymbol{Z}$ 仍然服从多元正态分布, 且其期望和协方差阵分别为

$$E(\boldsymbol{Z})=(0,\cdots,0,\beta_1\sqrt{l_{xx}},\sqrt{n}(\beta_0+\beta_1\bar{x}))^{\mathrm{T}},\quad \mathrm{Var}(\boldsymbol{Z})=\boldsymbol{A}\mathrm{Var}(\boldsymbol{Y})\boldsymbol{A}^{\mathrm{T}}=\sigma^2\boldsymbol{I}_n,$$

此即表明: 随机变量 $z_1,\cdots,z_n$ 相互独立, 且 $z_1,\cdots,z_{n-2}$ 同服从正态分布 $N(0,\sigma^2)$, $z_{n-1}\sim N(\beta_1\sqrt{l_{xx}},\sigma^2)$, $z_n\sim N(\sqrt{n}(\beta_0+\beta_1\bar{x}),\sigma^2)$.

我们注意到以下关系式: $\sum\limits_{i=1}^{n} z_i=\sum\limits_{i=1}^{n} y_i=\mathrm{SS}_T+n\bar{y}^2=\mathrm{SS}_R+\mathrm{SS}_E+n\bar{y}^2$, $z_{n-1}=\sqrt{l_{xx}}\hat{\beta}_1=\sqrt{\mathrm{SS}_R}$, $z_n=\sqrt{n}\bar{y}$. 由此得 $\mathrm{SS}_E=z_1^2+\cdots+z_{n-2}^2$, 因此, 由 $z_1,\cdots,z_n$ 的独立性知 $\mathrm{SS}_E,\mathrm{SS}_R,\bar{y}$ 三者相互独立并且有

$$\mathrm{SS}_E/\sigma^2=\sum_{i=1}^{n-2}(z_i/\sigma)^2\sim\chi^2(n-2),$$

当 $\beta_1=0$ 时, $\mathrm{SS}_R/\sigma^2=(z_{n-1}/\sigma)^2\sim\chi^2(1)$, 这就证明了定理的结论.

为了检验假设 (2.15), 我们考虑如下检验统计量:

$$F = \frac{\text{SS}_R}{\text{SS}_E/(n-2)}. \tag{2.18}$$

由定理 2.3 可知, 当 $\beta_1 = 0$ 时, 检验统计量 F 服从自由度为 1 和 $n-2$ 的 F 分布, 即 $F \overset{H_0}{\sim} F(1, n-2)$. 于是, 对于给定的显著性水平 α, 若 $F \geqslant F_\alpha(1, n-2)$, 则认为回归方程是显著的; 若 $F < F_\alpha(1, n-2)$, 则认为回归方程是不显著的, 其中 $F_\alpha(1, n-2)$ 表示自由度为 $f_R = 1$ 和 $f_E = n-2$ 的 F 分布的上 α 分位点. 以上检验过程可整理成一张方差分析表.

例 2.4 以表 2.6 的数据例子为例说明回归方程的显著性检验. 经计算有

$$\begin{aligned} &\text{SS}_T = l_{yy} = 2706, && f_T = 19,\\ &\text{SS}_R = \hat{\beta}_1^2 l_{xx} = 0.7343^2 \times 3728.95 = 2010.39, && f_R = 1,\\ &\text{SS}_E = \text{SS}_T - \text{SS}_R = 695.61, && f_E = 18. \end{aligned}$$

将以上各平方和整理成方差分析表如表 2.7 所示.

表 2.7 能力测试成绩与员工智商回归方程的方差分析表

来源	平方和	自由度	均方和	F 比值	p 值
回归	$\text{SS}_R = 2010.39$	$f_R = 1$	$\text{MS}_R = 2010.39$	52.022	0.000
残差	$\text{SS}_E = 695.61$	$f_E = 18$	$\text{MS}_E = 38.645$		
总计	$\text{SS}_T = 2706$	$f_T = 19$			

若取 $\alpha = 0.01$, 则 $F_{0.01}(1, 18) = 8.2854$. 由于 $52.022 > 8.2854$(或 p 值 $< \alpha$), 所以, 在显著性水平 $\alpha = 0.01$ 下回归方程是显著的.

2. t 检验

t 检验是统计推断中常用的一种检验方法. 在回归分析中, t 检验可用于检验回归系数的显著性. 回归系数的显著性检验就是要检验自变量 x 对因变量 y 的影响程度是否显著. 如果原假设 H_0 成立, 则说明因变量 y 与自变量 x 之间并没有真正的线性关系, 也就是说自变量 x 的变化对因变量 y 并没有影响. 由于 $\hat{\beta}_1 \sim N(\beta_1, \sigma^2/l_{xx})$, $\text{SS}_E/\sigma^2 \sim \chi^2(n-2)$ 且它与 $\hat{\beta}_1$ 相互独立, 因此, 有 $(\hat{\beta}_1 - \beta_1)\sqrt{l_{xx}}/\tilde{\sigma} \sim t(n-2)$, 其中 $\hat{\sigma}^* = \sqrt{\text{SS}_E/(n-2)}$. 特别地, 当 H_0 成立 (即 $\beta_1 = 0$) 时, 有

$$t = \frac{\hat{\beta}_1}{\tilde{\sigma}/\sqrt{l_{xx}}} \sim t(n-2).$$

由于 $\sigma_{\hat{\beta}_1} = \sigma/\sqrt{l_{xx}}$, 因此, 称 $\hat{\sigma}_{\hat{\beta}_1} = \tilde{\sigma}/\sqrt{l_{xx}}$ 为 $\hat{\beta}_1$ 的标准差, 即 β_1 的标准差的估计. 我们可用 t 统计量来检验假设 H_0. 对于给定的显著性水平 α, 若 $|t| \geqslant t_{\frac{\alpha}{2}}(n-2)$, 则认为 β_1 显著异于 0; 若 $|t| < t_{\frac{\alpha}{2}}(n-2)$, 则认为 $\beta_1 = 0$ 不显著, 其中 $t_{\frac{\alpha}{2}}(n-2)$ 是自由度为 $n-2$ 的 t 分布的上 $\dfrac{\alpha}{2}$ 分位点.

从 t 与 F 的表达式很容易得到: $t^2 = F$, 因此, t 检验与 F 检验是一样的.

以表 2.6 中数据为例, 可以计算得到

$$t = \frac{0.7343}{\sqrt{38.645}/\sqrt{3728.95}} = 7.213.$$

若取 $\alpha = 0.01$, 则 $t_{0.005}(18) = 2.878$. 由于 $7.213 > 2.878$, 因此, 在显著性水平 $\alpha = 0.01$ 下回归方程是显著的.

3. 相关系数的显著性检验

当一元线性回归方程是反映两个随机变量 x 与 y 之间的线性相关关系时, 它的显著性检验还可通过二维总体相关系数 ρ 的检验来进行. 对于假设检验

$$H_0: \rho = 0 \quad vs \quad H_1: \rho \neq 0, \tag{2.19}$$

所用的检验统计量是样本相关系数

$$r = \frac{\sum_{i=1}^{n}(x_i - \bar{x})(y_i - \bar{y})}{\sqrt{\sum_{i=1}^{n}(x_i - \bar{x})^2 \sum_{i=1}^{n}(y_i - \bar{y})^2}} = \frac{l_{xy}}{\sqrt{l_{xx} l_{yy}}},$$

其中 $\{(x_i, y_i): i = 1, \cdots, n\}$ 是容量为 n 的二维样本. 由 $\hat{\beta}_1$ 和 r 的表达式可知, r 与 $\hat{\beta}_1$ 之间存在如下关系:

$$r = \frac{l_{xy}}{\sqrt{l_{xx} l_{yy}}} = \frac{l_{xy}}{l_{xx}}\sqrt{\frac{l_{xx}}{l_{yy}}} = \hat{\beta}_1\sqrt{\frac{l_{xx}}{l_{yy}}} = \sqrt{\frac{\mathrm{SS}_R}{l_{yy}}}.$$

上式两边平方得

$$r^2 = \frac{\mathrm{SS}_R}{l_{yy}} = \frac{\mathrm{SS}_R}{\mathrm{SS}_T} = 1 - \frac{\mathrm{SS}_E}{\mathrm{SS}_T}.$$

此即表明: $r^2 \leqslant 1$, 即是说样本相关系数也满足 $|r| \leqslant 1$, 其中等号成立的条件是存在两个实数 a 与 b 使得对任意 $i \in \{1, \cdots, n\}$, 有 $y_i = a + bx_i$.

由以上关系式, 我们可得出以下结论:

(1) 当 $r = 0$ 时, 则 $\hat{\beta}_1 = 0$. 此时, 回归方程变为 $\hat{y} = \hat{\beta}_0$. 这样 n 个样本点有可能表现出毫无规律可循, 也可能表现出呈某种曲线趋势, 即是说 y 与 x 之间不存在线性相关关系;

(2) 当 $r = \pm 1$ 时, 则 $\mathrm{SS}_R = \mathrm{SS}_T$, 从而 $\mathrm{SS}_E = 0$, 这表明 n 个点 $(x_1, y_1), \cdots, (x_n, y_n)$ 在回归直线 $\hat{y} = \hat{\beta}_0 + \hat{\beta}_1$ 上, 即是说 y 与 x 存在着确定的线性函数关系;

(3) $0 < |r| < 1$ 为绝大多数的情形, 此时 y 与 x 之间存在着一定的线性相关关系. 当 l_{yy} 固定时, $|r|$ 越接近 1, 则 SS_R 就越大, SS_E 就越小, 从而 $\mathrm{SS}_R/\mathrm{SS}_E$ 的比值也就越大, 则 y 与 x 之间的线性相关程度也就越密切; 相反, 当 $|r|$ 越接近 0 时, 则 y 与 x 之间的线性相关程度也就越小.

记 $c = r_{1-\alpha}(n-2)$ 为 $H_0: \rho = 0$ 成立下 $|r|$ 的分布的 $1 - \alpha$ 分位数. 对给定的显著性水平 α, 若 $|r| \geqslant c$, 则拒绝原假设 $H_0: \rho = 0$, 此时可认为 y 与 x 存在显著的线性关系; 若 $|r| < c$, 则认为 y 与 x 之间不存在显著的线性关系但可能存在某种非线性关系.

我们也可根据 F 分布来确定临界值 c. 为此, 我们考虑统计量 r 与 F 之间的关系. 由样本相关系数的定义知

$$r^2 = \frac{\mathrm{SS}_R}{\mathrm{SS}_T} = \frac{\mathrm{SS}_R}{\mathrm{SS}_R + \mathrm{SS}_E} = \frac{\mathrm{SS}_R/\mathrm{SS}_E}{\mathrm{SS}_R/\mathrm{SS}_E + 1},$$

而

$$F = \frac{\mathrm{MS}_R}{\mathrm{MS}_E} = \frac{\mathrm{SS}_R}{\mathrm{SS}_E/(n-2)} = \frac{(n-2)\mathrm{SS}_R}{\mathrm{SS}_E}.$$

综合以上两式可得

$$r^2 = \frac{F}{F + (n-2)}.$$

上式表明: $|r|$ 是 F 的严格单调递增函数, 因此, 可由 F 分布的 $1-\alpha$ 分位数 $F_\alpha(1, n-2)$ 得到 $|r|$ 的 $1-\alpha$ 分位数

$$c = r_{1-\alpha}(n-2) = \sqrt{\frac{F_\alpha(1, n-2)}{F_\alpha(1, n-2) + n - 2}}.$$

譬如, 若取 $\alpha = 0.01$, $n = 20$, 查 F 分布临界值表知 $F_{0.01}(1, 18) = 8.2854$, 于是

$$c = r_{0.99}(18) = \sqrt{\frac{8.2854}{8.2854 + 18}} = 0.561.$$

为了实际使用方便, 人们已经对 $r_{1-\alpha}(n-2)$ 编制了专门的表, 如附表 3 所示.

以例 2.4 中数据为例, 可以计算得到

$$r = \frac{2738}{\sqrt{3728.95 \times 2706}} = 0.862.$$

若取 $\alpha = 0.01$, 查附表 1 知 $r_{0.99}(18) = 0.561$. 由于 $0.862 > 0.561$, 因此, 在显著性水平 $\alpha = 0.01$ 下回归方程是显著的.

以上是通过假设检验来讨论回归系数的显著性检验的. 事实上, 我们也可以通过构造回归系数的置信区间来讨论其回归系数的显著性. 由前面的讨论知, 统计量 $(\hat{\beta}_1 - \beta_1)\sqrt{l_{xx}}/\tilde{\sigma} \sim t(n-2)$. 从而, 回归系数 β_1 的置信水平为 $1-\alpha$ 的置信区间为

$$(\hat{\beta}_1 - \tilde{\sigma} t_{\alpha/2}(n-2)/\sqrt{l_{xx}}, \hat{\beta}_1 + \tilde{\sigma} t_{\alpha/2}(n-2)/\sqrt{l_{xx}}).$$

以例 2.4 中数据为例, 计算得参数 β_1 的置信水平为 99% 的置信区间为

$$(0.4413, 1.0273).$$

由于 0.0 点位于该置信区间的左侧, 所以, 在显著性水平 $\alpha = 0.01$ 下所建回归方程的回归系数 β_1 是显著异于 0.0 的.

2.3.2 实例分析及 R 软件应用

本节以例 2.3 中的数据为例介绍 R 软件在回归方程的显著性检验中的应用.

(1) 模型的方差分析 (ANOVA) 下面列出了变异源、自由度、均方、F 值以及显著性检验的 p 值.

```
>anova(a)
Analysis of Variance Table
    Response:  y
                 Df   Sum Sq   Mean Sq   F value   Pr(>F)
    x             1  2010.39   2010.39   52.022    1.037e-06 ***
    Residuals    18   695.61     38.64
    ...
Signif. codes:  0 '***' 0.001 '**' 0.01 '*' 0.05 '.' 0.1
```

回归方程的显著性检验结果表明：回归平方和为 2010.39, 残差平方和为 695.61, 总平方和为 2706.00, F 统计量的值为 52.022, 检验的 p 值为 1.037×10^{-6}. 在显著性水平 $\alpha=0.05$ 下, 由于其检验的 p 值小于 0.05, 因此, 我们认为所建立的回归方程是显著的, x 与 y 之间存在直线回归关系.

(2) 回归系数的 t 检验 下列给出了常数项、非标准化回归系数以及标准化回归系数的估计值, 及其对应的显著性检验结果.

```
>summary(a)
Call:
lm(formula = y ~ x)
Residuals:
Min                  1Q        Median      3Q         Max
-12.5578             -4.0524   -0.1975     4.2690     9.6450
Coefficients:
                     Estimate  Std. Error  t value    Pr(>|t|)
(Intercept)          -7.6020   10.9861     -0.692     0.498
x                    0.7343    0.1018      7.213      1.04e-06 ***
...
Signif. codes:  0 '***' 0.001 '**' 0.01 '*' 0.05 '.' 0.1 '' 1
Residual standard error: 6.217 on 18 degrees of freedom
Multiple R-squared: 0.7429, Adjusted R-squared: 0.7287
F-statistic: 52.02 on 1 and 18 DF, p-value: 1.037e-06
```

上表的结果表明：非标准化回归系数的估计值为 0.7343, 其标准误为 0.1018, 回归系数显著性检验的 t 统计量的值为 7.213, 其对应的 p 值 $1.04\times10^{-6}<\alpha=0.05$, 因此, 我们认为回归方程是显著的. 另外, 上面的数值结果也表明：拟合线性回归模型的确定性系数为 0.7429, 经调整后的确定性系数为 0.7287, 拟合效果好, 标准差的估计值为 6.217. 以上有关回归方程的拟合优度、方差分析以及回归系数的显著性检验的结果均表明, 我们所建立的回归方程是显著的.

2.4 预测与决策

建立回归模型的目的就是为了用它来做预测和决策. 下面我们专门来讨论回归模型在预测和决策方面的应用.

2.4.1 点预测

可根据前面建立的一元线性回归模型对给定的 x 值预测其因变量 y 的值. 其一般方法如下：假设我们建立的一元线性回归模型为 $\hat{y}=\hat{\beta}_0+\hat{\beta}_1x$, 则在给定点 $x=x_0$ 时, 其因变量 y 的预测值为 $\hat{y}_0=\hat{\beta}_0+\hat{\beta}_1x_0$. 这个预测值是在给定自变量 $x=x_0$ 的条件下因变量 y 的均值的一个点预测.

以表 2.4 中数据为例, 根据表 2.4 中数据我们建立了如下线性回归模型：

$$\hat{y}=244.5455+0.5091x.$$

若已知某一家庭某月的可支配收入 $x_0=1600$ 元, 则根据上述模型预测该家庭该月的消费支出为: $\hat{y}_0=244.5455+0.5091\times 1600=1059.11$ 元. 这个预测值是对每月可支配收入为 1600 元的所有家庭的消费支出之均值的一个预测, 但一个月可支配收入为 1600 元的家庭的消费支出数一般不会正好等于 1059.11 元. 因此, 需要考虑 y 的均值的可信区间.

2.4.2 区间预测

1. 因变量均值的区间预测

这就要考虑给定 x 条件下 y 的总体均值的区间预测. 由定理 2.1 知：当给定 $x=x_0$ 时, $\hat{y}_0=\hat{\beta}_0+\hat{\beta}_1x_0$ 是总体均值 $E(y_0|x_0)$ 的一个无偏估计, 且 $\hat{y}_0$ 服从均值为 $E(y_0|x_0)$ 的正态分布 $N(E(y_0|x_0),\sigma_P^2)$, 其中 $\sigma_P^2=\sigma^2(1/n+(x_0-\bar{x})^2/l_{xx})$. 则由此及前面的结论：$(n-2)\tilde{\sigma}^2/\sigma^2\sim\chi^2(n-2)$ 可得

$$T=\frac{\hat{y}_0-E(y_0|x_0)}{S_e(\hat{y}_0)}$$

服从自由度为 $n-2$ 的 t 分布, 其中

$$S_e(\hat{y}_0)=\sigma\sqrt{\frac{1}{n}+\frac{(x_0-\bar{x})^2}{\sum(x_i-\bar{x})^2}}$$

是 $\hat{y}_0$ 的标准误差, $\tilde{\sigma}=\sqrt{\mathrm{SS}_E/(n-2)}$. 在给定显著水平 α 下, 我们有

$$P\left(-t_{\frac{\alpha}{2}}(n-2)\leqslant\frac{\hat{y}_0-E(y_0|x_0)}{S_e(\hat{y}_0)}\leqslant t_{\frac{\alpha}{2}}(n-2)\right)=1-\alpha.$$

由此即得

$$P\left(\hat{y}_0-t_{\frac{\alpha}{2}}(n-2)S_e(\hat{y}_0)\leqslant E(y_0|x_0)\leqslant\hat{y}_0+t_{\frac{\alpha}{2}}(n-2)S_e(\hat{y}_0)\right)=1-\alpha.$$

上式表明：在重复抽样中，若构造 100 个这样的区间，则至少有 $100(1-\alpha)$ 个区间包含总体均值 $E(Y_0|X_0)$. 为了记号简单起见，若无特别说明，下面用 $t_{\frac{\alpha}{2}}$ 表示 $t_{\frac{\alpha}{2}}(n-2)$. 由上面的表达式可得，总体均值 $E(y_0|x_0)$ 的置信水平为 $100(1-\alpha)\%$ 的置信区间为

$$\left(\hat{y}_0 - t_{\frac{\alpha}{2}} S_e(\hat{y}_0), \hat{y}_0 + t_{\frac{\alpha}{2}} S_e(\hat{y}_0)\right).$$

2. 因变量单值的区间预测

当给定 $x = x_0$ 时，$\hat{y}_0 = \hat{\beta}_0 + \hat{\beta}_1 x_0$ 为 y_0 的预测值，其残差记为 $e_0 = y_0 - \hat{y}_0$. 可以证明 e_0 服从于均值为零，方差为 $\tilde{\sigma}_P^2$ 的正态分布，即 $e_0 \sim N(0, \tilde{\sigma}_P^2)$，其中 $\tilde{\sigma}_P^2 = \sigma^2(1 + 1/n + (x_0 - \bar{x})^2/l_{xx})$. 类似地，由 $(n-2)\tilde{\sigma}^2/\sigma^2 \sim \chi^2(n-2)$ 可得统计量

$$T^* = \frac{y_0 - \hat{y}_0}{S_e(\hat{e}_0)}$$

服从自由度为 $n-2$ 的 t 分布，其中

$$S_e(\hat{e}_0) = \tilde{\sigma}\sqrt{1 + \frac{1}{n} + \frac{(x_0 - \bar{x})^2}{\sum(x_i - \bar{x})^2}}$$

为 e_0 的标准误差. 在给定显著性水平 α 下，我们有

$$P\left(-t_{\frac{\alpha}{2}} \leqslant \frac{y_0 - \hat{y}_0}{S_e(\hat{e}_0)} \leqslant t_{\frac{\alpha}{2}}\right) = 1 - \alpha.$$

由此可得

$$P\left(\hat{y}_0 - t_{\frac{\alpha}{2}} S_e(\hat{e}_0) \leqslant y_0 \leqslant \hat{y}_0 + t_{\frac{\alpha}{2}} S_e(\hat{e}_0)\right) = 1 - \alpha.$$

上式表明，在重复抽样中，若构造 100 个这样的区间，则至少有 $100(1-\alpha)$ 个区间包含 y_0. 因此，y_0 的置信水平为 $100(1-\alpha)\%$ 的置信区间为：

$$\left(\hat{y}_0 - t_{\frac{\alpha}{2}} S_e(\hat{e}_0), \hat{y}_0 + t_{\frac{\alpha}{2}} S_e(\hat{e}_0)\right).$$

2.4.3 控制问题

控制问题是预测问题的反问题，预测和控制有着密切的关系. 在许多经济问题中，我们通常想使得 y 在一定范围内取值. 此时，我们的问题是：如果将 y 控制在某一定范围内，问 x 应控制在什么范围?

这里我们仅在假设 n 很大时讨论其控制问题，而对更一般的情形，可类似讨论. 对于 y 给出的两个值 $y_1^* < y_2^*$ 和置信度 $1-\alpha$，令

$$\begin{cases} y_1^* = \hat{\beta}_0 + \hat{\beta}_1 x_1^* - u_{\alpha/2}\hat{\sigma}^*, \\ y_2^* = \hat{\beta}_0 + \hat{\beta}_1 x_2^* + u_{\alpha/2}\hat{\sigma}^*. \end{cases}$$

由此可得

$$\begin{cases} x_1^* = (y_1^* - \hat{\beta}_0 + u_{\alpha/2}\hat{\sigma}^*)/\hat{\beta}_1, \\ x_2^* = (y_2^* - \hat{\beta}_0 - u_{\alpha/2}\hat{\sigma}^*)/\hat{\beta}_1. \end{cases}$$

上式表明：当 $\hat{\beta}_1 > 0$ 时, 要使 y 在区间 (y_1^*, y_2^*) 内取值其 x 的控制范围为 (x_1^*, x_2^*); 当 $\hat{\beta}_1 < 0$ 时, 要使 y 在区间 (y_1^*, y_2^*) 内取值其 x 的控制范围为 (x_2^*, x_1^*).

实际应用中, 要实现上面的控制, 必须要求区间 (y_1^*, y_2^*) 的长度大于 $2u_{\alpha/2}\hat{\sigma}^*$, 否则控制区间不存在. 特别, 当 $\alpha = 0.05$ 时, $2u_{\alpha/2} = u_{0.025} = 1.96 \approx 2$, 因此, 上面的控制区间可近似表示为

$$\begin{cases} x_1^* = (y_1^* - \hat{\beta}_0 + 2\hat{\sigma}^*)/\hat{\beta}_1, \\ x_2^* = (y_2^* - \hat{\beta}_0 - 2\hat{\sigma}^*)/\hat{\beta}_1. \end{cases}$$

控制问题的应用要求因变量 y 与自变量 x 之间存在一定的因果关系, 它常用工业生产中的质量控制. 在经济问题研究中, 由于经济变量之间有着很强的相关性, 它们之间形成一个综合整体, 因此, 仅控制回归方程中的一个或几个自变量而忽略回归方程之外的其他变量是很难实现其预期的控制效果.

2.5 因变量缺失的一元线性回归模型

2.5.1 缺失数据机制

前面我们在假设因变量完全观测的情况下讨论了一元线性回归模型的参数估计、假设检验、置信区间的构造以及预测和控制等问题. 然而, 在许多实际问题研究中, 常常由于各种原因使得一些数据不能获得. 例如, 在居民收入的问卷调查中, 由于被调查者的疏忽而忘了回答问卷中的某些问题或由于涉及到被调查者的隐私致使被调查者不愿意回答问卷中的某些问题, 造成一些数据缺失；在药物药效研究中, 由于药物本身的副作用致使一些患者放弃该药物的治疗, 造成一些数据缺失；在纵向数据研究中, 由于被调查者的出国或工作调动或者死亡等原因而导致数据的缺失；在工业试验中, 由于出现与试验过程无关的机械故障, 从而导致一些数据的缺失. 常见的数据缺失模式有：① 只有一个变量存在缺失数据; ② 缺失数据只出现在几个变量的观测值中, 且每一变量的观测值的缺失数据模式一样; ③ 缺失数据随变量的变化呈现出单调性; ④ 缺失数据的缺失没有规律可循; ⑤ 缺失数据的缺失呈现出互补型; ⑥ 缺失数据的缺失是由于变量本身不可观测导致的等.

在缺失数据研究中, 我们也想知道变量缺失是否与该数据集中变量的真实值有关, 这就是所谓的缺失数据机制. 弄清缺失数据机制对选用正确的统计方法做统计推断是至关重要的, 这是因为缺失数据机制不同所采用的统计推断方法亦不一样. 为了便于叙述, 我们记完全数据为 $\boldsymbol{Y} = (y_1, \cdots, y_n)^{\mathrm{T}}$, 缺失数据示性函数向量为 $\boldsymbol{r} = (r_1, \cdots, r_n)^{\mathrm{T}}$, 如果 y_i 缺失, 则 $r_i = 1$, 如果 y_i 不缺失, 则 $r_i = 0$. 缺失数据机制由给定 $\boldsymbol{Y}$ 时 $\boldsymbol{r}$ 的条件分布刻划, 记为 $f(\boldsymbol{r}|\boldsymbol{Y}, \boldsymbol{\varphi})$, 其中 $\boldsymbol{\varphi}$ 为未知参数. 常见的缺失数据机制有以下三种类型.

(1) 如果数据缺失与 $\boldsymbol{Y}$ 的观测数据和缺失数据都无关, 即对一切 $\boldsymbol{Y}$ 和参数 $\boldsymbol{\varphi}$ 都有 $f(\boldsymbol{r}|\boldsymbol{Y},\boldsymbol{\varphi})=f(\boldsymbol{r}|\boldsymbol{\varphi})$, 则称数据为完全随机缺失 (missing completely at random, 简记为 MCAR);

(2) 如果数据缺失只与 $\boldsymbol{Y}$ 的观测数据 (记为 $\boldsymbol{Y}_{\rm obs}$) 有关而与缺失数据无关, 即对一切 $\boldsymbol{Y}$ 和参数 $\boldsymbol{\varphi}$ 都有 $f(\boldsymbol{r}|\boldsymbol{Y},\boldsymbol{\varphi})=f(\boldsymbol{r}|\boldsymbol{Y}_{\rm obs},\boldsymbol{\varphi})$, 则称这种缺失数据机制为随机缺失 (missing at random, 简记为 MAR);

(3) 如果数据缺失与 $\boldsymbol{Y}$ 的缺失值 (记为 $\boldsymbol{Y}_{\rm mis}$) 有关, 即对一切 $\boldsymbol{Y}$ 和参数 $\boldsymbol{\varphi}$ 都有 $f(\boldsymbol{r}|\boldsymbol{Y},\boldsymbol{\varphi})=f(\boldsymbol{r}|\boldsymbol{Y}_{\rm obs},\boldsymbol{Y}_{\rm mis},\boldsymbol{\varphi})$, 则称这样的缺失数据机制为非随机缺失 (not missing at random, 简记为 NMAR).

由于前两种缺失数据机制与缺失数据无关, 所以, 通常称该类缺失数据机制为可忽略缺失的 (ignorable missing data); 而后一种缺失数据机制与缺失数据本身有关, 因此, 称这类缺失数据机制为不可忽略缺失的 (nonignorable missing data).

2.5.2 处理缺失数据的常用方法

当因变量数据有缺失时, 人们可以首先删除因变量缺失数据所对应的自变量数据, 其次基于因变量和自变量都没有缺失的数据应用前面介绍的方法来建立一元线性回归模型并对该模型做统计推断. 统计学上通常称这一方法为基于完全观测数据方法. 这一方法在缺失数据很少时是可行的. 但当缺失数据较多时这一方法或许导致有偏的参数估计或得到不合理的统计推断. 为了克服这一方法的缺陷, 人们提出了对缺失数据模型作统计推断的许多常用的方法, 如加权调整法、插补方法、似然方法、逆概率加权法以及 Bayes 方法等.

2.5.3 填充最小二乘估计

记 $\hat{\beta}_0^*$ 和 $\hat{\beta}_1^*$ 分别是一元线性回归模型 $y=\beta_0+\beta_1x+\varepsilon$ 中 β_0 和 β_1 的基于完全观测数据获得的最小二乘估计. 如果 y_i 的值缺失, 则用它的拟合值 $\hat{y}_i=\hat{\beta}_0^*+\hat{\beta}_1^*x_i$ 代替. 然后, 基于填充后的数据用前面介绍的最小二乘估计法获得一元线性回归模型中参数的估计.

为了说明其方法, 我们不妨假设因变量的前 m 个值缺失而后 $n-m$ 个值观测. 这样, $\hat{\beta}_0^*$ 和 $\hat{\beta}_1^*$ 为基于后 $n-m$ 个观测数据 $\{(x_i,y_i):i=m+1,\cdots,n\}$ 获得的一元线性回归模型中参数 β_0 和 β_1 的最小二乘估计值. 令 $\hat{y}_i=\hat{\beta}_0^*+\hat{\beta}_1^*x_i$ $(i=1,\cdots,m)$ 为前 m 个缺失值的拟合值. 对 $i=1,\cdots,m$, 令 $\tilde{y}_i=\hat{y}_i$; 对 $i=m+1,\cdots,n$, 令 $\tilde{y}_i=y_i$. 对填充后的数据 $\{(x_i,\tilde{y}_i):i=1,\cdots,n\}$ 应用最小二乘方法求一元线性回归模型中参数 β_0 和 β_1 的估计. 即找 β_0 和 β_1 使得

$$Q(\beta_0,\beta_1)=\sum_{i=1}^{m}(\hat{y}_i-\beta_0-\beta_1x_i)^2+\sum_{i=m+1}^{n}(y_i-\beta_0-\beta_1x_i)^2$$

达到最小. 按定义知, $\hat{\beta}_0^*$ 和 $\hat{\beta}_1^*$ 极小化 $Q(\beta_0,\beta_1)$ 的第二项和, 同时它也极小化了 $Q(\beta_0,\beta_1)$ 的第一项和. 这样, 对缺失值填充后的最小二乘估计, 我们有 ① $Q(\beta_0,\beta_1)$ 在 $\beta_0=\hat{\beta}_0^*$ 和 $\beta_1=\hat{\beta}_1^*$ 时取极小值, ② $Q(\hat{\beta}_0^*,\hat{\beta}_1^*)$ 等于由 $n-m$ 个观测值 y_i 形成的最

小残差平方和. 因此, ① 基于目标函数 $Q(\beta_0, \beta_1)$ 得到的模型参数的最小二乘估计与基于完全观测数据得到的模型参数的最小二乘估计是一样的; ② 基于缺失值填充后得到的 σ^2 的最小二乘估计 $\hat{\sigma}_\star^2$ 与基于完全观测数据得到的 σ^2 的最小二乘估计 $\hat{\sigma}^2$ 有如下关系式:

$$\hat{\sigma}_\star^2 = \hat{\sigma}^2 \frac{n-2}{n-m-2}.$$

由此可以看出: 该方法不是很完美的. 很少有实际帮助的, 这是因为它没有利用缺失数据信息. 因此, 许多其他的方法如: EM 算法、Bartlett 的用缺失值协变量进行协差分析方法等被提出来估计模型中的参数.

案例分析: 研究 2008 年各地区城市居民消费的差异

居民消费在社会经济的持续发展中有着重要的作用. 居民合理的消费模式和居民适度的消费规模有利于经济持续健康的增长, 而且这也是人民生活水平的具体体现. 改革开放以来随着中国经济的快速发展, 人民生活水平不断提高, 居民的消费水平也不断增长. 但是在看到这个整体趋势的同时, 还应看到全国各地区经济发展速度不同, 居民消费水平也有明显差异. 为了研究全国居民消费水平及其变动的原因, 需要作具体的分析. 影响各地区居民消费支出有明显差异的因素可能很多, 但从理论和经验分析, 最主要的影响因素应是居民收入, 其他因素虽然对居民消费也有影响, 但有的不易取得数据, 如 “居民财产” 和 “购物环境”; 有的可能与居民收入高度相关, 如 “就业状况”; 还有的因素在运用截面数据时在地区间的差异并不大, 如 “零售物价指数”“利率”. 因此这些其他因素可以不列入模型, 即便它们对居民消费有某些影响也可归入随即扰动项中. 为了与 “城市居民人均消费支出” 相对应, 选择在《统计年鉴》中可以获得的” 城市居民每人每年可支配收入” 作为解释变量 x, 数据如表 2.8 所示.

1. 读入数据

将表 2.8 中 excel 类型的数据保存为文本文档 data1.txt, 然后使用

```
>yx=read.table("data1.txt", header=T)
>y=data1}[,2]
>x=data1}[,3]
```

2. 模型设定

作居民家庭平均每人每年消费支出 y 和居民人均年可支配收入 x 的散点图:

```
>plot(x, y)
```

从散点图图 2.5 可以看出居民家庭平均每人每年消费支出 (y) 和居民人均年可支配收入 (x) 大体呈现为线性关系, 所以建立的计量经济模型为如下线性模型:

$$y = \beta_0 + \beta_1 x + \varepsilon.$$

表 2.8　2008 年中国各地区城市居民人均年消费支出和可支配收入

地区	城市居民家庭平均每人每年消费支出 y/元	城市居民人均年可支配收入 x/元
北京	16460.26	24724.89
天津	13422.47	19422.53
河北	9086.73	13441.09
山西	8806.55	13119.05
内蒙古	10828.62	14432.55
辽宁	11231.48	14392.69
吉林	9729.05	12829.45
黑龙江	8622.97	11581.28
上海	19397.89	26674.90
江苏	11977.55	18679.52
浙江	15158.30	22726.66
安徽	9524.04	12990.35
福建	12501.12	17961.45
江西	8717.37	12866.44
山东	11006.61	16305.41
河南	8837.46	13231.11
湖北	9477.51	13152.86
湖南	9945.52	13821.16
广东	15527.97	19732.86
广西	9627.40	14146.04
海南	9408.48	12607.84
重庆	11146.80	14367.55
四川	9679.14	12633.38
贵州	8349.21	11758.76
云南	9076.61	13250.22
西藏	8323.54	12481.51
陕西	9772.07	12857.89
甘肃	8308.62	10969.41
青海	8192.56	11640.43
宁夏	9558.29	12931.53
新疆	8669.36	11432.10

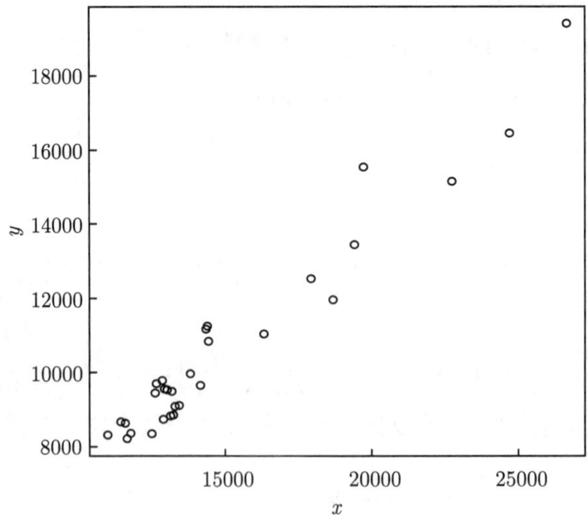

图 2.5　消费支出 y 和人均年可支配收入 x 的样本散点图

3. 估计参数

```
>fm=lm(y~x)
Call: lm(formula=y~x)
Coefficients:
(Intercept)     x
725.3459      0.6647
```

于是得到回归方程为 $\hat{y} = 725.3459 + 0.6647x$.

4. 模型检验

(1) 经济意义检验

所估计的参数 $\hat{\beta}_1 = 0.6647$, 说明居民人均年可支配收入每相差 1 元, 可导致居民消费支出相差 0.6647 元. 这与经济学中边际消费倾向的意义相符.

(2) 拟合优度和统计检验

```
>anova(a)
```

运行结果为

```
Analysis of Variance Table
  Response:  y
                 Df     Sum Sq     Mean Sq  F value     Pr(>F)
  x               1  211006882  211006882     506.8     <2.2e-16 ***
  Residuals      29   12091373     416944
  ...
Signif. codes:  0 '***' 0.001 '**' 0.01 '*' 0.05 '.' 0.1 ''1
>summary(a)
Call:
  lm(formula = y~x)
  Residuals:
  Min                    1Q         Median        3Q        Max
  -1164.94               -559.30    8.85          409.97    1685.28
  Coefficients:
                         Estimate   Std. Error  t value   Pr(>|t|)
  (Intercept)            725.34590  456.46587   1.589     0.123
  x                      0.66475    0.02955     22.496    <2e-16 ***
  ...
Signif. codes:  0 '***' 0.001 '**' 0.01 '*' 0.05 '.' 0.1 ''1
Residual standard error: 645.7 on 29 degrees of freedom
Multiple R-squared: 0.9458, Adjusted R-squared: 0.9439
F-statistic: 506.1 on 1 and 29 DF, p-value: <2.2e-16
```

拟合优度的度量：由上面的结果可以看出, 本案例中可决系数为 0.9458, 说明所建模型整体上对样本数据拟合较好, 即解释变量 “居民人均年可支配收入” 对被解释变量 “居民人均年消费支出” 的绝大部分差异作出了解释.

对回归系数的 t 检验：上面的结果表明非标准化回归系数的估计值为 0.66475, 其标准误为 0.02955, 回归系数显著性检验的 t 统计量的值为 22.496, 其对应的 p 值 $< 2\times10^{-16} < \alpha = 0.05$, 这表明, 人均年可支配收入对人均年消费支出有显著影响.

我们将得到的直线方程画在散点图上, 结果如图 2.6 所示. 程序如下:

> abline(fm)

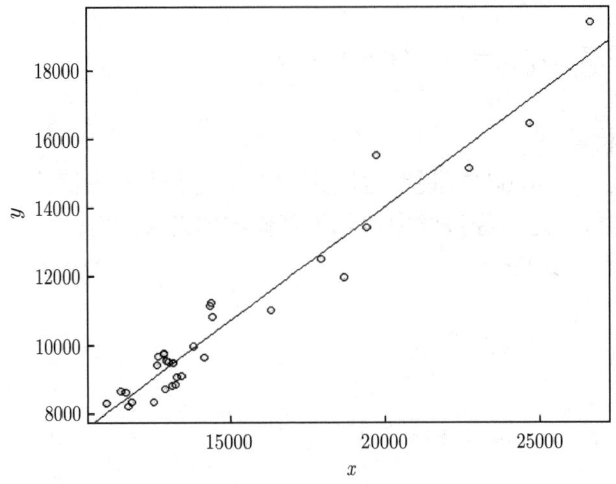

图 2.6　消费支出 y 和人均年可支配收入 x 的拟合图

5. 回归预测

当通过检验, 回归方程有意义时, 可用它作预测. 当给定 $x = x_0 = 14000$ 时, y_0 的预测值和置信水平为 $100(1-\alpha)\%$ 的置信区间可用 R 软件中的 predict() 函数求出. 下面是 R 软件的计算过程:

```
>new<-data.frame(x=14000)
>lm.pred<-predict(fm, new, interval="prediction", level=0.95)
>lm.pred
               fit       lwr       upr
        1 10031.79  8688.829  11374.76
```

由计算结果得到预测值与相应的预测区间为:

$$\hat{y}_0 = 10031.79, \quad [8688.829, 11374.76].$$

复习思考题

1. 一元线性回归模型有哪些基本假定?
2. 考虑过原点的线性回归模型

$$y_i = \beta_1 x_i + \varepsilon_i, \quad i = 1, 2, \cdots, n.$$

误差 $\varepsilon_1, \varepsilon_2, \cdots \varepsilon_n$ 仍满足基本假定. 求 β_1 的最小二乘估计.

3. 记 $e_i = y_i - \hat{y}_i$ 为一元线性回归模型的残差. 证明

$$\sum_{i=1}^{n} e_i = 0, \quad \sum_{i=1}^{n} x_i e_i = 0.$$

4. 回归方程 $E(y) = \beta_0 + \beta_1 x$ 的参数 β_0 和 β_1 的最小二乘估计与最大似然估计在什么条件下等价? 并给出其证明.

5. 证明 $\hat{\beta}_0$ 是 β_0 的无偏估计.

6. 证明 $\mathrm{Var}(\hat{\beta}_0) = (1/n + \bar{x}^2/\left(\sum_{i=1}^{n}(x_i - \bar{x})^2\right)\sigma^2$ 成立.

7. 验证二种检验的关系, 即验证:

(1)$t = \hat{\beta}_1\sqrt{L_{xx}}/\hat{\sigma} = \sqrt{(n-2)}r/\sqrt{1-r^2}$;

(2)$F = \dfrac{\mathrm{SS}R/1}{\mathrm{SS}E/(n-2)} = \dfrac{\hat{\beta}_1^2 L_{xx}}{\hat{\sigma}^2} = t^2$.

8. 验证 $\mathrm{Var}(e_i) = (1 - \dfrac{1}{n} - (x_i - \bar{x})^2/L_{xx})\sigma^2$.

9. 用第 8 题的结论证明 $\sigma^2 = \dfrac{1}{n-2}\sum_{i=1}^{n}(y_i - \hat{y}_i)^2$ 是 σ^2 的无偏估计.

10. 如果回归方程 $\hat{y} = \hat{\beta}_0 + \hat{\beta}_1 x$ 的相关系数 r 很大, 则用它预测时, 预测值与真值的偏差一定较小. 这一结论正确吗?

11. 现收集到合金钢中碳含量 x 及强度 y 的 16 组数据, 计算得 $\bar{x} = 0.125$, $\bar{y} = 45.7886$, $l_{xy} = 25.5218$, $l_{xx} = 2432.4566$.

(1) 建立 y 关于 x 的一元线性回归方程 $\hat{y} = \hat{\beta}_0 + \hat{\beta}_1 x$;

(2) 写出 $\hat{\beta}_0$ 和 $\hat{\beta}_1$ 的分布;

(3) 求 $\hat{\beta}_0$ 和 $\hat{\beta}_1$ 的相关系数;

(4) 写出对回归方程做显著性检验的方差分析表 ($\alpha = 0.05$);

(5) 给出 β_1 的 95% 的置信区间;

(6) 在 $x = 0.15$ 时求对应的 y 的 95% 的预测区间.

12. 回答下列问题:

(1) 为什么在对参数进行最小二乘估计之前, 要对模型提出古典假定?

(2) 什么是总体回归函数和样本回归函数, 它们之间的区别是什么?

(3) 什么是随机误差项和残差, 它们之间的区别是什么?

(4) 总体方差与参数估计方差的区别是什么?

13. 下表是我国 1978~1997 年的财政收入 y 和国民生产总值 x 的数据资料, 试根据资料完成下列问题:

(1) 建立财政收入对国民生产总值的一元线性回归方程, 并解释斜率系数的经济意义;

(2) 对所建立的回归方程进行检验;

(3) 若 1998 年国民生产总值为 78017.8 亿元, 求 1998 年财政收入预测值及预测区间 ($\alpha = 0.05$).

我国 1978~1997 年的财政收入 y 和国民生产总值 x

年份	x	y
1978	3624.100	1132.260
1979	4038.200	1146.380
1980	4517.800	1159.930
1981	4860.300	1175.790
1982	5301.800	1212.330
1983	5957.400	1366.950
1984	7206.700	1642.860
1985	8989.100	2004.820
1986	10201.40	2122.010
1987	11954.50	2199.350
1988	14922.30	2357.240
1989	16917.80	2664.900
1990	18598.40	2937.100
1991	21662.50	3149.480
1992	26651.90	3483.370
1993	34560.50	4348.950
1994	46670.00	5218.100
1995	57494.90	6242.200
1996	66850.50	7407.990
1997	73452.50	8651.140

第 3 章　多元线性回归分析

第 2 章讨论了一元线性回归模型, 即因变量 y 只与一个自变量 x 有关的线性回归模型的统计推断问题. 但在许多实际问题的研究中, 影响因变量 y 的因素往往不止一个, 它或许同时受到多个因素的影响. 譬如, 家庭消费支出 y 除了受家庭可支配收入 x_1 的影响, 还受家庭所拥有的财富 x_2、物价水平 x_3、存款利率 x_4、就业状况 x_5、家庭成员的身体状况 x_6 等多个因素的影响, 这样因变量 y 就与多个自变量 $x_1, x_2, \cdots, x_6$ 有关. 因此, 我们需要进一步讨论多元线性回归模型的有关参数估计、假设检验和置信区间估计以及模型拟合优度评价等问题.

多元线性回归模型是一元线性回归模型的自然推广, 其基本原理与一元线性回归模型类似, 只是自变量的个数增加了, 增加了计算难度.

3.1　多元线性回归模型

对数据集 $\{(y_i, x_{i1}, x_{i2}, \cdots, x_{ip}) : i = 1, \cdots, n\}$, 若因变量 (或被解释变量)$y_i$ 与自变量 (或解释变量) $x_{i1}, x_{i2}, \cdots, x_{ip}$ 之间存在如下关系式:

$$y_i = \beta_0 + \beta_1 x_{i1} + \beta_2 x_{i2} + \cdots + \beta_p x_{ip} + \varepsilon_i, \tag{3.1}$$

则称式 (3.1) 为因变量 y 关于自变量 $x_1, \cdots, x_p$ 的多元线性回归模型, 其中 β_0 称为回归常数, $\beta_1, \cdots, \beta_p$ 称为回归系数. 当 $p = 1$ 时, 式 (3.1) 即为前 2 章讨论过的一元线性回归模型. 类似于一元线性回归模型, 假设随机误差项 $\varepsilon_i (i = 1, \cdots, n)$ 满足

$$E(\varepsilon_i) = 0, \quad \mathrm{Cov}(\varepsilon_i, \varepsilon_j) = \begin{cases} \sigma^2, & i = j, \\ 0, & i \neq j. \end{cases} \tag{3.2}$$

我们也假设自变量 $x_1, \cdots, x_p$ 是非随机变量, 并且 $n \geqslant p$, 即样本容量应大于解释变量个数. 特别要强调的是, 这里有关自变量 $x_1, \cdots, x_p$ 的非随机性假设仅仅是为了讨论的方便. 在一些实际问题研究中, 自变量或许是存在测量误差的, 这时我们需要假设自变量是随机的, 这就是所谓的测量误差模型. 这一问题的研究已超出了本书的内容, 有兴趣的读者可以参见测量误差模型 (measurement error models) 的专著, 本章对 $n \geqslant p$ 所做的假设也是为了后面讨论的方便. 目前国内外有很多的统计学者在研究 “小 n, 大 p” 数据. 这也超出了本书的内容, 有兴趣的读者可参见高维数据分析 (high-dimensional data analysis) 的文献.

假设 (3.2) 通常称为 Gauss-Markov 条件. $E(\varepsilon_i) = 0$, 即假设观测值没有系统误差, 随机误差 ε_i 的平均值为零. 随机误差项 ε_i 的协方差为零表明随机误差项在不同的样本

点之间是不相关的 (在正态条件下即为独立), 即不存在序列相关性; 随机误差项 ε_i 在不同的样本点有相同的方差表明各次观测之间有相同的精度.

多元线性回归模型 (3.1) 在随机误差假设 (3.2) 下的矩阵形式为

$$\boldsymbol{Y}=\boldsymbol{X}\boldsymbol{\beta}+\boldsymbol{\varepsilon},\quad \boldsymbol{\varepsilon}\sim(\boldsymbol{0},\sigma^2\boldsymbol{I}_n), \tag{3.3}$$

其中

$$\boldsymbol{Y}=\begin{pmatrix} y_1\\ y_2\\ \vdots\\ y_n\end{pmatrix},\quad \boldsymbol{X}=\begin{pmatrix} 1 & x_{11} & x_{12} & \cdots & x_{1p}\\ 1 & x_{21} & x_{22} & \cdots & x_{2p}\\ \vdots & \vdots & \vdots & \vdots & \vdots\\ 1 & x_{n1} & x_{n2} & x_{n3} & x_{np}\end{pmatrix},\quad \boldsymbol{\beta}=\begin{pmatrix}\beta_0\\ \beta_1\\ \vdots\\ \beta_p\end{pmatrix},\quad \boldsymbol{\varepsilon}=\begin{pmatrix}\varepsilon_1\\ \varepsilon_2\\ \vdots\\ \varepsilon_n\end{pmatrix}.$$

这里, $n\times(p+1)$ 维矩阵 $\boldsymbol{X}$ 常被称为回归设计阵, 这是因为 $\boldsymbol{X}$ 的每一元素是预先设定并可以控制的, 有很多主观人为的因素. 本章若无特别说明, 我们通常假设设计阵 $\boldsymbol{X}$ 为列满秩矩阵, 即秩 $(\boldsymbol{X})=p+1$.

为了对回归模型或回归参数做假设检验以及构造参数 $\boldsymbol{\beta}$ 的置信区间等, 还需要假设随机误差 ε_i 的分布. 为此, 我们假设

$$\varepsilon_i \overset{\text{i.i.d}}{\sim} N(0,\sigma^2),\quad i=1,\cdots,n. \tag{3.4}$$

根据假设 (3.4) 和多元正态分布的性质可知,

$$\boldsymbol{Y}\sim N_n(\boldsymbol{X}\boldsymbol{\beta},\sigma^2\boldsymbol{I}_n). \tag{3.5}$$

3.2 参数估计及其性质

同一元线性回归模型的参数估计原理一样, 这里我们考虑多元线性回归模型中未知参数的最小二乘估计和极大似然估计.

3.2.1 最小二乘估计

所谓多元线性回归模型 (3.1) 的最小二乘估计 (LSE), 就是找 $\beta_0,\beta_1,\cdots,\beta_p$, 使离差平方和 $Q(\beta_0,\beta_1,\cdots,\beta_p)=\sum\limits_{i=1}^{n}(y_i-\beta_0-\beta_1x_{i1}-\cdots-\beta_px_{ip})^2$ 达到最小, 即是说如果 $\hat\beta_0,\hat\beta_1,\cdots,\hat\beta_p$ 满足

$$Q(\hat\beta_0,\hat\beta_1,\cdots,\hat\beta_p)=\min_{\beta_0,\beta_1,\cdots,\beta_p}\sum_{i=1}^{n}(y_i-\beta_0-\beta_1x_{i1}-\cdots-\beta_px_{ip})^2, \tag{3.6}$$

则称 $\hat\beta_0,\hat\beta_1,\cdots,\hat\beta_p$ 为模型 (3.1) 中参数 $\beta_0,\beta_1,\cdots,\beta_p$ 的最小二乘估计. 这个方法直观上看是很自然的, 但仔细分析起来它包含了某些对数据结构的假定. 首先是各次观测在表达式 (3.6) 中各占一项, 不与其他项有关联; 这只有在各次观测独立或至少不相关时,

才显得合理. 其次, 各次观测在表达式 (3.6) 中具有一样的权数, 这需要各次观测具有大致一样的方差. 上面的分析表明：表达式 (3.6) 只有在 Gauss-Markov 假设条件 (3.2) 下才成立. 事实上, 也只有在这些假设条件成立时, 最小二乘估计才有好的性质. 后面的论述将看到这一点.

由于 Q 是关于参数 $\beta_0,\beta_1,\cdots,\beta_p$ 的非负二次初等函数, 因而, 它的最小值总是存在的. 这样, 求参数 $\beta_0,\beta_1,\cdots,\beta_p$ 的最小二乘估计问题就转化为找函数 $Q(\beta_0,\beta_1,\cdots,\beta_p)$ 关于 $\beta_0,\beta_1,\cdots,\beta_p$ 的最小值点问题. 于是, 根据微积分中求极值点的原理知, $\hat{\beta}_0,\hat{\beta}_1,\cdots,\hat{\beta}_p$ 是方程组

$$
\begin{cases}
\left.\dfrac{\partial Q}{\partial \beta_0}\right|_{\beta=\hat{\beta}_0,\cdots,\beta_p=\hat{\beta}_p} = -2\displaystyle\sum_{i=1}^{n}(y_i-\hat{\beta}_0-\hat{\beta}_1x_{i1}-\cdots-\hat{\beta}_px_{ip})=0\\
\left.\dfrac{\partial Q}{\partial \beta_1}\right|_{\beta=\hat{\beta}_0,\cdots,\beta_p=\hat{\beta}_p} = -2\displaystyle\sum_{i=1}^{n}(y_i-\hat{\beta}_0-\hat{\beta}_1x_{i1}-\cdots-\hat{\beta}_px_{ip})x_{i1}=0\\
\vdots\\
\left.\dfrac{\partial Q}{\partial \beta_p}\right|_{\beta=\hat{\beta}_0,\cdots,\beta_p=\hat{\beta}_p} = -2\displaystyle\sum_{i=1}^{n}(y_i-\hat{\beta}_0-\hat{\beta}_1x_{i1}-\cdots-\hat{\beta}_px_{ip})x_{ip}=0
\end{cases}
$$

的解. 若令 $\hat{\boldsymbol{\beta}}=(\hat{\beta}_0,\hat{\beta}_1,\cdots,\hat{\beta}_p)^{\mathrm{T}}$, 则上面方程组的矩阵表示形式为

$$-2\boldsymbol{X}^{\mathrm{T}}(\boldsymbol{Y}-\boldsymbol{X}\hat{\boldsymbol{\beta}})=\boldsymbol{0}.$$

由此即得, $\hat{\boldsymbol{\beta}}$ 是下面正规方程组

$$\boldsymbol{X}^{\mathrm{T}}\boldsymbol{X}\hat{\boldsymbol{\beta}}=\boldsymbol{X}^{\mathrm{T}}\boldsymbol{Y} \tag{3.7}$$

的解. 由设计阵 $\boldsymbol{X}$ 为列满秩阵知, $(\boldsymbol{X}^{\mathrm{T}}\boldsymbol{X})^{-1}$ 存在. 从而, 由方程组 (3.7) 可得回归模型 (3.3) 中参数 $\boldsymbol{\beta}$ 的最小二乘估计为

$$\hat{\boldsymbol{\beta}}=(\boldsymbol{X}^{\mathrm{T}}\boldsymbol{X})^{-1}\boldsymbol{X}^{\mathrm{T}}\boldsymbol{Y}. \tag{3.8}$$

下面证明, 只要 $\hat{\boldsymbol{\beta}}$ 满足方程组 (3.7), 则 $\hat{\boldsymbol{\beta}}$ 就是目标函数 $Q(\beta_0,\beta_1,\cdots,\beta_p)\triangleq Q(\boldsymbol{\beta})=(\boldsymbol{Y}-\boldsymbol{X}\boldsymbol{\beta})^{\mathrm{T}}(\boldsymbol{Y}-\boldsymbol{X}\boldsymbol{\beta})$ 的最小值点. 对任意向量 $\boldsymbol{\beta}\in\mathbb{R}^{p+1}$, 有

$$
\begin{aligned}
Q(\boldsymbol{\beta}) &= (\boldsymbol{Y}-\boldsymbol{X}\hat{\boldsymbol{\beta}}+\boldsymbol{X}\hat{\boldsymbol{\beta}}-\boldsymbol{X}\boldsymbol{\beta})^{\mathrm{T}}(\boldsymbol{Y}-\boldsymbol{X}\hat{\boldsymbol{\beta}}+\boldsymbol{X}\hat{\boldsymbol{\beta}}-\boldsymbol{X}\boldsymbol{\beta})\\
&= (\boldsymbol{Y}-\boldsymbol{X}\hat{\boldsymbol{\beta}})^{\mathrm{T}}(\boldsymbol{Y}-\boldsymbol{X}\hat{\boldsymbol{\beta}})+(\hat{\boldsymbol{\beta}}-\boldsymbol{\beta})^{\mathrm{T}}\boldsymbol{X}^{\mathrm{T}}\boldsymbol{X}(\hat{\boldsymbol{\beta}}-\boldsymbol{\beta})+2(\boldsymbol{Y}-\boldsymbol{X}\hat{\boldsymbol{\beta}})^{\mathrm{T}}\boldsymbol{X}(\hat{\boldsymbol{\beta}}-\boldsymbol{\beta})\\
&= (\boldsymbol{Y}-\boldsymbol{X}\hat{\boldsymbol{\beta}})^{\mathrm{T}}(\boldsymbol{Y}-\boldsymbol{X}\hat{\boldsymbol{\beta}})+(\hat{\boldsymbol{\beta}}-\boldsymbol{\beta})^{\mathrm{T}}\boldsymbol{X}^{\mathrm{T}}\boldsymbol{X}(\hat{\boldsymbol{\beta}}-\boldsymbol{\beta})\\
&\geqslant (\boldsymbol{Y}-\boldsymbol{X}\hat{\boldsymbol{\beta}})^{\mathrm{T}}(\boldsymbol{Y}-\boldsymbol{X}\hat{\boldsymbol{\beta}})=Q(\hat{\boldsymbol{\beta}}),
\end{aligned}
$$

所以, 满足方程组 (3.7) 的 $\hat{\boldsymbol{\beta}}$ 就是 $\boldsymbol{\beta}$ 的最小二乘估计.

通过以上方法得到模型 (3.3) 中参数 $\boldsymbol{\beta}$ 的最小二乘估计 $\hat{\boldsymbol{\beta}}$ 后, 我们可用

$$\hat{y}_i = \hat{\beta}_0 + \hat{\beta}_1 x_{i1} + \cdots + \hat{\beta}_p x_{ip}$$

作为 y_i 的回归拟合值 (简称回归值或拟合值), 而用向量 $\hat{\boldsymbol{Y}} = \boldsymbol{X}\hat{\boldsymbol{\beta}} = (\hat{y}_1, \hat{y}_2, \cdots, \hat{y}_n)^{\mathrm{T}}$ 作为因变量向量 $\boldsymbol{Y} = (y_1, y_2, \cdots, y_n)^{\mathrm{T}}$ 的拟合值. 由 $\hat{\boldsymbol{\beta}} = (\boldsymbol{X}^{\mathrm{T}}\boldsymbol{X})^{-1}\boldsymbol{X}^{\mathrm{T}}\boldsymbol{Y}$ 可得

$$\hat{\boldsymbol{Y}} = \boldsymbol{X}\hat{\boldsymbol{\beta}} = \boldsymbol{X}(\boldsymbol{X}^{\mathrm{T}}\boldsymbol{X})^{-1}\boldsymbol{X}^{\mathrm{T}}\boldsymbol{Y} \triangleq \boldsymbol{H}\boldsymbol{Y}.$$

上式表明, 通过矩阵 $\boldsymbol{H}$ 的作用把因变量向量 $\boldsymbol{Y}$ 变为 $\hat{\boldsymbol{Y}}$, 从形式上看它是给 $\boldsymbol{Y}$ 戴上了一顶帽子. 因此, 我们常常把矩阵 $\boldsymbol{H}$ 称为帽子矩阵. 帽子矩阵 $\boldsymbol{H}$ 有以下四个特点:

(1) $\boldsymbol{H}$ 是 n 阶对称阵, 并且还是幂等阵, 即 $\boldsymbol{H}^2 = \boldsymbol{H}$. 从而, $\boldsymbol{H}$ 的特征根要么为 1, 要么为 0, 并且特征根为 1 的个数是 $p+1$.

(2) $\boldsymbol{H}$ 是一个投影阵, $\hat{\boldsymbol{Y}}$ 是 $\boldsymbol{Y}$ 在自变量 $\boldsymbol{X}$ 生成的空间上的投影, 这个投影过程就是把 $\boldsymbol{Y}$ 左乘矩阵 $\boldsymbol{H}$, 因此, 称 $\boldsymbol{H}$ 为投影阵.

(3) 若记 $\boldsymbol{H}$ 的主对角线元素为 h_{ii}, 则 $\boldsymbol{H}$ 的迹为 $\mathrm{tr}(\boldsymbol{H}) = \sum_{i=1}^{n} h_{ii} = p+1$.

(4) 矩阵 $\boldsymbol{I} - \boldsymbol{H}$ 也为 n 阶对称幂等阵.

记 $e_i = y_i - \hat{y}_i$ 并称 e_i 为 y_i 的残差, $\boldsymbol{e} = (e_1, e_2, \cdots, e_n)^{\mathrm{T}}$ 被称为残差向量. 残差向量有以下性质:

(1) $\boldsymbol{e} = (\boldsymbol{I} - \boldsymbol{H})\boldsymbol{Y}$. 这是因为 $\boldsymbol{e} = \boldsymbol{Y} - \hat{\boldsymbol{Y}} = \boldsymbol{Y} - \boldsymbol{H}\boldsymbol{Y} = (\boldsymbol{I} - \boldsymbol{H})\boldsymbol{Y}$.

(2) $\boldsymbol{X}^{\mathrm{T}}\boldsymbol{e} = \boldsymbol{0}$, 即 $\sum_{i=1}^{n} e_i = 0$ 并且 $\sum_{i=1}^{n} e_i x_{ij} = 0 \ (j = 1, \cdots, p)$. 这些式子表明：残差的平均值为 0, 残差对每个自变量的加权平均为 0.

(3) $\mathrm{Var}(\boldsymbol{e}) = \sigma^2(\boldsymbol{I} - \boldsymbol{H})$. 这是因为 $\mathrm{Var}(\boldsymbol{e}) = (\boldsymbol{I} - \boldsymbol{H})\mathrm{Var}(\boldsymbol{Y})(\boldsymbol{I} - \boldsymbol{H})^{\mathrm{T}} = \sigma^2(\boldsymbol{I} - \boldsymbol{H})^2 = \sigma^2(\boldsymbol{I} - \boldsymbol{H})$. 特别地, 对 $i = 1, 2, \cdots, n$, 有 $\mathrm{Var}(e_i) = \sigma^2(1 - h_{ii})$.

记 $\mathrm{SS}_E = \boldsymbol{e}^{\mathrm{T}}\boldsymbol{e} = \boldsymbol{Y}^{\mathrm{T}}(\boldsymbol{I} - \boldsymbol{H})\boldsymbol{Y}$, 则容易证明 $\hat{\sigma}^2 = \mathrm{SS}_E/(n-p-1)$ 是 σ^2 的无偏估计.

在用正规方程组求 $\hat{\boldsymbol{\beta}}$ 时, 要求 $(\boldsymbol{X}^{\mathrm{T}}\boldsymbol{X})^{-1}$ 必须存在, 即 $(\boldsymbol{X}^{\mathrm{T}}\boldsymbol{X})^{-1}$ 是一非奇异矩阵. 由线性代数知识可知 $\boldsymbol{X}^{\mathrm{T}}\boldsymbol{X}$ 为 $p+1$ 阶满秩矩阵, $\mathrm{rank}(\boldsymbol{X}^{\mathrm{T}}\boldsymbol{X}) = p+1$ 必须有 $\mathrm{rank}(\boldsymbol{X}) \geqslant p+1$, 而 $\boldsymbol{X}$ 为 $n \times (p+1)$ 阶的矩阵, 于是, 必须有 $n \geqslant p+1$. 这一结论说明, 要想用最小二乘法估计多元线性回归模型中的未知参数, 样本容量 n 必须大于模型中未知参数的个数 p.

3.2.2 最大似然估计

多元线性回归模型中参数 $\boldsymbol{\beta}$ 的最大似然估计 (MLE) 与一元线性回归模型中参数的 MLE 思想是一致的. 对于多元正态线性回归模型 (3.5), 其模型的似然函数为

$$L(\boldsymbol{\beta}, \sigma^2) = (2\pi\sigma^2)^{-\frac{n}{2}} \exp\left\{-\frac{1}{2\sigma^2}(\boldsymbol{Y} - \boldsymbol{X}\boldsymbol{\beta})^{\mathrm{T}}(\boldsymbol{Y} - \boldsymbol{X}\boldsymbol{\beta})\right\},$$

其中未知参数为 $\boldsymbol{\beta}$ 和 σ^2. 于是, 它的对数似然函数为

$$\ell(\boldsymbol{\beta},\sigma^2) = -\frac{n}{2}\log(2\pi\sigma^2) - \frac{1}{2\sigma^2}(\boldsymbol{Y}-\boldsymbol{X\beta})^{\mathrm{T}}(\boldsymbol{Y}-\boldsymbol{X\beta}). \tag{3.9}$$

所谓“最大似然估计”就是找参数 $\boldsymbol{\beta}$ 和 σ^2 使得对数似然函数 $\ell(\boldsymbol{\beta},\sigma^2)$ 达到最大. 因此, 由式 (3.9) 可知, 当 σ^2 固定时, 基于目标函数 $\ell(\boldsymbol{\beta},\sigma^2)$ 找参数 $\boldsymbol{\beta}$ 的最大似然估计等价于找参数 $\boldsymbol{\beta}$ 使 $(\boldsymbol{Y}-\boldsymbol{X\beta})^{\mathrm{T}}(\boldsymbol{Y}-\boldsymbol{X\beta})$ 达到最小, 从而, 这与前面介绍的找多元线性回归模型中参数的最小二乘估计是一样的. 因此, 在因变量向量 $\boldsymbol{Y}$ 的正态性假定下, 多元线性回归模型 (3.5) 中参数 $\boldsymbol{\beta}$ 的 MLE 与其最小二乘估计是完全相同的, 即 $\hat{\boldsymbol{\beta}} = (\boldsymbol{X}^{\mathrm{T}}\boldsymbol{X})^{-1}\boldsymbol{X}^{\mathrm{T}}\boldsymbol{Y}$. 对目标函数 $\ell(\boldsymbol{\beta},\sigma^2)$ 关于 σ^2 求偏导并令其等于零可得, σ^2 的 MLE 为 $\hat{\sigma}_L^2 = \dfrac{1}{n}\mathrm{SS}_E = \dfrac{1}{n}\boldsymbol{Y}^{\mathrm{T}}(\boldsymbol{I}-\boldsymbol{H})\boldsymbol{Y}$. 这是 σ^2 的一个有偏估计, 但在大样本的情况下, 它是 σ^2 的一个渐近无偏估计量.

3.2.3 估计量的性质

性质 1 $\hat{\boldsymbol{\beta}}$ 是因变量向量 $\boldsymbol{Y}$ 的一个线性变换.

证明 由于 $\hat{\boldsymbol{\beta}} = (\boldsymbol{X}^{\mathrm{T}}\boldsymbol{X})^{-1}\boldsymbol{X}^{\mathrm{T}}\boldsymbol{Y}$, 并且 $\boldsymbol{X}$ 是固定设计阵, 因此, $\hat{\boldsymbol{\beta}}$ 是 $\boldsymbol{Y}$ 的一个线性变换.

性质 2 $\hat{\boldsymbol{\beta}}$ 是 $\boldsymbol{\beta}$ 的无偏估计, 并且 $\mathrm{Var}(\hat{\boldsymbol{\beta}}) = \sigma^2(\boldsymbol{X}^{\mathrm{T}}\boldsymbol{X})^{-1}$.

证明: 由于 $E(\hat{\boldsymbol{\beta}}) = E\{(\boldsymbol{X}^{\mathrm{T}}\boldsymbol{X})^{-1}\boldsymbol{X}^{\mathrm{T}}\boldsymbol{Y}\} = (\boldsymbol{X}^{\mathrm{T}}\boldsymbol{X})^{-1}\boldsymbol{X}^{\mathrm{T}}\boldsymbol{X\beta} = \boldsymbol{\beta}$, 因此, $\hat{\boldsymbol{\beta}}$ 是 $\boldsymbol{\beta}$ 的无偏估计. 由模型假设 (3.3) 知

$$\begin{aligned}\mathrm{Var}(\hat{\boldsymbol{\beta}}) &= \mathrm{Var}\{(\boldsymbol{X}^{\mathrm{T}}\boldsymbol{X})^{-1}\boldsymbol{X}^{\mathrm{T}}\boldsymbol{Y}\}\\ &= (\boldsymbol{X}^{\mathrm{T}}\boldsymbol{X})^{-1}\boldsymbol{X}^{\mathrm{T}}\mathrm{Var}(\boldsymbol{Y})\boldsymbol{X}(\boldsymbol{X}^{\mathrm{T}}\boldsymbol{X})^{-1}\\ &= (\boldsymbol{X}^{\mathrm{T}}\boldsymbol{X})^{-1}\boldsymbol{X}^{\mathrm{T}}(\sigma^2\boldsymbol{I})\boldsymbol{X}(\boldsymbol{X}^{\mathrm{T}}\boldsymbol{X})^{-1} = \sigma^2(\boldsymbol{X}^{\mathrm{T}}\boldsymbol{X})^{-1}.\end{aligned}$$

性质 3 (Gauss-Markov 定理) 模型 (3.3) 中参数 $\boldsymbol{\beta}$ 的任一线性函数 $\boldsymbol{c}^{\mathrm{T}}\boldsymbol{\beta}$ 的最小方差线性无偏估计为 $\boldsymbol{c}^{\mathrm{T}}\hat{\boldsymbol{\beta}}$, 其中 $\boldsymbol{c}$ 为任一 $(p+1)$ 维常数向量, $\hat{\boldsymbol{\beta}}$ 为参数 $\boldsymbol{\beta}$ 的最小二乘估计.

证明 设 $\boldsymbol{d}^{\mathrm{T}}\boldsymbol{Y}$ 为 $\boldsymbol{c}^{\mathrm{T}}\boldsymbol{\beta}$ 的任一线性无偏估计, 则对一切 $\boldsymbol{\beta}\in\mathbb{R}^{p+1}$ 都有

$$E(\boldsymbol{d}^{\mathrm{T}}\boldsymbol{Y}) = \boldsymbol{d}^{\mathrm{T}}\boldsymbol{X\beta} = \boldsymbol{c}^{\mathrm{T}}\boldsymbol{\beta}.$$

于是, 由 $\boldsymbol{\beta}$ 的任意性知 $\boldsymbol{d}^{\mathrm{T}}\boldsymbol{X} = \boldsymbol{c}^{\mathrm{T}}$. 此外,

$$\begin{aligned}\mathrm{Var}(\boldsymbol{d}^{\mathrm{T}}\boldsymbol{Y}) &= \boldsymbol{d}^{\mathrm{T}}\mathrm{Var}(\boldsymbol{Y})\boldsymbol{d} = \sigma^2\boldsymbol{d}^{\mathrm{T}}\boldsymbol{d},\\ \mathrm{Var}(\boldsymbol{c}^{\mathrm{T}}\hat{\boldsymbol{\beta}}) &= \mathrm{Var}\{\boldsymbol{c}^{\mathrm{T}}(\boldsymbol{X}^{\mathrm{T}}\boldsymbol{X})^{-1}\boldsymbol{X}^{\mathrm{T}}\boldsymbol{Y}\}\\ &= \sigma^2\boldsymbol{c}^{\mathrm{T}}(\boldsymbol{X}^{\mathrm{T}}\boldsymbol{X})^{-1}\boldsymbol{c} = \sigma^2\boldsymbol{d}^{\mathrm{T}}\boldsymbol{X}(\boldsymbol{X}^{\mathrm{T}}\boldsymbol{X})^{-1}\boldsymbol{X}^{\mathrm{T}}\boldsymbol{d}.\end{aligned}$$

从而, $\mathrm{Var}(\boldsymbol{d}^{\mathrm{T}}\boldsymbol{Y}) - \mathrm{Var}(\boldsymbol{c}^{\mathrm{T}}\hat{\boldsymbol{\beta}}) = \sigma^2\boldsymbol{d}^{\mathrm{T}}\{\boldsymbol{I}-\boldsymbol{X}(\boldsymbol{X}^{\mathrm{T}}\boldsymbol{X})^{-1}\boldsymbol{X}^{\mathrm{T}}\}\boldsymbol{d} = \sigma^2\boldsymbol{d}^{\mathrm{T}}(\boldsymbol{I}-\boldsymbol{H})\boldsymbol{d}\geqslant 0$. 最后一个等式成立是因为 $\boldsymbol{I}-\boldsymbol{H}$ 为投影阵, 故它必为非负定阵.

性质 4 (i) $E(\boldsymbol{e})=\mathbf{0}$, 即 $E(e_i)=0\ (i=1,\cdots,n)$.

(ii) $\mathrm{Cov}(\hat{\boldsymbol{\beta}},\boldsymbol{e})=0$, 即 $\mathrm{Cov}(\hat{\beta}_j,e_i)=0\ (j=0,1,\cdots,p,\ i=1,\cdots,n)$.

证明 由于 $\boldsymbol{e}=\boldsymbol{Y}-\hat{\boldsymbol{Y}}=\boldsymbol{Y}-\boldsymbol{X}\hat{\boldsymbol{\beta}}=(\boldsymbol{I}-\boldsymbol{H})\boldsymbol{Y}$, 并且 $(\boldsymbol{I}-\boldsymbol{H})\boldsymbol{X}=\mathbf{0}$, 所以, 有 $E(\boldsymbol{e})=(\boldsymbol{I}-\boldsymbol{H})E(\boldsymbol{Y})=(\boldsymbol{I}-\boldsymbol{H})\boldsymbol{X}\boldsymbol{\beta}=0$ 且

$$\begin{aligned}\mathrm{Cov}(\hat{\boldsymbol{\beta}},\boldsymbol{e})&=\mathrm{Cov}\left((\boldsymbol{X}^{\mathrm{T}}\boldsymbol{X})^{-1}\boldsymbol{X}^{\mathrm{T}}\boldsymbol{Y},(\boldsymbol{I}-\boldsymbol{H})\boldsymbol{Y}\right)\\&=(\boldsymbol{X}^{\mathrm{T}}\boldsymbol{X})^{-1}\boldsymbol{X}^{\mathrm{T}}\mathrm{Cov}(\boldsymbol{Y},\boldsymbol{Y})(\boldsymbol{I}-\boldsymbol{H})^{\mathrm{T}}\\&=\sigma^2(\boldsymbol{X}^{\mathrm{T}}\boldsymbol{X})^{-1}\boldsymbol{X}^{\mathrm{T}}(\boldsymbol{I}-\boldsymbol{H})\\&=\sigma^2(\boldsymbol{X}^{\mathrm{T}}\boldsymbol{X})^{-1}\{\boldsymbol{X}^{\mathrm{T}}-\boldsymbol{X}^{\mathrm{T}}\boldsymbol{X}(\boldsymbol{X}^{\mathrm{T}}\boldsymbol{X})^{-1}\boldsymbol{X}^{\mathrm{T}}\}=\mathbf{0}.\end{aligned}$$

性质 4 表明, $\boldsymbol{\beta}$ 的最小二乘估计 $\hat{\boldsymbol{\beta}}$ 与残差向量 $\boldsymbol{e}$ 不相关, 从而, $\hat{\boldsymbol{\beta}}$ 与 $\mathrm{SS}_E=\boldsymbol{e}^{\mathrm{T}}\boldsymbol{e}$ 也不相关.

性质 5 (i) $\boldsymbol{Y}^{\mathrm{T}}\boldsymbol{Y}=\hat{\boldsymbol{Y}}^{\mathrm{T}}\hat{\boldsymbol{Y}}+\boldsymbol{e}^{\mathrm{T}}\boldsymbol{e}$.

(ii) $\mathrm{Cov}(\boldsymbol{Y},\boldsymbol{Y})=\mathrm{Cov}(\hat{\boldsymbol{Y}},\hat{\boldsymbol{Y}})+\mathrm{Cov}(\boldsymbol{e},\boldsymbol{e})$.

证明 因为 $\hat{\boldsymbol{Y}}^{\mathrm{T}}\boldsymbol{e}=(\boldsymbol{X}\hat{\boldsymbol{\beta}})^{\mathrm{T}}\boldsymbol{e}=\hat{\boldsymbol{\beta}}^{\mathrm{T}}\boldsymbol{X}^{\mathrm{T}}(\boldsymbol{I}-\boldsymbol{H})\boldsymbol{Y}=0$ 并且 $\boldsymbol{e}=\boldsymbol{Y}-\hat{\boldsymbol{Y}}$, 所以, $\boldsymbol{Y}^{\mathrm{T}}\boldsymbol{Y}=(\hat{\boldsymbol{Y}}+\boldsymbol{e})^{\mathrm{T}}(\hat{\boldsymbol{Y}}+\boldsymbol{e})=\hat{\boldsymbol{Y}}^{\mathrm{T}}\hat{\boldsymbol{Y}}+2\hat{\boldsymbol{Y}}^{\mathrm{T}}\boldsymbol{e}+\boldsymbol{e}^{\mathrm{T}}\boldsymbol{e}=\hat{\boldsymbol{Y}}^{\mathrm{T}}\hat{\boldsymbol{Y}}+\boldsymbol{e}^{\mathrm{T}}\boldsymbol{e}$.

由性质 4(ii) 知, $\mathrm{Cov}(\hat{\boldsymbol{Y}},\boldsymbol{e})=\mathrm{Cov}(\boldsymbol{X}\hat{\boldsymbol{\beta}},\boldsymbol{e})=\boldsymbol{X}\mathrm{Cov}(\hat{\boldsymbol{\beta}},\boldsymbol{e})=\mathbf{0}$. 由此即得

$$\begin{aligned}\mathrm{Cov}(\boldsymbol{Y},\boldsymbol{Y})&=\mathrm{Cov}(\hat{\boldsymbol{Y}}+\boldsymbol{e},\hat{\boldsymbol{Y}}+\boldsymbol{e})\\&=\mathrm{Cov}(\hat{\boldsymbol{Y}},\hat{\boldsymbol{Y}})+\mathrm{Cov}(\hat{\boldsymbol{Y}},\boldsymbol{e})+\mathrm{Cov}(\boldsymbol{e},\hat{\boldsymbol{Y}})+\mathrm{Cov}(\boldsymbol{e},\boldsymbol{e})\\&=\mathrm{Cov}(\hat{\boldsymbol{Y}},\hat{\boldsymbol{Y}})+\mathrm{Cov}(\boldsymbol{e},\boldsymbol{e}).\end{aligned}$$

若称 $\sqrt{\boldsymbol{Y}^{\mathrm{T}}\boldsymbol{Y}}$, $\sqrt{\hat{\boldsymbol{Y}}^{\mathrm{T}}\hat{\boldsymbol{Y}}}$ 和 $\sqrt{\boldsymbol{e}^{\mathrm{T}}\boldsymbol{e}}$ 分别为“观测向量”长度, “估计向量”长度和“残差向量”长度, 则由性质 5(i) 知三者满足勾股定理, 即 $\hat{\boldsymbol{Y}}$ 和 $\boldsymbol{e}$ 分别为一直角三角形的两直角边, $\boldsymbol{Y}$ 为其斜边, 并且 $\boldsymbol{e}\perp\hat{\boldsymbol{Y}}$.

若令 $\boldsymbol{x}_{(0)}=(1,1,\cdots,1)^{\mathrm{T}}$, 则由 $\boldsymbol{X}^{\mathrm{T}}\boldsymbol{e}=\mathbf{0}$ 知设计阵 $\boldsymbol{X}$ 的任一列向量 $\boldsymbol{x}_{(i)}=(x_{1i},\cdots,x_{ni})^{\mathrm{T}}\ (i=0,1,\cdots,p)$ 都与残差向量 $\boldsymbol{e}$ 垂直, 即 $\boldsymbol{x}_{(i)}^{\mathrm{T}}\boldsymbol{e}=0$, 而 $\hat{\boldsymbol{Y}}=\boldsymbol{X}\hat{\boldsymbol{\beta}}$ 属于由向量 $\boldsymbol{x}_{(0)},\boldsymbol{x}_{(1)},\cdots,\boldsymbol{x}_{(p)}$ 所张成的子空间 $\mathcal{T}$, 因此, $\hat{\boldsymbol{Y}}$ 就是 $\boldsymbol{Y}$ 在这一子空间 $\mathcal{T}$ 上的垂直投影.

性质 6 对模型 (3.5), 有

(i) $\hat{\boldsymbol{\beta}}\sim N_{p+1}(\boldsymbol{\beta},\sigma^2(\boldsymbol{X}^{\mathrm{T}}\boldsymbol{X})^{-1})$, $\boldsymbol{e}\sim N_n(\mathbf{0},\sigma^2(\boldsymbol{I}-\boldsymbol{H}))$;

(ii) $\hat{\boldsymbol{\beta}}$ 与 $\boldsymbol{e}$ 相互独立, 并且 $\hat{\boldsymbol{\beta}}$ 与残差平方和 SS_E 也相互独立;

(iii) $\dfrac{\mathrm{SS}_E}{\sigma^2}\sim\chi^2(n-p-1)$.

证明 由 $\boldsymbol{Y}\sim N_n(\boldsymbol{X}\boldsymbol{\beta},\sigma^2\boldsymbol{I}_n)$ 并且 $\hat{\boldsymbol{\beta}}$ 是 $\boldsymbol{Y}$ 的线性变换知 (i) 的第一式成立. 类似地, 由 $\boldsymbol{e}=(\boldsymbol{I}-\boldsymbol{H})\boldsymbol{Y}$ 及 $\boldsymbol{I}-\boldsymbol{H}$ 为幂等阵知 (i) 的第二式成立.

由性质 4(ii) 知 $\mathrm{Cov}(\hat{\boldsymbol{\beta}},\boldsymbol{e})=\mathbf{0}$. 由此可得, 在正态分布假设下, $\hat{\boldsymbol{\beta}}$ 与 $\boldsymbol{e}$ 相互独立. 从而, $\hat{\boldsymbol{\beta}}$ 与 $\mathrm{SS}_E=\boldsymbol{e}^{\mathrm{T}}\boldsymbol{e}$ 也相互独立.

由于

$$\begin{aligned}\mathrm{SS}_E &= \boldsymbol{e}^{\mathrm{T}}\boldsymbol{e} = \boldsymbol{Y}^{\mathrm{T}}(\boldsymbol{I}-\boldsymbol{H})\boldsymbol{Y} \\ &= (\boldsymbol{X\beta}+\boldsymbol{\varepsilon})^{\mathrm{T}}(\boldsymbol{I}-\boldsymbol{H})(\boldsymbol{X\beta}+\boldsymbol{\varepsilon}) \\ &= \boldsymbol{\varepsilon}^{\mathrm{T}}(\boldsymbol{I}-\boldsymbol{H})\boldsymbol{\varepsilon},\end{aligned}$$

且 $\boldsymbol{\varepsilon} \sim N_n(\mathbf{0}, \sigma^2\boldsymbol{I}_n)$ 以及 $\mathrm{rank}(\boldsymbol{I}-\boldsymbol{H}) = n-p-1$, 因此, 性质 (iii) 成立.

性质 7 对模型 (3.5), 若记 $\mathrm{SS}_T = \sum_{i=1}^n (y_i - \bar{y})^2$, $\mathrm{SS}_R = \sum_{i=1}^n (\hat{y}_i - \bar{y})^2$, 其中 $\bar{y} = \dfrac{1}{n}\sum_{i=1}^n y_i$, 则

(i) $\mathrm{SS}_T = \mathrm{SS}_R + \mathrm{SS}_E$, 即 $\sum_{i=1}^n (y_i - \bar{y})^2 = \sum_{i=1}^n (\hat{y}_i - \bar{y})^2 + \sum_{i=1}^n (y_i - \hat{y}_i)^2$.

(ii) SS_R 与 SS_E 相互独立, 并且当 $\beta_1 = \cdots = \beta_p = 0$ 时, 有 $\mathrm{SS}_R/\sigma^2 \sim \chi^2(p)$.

这里, 我们称 SS_T 为总平方和, SS_R 为回归平方和, SS_E 为残差平方和.

证明 (i) 由性质 5 的证明过程知 $\hat{\boldsymbol{Y}}^{\mathrm{T}}\boldsymbol{e} = 0$, 此即表明 $\sum_{i=1}^n \hat{y}_i e_i = 0$. 从而, 由此及 $\sum_{i=1}^n e_i = 0$ 得

$$\sum_{i=1}^n (y_i - \hat{y}_i)(\hat{y}_i - \bar{y}) = \sum_{i=1}^n \hat{y}_i e_i - \bar{y}\sum_{i=1}^n e_i = 0. \tag{3.10}$$

由于

$$\begin{aligned}\mathrm{SS}_T &= \sum_{i=1}^n (y_i - \bar{y})^2 = \sum_{i=1}^n (y_i - \hat{y}_i + \hat{y}_i - \bar{y})^2 \\ &= \sum_{i=1}^n (\hat{y}_i - \bar{y})^2 + \sum_{i=1}^n (y_i - \hat{y}_i)^2 + 2\sum_{i=1}^n (y_i - \hat{y}_i)(\hat{y}_i - \bar{y}),\end{aligned} \tag{3.11}$$

因此, 由式 (3.10) 和式 (3.11) 即得 (i) 的结论成立.

(ii) 因为当 $\beta_1 = \cdots = \beta_p = 0$ 时, $y_1, \cdots, y_n$ 独立且服从正态分布 $N(\beta_0, \sigma^2)$. 因此, 若令 $\boldsymbol{D} = \boldsymbol{I} - \mathbf{1}_n\mathbf{1}_n^{\mathrm{T}}/n$ (它为对称幂等阵并且它的秩为 $n-1$), 有

$$\begin{aligned}\mathrm{SS}_T &= \sum_{i=1}^n \{(y_i - \beta_0) - (\bar{y} - \beta_0)\}^2 \\ &= (\boldsymbol{Y} - \beta_0\mathbf{1}_n)^{\mathrm{T}}\boldsymbol{D}(\boldsymbol{Y} - \beta_0\mathbf{1}_n) = \boldsymbol{\varepsilon}^{\mathrm{T}}\boldsymbol{D}\boldsymbol{\varepsilon} \sim \sigma^2\chi^2(n-1),\end{aligned}$$

类似地, 容易验证 $\mathrm{SS}_R = \boldsymbol{Y}^{\mathrm{T}}\boldsymbol{HDHY}$. 又由于 $\mathrm{SS}_E = \boldsymbol{Y}^{\mathrm{T}}(\boldsymbol{I}-\boldsymbol{H})\boldsymbol{Y} \sim \sigma^2\chi^2(n-p-1)$ 和 $\boldsymbol{HDH}(\boldsymbol{I}-\boldsymbol{H}) = \mathbf{0}$ 以及 $\boldsymbol{Y} \sim N_n(\boldsymbol{X\beta}, \sigma^2\boldsymbol{I}_n)$, 因此, SS_R 与 SS_E 相互独立.

容易证明 $\mathrm{SS}_R = \boldsymbol{\varepsilon}^{\mathrm{T}}\boldsymbol{B}\varepsilon$, 其中 $\boldsymbol{B} = \boldsymbol{D} - \boldsymbol{I} + \boldsymbol{H} \geqslant 0$. 显然, 我们有 $\boldsymbol{B}^{\mathrm{T}} = \boldsymbol{B}$ 和 $\boldsymbol{B}^2 = \boldsymbol{D} - (\boldsymbol{I}-\boldsymbol{H})\boldsymbol{D} - \boldsymbol{D}(\boldsymbol{I}-\boldsymbol{H}) + (\boldsymbol{I}-\boldsymbol{H})$. 若能证明 $\boldsymbol{B}^2 = \boldsymbol{B}$, 则 $\boldsymbol{B}$ 为对称幂等阵且

$\text{tr}(\boldsymbol{B})=p$, 从而 $\text{SS}_R\sim\sigma^2\chi^2(p)$. 现证 $\boldsymbol{B}^2=\boldsymbol{B}$, 为此只需证明 $(\boldsymbol{I}-\boldsymbol{H})\boldsymbol{D}=\boldsymbol{D}(\boldsymbol{I}-\boldsymbol{H})=\boldsymbol{I}-\boldsymbol{H}$. 对任意 n 维列向量 $\boldsymbol{\alpha}$, 如果 $\boldsymbol{D\alpha}=0$, 则有 $0\leqslant\boldsymbol{\alpha}^{\text{T}}\boldsymbol{B\alpha}=-\boldsymbol{\alpha}^{\text{T}}(\boldsymbol{I}-\boldsymbol{H})\boldsymbol{\alpha}\leqslant 0$, 因此, $(\boldsymbol{I}-\boldsymbol{H})\boldsymbol{\alpha}=\boldsymbol{0}$. 因为 $\boldsymbol{D}(\boldsymbol{I}-\boldsymbol{D})\boldsymbol{\alpha}=0$, 所以, $(\boldsymbol{I}-\boldsymbol{H})(\boldsymbol{I}-\boldsymbol{D})\boldsymbol{\alpha}=0$, 即 $(\boldsymbol{I}-\boldsymbol{H})\boldsymbol{\alpha}=(\boldsymbol{I}-\boldsymbol{H})\boldsymbol{D\alpha}$, 故 $(\boldsymbol{I}-\boldsymbol{H})\boldsymbol{D}=\boldsymbol{I}-\boldsymbol{H}$. 从而, 有 $\{(\boldsymbol{I}-\boldsymbol{H})\boldsymbol{D}\}^{\text{T}}=\boldsymbol{D}(\boldsymbol{I}-\boldsymbol{H})=\boldsymbol{I}-\boldsymbol{H}$. 这样, 就证明了: $\boldsymbol{B}$ 为对称幂等阵.

3.2.4 实例分析及 R 软件应用

例 3.1 国家财政收入是国民经济发展的重要组成部分, 影响一个国家或地区的财政收入的因素包括国内生产总值、财政支出、商品零售物价指数等. 在这个例子中, 我们选择包括中央和地方税收的“国家财政收入”中的“各项税收”(简称“税收收入”)作为被解释变量, 以反映国家税收的增长. 表 3.1 是来源于《中国统计年鉴》1978 年 ~2011 年有关财政收入 y、国内生产总值 x_1、财政支出 x_2、商品零售物价指数 x_3 的数据. 其中, 变量 y, x_1, x_2 的单位均为亿元人民币.

表 3.1 国家财政收入数据

年份	y	x_1	x_2	x_3	年份	y	x_1	x_2	x_3
1978	519.28	3645.2	1122.09	100.7	1995	6038.04	60793.7	6823.72	114.8
1979	537.82	4062.6	1281.79	102.0	1996	6909.82	71176.6	7937.55	106.1
1980	571.70	4545.6	1228.83	106.0	1997	8234.04	78973.0	9233.56	100.8
1981	629.89	4891.6	1138.41	102.4	1998	9262.80	84402.3	10798.18	97.4
1982	700.02	5323.4	1229.98	101.9	1999	10682.58	89677.1	13187.67	97.0
1983	775.59	5962.7	1409.52	101.5	2000	12581.51	99214.6	15886.50	98.5
1984	947.35	7208.1	1701.02	102.8	2001	15301.38	109655.2	18902.58	99.2
1985	2040.79	9016.0	2004.25	108.8	2002	17636.45	120332.7	22053.15	98.7
1986	2090.73	10275.2	2204.91	106.0	2003	20017.31	135822.8	24649.95	99.9
1987	2140.36	12058.6	2262.18	107.3	2004	24165.68	159878.3	28486.89	102.8
1988	2390.47	15042.8	2491.21	118.5	2005	28778.54	184937.4	33930.28	100.8
1989	2727.40	16992.3	2823.78	117.8	2006	34804.35	216314.4	40422.73	101.0
1990	2821.86	18667.8	3083.59	102.1	2007	45621.97	265810.3	49781.35	105.9
1991	2990.17	21781.5	3386.62	102.9	2008	54223.79	314045.4	62592.66	98.8
1992	3296.91	26923.5	3742.20	105.4	2009	59521.59	340902.8	76299.93	103.1
1993	4255.30	35333.9	4642.30	113.2	2010	73210.79	401512.8	89874.16	104.9
1994	5126.88	48197.9	5792.62	121.7	2011	89738.39	472881.6	109247.79	103.8

用 R 软件建立多元线性回归模型的方法大致同第 2 章中建立一元线性回归的方法. 其操作步骤如下.

(1) 读入数据 y, x_1, x_2, x_3.

将表 3.1 中 Excel 类型的数据保存为文本文档 data2.txt, 然后使用

```
>yx=read.table("data2.txt", header=T)
>y=data2[,2]
>x_1=data1[,3]
>x_2=data1[,4]
>x_3=data1[,5]
```

(2) 拟合模型.

```
>fm=lm(y~x1+x2+x3, data=yx)
Call:
lm(formula=y~x1 + x2 + x3)
Coefficients:
(Intercept)        x1           x2          x3
-4.936e+03    4.298e-02    6.336e-01    4.257e+01
```

因而 y 对 3 个自变量的线性回归方程为

$$\hat{y} = -4936 + 0.04298x_1 + 0.6336x_2 + 42.572x_3$$

3.3 多元线性回归模型的假设检验

3.3.1 回归方程的显著性检验

多元线性回归模型的线性性检验也是建立在三个离差平方和基础上的, 即总平方和 SS_T, 回归平方和 SS_R 以及残差平方和 SS_E, 它们之间具有等式关系: $\mathrm{SS}_T = \mathrm{SS}_R + \mathrm{SS}_E$. 与一元线性回归模型一样, 我们定义复决定系数为

$$R^2 = \frac{\mathrm{SS}_R}{\mathrm{SS}_T} = 1 - \frac{\mathrm{SS}_E}{\mathrm{SS}_T},$$

它衡量了各个自变量对因变量变动的解释程度, 其取值在 0 与 1 之间, 其值越接近于 1, 则自变量的解释程度就越高, 其值越接近于 0, 则自变量的解释能力就越弱. 一般来说, 增加自变量的个数, 回归平方和增加, 残差平方和减少, 所以, R^2 也会增大; 反之, 减少自变量个数, 回归平方和减少, 残差平方和增加. 这样, 容易把不显著的自变量留在线性回归模型中, 鉴于此, 需要对该指标加以调整. 于是, 定义调整的决定系数为

$$R_A^2 = 1 - \frac{\mathrm{SS}_E/(n-p-1)}{\mathrm{SS}_T/(n-1)} = 1 - (1 - R^2)\frac{n-1}{n-p-1}.$$

该指标考虑了加入自变量对自由度的影响, 因而比较合理. 同时, 该统计量可用来对多元线性回归模型做变量选择.

虽然前面我们讨论了多元线性回归模型及其参数估计问题, 但其前提是我们事先知道因变量 y 与自变量 $x_1, x_2, \cdots, x_p$ 之间存在线性关系. 然而, 在很多实际问题中, 我们事先并不知道或者不能断定因变量 y 与自变量 $x_1, x_2, \cdots, x_p$ 之间是否存在线性关系. 事实上, 多元线性回归模型 (3.1) 仅仅是一种假设. 因此, 在求出线性回归模型之后, 我们还需要对所求出的线性回归模型同实际观测数据的拟合效果进行检验, 从整体上考察自变量 $x_1, x_2, \cdots, x_p$ 对因变量 y 是否有显著的影响. 为此, 我们考虑如下的假设检验问题:

$$H_0: \beta_1 = \beta_2 = \cdots = \beta_p = 0 \longleftrightarrow H_1: \beta_i \neq 0 \quad \exists i \in \{1, \cdots, p\}. \tag{3.12}$$

对给定的检验水平 α, 如果原假设 H_0 被接受, 则表明因变量 y 与自变量 $x_1, x_2, \cdots, x_p$ 之间的关系由线性回归模型表示并不适合; 否则, 我们认为因变量 y 与自变量 $x_1, x_2, \cdots, x_p$ 之间存在显著的线性关系.

为了导出检验假设 H_0 的检验统计量, 我们仍使用同一元线性回归模型检验回归方程显著性的一样的方法. 由 3.2 节性质 7 知, 对多元正态线性回归模型 (3.5), 我们有 $\text{SS}_T = \text{SS}_R + \text{SS}_E$, SS_R 与 SS_E 独立, 并且在假设 H_0 成立时, 有 $\text{SS}_R \sim \sigma^2\chi^2(p)$ 和 $\text{SS}_E \sim \sigma^2\chi^2(n-p-1)$, 因此, 当 H_0 成立时, 统计量

$$F = \frac{\text{SS}_R/p}{\text{SS}_E/(n-p-1)} \sim F(p, n-p-1).$$

并且由方差分析知, 当 H_0 成立时, F 的值应较小 (即误差主要由随机误差产生的), 否则应拒绝 H_0. 从而, H_0 的拒绝域为 $W = \{F > C\}$, 其中, C 由显著性水平 α 确定. 当 α 给定后, 由 $\alpha = \Pr\{F > C|H_0\}$, 即 $1-\alpha = \Pr\{F \leqslant C|H_0\}$ 知 $C = F_{1-\alpha}(p, n-p-1)$, 其中, $F_{1-\alpha}(p, n-p-1)$ 为自由度为 p 和 $n-p-1$ 的 F 分布的 $1-\alpha$ 分位点. 如果 $F > F_{1-\alpha}(p, n-p-1)$, 则拒绝原假设 H_0, 认为在显著性水平 α 下, 因变量 y 与自变量 $x_1, x_2, \cdots, x_p$ 之间显著地有线性关系, 也即回归方程是显著的; 否则就接受 H_0, 认为 y 与 $x_1, \cdots, x_p$ 之间线性关系不显著. 上述检验过程的方差分析如表 3.2 所示.

表 3.2　方差分析表

方差来源	平方和	自由度	均方	F值	p值
回归	SS_R	p	SS_R/p	$\dfrac{\text{SS}_R/p}{\text{SS}_E/(n-p-1)}$	$P(F > F\text{值}) = p\text{值}$
残差	SS_E	$n-p-1$	$\text{SS}_E/(n-p-1)$		
总和	SS_T	$n-1$			

与一元线性回归一样, 也可以根据 p 值来检验假设 (3.12). 当 p 值 $< \alpha$ 时, 我们拒绝原假设 H_0; 当 p 值 $\geqslant \alpha$ 时, 我们接受原假设 H_0. 这里, 我们需要特别强调的是, 检验一元线性回归模型中回归系数的显著性的 t 统计量与检验回归方程显著性的 F 统计量是等价的, 但在多元线性回归模型中, 这两种检验统计量并不等价的 (后面的分析将验证这一结论).

3.3.2　回归系数的显著性检验

对多元正态线性回归模型 (3.5), 虽然我们通过上面介绍的检验得知因变量 y 与自变量 $x_1, x_2, \cdots, x_p$ 之间存在显著线性关系, 但我们并不知道哪些自变量对因变量 y 有显著的影响, 哪些自变量对因变量 y 没有显著影响, 即哪些自变量的回归系数可能很大, 哪些自变量的回归系数很小或近似为零. 因此, 我们有必要对每个自变量都进行显著性检验, 这样就能把对因变量 y 影响不显著的自变量从模型中剔除, 而只保留那些对因变量 y 有显著影响的自变量, 以建立更为简单合理的多元线性回归模型.

如果某个自变量 x_j 对因变量 y 的影响不显著, 那么在线性回归模型中它的系数 β_j 就有可能取值为零. 因此, 检验自变量 x_j 是否显著就等价于检验假设

$$H_{0j}: \beta_j = 0 \longleftrightarrow H_{1j}: \beta_j \neq 0, \quad j = 1, 2, \cdots, p.$$

若原假设 H_{0j} 成立, 则表明自变量 x_j 在回归模型中并不显著, 反之, 则认为自变量 x_j 显著异于零, 即自变量 x_j 应保留在多元线性回归模型中.

我们知道 $\hat{\boldsymbol{\beta}} \sim N_{p+1}(\boldsymbol{\beta}, \sigma^2(\boldsymbol{X}^{\mathrm{T}}\boldsymbol{X})^{-1})$. 因此, 若记 c_{jj} 为矩阵 $(\boldsymbol{X}^T\boldsymbol{X})^{-1}$ 的第 $j+1$ 个主对角元, 则 $\hat{\beta}_j \sim N(\beta_j, \sigma^2 c_{jj})$ $(j=1,2,\cdots,p)$. 从而,

$$\frac{\hat{\beta}_j - \beta_j}{\sigma\sqrt{c_{jj}}} \sim N(0,1).$$

但上式中的 σ 是未知的. 因此, 上面的统计量不能用来检验假设 H_{0j}. 我们又由 3.2 节性质 6 知, $\mathrm{SS}_E/\sigma^2 \sim \chi^2(n-p-1)$, 于是, 统计量

$$t_j = \frac{\hat{\beta}_j - \beta_j}{\sqrt{c_{ij}\mathrm{SS}_E/(n-p-1)}} \sim t(n-p-1).$$

因此, 当 H_{0j} 成立时, 我们有

$$t_j = \frac{\hat{\beta}_j}{\hat{\sigma}\sqrt{c_{jj}}},$$

其中 $\hat{\sigma} = \sqrt{\mathrm{SS}_E/(n-p-1)}$ 为回归标准差. 对给定的检验水平 α, 当 $|t_j| \geqslant t_{\alpha/2}(n-p-1)$ 时, 我们拒绝原假设 H_{0j}, 就认为 β_j 显著异于零, 即自变量 x_j 对因变量 y 有显著的影响; 当 $|t_j| < t_{\alpha/2}(n-p-1)$ 时, 我们接受原假设 H_{0j}, 认为 β_j 为零, 即自变量 x_j 对因变量 y 的线性效果不显著, 其中 $t_{\alpha/2}(n-p-1)$ 表示自由度为 $n-p-1$ 的 t 分布的上 $\alpha/2$ 分位点.

此外, 也可以通过构造参数 β_j 的置信区间来检验假设 H_{0j}. 为此, 下面我们就来构造参数 β_j 的置信水平为 $1-\alpha$ 的置信区间. 由前面的分析知统计量

$$\frac{\hat{\beta}_j - \beta_j}{\hat{\sigma}\sqrt{c_{jj}}} \sim t(n-p-1).$$

于是, 有

$$\mathrm{Pr}\left(\frac{|\hat{\beta}_j - \beta_j|}{\hat{\sigma}\sqrt{c_{jj}}} \leqslant t_{\alpha/2}(n-p-1)\right) = 1-\alpha.$$

由此即得参数 β_j 的置信水平为 $1-\alpha$ 的置信区间

$$\left[\hat{\beta}_j - t_{\alpha/2}(n-p-1)\hat{\sigma}\sqrt{c_{jj}}, \hat{\beta}_j + t_{\alpha/2}(n-p-1)\hat{\sigma}\sqrt{c_{jj}}\right].$$

若上面的置信区间不包含零, 则在给定的检验水平 α 下我们认为原假设 $H_{0j}: \beta_j = 0$ 不成立; 若上面的置信区间包含零, 则在给定的检验水平 α 下我们没有理由拒绝原假设.

在一些实际问题中, 我们也希望知道关系式 $\boldsymbol{c}^{\mathrm{T}}\boldsymbol{\beta} = 0$ 是否成立? 其中 $\boldsymbol{c} \in \mathbb{R}^{p+1}$. 在这种情况下, 我们可考虑下面的假设检验问题:

$$H_0: \boldsymbol{c}^{\mathrm{T}}\boldsymbol{\beta} = 0 \longleftrightarrow H_1: \boldsymbol{c}^{\mathrm{T}}\boldsymbol{\beta} \neq 0.$$

由 $\hat{\boldsymbol{\beta}} \sim N_{p+1}(\boldsymbol{\beta}, \sigma^2(\boldsymbol{X}^{\mathrm{T}}\boldsymbol{X})^{-1})$ 知, $\boldsymbol{c}^{\mathrm{T}}\hat{\boldsymbol{\beta}} \sim N(\boldsymbol{c}^{\mathrm{T}}\boldsymbol{\beta}, \sigma^2\boldsymbol{c}^{\mathrm{T}}(\boldsymbol{X}^{\mathrm{T}}\boldsymbol{X})^{-1}\boldsymbol{c})$. 从而, 统计量

$$\frac{\boldsymbol{c}^{\mathrm{T}}\hat{\boldsymbol{\beta}} - \boldsymbol{c}^{\mathrm{T}}\boldsymbol{\beta}}{\sigma\sqrt{\boldsymbol{c}^{\mathrm{T}}(\boldsymbol{X}^{\mathrm{T}}\boldsymbol{X})^{-1}\boldsymbol{c}}} \sim N(0,1).$$

于是, 由 $\mathrm{SS}_E/\sigma^2 \sim \chi^2(n-p-1)$ 及上式可得统计量

$$\frac{\boldsymbol{c}^{\mathrm{T}}\hat{\boldsymbol{\beta}} - \boldsymbol{c}^{\mathrm{T}}\boldsymbol{\beta}}{\hat{\sigma}\sqrt{\boldsymbol{c}^{\mathrm{T}}(\boldsymbol{X}^{\mathrm{T}}\boldsymbol{X})^{-1}\boldsymbol{c}}} \sim t(n-p-1).$$

因此, 当 $H_0: \boldsymbol{c}^{\mathrm{T}}\boldsymbol{\beta} = 0$ 成立时, 我们有

$$t = \frac{\boldsymbol{c}^{\mathrm{T}}\hat{\boldsymbol{\beta}}}{\hat{\sigma}\sqrt{\boldsymbol{c}^{\mathrm{T}}(\boldsymbol{X}^{\mathrm{T}}\boldsymbol{X})^{-1}\boldsymbol{c}}} \sim t(n-p-1).$$

对给定的检验水平 α, 当 $|t| \geqslant t_{\alpha/2}(n-p-1)$ 时, 我们拒绝原假设 H_0, 就认为 $\boldsymbol{c}^{\mathrm{T}}\boldsymbol{\beta}$ 显著异于零; 否则, 接受原假设 H_0, 认为 $\boldsymbol{c}^{\mathrm{T}}\boldsymbol{\beta} = 0$ 成立.

3.3.3 实例分析及 R 软件应用

例 3.2 (续例 3.1)

这里用例 3.1 中的数据对多元回归模型介绍如何利用 R 软件进行显著性检验分析.

```
>summary(fm)
```

运行结果

```
  Call:
  lm(formula = y~ x1 + x2 + x3, data = yx)

Residuals:
Min            1Q          Median        3Q          Max
-2928.0        -637.3      87.6          422.4       3082.8
Coefficients:
               Estimate    Std. Error    t value     Pr(>|t|)
(Intercept)    -4.936e+03  3.163e+03     -1.560      0.129187
x1             4.298e-02   1.092e-02     3.934       0.000457 ***
x2             6.336e-01   4.915e-02     12.891      9.12e-14 ***
x3             4.257e+01   2.962e+01     1.437       0.160996
...
Signif. codes:  0 '***' 0.001 '**' 0.01 '*' 0.05 '.' 0.1 ''1
Residual standard error: 1004 on 30 degrees of freedom
Multiple R-squared: 0.9982, Adjusted R-squared: 0.9981
F-statistic:  5690 on 3 and 30 DF, p-value: < 2.2e-16
```

从输出结果可以看出: 变量 x_1, x_2, x_3 的 t 统计量的值分别为 3.934, 12.891, 1.437, 其对应的 p 值为 0.000457, 9.12×10^{-14}, 0.160996, 可得 x_1, x_2 对因变量 y 的影响是显

著的, 而 x_3 对因变量 y 的影响是不显著的. F 统计量的值为 5690, p 值 $< 2.2\times 10^{-16} < 0.05$, 可以认为所建立的回归方程显著有效. 可决定系数 $R^2 = 0.9982$, 修正的可决定系数 $R^2 = 0.9981$, 说明方程的拟合效果较好.

3.4 多元线性回归模型的广义最小二乘估计

在前面的讨论中, 我们总是假设线性回归模型的误差项是等方差且不相关的, 即 $\mathrm{Var}(\boldsymbol{\varepsilon}) = \sigma^2\boldsymbol{I}_n$. 但是在许多实际问题中, 这个假设并非成立. 相反, 它们的误差方差可能不相等, 也可能彼此不相关. 此时, 可假设误差向量的协方差阵为一个正定矩阵, 即 $\mathrm{Var}(\boldsymbol{\varepsilon}) = \sigma^2\boldsymbol{\Sigma} > \boldsymbol{0}$, 它往往还有可能包含有未知参数. 为了简单起见, 本节我们假定 $\boldsymbol{\Sigma}$ 是完全已知的. 在这种情况下的多元线性回归模型可表示为

$$\begin{cases} \boldsymbol{Y} = \boldsymbol{X}\boldsymbol{\beta} + \boldsymbol{\varepsilon} \\ E(\boldsymbol{\varepsilon}) = \boldsymbol{0}, \quad \mathrm{Var}(\boldsymbol{\varepsilon}) = \sigma^2\boldsymbol{\Sigma}. \end{cases} \tag{3.13}$$

为了求模型 (3.13) 中参数 $\boldsymbol{\beta}$ 的最小二乘估计, 我们的基本思想是：首先通过作适当的变换将该模型的随机误差项 $\boldsymbol{\varepsilon}$ 化为随机误差 $\boldsymbol{v}$, 使得 $\boldsymbol{v}$ 满足 Gauss-Markov 假设条件, 然后, 应用前面介绍的最小二乘估计的原理获得变换后的模型参数的估计, 该估计即为我们所求模型参数的最小二乘估计. 我们把这样得到的估计称为**广义最小二乘估计** (简记为 GLSE).

由 $\boldsymbol{\Sigma}$ 正定可知, 存在正交矩阵 $\boldsymbol{P}$, 使得 $\boldsymbol{\Sigma} = \boldsymbol{P}\boldsymbol{\Lambda}\boldsymbol{P}^{\mathrm{T}}$, 其中, $\boldsymbol{\Lambda} = \mathrm{diag}(\lambda_1, \cdots, \lambda_n)$, 而 $\lambda_1, \cdots, \lambda_n$ 为 $\boldsymbol{\Sigma}$ 的 n 个正特征值. 记 $\boldsymbol{\Sigma}^{-1/2} = \boldsymbol{P}\mathrm{diag}(\lambda_1^{-1/2}, \cdots, \lambda_n^{-1/2})\boldsymbol{P}^{\mathrm{T}}$, 则 $\boldsymbol{\Sigma}^{-1} = (\boldsymbol{\Sigma}^{-1/2})^2$.

用 $\boldsymbol{\Sigma}^{-1/2}$ 左乘模型 (3.13) 的第一式, 并令 $\boldsymbol{Z} = \boldsymbol{\Sigma}^{-1/2}\boldsymbol{Y}$, $\boldsymbol{U} = \boldsymbol{\Sigma}^{-1/2}\boldsymbol{X}$, $\boldsymbol{V} = \boldsymbol{\Sigma}^{-1/2}\boldsymbol{\varepsilon}$, 则模型 (3.13) 变为

$$\begin{cases} \boldsymbol{Z} = \boldsymbol{U}\boldsymbol{\beta} + \boldsymbol{V}, \\ E(\boldsymbol{V}) = 0, \quad \mathrm{Var}(\boldsymbol{V}) = \sigma^2\boldsymbol{I}_n. \end{cases} \tag{3.14}$$

显然, 模型 (3.14) 的随机误差项 $\boldsymbol{V}$ 满足 Gauss-Markov 假设条件, 即模型 (3.14) 就是我们前面讨论过的多元线性回归模型. 于是, 由前面的讨论知模型 (3.14) 中参数 $\boldsymbol{\beta}$ 的最小二乘估计为

$$\tilde{\boldsymbol{\beta}} = (\boldsymbol{U}^{\mathrm{T}}\boldsymbol{U})^{-1}\boldsymbol{U}^{\mathrm{T}}\boldsymbol{Z} = (\boldsymbol{X}^{\mathrm{T}}\boldsymbol{\Sigma}^{-1}\boldsymbol{X})^{-1}\boldsymbol{X}^{\mathrm{T}}\boldsymbol{\Sigma}^{-1}\boldsymbol{Y}.$$

定理 3.1 对多元线性回归模型 (3.13), 有

(i) $E(\tilde{\boldsymbol{\beta}}) = \boldsymbol{\beta}$, $\mathrm{Var}(\tilde{\boldsymbol{\beta}}) = \sigma^2(\boldsymbol{X}^{\mathrm{T}}\boldsymbol{\Sigma}^{-1}\boldsymbol{X})^{-1}$.

(ii) 对任意 $p+1$ 维已知向量 $\boldsymbol{c}$, $\boldsymbol{c}^{\mathrm{T}}\tilde{\boldsymbol{\beta}}$ 是 $\boldsymbol{c}^{\mathrm{T}}\boldsymbol{\beta}$ 的唯一最小方差线性无偏估计.

证明 (i) 的证明很简单, 同前面的证明类似. 为了避免重复, 我们略去.

(ii) 假设 $\boldsymbol{b}^{\mathrm{T}}\boldsymbol{Y}$ 是 $\boldsymbol{c}^{\mathrm{T}}\boldsymbol{\beta}$ 的任一线性无偏估, 则由 $E(\boldsymbol{b}^{\mathrm{T}}\boldsymbol{Y})=\boldsymbol{b}^{\mathrm{T}}\boldsymbol{X}\boldsymbol{\beta}=\boldsymbol{c}^{\mathrm{T}}\boldsymbol{\beta}$ 以及 $\boldsymbol{\beta}$ 的任意性可得 $\boldsymbol{c}^{\mathrm{T}}=\boldsymbol{b}^{\mathrm{T}}\boldsymbol{X}$. 由此及 (i) 知

$$\mathrm{Var}(\boldsymbol{c}^{\mathrm{T}}\tilde{\boldsymbol{\beta}})=\sigma^2\boldsymbol{c}^{\mathrm{T}}(\boldsymbol{X}^{\mathrm{T}}\boldsymbol{\Sigma}^{-1}\boldsymbol{X})^{-1}\boldsymbol{c}=\sigma^2\boldsymbol{b}^{\mathrm{T}}\boldsymbol{X}(\boldsymbol{X}^{\mathrm{T}}\boldsymbol{\Sigma}^{-1}\boldsymbol{X})^{-1}\boldsymbol{X}^{\mathrm{T}}\boldsymbol{b}.$$

若令 $\boldsymbol{a}=\boldsymbol{\Sigma}^{1/2}\boldsymbol{b}$ 和 $\boldsymbol{\alpha}=\boldsymbol{\Sigma}^{-1/2}\boldsymbol{X}$, 则 $\mathrm{Var}(\boldsymbol{c}^{\mathrm{T}}\tilde{\boldsymbol{\beta}})=\sigma^2\boldsymbol{a}^{\mathrm{T}}\boldsymbol{\alpha}(\boldsymbol{\alpha}^{\mathrm{T}}\boldsymbol{\alpha})^{-1}\boldsymbol{\alpha}^{\mathrm{T}}\boldsymbol{a}$ 并且 $\mathrm{Var}(\boldsymbol{b}^{\mathrm{T}}\boldsymbol{Y})=\sigma^2\boldsymbol{b}^{\mathrm{T}}\boldsymbol{\Sigma}\boldsymbol{b}=\sigma^2\boldsymbol{a}^{\mathrm{T}}\boldsymbol{a}$. 于是, 由 $\boldsymbol{K}=\boldsymbol{\alpha}(\boldsymbol{\alpha}^{\mathrm{T}}\boldsymbol{\alpha})^{-1}\boldsymbol{\alpha}^{\mathrm{T}}$ 为对称幂等阵知 $\boldsymbol{a}^{\mathrm{T}}(\boldsymbol{I}-\boldsymbol{K})\boldsymbol{a}\geqslant 0$, 即 $\mathrm{Var}(\boldsymbol{b}^{\mathrm{T}}\boldsymbol{Y})\geqslant\mathrm{Var}(\boldsymbol{c}^{\mathrm{T}}\tilde{\boldsymbol{\beta}})$.

3.5 相关阵及偏相关系数

1. 样本相关阵

由 $x_1,\cdots,x_p$ 的样本观测值 $x_{i1},\cdots,x_{ip}$ $(i=1,\cdots,n)$ 可用关系式

$$r_{kl}=\frac{\sum\limits_{i=1}^{n}(x_{ik}-\bar{x}_k)(x_{il}-\bar{x}_l)}{\sqrt{\sum\limits_{i=1}^{n}(x_{ik}-\bar{x}_k)^2\sum\limits_{i=1}^{n}(x_{il}-\bar{x}_l)^2}} \tag{3.15}$$

来计算任意两个随机变量 x_k 与 x_l 之间的简单相关系数 r_{kl}, 其中 $\bar{x}_k=\dfrac{1}{n}\sum\limits_{i=1}^{n}x_{ik}$. 自变量 $x_1,\cdots,x_p$ 的样本相关阵可定义为

$$\boldsymbol{r}=\begin{pmatrix}1 & r_{12} & \cdots & r_{1p}\\ r_{21} & 1 & \cdots & r_{2p}\\ \vdots & \vdots & & \vdots\\ r_{p1} & r_{p2} & \cdots & 1\end{pmatrix}.$$

进一步地, 若类似于式 (3.15) 求得因变量 y 与每个自变量 x_i 的相关系数 r_{yi}, 则定义增广的样本相关阵为

$$\tilde{\boldsymbol{r}}=\begin{pmatrix}1 & r_{y1} & r_{y2} & \cdots & r_{yp}\\ r_{1y} & 1 & r_{12} & \cdots & r_{1p}\\ \vdots & \vdots & \vdots & & \vdots\\ r_{py} & r_{p1} & r_{p2} & \cdots & 1\end{pmatrix}.$$

特别地, 若对所有的 $k=1,2,\cdots,p$ 有 $\bar{x}_k=0$ 且 $\sum\limits_{i=1}^{n}(x_{ik}-\bar{x}_k)^2=1$, 即样本观测值已经中心标准化了, 则 $r_{kl}=\sum\limits_{i=1}^{n}x_{ik}x_{il}$ $(k,l=1,\cdots,p)$. 从而, 由上述观测值得到的设计阵 $\boldsymbol{X}$ 满足 $\boldsymbol{X}^{\mathrm{T}}\boldsymbol{X}=\boldsymbol{r}$.

2. 偏相关系数

除了复相关系数外, 变量之间还存在另一种相关性——偏相关性. 在多元线性回归分析中, 在其他变量被固定的情况下, 任意给定的两个变量之间的相关系数被称为**偏相关系数**. 对任意 p 个变量 $x_1,\cdots,x_p$, 我们在固定 $x_3,\cdots,x_p$ 不变的情况下定义 x_1 与 x_2 之间的偏相关系数为

$$r_{12;3,\cdots,p}=\frac{-\Delta_{12}}{\sqrt{\Delta_{11}\Delta_{22}}},$$

其中 Δ_{ij} 表示样本相关阵的第 i 行第 j 列元素的代数余子式. 譬如, 当 $p=3$ 且固定 x_3 不变时, 根据此定义我们有

$$r_{12;3}=\frac{r_{12}-r_{13}r_{23}}{\sqrt{(1-r_{13}^2)(1-r_{23}^2)}}.$$

偏相关系数也可以度量变量 $y,x_1,x_2,\cdots,x_p$ 中任意两个变量的线性相关程度, 而这种相关程度是在固定其余 $p-1$ 变量的影响下的线性相关.

3. 偏判定系数

偏决定系数是指当回归模型已经包含若干个自变量之后再引入某一个新的自变量时, y 的剩余变差的相对减少量. 它衡量某自变量对 y 的变差减少的边际贡献.

我们首先以二元线性回归模型为例来说明两个自变量的偏判定系数的定义. 考虑如下的二元线性回归模型

$$y_i=\beta_0+\beta_1x_{i1}+\beta_2x_{i2}+\varepsilon_i,\quad i=1,2,\cdots,n.$$

记 $\mathrm{SS}_E(x_2)$ 为模型只含有自变量 x_2 时 y 的残差平方和, $\mathrm{SS}_E(x_1,x_2)$ 为模型同时含有自变量 x_1 和 x_2 时 y 的残差平方和. 因此, 模型中已含有 x_2 时, 再加入变量 x_1 使 y 的剩余变差的相对减小量可定义为

$$r_{y1;2}^2=\frac{\mathrm{SS}_E(x_2)-\mathrm{SS}_E(x_1,x_2)}{\mathrm{SS}_E(x_2)}.$$

这就是模型已含有 x_2 时, y 与 x_1 的偏判定系数. 类似地, 当模型已含有 x_1 时, y 与 x_2 的偏判定系数可定义为

$$r_{y2;1}^2=\frac{\mathrm{SS}_E(x_1)-\mathrm{SS}_E(x_1,x_2)}{\mathrm{SS}_E(x_1)}.$$

更一般地, 对多元线性回归模型 (3.1), 当模型已含有自变量 $x_2,\cdots,x_p$ 时, 因变量 y 与自变量 x_1 的偏判定系数可类似地定义为:

$$r_{y1;2,\cdots,p}^2=\frac{\mathrm{SS}_E(x_2,\cdots,x_p)-\mathrm{SS}_E(x_1,x_2,\cdots,x_p)}{\mathrm{SS}_E(x_2,\cdots,x_p)}.$$

3.6　预测与控制

我们建立回归模型的主要目的包括：一是预测，二是控制．若基于观测数据集 $\{(y_i, x_{i1}, \cdots, x_{ip}) : i = 1, 2, \cdots, n\}$ 建立的 p 元线性回归模型为

$$\hat{y} = \hat{\beta}_0 + \hat{\beta}_1 x_1 + \cdots + \hat{\beta}_p x_p. \tag{3.16}$$

假设回归模型 (3.16) 已通过回归方程显著性检验和回归系数显著性检验并可应用于实际问题了．对给定观测点 $\boldsymbol{x}_0 = (x_{01}, \cdots, x_{0p})^{\mathrm{T}}$，我们可以用

$$\hat{y}_0 = \hat{\beta}_0 + \hat{\beta}_1 x_{01} + \cdots + \hat{\beta}_p x_{0p} = \boldsymbol{x}_0^{\mathrm{T}} \hat{\boldsymbol{\beta}}$$

作为未知的 $y_0 = \beta_0 + \beta_1 x_{01} + \cdots + \beta_p x_{0p} + \varepsilon_0$ 的预测，其中 ε_0 是与 $\varepsilon_1, \cdots, \varepsilon_n$ 独立同分布的随机变量．由于 $\hat{\boldsymbol{\beta}}$ 的随机性是由 $\varepsilon_1, \cdots, \varepsilon_n$ 造成的，所以，$\hat{\boldsymbol{\beta}}$ 与 ε_0 独立，从而，$\hat{\boldsymbol{\beta}}$ 与 y_0 也独立．这样，$\hat{y}_0$ 与 y_0 也独立．

由 3.2 节性质 6 知，$\hat{y}_0$ 服从正态分布，并且

$$\mu_0 = E(\hat{y}_0) = \boldsymbol{x}_0^{\mathrm{T}} \boldsymbol{\beta}, \quad \mathrm{Var}(\hat{y}_0) = \boldsymbol{x}_0^{\mathrm{T}} \mathrm{Var}(\hat{\boldsymbol{\beta}}) \boldsymbol{x}_0 = \sigma^2 \boldsymbol{x}_0^{\mathrm{T}} (\boldsymbol{X}^{\mathrm{T}} \boldsymbol{X})^{-1} \boldsymbol{x}_0 \triangleq \sigma^2 a_0,$$

即 $\hat{y}_0 \sim N(\mu_0, \sigma^2 a_0)$，其中 $a_0 = \boldsymbol{x}_0^{\mathrm{T}} (\boldsymbol{X}^{\mathrm{T}} \boldsymbol{X})^{-1} \boldsymbol{x}_0$．又由于 $y_0 \sim N(\mu_0, \sigma^2)$，因此，我们有 $\hat{y}_0 - y_0 \sim N(0, \sigma^2(a_0 + 1))$．根据 3.2 节性质 6(ii) 知，$\hat{\boldsymbol{\beta}}$，$y_0$ 与 $\hat{\sigma}$ 独立，于是，$\hat{y}_0 - y_0$ 与 $\hat{\sigma}^2(n - p - 1)/\sigma^2 \sim \chi^2(n - p - 1)$ 独立．综合以上各式并由 t 分布的定义知

$$\frac{\hat{y}_0 - y_0}{\hat{\sigma}\sqrt{a_0 + 1}} \sim t(n - p - 1).$$

由此即得 y_0 的置信水平为 $1 - \alpha$ 的置信区间

$$[\hat{y}_0 - t_{\alpha/2}(n - p - 1)\hat{\sigma}\sqrt{a_0 + 1}, \hat{y}_0 + t_{\alpha/2}(n - p - 1)\hat{\sigma}\sqrt{a_0 + 1}].$$

控制是预测的逆问题，即给定 y_{10} 和 y_{20} 并且假设 $y_{10} < y_{20}$，确定自变量 x_j $(j = 1, \cdots, p)$ 应在什么范围内变动，这就是控制问题．在某些实际问题研究中，控制显得比预测更重要．关于控制问题的求解，有的文献中提出，找 $\boldsymbol{x}_0 = (x_{01}, \cdots, x_{0p})$ 的值使其满足

$$\hat{y}_0 - 2S_{\hat{y}_0} \geqslant y_{10}, \quad \hat{y}_0 + 2S_{\hat{y}_0} \leqslant y_{20}.$$

但这一方法存在两个问题：① 研究人员提出的因变量 y 的控制范围是根据实际问题出发来确定的，它不一定在 $[\hat{y}_0 - 2S_{\hat{y}_0}, \hat{y}_0 + 2S_{\hat{y}_0}]$ 之内，② 即使我们知道 y 的控制区间为 $[y_{10}, y_{20}] = [\hat{y}_0 - 2S_{\hat{y}_0}, \hat{y}_0 + 2S_{\hat{y}_0}]$，但为了找 $\boldsymbol{x}_0$ 我们必须从

$$\hat{\beta}_0 + \hat{\beta}_1 x_1 + \cdots + \hat{\beta}_p x_p = y_0 \tag{3.17}$$

出发解 p 元一次方程．然而，根据线性代数的理论知，式 (3.17) 是一个不定方程，它有无穷多个解，而研究如何寻求 $\boldsymbol{x}_0$ 并没有给定具体的方法．因此，多元线性回归中控制问题的求解实际上是一个至今为止悬而未解的课题．根据式 (3.16) 可知，若 y 在区间 $[y_{10}, y_{20}]$ 上变动，而 $\boldsymbol{x}$ 只取某点 $\boldsymbol{x}_0$ 的值是不可能的．

3.7 因变量缺失的多元线性回归模型

由于很多实际问题中都会出现数据缺失现象, 传统的估计和检验方法不能直接用于数据缺失情形. 近年来, 缺失数据下多元线性回归模型的研究得到了越来越多的关注. 多元线性回归模型可表示为如下的形式:

$$Y_i = \boldsymbol{X}_i\beta + \varepsilon_i, \quad i = 1, 2, \cdots, n, \tag{3.18}$$

其中, Y_i 为因变量观测值, $\boldsymbol{X}_i = (X_{i1}, X_{i2}, \cdots, X_{ip})$ 为对应的自变量的观测值, β 为 $p \times 1$ 的未知参数向量, ε_i 为独立同分布的随机变量. 引入一个新的变量 δ 作为缺失的示性函数, 即

$$\delta_i = \begin{cases} 0, & Y_i \text{ 为缺失数据}, \\ 1, & Y_i \text{ 为观测数据}, \end{cases}$$

这里, 假定 Y_i 满足随机缺失的机制, 即 $P(\delta = 1|X, Y) = P(\delta = 1|X)$.

对于因变量缺失下的回归模型, 一个简单的研究方法就是完全数据法, 即只利用因变量不存在缺失的那些观测值, 也就是对应于 $\delta_i = 1$ 的观测数据. 但是这种方法舍弃了存在缺失的数据, 造成信息的浪费. 为了能充分利用观测数据的信息, 可以利用插补的方法对模型 (3.18) 中的参数进行估计.

假设 $\{Y_i, \delta_i, \boldsymbol{X}_i\}_{i=1}^n$ 是来自模型 (3.18) 的观测数据, 有

$$\delta_i Y_i = \delta_i \boldsymbol{X}_i\beta + \delta_i\varepsilon_i, \quad i = 1, 2, \cdots, n.$$

从而可得到 β 的简单最小二乘估计为

$$\hat{\beta}_c = \left(\sum_{i=1}^n \delta_i \boldsymbol{X}_i^{\mathrm{T}} \boldsymbol{X}_i\right)^{-1} \left(\sum_{i=1}^n \delta_i \boldsymbol{X}_i^{\mathrm{T}} Y_i\right).$$

基于上面得到的 $\hat{\beta}_c$, 针对因变量存在缺失这一情况, 构造新的因变量

$$Y_i^* = \delta_i Y_i + (1 - \delta_i)\boldsymbol{X}_i\hat{\beta}_c,$$

不难看出, 当 Y_i 没有缺失值时, $Y_i^* = Y_i$, 而当 Y_i 存在缺失时, $Y_i^* = \boldsymbol{X}_i\hat{\beta}_c$, 即用插补值代替其缺失的真实值. 基于构造的数据 $(Y_i^*, \boldsymbol{X}_i)_{i=1}^n$, 利用最小二乘法可得 β 的插补估计为

$$\hat{\beta}_l = \left(\sum_{i=1}^n \boldsymbol{X}_i^{\mathrm{T}} \boldsymbol{X}_i\right)^{-1} \left(\sum_{i=1}^n \delta_i \boldsymbol{X}_i^{\mathrm{T}} Y_i^*\right).$$

案例分析: 财政收入的多因素分析

财政收入水平是反映一个国家经济实力的重要标志. 对一个国家来说, 财政收入的规模大小是非常重要的. 在一定时期内, 财政收入 y(亿元) 受到许多因素的影响. 本例选取税收 x_1(亿元), 国内生产总值 x_2(亿元), 进出口贸易总额 x_3(亿元), 年末从业人员数 x_4(万人), 全社会固定资产投资总额 x_5(亿元) 作为自变量, 分析它们对财政收入的影响. 数据来源于《中国统计年鉴》, 时限为 1980 年～2010 年 (表 3.3).

表 3.3　财政收入多因素分析数据

年份	财政收入 y/亿元	税收 x_1/亿元	国内生产总值 x_2/亿元	进出口贸易总额 x_3/亿元	年末从业人员数 x_4/万人	全社会固定资产投资总额 x_5/亿元
1980	1159.93	571.7	4545.6	570	42361	910.9
1981	1175.8	629.89	4891.6	735.3	43725	961
1982	1212.3	700.02	5323.4	771.3	45295	1230.4
1983	1367	775.59	5962.7	860.1	46436	1430.1
1984	1642.9	947.35	7208.1	1201	48197	1832.9
1985	2004.82	2040.79	9016	2066.7	49873	2543.2
1986	2122	2090.73	10275.2	2580.4	51282	3120.6
1987	2199.4	2140.36	12058.6	3084.2	52783	3791.7
1988	2357.2	2390.47	15042.8	3821.8	54334	4753.8
1989	2664.9	2727.4	16992.3	4155.9	55329	4410.4
1990	2937.1	2821.86	18667.8	5560.1	64749	4517
1991	3149.48	2990.17	21781.5	7225.8	65491	5594.5
1992	3483.37	3296.91	26923.5	9119.6	66152	8080.1
1993	4348.95	4255.3	35333.9	11271.0	66808	13072.3
1994	5218.1	5126.88	48197.9	20381.9	67455	17042.1
1995	6242.2	6038.04	60793.7	23499.9	68065	20019.3
1996	7407.99	6909.82	71176.6	24133.8	68950	22913.5
1997	8651.14	8234.04	78973	26967.2	69820	24941.1
1998	9875.95	9262.8	84402.3	26849.7	70637	28406.2
1999	11444.08	10682.58	89677.1	29896.2	71394	29854.7
2000	13395.23	12581.51	99214.6	39273.2	72085	32917.7
2001	16386.04	15301.38	109655.2	42183.6	72797	37213.5
2002	18903.64	17636.45	120332.7	51378.2	73280	43499.9
2003	21715.25	20017.31	135822.8	70483.5	73736	55566.6
2004	26396.47	24165.68	159878.3	95539.1	74264	70477.4
2005	31649.29	28778.54	184937.4	116921.8	74647	88773.6
2006	38760.2	34804.35	216314.4	140974.0	74978	109998.2
2007	51321.78	45621.97	265810.3	166863.7	75321	137323.9
2008	61330.35	54223.79	314045.4	179921.5	75564	172828.4
2009	68518.3	59521.59	340902.8	150648.1	75828	224598.8
2010	83101.51	73210.79	401202	201722.1	76105	278121.9

解　计算分析过程及相应的 R 程序如下.

(1) 读入数据 y, x_1, x_2, x_3, x_4, x_5.

将表 3.3 中 Excel 类型的数据保存为文本文档 data3.txt, 然后使用

```
>yx=read.table("data3.txt")
>y=data2[,2]
```

```
>x1=data1[,3]
>x2=data1[,4]
>x3=data1[,5]
>x4=data1[,6]
>x5=data1[,7]
```

(2) 相关分析

为了看财政收入是否跟其他变量之间具有相关性, 计算相关系数, 并且进行相关系数矩阵的假设检验. 由于 R 软件中没有现成的函数, 我们使用王斌会编写的《多元统计分析及 R 语言建模》中 mvstats 统计包里 corr.test() 函数来进行检验, 程序如下.

```
>yx1=data.frame(y,x1,x2,x3,x4,x5)
>r=cor(yx1)
>r
>library("mvstats")
>corr.test(yx1)
```

运行结果为

	y	x1	x2	x3	x4	x5
y	1.0000	0.9997	0.9911	0.9741	0.6385	0.9936
x1	0.9997	1.0000	0.9933	0.9771	0.6536	0.9919
x2	0.9911	0.9933	1.0000	0.9802	0.7212	0.9791
x3	0.9741	0.9771	0.9802	1.0000	0.6865	0.9493
x4	0.6385	0.6536	0.7212	0.6865	1.0000	0.6080
x5	0.9936	0.9919	0.9791	0.9493	0.6080	1.0000

corr text:

	y	x1	x2	x3	x4	x5
y	0.000	0.000	0.000	0.000	0.0001	0e+00
x1	220.131	0.000	0.000	0.000	0.0001	0e+00
x2	40.023	46.293	0.000	0.000	0.0000	0e+00
x3	23.198	24.716	26.673	0.000	0.0000	0e+00
x4	4.468	4.651	5.607	5.085	0.0000	3e-04
x5	47.461	42.125	25.895	16.256	4.1239	0e+00

lower is t value, upper is p value.

从结果可以看出, 财政收入与税收、国内生产总值、进出口贸易总额、年末从业人员数、全社会固定资产投资总额之间的相关系数分别为 0.9997, 0.9911, 0.9741, 0.6385, 0.9936, 线性关系程度都相当高, 其中财政收入与税收之间的关系最为密切 (r=0.9997, $p < 0.001$). 由此, 可以认为本例选取的 5 个变量都与财政收入存在着线性关系.

另外, 我们也可以使用 corpcor 包里的 cor2pcor() 函数来求偏相关系数, 程序如下:

```
>library("corpcor")
>xpcor=cor2pcor(r)
>xpcor
```

运行结果为

```
        [,1]      [,2]      [,3]      [,4]      [,5]      [,6]
[1,]  1.0000   0.96651   0.06460   -0.1629   -0.62291   0.35349
[2,]  0.9665   1.00000   0.08092    0.2991    0.54040  -0.15820
[3,]  0.0646   0.08092   1.00000    0.2452    0.66034   0.03346
[4,] -0.1629   0.29912   0.24519    1.0000   -0.25722  -0.58870
[5,] -0.6229   0.54040   0.66034   -0.2572    1.00000   0.04669
[6,]  0.3535  -0.15820   0.03346   -0.5887    0.04669   1.00000
```

从偏相关系数的结果我们也可以看出, 当其他变量固定时, 财政收入与税收之间的偏相关系数为 0.9665, 说明财政收入与税收之间的关系最为密切.

(3) 建立多元线性回归方程

```
>fm=lm(y~x1+x2+x3+x4+x5, data=yx)
>fm
>summary(fm)
```

运行结果如下.

```
Call:
lm(formula = y ~ x1 + x2 + x3 + x4 + x5, data = yx)
Coefficients:
   (Intercept)x1        x2         x3          x4          x5
   2.29e+03 1.09e+00 2.44e-03 -5.01e-03 -4.37e-02 1.74e-02

   Residuals:
   Min              1Q          Median        3Q         Max
   -595.5           -187.7      -8.8          176.5      575.6
   Coefficients:
                    Estimate    Std. Error    t value    Pr(>|t|)
   (Intercept)      2.29e+03    5.61e+02      4.09       0.00040 ***
   x1               1.09e+00    5.80e-02      18.83      2.8e-16 ***
   x2               2.44e-03    7.54e-03      0.32       0.74887
   x3               -5.01e-03   6.07e-03      -0.83      0.41700
   x4               -4.37e-02   1.10e-02      -3.98      0.00052 ***
   x5               1.74e-02    9.20e-03      1.89       0.07048
   ...

Signif. codes:  0 '***' 0.001 '**' 0.01 '*' 0.05 '.' 0.1 '' 1
Residual standard error: 284 on 25 degrees of freedom
Multiple R-squared: 1, Adjusted R-squared: 1
F-statistic: 3.6e+04 on 5 and 25 DF, p-value: <2e-16
```

从结果可以看出: 变量 x_1, x_2, x_3, x_4, x_5 的 t 统计量的值分别为 18.83, 0.32, −0.83, −3.98, 1.89, 其对应的 p 值为 $2.8\times^{-16}$, 0.74887, 0.41700, 0.00052, 0.07048. 此结果表明, 在给定检测水平 5% 下, x_1, x_4 对因变量 y 的影响是显著的, 而 x_2, x_3, x_5 对因变量 y 的影响是不显著的. F 统计量的值为 3.6×10^4, p 值 $< 2\times10^{-16} < 0.05$, 此结果表明:

在 5% 的显著水平下, 我们认为所建立的回归方程显著有效. 复决定系数 $R_A^2=1$, 调整的复决定系数 $R_A^2=1$, 说明方程的拟合效果较好. 因此回归方程为

$$y=2200+1.09x_1+0.00244x_2-0.00501x_3-0.0437x_4+0.0174x_5.$$

(4) 模型预测

根据上述模型计算预测值以及置信区间, 可使用函数 predict($\times 10^{-2}$) 来实现. 如求 $\boldsymbol{X}=(80000,500000,290000,78000,290000)$ 时相应 y 的预测值与 0.95 的预测区间. 程序如下:

```
>x0<-data.frame(x1=80000, x2=500000, x3=290000, x4=78000, x5=290000)
>lm.pred<-predict(fm, x0, interval="prediction", level=0.95)
>lm.pred
```

运行结果为

```
        fit      lwr      upr
1     91032    89856    92207
```

由此求得, $\hat{y}_0=91032$, 相应的 y 的 0.95 的预测区间为 [89856, 92207].

复习思考题

1. 为了研究货运量 y 与工业总产值 x_1、农业总产值 x_2、居民非商品支出 x_3 的关系, 下表列出了相关数据.

货运量与工业总产值、农业总产值、居民非商品支出的关系数据

y/万吨	x_1/亿元	x_2/亿元	x_3/亿元	y/万吨	x_1/亿元	x_2/亿元	x_3/亿元
160	70	35	1.0	220	68	45	1.5
260	75	40	2.4	275	78	42	4.0
210	65	40	2.0	160	66	36	2.0
265	74	42	4.0	275	70	44	4.2
240	72	38	1.2	250	65	42	4.0

假设数据满足 p 元线性回归模型 (3.1) 的假设:

(1) 计算模型参数 $\boldsymbol{\beta}$ 的最小二乘估计;

(2) 计算方差 $\sigma^2=\mathrm{Var}(\varepsilon)$ 的估计;

(3) 依据观测数据建立多元线性回归模型;

(4) 对回归模型参数以及变量之间线性关系进行显著性检验;

(5) 是否需要对模型进行调整, 给出调整后的模型, 并重新估计模型参数;

(6) 给出调整后模型每个观测的点估计值及区间估计;

(7) 对观测数据点 $\boldsymbol{x}_0=(x_1,x_2,x_3)=(90,57,6.2)$ 预测其货运量的值.

2. 验证复决定系数 R^2 与 F 之间的关系式

$$R^2=\frac{F}{F+(n-p-1)/p}.$$

3. 某省 1978～1989 年消费基金 y(十亿元)、国民收入使用额 x_1(十亿元) 和平均人口 x_2(百万人) 资料如下表所示.

某省 1978~1989 年消费基金、国民收入使用额和平均人口资料

年份	y	x_1	x_2	年份	y	x_1	x_2
1978	9	12.1	48.2	1984	17.7	24.2	52.76
1979	9.5	12.9	48.9	1985	20.1	28.1	56.39
1980	10	16.8	49.54	1986	21.8	30.1	54.55
1981	10.6	14.8	50.25	1987	25.3	35.8	55.35
1982	12.4	16.4	51.02	1988	31.3	48.5	56.16
1983	16.2	20.9	51.84	1989	36	54.8	56.98

(1) 建立多元线性回归模型并做显著性检验, 列出方差分析表;

(2) 若 1990 年该省国民收入使用额为 67 亿元, 平均人口为 58 百万人, 试给出 1990 年消费基金的概率为 0.95 的预测区间.

4. 下表数据为江苏启东高产棉田的部分调查资料, 其中 x_1 为每亩株数 (千株), x_2 为每株铃数, y 为每亩皮棉产量 (kg).

x_1	x_2	y	x_1	x_2	y
6.21	10.2	95	6.55	9.3	95
6.29	11.8	111	6.61	10.3	92
6.38	9.9	95	6.77	9.8	100
6.5	11.7	107	6.82	8.8	91
6.52	11.1	110	6.96	9.6	101

(1) 依据上表观测数据建立多元线性回归模型并做显著性检验, 列出方差分析表;

(2) 对偏回归系数作假设测验, 并解释所得结果;

(3) 计算相关系数和偏相关系数, 并和简单相关系数作一比较, 分析其不同的原因;

(4) 若 $\boldsymbol{x}_0 = (x_1, x_2)^{\mathrm{T}} = (9.3, 16.5)^{\mathrm{T}}$ 数据资料, 试计算 y_0 的 0.95 的置信区间;

(5) 给出 $\beta_1 - \beta_2$ 的 0.95 的置信区间.

5. 某地区统计了机电行业的销售额 y 和汽车产量 x_1 以及建筑业产值 x_2 的数据如下, 试建立该地区机电行业的销售额和汽车产量以及建筑业产值之间的回归方程并进行检验.

年份	销售额 y/亿元	汽车 x_1/万辆	建筑 x_2/千万元
1981	280.0	3.909	9.43
1982	281.5	5.119	10.36
1983	337.4	6.666	14.50
1984	404.2	5.338	15.75
1985	402.1	4.321	16.78
1986	452.0	6.117	17.44
1987	431.7	5.559	19.77
1988	582.3	7.920	23.76
1989	596.6	5.816	31.61
1990	620.8	6.113	32.17
1991	513.6	4.258	35.09
1992	606.9	5.591	36.42
1993	629.0	6.675	36.58
1994	602.7	5.543	37.14
1995	656.7	6.933	41.30
1996	998.5	7.638	45.62
1997	877.6	7.752	47.38

6. 设

$$\begin{cases} y_1 = \beta_1 + \varepsilon_1, \\ y_2 = 2\beta_1 - \beta_2 + \varepsilon_2, \\ y_3 = \beta_1 + 2\beta_2 + \varepsilon_3, \end{cases} \quad \boldsymbol{\varepsilon} = \begin{pmatrix} \varepsilon_1 \\ \varepsilon_2 \\ \varepsilon_3 \end{pmatrix} \sim N_3(\mathbf{0}, \sigma^2 \boldsymbol{I}_3).$$

试导出关于假设 $H_0: \beta_1 = 2\beta_2$ 的 F 检验统计量.

7. 经研究发现, 学生用于购买书籍及课外读物的支出与本人受教育年限和其家庭收入水平有关, 对 18 名学生进行调查的统计资料如下表所示:

学生序号	购买书籍及课外读物支出 y/(元/年)	受教育年限 x_1/年	家庭月可支配收入 x_2/(元/月)
1	450.5	4	171.2
2	507.7	4	174.2
3	613.9	5	204.3
4	563.4	4	218.7
5	501.5	4	219.4
6	781.5	7	240.4
7	541.8	4	273.5
8	611.1	5	294.8
9	1222.1	10	330.2
10	793.2	7	333.1
11	660.8	5	366.0
12	792.7	6	350.9
13	580.8	4	357.9
14	612.7	5	359.0
15	890.8	7	371.9
16	1121.0	9	435.3
17	1094.2	8	523.9
18	1253.0	10	604.1

(1) 试求出学生购买书籍及课外读物的支出 y 与受教育年限 x_1 和家庭收入水平 x_2 的估计的回归方程 $\hat{y} = \hat{\beta}_0 + \hat{\beta}_1 x_1 + \hat{\beta}_2 x_2$.

(2) 对 β_1, β_2 的显著性进行 t 检验, 计算 R^2.

(3) 假设有一学生的受教育年限 $x_1 = 10$ 年, 家庭收入水平 $x_2 = 480$ 元/月, 试预测该学生全年购买书籍及课外读物的支出, 并求出相应的预测区间 $(\alpha = 0.05)$.

8. 设 $x_1, x_2, \cdots, x_{n_1}$ 为来自总体 $\xi \sim N(a_1, \sigma^2)$ 的样本, $y_1, y_2, \cdots, y_{n_2}$ 为来自总体 $\eta \sim N(a_2, \sigma^2)$ 的样本, 并且两样本独立, 试导出检验假设 $H_0: a_1 = a_2$ 的 F 检验统计量.

9. 下面给出依据 15 个观测值计算得到的数据:

$$\bar{y} = 367.693, \quad \bar{x}_2 = 402.760, \quad \bar{x}_3 = 8.0, \quad \sum y_i^2 = 66042.269, \quad \sum x_{2i}^2 = 84855.096,$$

$$\sum x_{3i}^2 = 280.0, \quad \sum y_i x_{2i} = 74778.346, \quad \sum y_i x_{3i} = 4250.9, \quad \sum x_{2i} x_{3i} = 4796.0$$

(1) 求回归系数的估计值.

(2) 估计它们的标准差, 并求出 R^2.

(3) 估计 β_2, β_3 置信度为 95% 的置信区间.

(4) 在 $\alpha = 0.05$ 下, 检验估计的每个回归系数的统计显著性 (双边检验).

(5) 在 $\alpha = 0.05$ 下, 并给出方差分析表.

第 4 章　自变量选择

第 1 章 ~ 第 3 章的讨论都是在假设回归自变量确定的情况下进行的. 然而, 在对一个实际问题建立线性回归模型时, 我们碰到的首要问题便是如何确定回归自变量. 一般地, 可根据所研究问题的目的, 并结合适当的专业理论及有关经验陈列出可能对因变量有影响的因素作为自变量. 我们希望所建立的回归模型能很好的拟合所给数据, 并且能在很大程度上反映实际情况, 因此, 这要求我们在选取回归自变量时不要遗漏对因变量有重要影响的因素. 但是, 我们也要尽量避免因担心遗漏重要变量而考虑过多的自变量, 这是因为某些自变量可能与其它的自变量之间存在很大的关联性. 这样一来, 不仅增大计算量, 而且还可能致使得到的回归模型的稳定性很差, 直接影响到所建回归模型的应用. 因此, 在建立模型回归之前如何选择合理的回归自变量是整个回归建模过程中非常重要的环节, 并且回归自变量选择的恰当与否直接关系到所建回归模型的质量.

从 20 世纪 60 年代开始, 自变量的选择问题已成为统计学研究中的热点问题, 统计学家们提出了许多选择自变量的准则, 并提出了许多行之有效的选择方法. 迄今为止, 该问题还一直是统计学家们研究的热点课题. 本章将从自变量的选择对回归模型参数估计及预测的影响开始, 逐步介绍目前广泛使用的自变量选择准则、选择方法及其应用.

4.1　自变量选择对模型参数估计及预测的影响

4.1.1　关于全模型与选模型

假设在某一实际问题研究中影响因变量 y 的所有可能的因素有 $x_1,\cdots,x_m$, 其对应的线性回归模型可表示为

$$y=\beta_0+\beta_1x_1+\cdots+\beta_mx_m+\varepsilon,\quad E(\varepsilon)=0,\quad \mathrm{Var}(\varepsilon)=\sigma^2.$$

基于因变量和自变量数据 $\{(y_i,x_{i1},\cdots,x_{im}):i=1,2,\cdots,n\}$, 可将上面的线性回归模型表示为

$$\boldsymbol{Y}=\boldsymbol{X}_F\boldsymbol{\beta}_F+\boldsymbol{\varepsilon},\quad E(\boldsymbol{\varepsilon})=\boldsymbol{0},\quad \mathrm{Var}(\boldsymbol{\varepsilon})=\sigma^2\boldsymbol{I}_n,\tag{4.1}$$

其中, $\boldsymbol{Y}=(y_1,y_2,\cdots,y_n)^{\mathrm{T}}$ 为 n 维因变量向量,

$$\boldsymbol{X}_F=\begin{pmatrix}1 & x_{11} & x_{12} & \cdots & x_{1m}\\ \vdots & \vdots & \vdots & & \vdots\\ 1 & x_{n1} & x_{n2} & \cdots & x_{nm}\end{pmatrix},$$

$\boldsymbol{\beta}_F=(\beta_0,\beta_1,\cdots,\beta_m)^{\mathrm{T}}$ 为 $m+1$ 维未知参数. 由于模型式 (4.1) 包含了影响因变量 y 的全部因素 $x_1,x_2,\cdots,x_m$, 因此, 我们称式 (4.1) 为**全模型**.

如果我们从影响因变量 y 的所有可能的 m 个自变量中挑选出 q 个 $(m \geqslant q)$, 并记它们对应的观测数据为 $x_{i1}, \cdots, x_{iq}$ $(i=1,\cdots,n)$, 则由此 q 个自变量建立的多元线性回归模型可表示为

$$\boldsymbol{Y} = \boldsymbol{X}_S\boldsymbol{\beta}_S + \boldsymbol{\varepsilon}, \quad E(\boldsymbol{\varepsilon}) = \boldsymbol{0}, \quad \mathrm{Var}(\boldsymbol{\varepsilon}) = \sigma^2\boldsymbol{I}_n, \tag{4.2}$$

其中, $\boldsymbol{\beta}_S$ 为 $q+1$ 维未知参数, 并且

$$\boldsymbol{X}_S = \begin{pmatrix} 1 & x_{11} & x_{12} & \cdots & x_{1q} \\ \vdots & \vdots & \vdots & & \vdots \\ 1 & x_{n1} & x_{n2} & \cdots & x_{nq} \end{pmatrix}.$$

由于该模型是从全模型中选取 q 自变量建立起来的, 因此, 我们称模型 (4.2) 为**选模型**. 这里特别要强调的是, 选模型 (4.2) 的 q 个自变量并不一定是全模型中 m 个自变量的前 q 个, 而是按某种规则从所有可能的 p 个自变量中挑选出来的 q 个. 不过, 为了简便起见, 我们不妨就认为 $x_{i1}, \cdots, x_{iq}$ 就是 $x_{i1}, \cdots, x_{iq}$ 中的前 q 个.

对于一个实际问题而言, 我们是用全模型式 (4.1) 去刻画因变量与自变量的关系呢? 还是用选模型式 (4.2) 去刻画它们呢? 这就是模型选择, 有时也称为自变量选择. 如果真模型是全模型 (4.1), 而我们却误用了选模型 (4.2), 这就说明在建立回归模型时丢掉了一些有用的重要变量; 反之, 如果真模型是选模型 (4.2), 而我们误用了全模型 (4.1), 这样在建立回归模型时把一些不必要的自变量引入到了回归模型.

为了后面讨论方便起见, 记全模型 (4.1) 中参数 $\boldsymbol{\beta}_F$ 和 σ^2 的估计分别为

$$\hat{\boldsymbol{\beta}}_F = (\boldsymbol{X}_F^{\mathrm{T}}\boldsymbol{X}_F)^{-1}\boldsymbol{X}_F^{\mathrm{T}}\boldsymbol{Y}, \quad \hat{\sigma}_F^2 = \frac{1}{n-m-1}\mathrm{SS}_{Em},$$

其中 $\mathrm{SS}_{Em} = \boldsymbol{Y}^{\mathrm{T}}(\boldsymbol{I}_n - \boldsymbol{X}_F(\boldsymbol{X}_F^{\mathrm{T}}\boldsymbol{X}_F)^{-1}\boldsymbol{X}_F^{\mathrm{T}})\boldsymbol{Y}$. 记选模型 (4.2) 的参数 $\boldsymbol{\beta}_S$ 和 σ^2 的估计分别为

$$\tilde{\boldsymbol{\beta}}_S = (\boldsymbol{X}_S^{\mathrm{T}}\boldsymbol{X}_S)^{-1}\boldsymbol{X}_S^{\mathrm{T}}\boldsymbol{Y}, \quad \tilde{\sigma}_S^2 = \frac{1}{n-q-1}\mathrm{SS}_{Eq},$$

其中 $\mathrm{SS}_{Eq} = \boldsymbol{Y}^{\mathrm{T}}(\boldsymbol{I}_n - \boldsymbol{X}_S(\boldsymbol{X}_S^{\mathrm{T}}\boldsymbol{X}_S)^{-1}\boldsymbol{X}_S^{\mathrm{T}})\boldsymbol{Y}$. 如果模型选择不恰当, 将给参数估计和预测带来什么样的影响呢? 下面将逐一讨论这些问题.

4.1.2 自变量选择对回归模型的参数估计及预测的影响

自变量的选择对回归模型的参数估计及预测的影响包括: 一是全模型 (4.1) 正确而误用选模型 (4.2) 的影响; 二是选模型 (4.2) 正确而误用全模型 (4.1) 的影响. 下面将分别就这两种情况讨论自变量选择对回归模型的参数估计及其预测的影响.

1. 全模型正确而误用选模型

全模型 (4.1) 与选模型 (4.2) 的根本区别在于自变量不同, 前者包括所有 m 个自变量而后者只包括所有 m 个自变量中的前 q 个自变量. 这样, $q < m$ 并且 $\beta_{q+1}x_{q+1} +$

$\cdots + \beta_m x_m$ 不恒等于 0. 当全模型 (4.1) 正确而我们却误用了选模型 (4.2) 时, 有以下性质.

性质 1 若 x_j $(j = 1, \cdots, q)$ 与 $x_{q+1}, \cdots, x_m$ 的相关系数不全为零, 则选模型回归系数的最小二乘估计就是全模型相应参数的有偏估计.

证明 记 $\boldsymbol{\beta}_F = (\boldsymbol{\beta}_S^{\mathrm{T}}, \boldsymbol{\beta}_{(S)}^{\mathrm{T}})^{\mathrm{T}}$, $\boldsymbol{X}_F = (\boldsymbol{X}_S, \boldsymbol{X}_{(S)})$, $\boldsymbol{A} = (\boldsymbol{X}_S^{\mathrm{T}} \boldsymbol{X}_S)^{-1} \boldsymbol{X}_S^{\mathrm{T}} \boldsymbol{X}_{(S)}$, 选模型回归系数的最小二乘估计为 $\tilde{\boldsymbol{\beta}}_S = (\boldsymbol{X}_S^{\mathrm{T}} \boldsymbol{X}_S)^{-1} \boldsymbol{X}_S^{\mathrm{T}} \boldsymbol{Y}$. 当全模型正确时, 有

$$
\begin{aligned}
E(\tilde{\boldsymbol{\beta}}_S) &= (\boldsymbol{X}_S^{\mathrm{T}} \boldsymbol{X}_S)^{-1} \boldsymbol{X}_S^{\mathrm{T}} E(\boldsymbol{Y}) = (\boldsymbol{X}_S^{\mathrm{T}} \boldsymbol{X}_S)^{-1} \boldsymbol{X}_S^{\mathrm{T}} \boldsymbol{X}_F \boldsymbol{\beta}_F \\
&= (\boldsymbol{X}_S^{\mathrm{T}} \boldsymbol{X}_S)^{-1} \boldsymbol{X}_S^{\mathrm{T}} \boldsymbol{X}_S \boldsymbol{\beta}_S + \boldsymbol{A} \boldsymbol{\beta}_{(S)} = \boldsymbol{\beta}_S + \boldsymbol{A} \boldsymbol{\beta}_{(S)}.
\end{aligned}
$$

由于 x_j 与 $x_{q+1}, \cdots, x_m$ 的相关系数不全为零, 所以 $\boldsymbol{X}_S^{\mathrm{T}} \boldsymbol{X}_{(S)} \neq \boldsymbol{0}$, 因而, $\boldsymbol{A} \boldsymbol{\beta}_{(S)} \neq 0$. 从而, $E(\tilde{\boldsymbol{\beta}}_S) \neq \boldsymbol{\beta}_S$, 即 $\tilde{\boldsymbol{\beta}}_S$ 作为 $\boldsymbol{\beta}_S$ 的估计不是无偏的而是有偏的.

性质 2 选模型的预测也是有偏的.

证明 给定自变量新值 $\boldsymbol{x}_0 = (x_{01}, \cdots, x_{0m})^{\mathrm{T}}$, 则因变量的新值为 $y_0 = \beta_0 + \beta_1 x_{01} + \cdots + \beta_m x_{0m} + \varepsilon_0$. 基于选模型的预测值为 $\hat{y}_{0q} = \tilde{\beta}_0 + \tilde{\beta}_1 x_{01} + \cdots + \tilde{\beta}_q x_{0q}$, 易证 $E(\tilde{y}_{0q} - y_0) \neq 0$. 因此, $\hat{y}_{0q}$ 作为 y_0 的预测值是有偏的.

性质 1 和性质 2 告诉我们：当全模型 (4.1) 正确而我们忽略掉 $m - q$ 个自变量时, 仅用所挑选出来的 q 个自变量去建立回归模型, 由此得到的模型参数的估计值是其全模型参数的有偏估计；如果用其做回归预测, 那么预测值也是有偏的. 这是错误的使用选模型所产生的弊端. 要使 $\tilde{\boldsymbol{\beta}}_S$ 为 $\boldsymbol{\beta}_S$ 的无偏估计, 必须 $\boldsymbol{A} \boldsymbol{\beta}_{(S)} = \boldsymbol{0}$, 即 $\boldsymbol{A} = \boldsymbol{0}$ 或 $\boldsymbol{\beta}_{(S)} = \boldsymbol{0}$ 至少有一个成立. 前者仅当 $\boldsymbol{X}_S^{\mathrm{T}} \boldsymbol{X}_{(S)} = \boldsymbol{0}$ 时成立, 也就是说设计阵 $\boldsymbol{X}_F$ 中的两部分矩阵 $\boldsymbol{X}_S$ 与 $\boldsymbol{X}_{(S)}$ 正交, 此时, 为了估计 $\boldsymbol{\beta}_S$, 后 $m - q$ 个自变量没有起任何作用；而后者表示后 $m - q$ 个自变量与因变量没有任何关系, 即选模型本来就是正确的.

性质 3 基于选模型得到的参数估计量具有较小的方差.

证明 记 $\mathrm{Var}(\tilde{\boldsymbol{\beta}}_S) = \sigma^2 (\boldsymbol{X}_S^{\mathrm{T}} \boldsymbol{X}_S)^{-1}$, $\boldsymbol{X}_F = (\boldsymbol{X}_S, \boldsymbol{X}_{(S)})$, $\boldsymbol{\beta}$ 在全模型下的估计量为 $\hat{\boldsymbol{\beta}}_F = (\hat{\boldsymbol{\beta}}_S^{\mathrm{T}}, \hat{\boldsymbol{\beta}}_{(S)}^{\mathrm{T}})^{\mathrm{T}}$. 则根据分块矩阵求逆矩阵公式可得

$$
\mathrm{Var}(\hat{\boldsymbol{\beta}}_S) = \sigma^2 \{(\boldsymbol{X}_S^{\mathrm{T}} \boldsymbol{X}_S)^{-1} + \boldsymbol{A} \boldsymbol{D} \boldsymbol{A}^{\mathrm{T}}\}
$$

其中, $\boldsymbol{A} = (\boldsymbol{X}_S^{\mathrm{T}} \boldsymbol{X}_S)^{-1} \boldsymbol{X}_S^{\mathrm{T}} \boldsymbol{X}_{(S)}$, $\boldsymbol{D}^{-1} = \boldsymbol{X}_{(S)}^{\mathrm{T}} \boldsymbol{X}_{(S)} - \boldsymbol{X}_{(S)}^{\mathrm{T}} \boldsymbol{X}_S (\boldsymbol{X}_S^{\mathrm{T}} \boldsymbol{X}_S)^{-1} \boldsymbol{X}_S^{\mathrm{T}} \boldsymbol{X}_{(S)}$. 因此, 有 $\mathrm{Var}(\hat{\boldsymbol{\beta}}_S) - \mathrm{Var}(\tilde{\boldsymbol{\beta}}_S) = \sigma^2 \boldsymbol{A} \boldsymbol{D} \boldsymbol{A}^{\mathrm{T}}$. 由 $\boldsymbol{D}^{-1} > 0$ 知 $\boldsymbol{D} > 0$, 因此, $\boldsymbol{A} \boldsymbol{D} \boldsymbol{A}^{\mathrm{T}} \geqslant 0$. 这就证明了性质 3.

性质 4 选模型的预测残差具有较小的方差.

证明 记 $\boldsymbol{x}_0 = (\boldsymbol{x}_{0q}^{\mathrm{T}}, \boldsymbol{x}_{0(q)}^{\mathrm{T}})^{\mathrm{T}}$. 因为选模型和全模型的预测残差分别为 $e_{0q} = \hat{y}_{0q} - y_0$ 和 $e_{0m} = \hat{y}_{0m} - y_0$, 并且 $\mathrm{Var}(e_{0q}) = \sigma^2 \boldsymbol{x}_{0q}^{\mathrm{T}} (\boldsymbol{X}_S^{\mathrm{T}} \boldsymbol{X}_S)^{-1} \boldsymbol{x}_{0q} + \sigma^2$, $\mathrm{Var}(e_{0m}) = \sigma^2 \boldsymbol{x}_0^{\mathrm{T}} (\boldsymbol{X}_F^{\mathrm{T}} \boldsymbol{X}_F)^{-1} \boldsymbol{x}_0 + \sigma^2$, 因此, 根据分块矩阵求逆的公式可得

$$
\frac{\mathrm{Var}(e_{0m}) - \mathrm{Var}(e_{0q})}{\sigma^2} = (\boldsymbol{A}^{\mathrm{T}} \boldsymbol{x}_{0q} - \boldsymbol{x}_{0(q)})^{\mathrm{T}} \boldsymbol{D} (\boldsymbol{A}^{\mathrm{T}} \boldsymbol{x}_{0q} - \boldsymbol{x}_{0(q)}) \geqslant 0,
$$

此即 $\mathrm{Var}(e_{0q}) \leqslant \mathrm{Var}(e_{0m})$.

性质 3 和性质 4 表明：当全模型正确时, 用选模型做预测得到的模型参数估计的方差, 以及残差的方差都比用全模型做预测所得到的相应的方差要小. 即尽管用选模型做预测所得到的预测值是有偏的, 但所得到的模型参数估计的方差以及预测残差的方差都下降了. 因此, 当全模型正确而误用选模型时, 所产生的结果是既有利也有弊, 关键在于人们关心的是什么.

记 $\mathrm{MSEM}(\tilde{\boldsymbol{\theta}}) = E(\tilde{\boldsymbol{\theta}} - \boldsymbol{\theta})(\tilde{\boldsymbol{\theta}} - \boldsymbol{\theta})^{\mathrm{T}}$ 为未知参数向量 $\boldsymbol{\theta}$ 的有偏估计 $\tilde{\boldsymbol{\theta}}$ 的均方误差矩阵, 则有以下关系式：

$$\mathrm{MSEM}(\tilde{\boldsymbol{\theta}}) = \mathrm{Var}(\tilde{\boldsymbol{\theta}}) + (E\tilde{\boldsymbol{\theta}} - \boldsymbol{\theta})(E\tilde{\boldsymbol{\theta}} - \boldsymbol{\theta})^{\mathrm{T}}.$$

由上式和性质 1 以及性质 3 的证明过程知 $\mathrm{MSEM}(\tilde{\boldsymbol{\beta}}_S) = \sigma(\boldsymbol{X}_S^{\mathrm{T}}\boldsymbol{X}_S)^{-1} + \boldsymbol{A}\boldsymbol{\beta}_{(S)}\boldsymbol{\beta}_{(S)}^{\mathrm{T}}\boldsymbol{A}^{\mathrm{T}}$. 由于 $\hat{\boldsymbol{\beta}}_S$ 是 $\boldsymbol{\beta}_S$ 的无偏估计, 则由上式和性质 3 的证明过程知 $\mathrm{Var}(\hat{\boldsymbol{\beta}}_S) = \mathrm{MSEM}(\hat{\boldsymbol{\beta}}_S) = \sigma^2\{(\boldsymbol{X}_S^{\mathrm{T}}\boldsymbol{X}_S)^{-1} + \boldsymbol{A}\boldsymbol{D}\boldsymbol{A}^{\mathrm{T}}\}$. 又因为 $\mathrm{Var}(\hat{\boldsymbol{\beta}}_{(S)}) = \sigma^2\boldsymbol{D}$. 因此, 综合以上各式可得下面的性质.

性质 5 在 $\mathrm{Var}(\hat{\boldsymbol{\beta}}_{(S)}) \geqslant \boldsymbol{\beta}_{(S)}\boldsymbol{\beta}_{(S)}^{\mathrm{T}}$ 条件下, 我们有

$$\mathrm{Var}(\hat{\boldsymbol{\beta}}_S) \geqslant \mathrm{MSEM}(\tilde{\boldsymbol{\beta}}_S).$$

性质 5 表明：尽管我们丢掉的自变量对因变量有很大的影响 (即 $\boldsymbol{\beta}_{(S)} \neq 0$), 但当 $\boldsymbol{\beta}_{(S)}$ 难于准确估计 (用 $\mathrm{Var}(\hat{\boldsymbol{\beta}}_{(S)}) \geqslant \boldsymbol{\beta}_{(S)}\boldsymbol{\beta}_{(S)}^{\mathrm{T}}$ 来刻画) 时, 丢掉这些自变量会降低其余那些自变量的回归系数的最小二乘估计量的均方误差, 即提高它们估计量的精度. 因此, 对那些与因变量关系不是很大或难于掌握的自变量从模型中剔除是有利的.

性质 6 对选模型误差方差的估计 $\tilde{\sigma}_S^2$, 有

$$E(\tilde{\sigma}_S^2) = \sigma^2 + \boldsymbol{\beta}_{(S)}^{\mathrm{T}}\boldsymbol{D}^{-1}\boldsymbol{\beta}_{(S)}/(n-q-1).$$

证明 对 $\tilde{\sigma}_S^2 = \boldsymbol{Y}^{\mathrm{T}}(\boldsymbol{I}_n - \boldsymbol{X}_S(\boldsymbol{X}_S^{\mathrm{T}}\boldsymbol{X}_S)^{-1}\boldsymbol{X}_S^{\mathrm{T}})\boldsymbol{Y}/(n-q-1)$ 应用以下公式

$$E(\boldsymbol{Y}^{\mathrm{T}}\boldsymbol{W}\boldsymbol{Y}) = (E\boldsymbol{Y})^{\mathrm{T}}\boldsymbol{W}(E\boldsymbol{Y}) + \mathrm{tr}\{\boldsymbol{W}\mathrm{Var}(\boldsymbol{Y})\}$$

可得

$$\begin{aligned} E(\tilde{\sigma}_S^2) =& (\boldsymbol{X}_F\boldsymbol{\beta})^{\mathrm{T}}(\boldsymbol{I}_n - \boldsymbol{X}_S(\boldsymbol{X}_S^{\mathrm{T}}\boldsymbol{X}_S)^{-1}\boldsymbol{X}_S^{\mathrm{T}})(\boldsymbol{X}_F\boldsymbol{\beta})/(n-q-1) \\ &+ \sigma^2\mathrm{tr}(\boldsymbol{I}_n - \boldsymbol{X}_S(\boldsymbol{X}_S^{\mathrm{T}}\boldsymbol{X}_S)^{-1}\boldsymbol{X}_S^{\mathrm{T}})/(n-q-1). \end{aligned}$$

因为 $\boldsymbol{P}_{X_S} = \boldsymbol{I}_n - \boldsymbol{X}_S(\boldsymbol{X}_S^{\mathrm{T}}\boldsymbol{X}_S)^{-1}\boldsymbol{X}_S^{\mathrm{T}}$ 为对称幂等阵, 因此, $\mathrm{tr}(\boldsymbol{P}_{X_S}) = n-q-1$. 又由于

$$(\boldsymbol{I}_n - \boldsymbol{X}_S(\boldsymbol{X}_S^{\mathrm{T}}\boldsymbol{X}_S)^{-1}\boldsymbol{X}_S^{\mathrm{T}})\boldsymbol{X}_F = (\boldsymbol{0}, (\boldsymbol{I}_n - \boldsymbol{X}_S(\boldsymbol{X}_S^{\mathrm{T}}\boldsymbol{X}_S)^{-1}\boldsymbol{X}_S^{\mathrm{T}})\boldsymbol{X}_{(S)}),$$

因此, 有

$$E(\tilde{\sigma}_S^2) = \boldsymbol{\beta}_{(S)}^{\mathrm{T}}\boldsymbol{X}_{(S)}^{\mathrm{T}}\boldsymbol{P}_{X_S}\boldsymbol{X}_{(S)}\boldsymbol{\beta}_{(S)}/(n-q-1) + \sigma^2 = \sigma^2 + \boldsymbol{\beta}_{(S)}^{\mathrm{T}}\boldsymbol{D}^{-1}\boldsymbol{\beta}_{(S)}/(n-q-1).$$

这样, 我们就证明了性质 6.

性质 6 表明：丢掉一些与因变量有关的自变量后所得误差方差 σ^2 的估计 $\tilde{\sigma}_S^2$ 不是 σ^2 的无偏估计而是它的有偏估计, 并且 σ^2 的估计会偏大. 这是因为丢掉的那些自变量的影响进入了误差项, 这致使误差方差的估计偏大.

性质 7 在 $\mathrm{Var}(\hat{\boldsymbol{\beta}}_{(S)}) \geqslant \boldsymbol{\beta}_{(S)}\boldsymbol{\beta}_{(S)}^{\mathrm{T}}$ 条件下, 选模型预测的均方误差比全模型预测的方差还更小, 即 $\mathrm{Var}(e_{0m}) \geqslant \mathrm{MSEP}(\hat{y}_{0q}) = E(e_{0q}^2)$.

证明 由性质 1 的证明过程知 $E(e_{0q}) = \boldsymbol{x}_{0(q)}^{\mathrm{T}}\boldsymbol{\beta}_{(S)} - \boldsymbol{x}_{0q}^{\mathrm{T}}\boldsymbol{A}\boldsymbol{\beta}_{(S)}$. 于是, 由假设条件知

$$
\begin{aligned}
(E(e_{0q}))^2 &= (\boldsymbol{x}_{0(q)}^{\mathrm{T}}\boldsymbol{\beta}_{(S)} - \boldsymbol{x}_{0q}^{\mathrm{T}}\boldsymbol{A}\boldsymbol{\beta}_{(S)})^2 \\
&= (\boldsymbol{x}_{0(q)}^{\mathrm{T}} - \boldsymbol{x}_{0q}^{\mathrm{T}}\boldsymbol{A})\boldsymbol{\beta}_{(S)}\boldsymbol{\beta}_{(S)}^{\mathrm{T}}(\boldsymbol{x}_{0(q)} - \boldsymbol{A}^{\mathrm{T}}\boldsymbol{x}_{0q}) \\
&\leqslant (\boldsymbol{x}_{0(q)} - \boldsymbol{A}^{\mathrm{T}}\boldsymbol{x}_{0q})^{\mathrm{T}}\mathrm{Var}(\hat{\boldsymbol{\beta}}_{(S)})(\boldsymbol{x}_{0(q)} - \boldsymbol{A}^{\mathrm{T}}\boldsymbol{x}_{0q}).
\end{aligned}
$$

由于 $\mathrm{Var}(\hat{\boldsymbol{\beta}}_{(S)}) = \sigma^2\boldsymbol{D}$ 并利用性质 4 的证明过程中的结论知

$$
(E(e_{0q}))^2 \leqslant \mathrm{Var}(e_{0m}) - \mathrm{Var}(e_{0q}).
$$

由此可得 $\mathrm{Var}(e_{0m}) \geqslant \mathrm{Var}(e_{0q}) + (E(e_{0q}))^2 = E(e_{0q}^2) = \mathrm{MSEP}(\hat{y}_{0q})$.

性质 7 表明：如果回归模型中的某些自变量对因变量的影响很小或者回归系数的方差过大, 即使全模型是正确的, 我们也可以将这些自变量丢掉, 因为用丢掉影响很小或者回归系数的方差过大的自变量后的回归模型 (也即选模型) 去做预测, 可以提高预测的精度. 也就是说, 如果回归模型中包含了一些不必要的自变量, 那么模型的预测精度就会下降.

2. 选模型正确而误用全模型

从无偏性的角度看, 选模型的预测 $\hat{y}_{0p} = \hat{\beta}_0 + \hat{\beta}_1 x_{01} + \cdots + \hat{\beta}_p x_{0p}$ 是因变量 $y_0 = \beta_0+\beta_1 x_{01}+\ldots+\beta_p x_{0p}+\varepsilon_0$ 的无偏估计;而全模型的预测值 $\hat{y}_{0m} = \hat{\beta}_0+\hat{\beta}_1 x_{01}+\cdots+\hat{\beta}_{0p} x_{0m}$ 却是 y_0 的有偏估计.

从预测方差的角度看, 根据性质 4 可知, 选模型的预测方差 $\mathrm{Var}(\hat{y}_{0p})$ 要比全模型的预测方差 $\mathrm{Var}(\hat{y}_{0m})$ 要小.

从均方误差的角度看, 全模型的均方预测误差为

$$
E(\hat{y}_{0m} - y_0)^2 = \mathrm{Var}(\hat{y}_{0m}) + (E(\hat{y}_{0m}) - E(y_0))^2.
$$

上式右端是预测方差与预测偏差的平方之和, 而基于选模型的均方预测误差为 $E(\hat{y}_{0p} - y_0)^2 = \mathrm{Var}(\hat{y}_{0p})$, 并且有 $\mathrm{Var}(\hat{y}_{0p}) \leqslant \mathrm{Var}(\hat{y}_{0m})$. 故从均方误差的角度来看, 全模型的预测误差将更大.

由以上分析可以看出：对一个好的回归模型而言, 其自变量的数目并不是越多越好. 在建立回归模型时, 使我们所选自变量尽量少而精. 即使在建立回归模型的过程中, 丢掉了一些对因变量有影响的自变量, 也不用担心回归拟合的效果. 这是因为在选模型过程中, 我们所保留的那些自变量所对应的回归系数的估计量的方差会比由全模型得到的对应估计量的方差还要小. 同样地, 对于所预测的因变量的方差也是如此, 即基于选模型得到的因变量的预测值的方差要小于基于全模型得到的因变量的预测值的方差.

虽然我们在回归模型中丢掉了一些对因变量 y 有影响的自变量, 并且产生了有偏的估计, 但就预测偏差和估计而言, 它们的方差却都下降了. 值得一提的是, 如果保留下来的自变量对因变量是无关紧要的, 则将这些自变量包含在回归模型中反而会带来参数估计和预测的有偏性, 而且估计和预测的精度也会降低. 因此, 在对实际问题建立回归模型时, 我们应该尽可能地剔除那些可有可无的自变量.

由此可见, 自变量的选择是建立回归模型的一个非常重要的环节, 它直接影响着我们所建立的回归模型的质量. 那么如何来选择建模所需要的自变量呢？这就是本章要介绍的内容.

4.2　自变量选择准则

4.2.1　所有子集的数目

在对一个实际问题建立回归模型时, 我们通常假设可供选择的自变量为 $x_1, \cdots, x_m$. 由于每一个自变量都有被选中和不被选中两种情况, 因此, 因变量 y 关于这些自变量的所有可能的回归方程有 2^m-1 个 (这里之所以是 -1, 是因为我们要求回归模型中至少包含一个自变量, 即减去模型中只包含常数项的这种情况). 如果把回归模型中只包含常数项的这种情况也算在内, 那么所有可能的回归方程就有 2^m 个.

基于自变量 $x_1, \cdots, x_m$ 能建立的所有可能的回归模型可从另一个角度来说明：选模型所包含的自变量的个数 p 可以是 0 到 m 之间的任意一个数, 共有 $m+1$ 种不同情况. 如果我们从全部的 m 个自变量中选出 p 个自变量来建立选模型, 那么所有可能的选模型有 $\binom{m}{p}$ 种. 因此, 当选模型的变量个数从 0 到 m 变化时, 所有可能选的模型的个数为

$$\binom{m}{0}+\binom{m}{1}+\cdots+\binom{m}{m}=2^m.$$

4.2.2　自变量选择准则

为了对一个实际问题建立回归模型, 首先需要解决的就是自变量的选择问题. 由前面的分析, 我们知道：含有 m 个自变量的回归模型的一切可能的回归子集共有 2^m 个. 然而, 在这众多的回归子集中, 我们如何选择一个最优的回归子集呢？衡量最优子集的标准又是什么呢？这就是我们接下来要讨论的内容.

一般地, 从数据与模型的拟合程度来看, 使残差平方和 SS_E 达到最小的回归方程就是最好的一个模型了. 此外, 复相关系数 R 也能用来衡量拟合程度的好坏. 然而, 这两种方法都有明显的不足之处.

首先, 我们记选模型 (4.2) 的残差平方和为 SS_{Ep}, 如果再增加一个新的自变量 x_{p+1}, 则记相应的残差平方和为 $\mathrm{SS}_{E,p+1}$. 而由第 3 的分析知, 当自变量增加时, 残差平方和将减少；反之, 残差平方和将增加. 因此, 我们有

$$\mathrm{SS}_{E,p+1} \leqslant \mathrm{SS}_{Ep}.$$

相应地, 我们记它们对应的复决定系数分别为:

$$R_{p+1}^2 = 1 - \frac{\mathrm{SS}_{E,p+1}}{\mathrm{SS}_T}, \quad R_p^2 = 1 - \frac{\mathrm{SS}_{Ep}}{\mathrm{SS}_T}.$$

而 SS_T 是因变量的离差平方和, 它与自变量无关, 因此, 我们有

$$R_{p+1}^2 \geqslant R_p^2,$$

即当自变量个数增加时, 残差平方和将随之减少, 而复决定系数将随之增大.

根据我们前面的介绍知, 我们可根据"残差平方和越小越好或者复决定系数越大越好"的原则来选择自变量子集. 这样, 自变量的数目无疑是越多越好, 而不管他们将会产生什么样的其它不良效果. 但是, 由于变量多了之后可能致使这些自变量之间存在着多重共线性, 如果是这样做的话, 回归系数的估计值就会很不稳定, 而且变量的测量误差也会随之增大, 再加上回归参数数目的增加, 也将会导致估计值的误差增大. 也就是说, 按照这种方式来建立回归模型尽管增大了复决定系数但它同时也降低了模型参数估计的稳定性, 从而使得回归模型的稳定性降低. 因此, 无论是残差平方和达到最小准则还是复决定系数或者样本相关系数达到最大准则都不能用来进行回归自变量选择. 那么到底什么准则能用来进行回归自变量选择呢? 下面, 我们将从不同的角度来介绍几种常用的自变量选择准则.

1. *调整后的 R^2 准则*

由于残差平方和的自由度等于观测样本个数减去自变量个数, 因此, 当回归模型中的自变量个数增加时, 其复决定系数随之增大, 而残差平方和的自由度却随之减少, 自由度减少就有可能导致估计和预测的可靠性降低. 即是说, 当一个回归方程所涉及到的自变量个数很多时, 其回归模型的拟合效果表面上看起来是良好的, 但其区间预测和区间估计的幅度却变大了, 甚至是失去了原有的实际意义, 这就告诉我们, 在这其中必然掺杂了一些虚假的信息. 为了克服上面的缺陷, 我们设法把复决定系数 R^2 做适当的修正, 使得只有当加入有意义的变量时, 经过修正的复决定系数才会增加, 这就是所谓的**调整后的复决定系数 R^2 准则**.

我们知道, 复决定系数

$$R^2 = 1 - \frac{\mathrm{SS}_E}{\mathrm{SS}_T} = 1 - \frac{(\boldsymbol{Y} - \boldsymbol{X}\hat{\boldsymbol{\beta}})^{\mathrm{T}}(\boldsymbol{Y} - \boldsymbol{X}\hat{\boldsymbol{\beta}})}{\mathrm{SS}_T}.$$

为了克服自变量的个数对回归模型的影响, 我们定义调整后的复决定系数为

$$R_a^2 = 1 - \frac{\mathrm{SS}_E/(n-p-1)}{\mathrm{SS}_T/(n-1)} = 1 - \frac{n-1}{n-p-1}(1 - \frac{\mathrm{SS}_R}{\mathrm{SS}_T}) = 1 - \frac{n-1}{n-p-1}(1 - R^2).$$

易见, $R_a^2 \leqslant R^2$, 而且 R_a^2 并不一定随着自变量个数的增加而增大. 这是因为, 尽管 $1 - R^2$ 随着自变量的个数的增加而减少, 但是 $(n-1)/(n-p-1)$ 随着 p 的增加而增大, 这就

使得 R_a^2 并不一定增大. 进一步地, 当增加的自变量对回归模型的贡献很小时, 那么 R_a^2 反而可能会减少.

在对一个实际问题建立回归模型时, 我们要求调整后的复决定系数 R_a^2 越大越好, 由此得到的回归方程也就会相应的好一些. 从拟合优度的角度来看, 在所有可能的回归子集中选取使得 R_a^2 达到最大的回归方程即为最优回归方程.

此外, 如果用回归模型误差项的方差 σ^2 的无偏估计 $\hat{\sigma}^2$ (也即平均残差平方和) 作为自变量的选择准则又会怎么样呢? 它与调整后的复相关系数 R_a^2 准则是否有什么联系呢? 下面我们就来讨论这一问题.

注意到 σ^2 的无偏估计量为 $\hat{\sigma}^2 = \mathrm{SS}_E/(n-p-1)$. 在此无偏估计中也加入了惩罚因子 $n-p-1$. $\hat{\sigma}^2$ 实际上就是用自由度 $n-p-1$ 作残差平方和的平均. 当自变量的个数逐渐增加时, SS_E 逐渐减小, 惩罚因子 $n-p-1$ 也随之减小. 一般情况下, 当自变量的个数从 0 开始增加时, SS_E 以及惩罚因子 $n-p-1$ 都会减小, 但是由于 SS_E 的减小速度较快, 因此, $\hat{\sigma}^2$ 是趋于减小的; 而当自变量的个数增加到一定程度时, 确切地说是当重要的自变量基本上都已入选模型后, 如果再增加自变量, SS_E 减小的程度也不会很大, 以至于不能抵消惩罚因子 $n-p-1$ 的减小, 最终又会使得 $\hat{\sigma}^2$ 的增加. 因此, 当自变量的个数从 0 开始逐渐增加时, $\hat{\sigma}^2$ 先下降, 然后趋于稳定, 最后当自变量的个数增加到一定数目时, 又开始增加.

实际上, 我们很容易证明下面的关系式:

$$R_a^2 = 1 - \frac{n-1}{\mathrm{SS}_T}\hat{\sigma}^2.$$

由于 SS_T 是一个固定值, 并且与回归无关, 因此, 上式表明: 调整后的复决定系数 R_a^2 准则与平均残差平方和 $\hat{\sigma}^2$ 准则实际上是**等价的**.

2. C_p 准则

根据性质 5 我们知道, 即使全模型正确, 选模型仍有可能会有更小的预测方差, 因此, Mallows 于 1964 年基于这一理论从预测的角度提出了自变量选择的新准则, 通常把它称为 C_p 准则.

对 n 个样本数据集 $\{(y_i, x_{i1}, \cdots, x_{im}) : i = 1, \cdots, n\}$, 若用选模型 (4.2) 做回归预测, 则其预测值与期望值的相对偏差平方和可表示为

$$\begin{aligned} J_p &= \frac{1}{\sigma^2}\sum_{i=1}^{n}(\hat{y}_i - E(y_i))^2 \\ &= \frac{1}{\sigma^2}\sum_{i=1}^{n}[(\hat{\beta}_0 + \hat{\beta}_1 x_{i1} + \cdots + \hat{\beta}_p x_{ip}) - (\beta_0 + \beta_1 x_{i1} + \cdots + \beta_m x_{im})]^2, \end{aligned}$$

J_p 的期望值为

$$E(J_p) = \frac{E(S_{Ep})}{\sigma^2} - [n - 2(p+1)] = \frac{E(S_{Ep})}{\sigma^2} - n + 2p + 2,$$

省略无关的常数项 2 之后, 构造 C_p 统计量为

$$C_p = \frac{E(S_{Ep})}{\hat{\sigma}^2} - n + 2p = (n-m-1)\frac{S_{Ep}}{S_{Em}} - n + 2p, \tag{4.3}$$

其中, $\hat{\sigma}^2 = \dfrac{1}{n-m-1}S_{Em}$ 为全模型中 σ^2 的无偏估计. 若选模型正确, 则 C_p 的值将趋于 p, 或比 p 更小.C_p 准则就是选择合适的选模型, 使得相应的点 (p, C_p) 更靠近直角坐标系中第一象限的角平分线, 并且使得 C_p 值达到最小.

总的来说, C_p 准则是这样一种自变量的选择准则：选择使得 C_p 值达到最小的自变量子集, 而这个自变量子集所对应的回归方程就是最优的回归方程.

但是, 由于 C_p 统计量是基于最小二乘估计 (即 S_{Ep} 和 $\hat{\sigma}^2$) 的. 因此, 它对异常点及偏离误差正态性假定有关的其他假设条件十分敏感, 依赖其所作的自变量的选择很有可能是不恰当的变量子集, 从而造成回归模型的错误.

3. AIC 准则

日本学者 Akaike(1974 年) 从极大似然估计的角度出发, 提出了一种模型选择准则, 即 AIC 准则 (akaike information criterion).AIC 准则既可以用来作回归模型中自变量的选择, 又可以用于时间序列分析中自回归模型的定阶上.

一般情况下, 设模型的似然函数为 $L(\theta, y)$, θ 的维数为 p, y 为随机样本, 则 AIC 定义为

$$\text{AIC} = -2\ln L(\hat{\theta}_L, y) + 2p, \tag{4.4}$$

其中, $\hat{\theta}_L$ 为 θ 的极大似然估计, p 为未知参数的个数. 式 (4.4) 右端的前一项是似然函数对数的 -2 倍, 后一项是惩罚因子, 它是未知参数个数的 2 倍. 我们知道, 使得似然函数达到最大的估计量最好, 而式 (4.4) 中, AIC 是似然函数的对数乘以 -2 再加上惩罚因子 $2p$, 因此, 选择使得 AIC 达到最小的模型是最优的模型.

假定回归模型的随机误差项 ε 服从均值为 0, 方差为 σ^2 的正态分布, 即 $\varepsilon \sim N(0, \sigma^2)$, 在此正态假定条件下我们可以得到似然函数的对数

$$\ln L_{\max} = -\frac{n}{2}\ln(2\pi) - \frac{n}{2}\ln(\hat{\sigma}_L^2) - \frac{1}{2\hat{\sigma}_L^2}S_E,$$

将 $\hat{\sigma}_L^2 = \dfrac{1}{n}S_E$ 代入上式可得

$$\ln L_{\max} = -\frac{n}{2}\ln(2\pi) - \frac{n}{2}\ln\left(\frac{S_E}{n}\right) - \frac{n}{2}.$$

将上式带入式 (4.4) 可得

$$\text{AIC} = n\ln(2\pi) + n\ln\left(\frac{S_E}{n}\right) + n + 2p,$$

省略与 p 无关的常数项即可得回归模型的 AIC 公式

$$\text{AIC} = n\ln(S_E) + 2p.$$

关于一个实际问题建立回归模型的过程中, 需要对每一个回归子集计算 AIC, 其中, AIC 最小者所对应的回归模型就是最优的回归模型.

4. BIC 准则

AIC 准则为选择最优模型带来了很大的方便, 但 AIC 准则也有不足之处. 当样本容量趋于无穷大时, 由 AIC 准则选择的模型不收敛于真实模型, 它通常比真实模型所含的自变量个数要多. 因此, 为了弥补 AIC 准则的不足, 基于贝叶斯方法, Akaike (1976 年) 和 Haman (1979) 等学者提出了 BIC 准则. 其出发点是: 首先假定在备选模型族上有一个均匀分布, 然后利用样本分布求出该模型族上的后验分布, 最后选择具有最大后验概率的模型.

BIC 定义为

$$\text{BIC} = -2\ln L(\hat{\theta}_L, y) + p\ln n, \tag{4.5}$$

选择使 BIC 达到最小的模型就是最优的模型. 与 AIC 的结构相比, BIC 只是第二项中的惩罚加强了, 从而在选择变量进入模型上更加谨慎. 另外, 这里惩罚项的系数随样本量增大而无限增大.

5. SC 准则

Schwarz (1978) 基于贝叶斯观点提出了一种自变量的选择准则, 即 SC 准则. 他假定模型中所含的变量个数 p 有某种先验概率, 并假定 p 为真实模型的变量个数且有已知的先验分布, 由此依照公式计算后验分布, 以决定模型最终所含的自变量子集.

SC 统计量为

$$\text{SC} = \ln\left(\frac{S_{Ep}}{n}\right) + \frac{p\ln n}{n}. \tag{4.6}$$

比较 SC 统计量与 AIC 统计量, 我们发现它们在形式上有些类似. 事实上, 它们确实有相似的自变量选择方法：对每一个回归子集计算 SC, 其中, SC 最小者所对应的回归模型就是最优的回归模型.

4.3 自变量选择方法

在多元线性回归分析中, 我们知道, 并不是所有自变量对因变量 y 都有显著的影响, 这就存在着如何挑选出对因变量有显著影响的自变量问题. m 个自变量的所有可能子集构成 $2^m - 1$ 个回归方程, 当可供选择的自变量个数不太多时, 用前边的方法可以求出一切可能的回归方程, 然后用几个自变量的选择准则去挑出最优的方程. 但是当自变量的个数较多时, 要求出所有可能的回归方程是非常困难的. 为此, 人们提出了一些较为简便、实用、快捷的选择最优回归方程的方法. 这些方法都各有自己的优缺点, 至今还没有绝对最优的方法, 目前常用的方法有“向前法”、“向后法”和“逐步回归法”, 而在这些方法当中, 逐步回归法最受推崇.

无论从回归方程中剔除某个自变量还是增加某个自变量都要用到偏 F 检验, 并且这很容易推广到对多个自变量的显著性检验, 因而我们将采用 F 检验.

4.3.1 向前法

向前法 (Forward) 的思想是变量由少到多, 每次增加一个自变量, 直到没有可引入的变量为止. 具体做法是：先将所有的 m 个自变量分别对因变量 y 建立 m 个一元线性回归方程, 并且分别计算这 m 个一元线性回归方程的 m 个回归系数的 F 检验值, 记为 $\{F_1^1, F_2^1, \cdots, F_m^1\}$, 选其最大者, 记为

$$F_j^1 = \max\{F_1^1, F_2^1, \cdots, F_m^1\}.$$

给定显著性水平 α, 若 $F_j^1 \geqslant F_\alpha(1, n-2)$, 则首先将 x_j 引入回归方程. 为了方便起见, 我们在此设 x_j 就是 x_1. 然后将因变量 y 分别与 $(x_1, x_2), (x_1, x_3), \cdots, (x_1, x_m)$ 建立 $m-1$ 个二元线性回归方程, 对这 $m-1$ 个二元线性回归方程中 $x_2, x_3, \cdots, x_m$ 的回归系数进行 F 检验, 并计算 F 值, 记为 $\{F_2^2, F_3^2, \cdots, F_m^2\}$, 选其最大者, 记为

$$F_j^2 = \max\{F_2^2, F_3^2, \cdots, F_m^2\}.$$

给定显著性水平 α, 若 $F_j^2 \geqslant F_\alpha(1, n-3)$, 则接着将 x_j 引入回归方程. 依此方法继续做下去, 直至所有未被引入方程的自变量的 F 值均小于 $F_\alpha(1, n-p-1)$ 时为止. 这时得到的回归方程就是最终确定的回归方程.

可以看出, 在每一步的检验中, 临界值 $F_\alpha(1, n-p-1)$ 与自变量的个数 p 有关, 在用 R 软件计算时, 我们实际上使用的是显著性 P 值 (或记为 Sig) 作检验.

4.3.2 向后法

向后法 (Backward) 恰恰与向前法相反. 其基本思想是：首先用所有的 m 个自变量建立一个回归方程, 其次在这 m 个自变量中选择一个最不重要的变量, 将它从方程中剔除. 在回归系数的显著性检验中, 我们用的就是这种思想, 把回归系数检验的 F 值最小者对应的自变量剔除. 设对 m 个回归系数进行 F 检验, 并记求得的 F 值为 $\{F_1^m, F_2^m, \cdots, F_m^m\}$, 选其最小者, 记为

$$F_j^m = \min\{F_1^m, F_2^m, \cdots, F_m^m\}.$$

给定显著性水平 α, 若 $F_j^m \leqslant F_\alpha(1, n-m-1)$, 则首先将 x_j 从回归方程中剔除. 为了方便起见, 我们在此设 x_j 就是 x_m. 然后对剩下的 $m-1$ 个自变量重新建立回归方程, 并进行回归系数的显著性检验. 如上方法计算出 F_j^{m-1}, 如果有 $F_j^{m-1} \leqslant F_\alpha(1, n-(m-1)-1)$, 则从回归方程中剔除 x_j, 重新建立 y 关于 $m-2$ 个自变量的回归方程. 依次下去, 直至回归方程中剩余的 p 个自变量的 F 检验值均大于临界值 $F_\alpha(1, n-p-1)$, 没有可剔除的自变量为止. 这时得到的回归方程就是最终确定的回归方程.

向前法与向后法的对比向前法与向后法都有明显的不足之处. 向前法可能存在这样的问题：不能反映引入新的自变量后的变化情况. 因为某个自变量可能刚开始时是显著的, 但是在引入其他自变量后它就可能变得不显著了, 但又没有机会将其从模型中剔除, 即一旦引入, 就是" 终身制" 的；这种只考虑引入而不考虑剔除的做法显然是不全面的. 有时我们还会发现, 当其它自变量相继引入后, 这个刚开始显著的自变量会变得很不显著.

向后法的明显不足是：一开始便把自变量全部引入了回归方程, 这样的计算量很大. 如果有些自变量不太重要, 一开始就不引入, 虽然可以减少一些计算量, 但是, 一旦某个自变量被剔除, 它就终身没有机会再重新进入回归方程.

如果我们面对的问题所涉及的自变量 $x_1, x_2, \cdots, x_m$ 是完全独立 (或不相关) 的, 那么在取 $\alpha_{entry} = \alpha_{removal}$, 时, 向前法与向后法建立的回归方程是相同的. 然而在实际问题中却很难碰到自变量之间真正无关的情况, 尤其是在实际经济问题中, 我们所研究的绝大部分问题, 自变量之间都有一定程度的相关性. 并且, 随着回归方程中自变量的增加与减少, 某些自变量对回归方程的影响也会发生变化. 这是因为自变量之间有不同的组合, 而且他们之间有一定程度的相关性, 因此对因变量 y 的影响可能就会大不一样. 如果几个自变量的联合效应对 y 有重要影响, 但是单个自变量对 y 的作用都不显著, 那么向前法就不能引入这几个自变量, 然而向后法却可以保留这几个自变量, 这是向后法的一个优点.

由此可见, 向前法与向后法各有利弊. 鉴于此, 我们将取其精华, 去其糟粕, 将二者结合起来, 这便产生了逐步回归法.

4.3.3 逐步回归法

逐步回归法的基本思想是有进有出. 具体做法是：将自变量一个个地引入回归方程, 每引入一个自变量后, 都要对已选入的自变量进行逐个检验, 当先引入的自变量由于后引入的自变量而变得不再显著时, 就要将其剔除. 从回归方程中引入或剔除一个自变量为逐步回归法的一步, 而每一步都要进行 F 检验, 以确保每次引入新的自变量之前回归方程中只包含显著的自变量. 将这个过程反复进行下去, 直到既无显著的自变量引入回归方程, 也无不显著的自变量从回归方程中剔除为止. 这样就避免了向前法与向后法各自的缺点, 以保证最后得到的回归子集是最优的回归子集.

但是, 运用逐步回归法时需要注意一个问题：引入自变量和剔除自变量时所选用的显著性水平 α 的值是不相同的, 并且要求引入自变量所选用的显著性水平 α_{entry} 小于剔除自变量时所选用的显著性水平 $\alpha_{removal}$, 否则就可能会产生“死循环”. 也就是说, 当 $\alpha_{entry} \geqslant \alpha_{removal}$ 时, 如果某个自变量所对应的回归系数的显著性 p 值在 α_{entry} 与 $\alpha_{removal}$ 之间, 那么这个自变量将被引入、剔除, 再引入、再剔除, 循环往复, 以至无穷.

逐步回归法的计算实施过程可以利用 R 软件在计算机上自动完成, 但是我们应该注重的是掌握逐步回归法的思想, 这样才能用好用对逐步回归法.

4.3.4 案例分析及 R 软件应用

例 4.1 在研究国家财政收入时, 我们把财政收入按收入形式分为：各项税收收入、企业收入、债务收入、国家能源交通重点建设基金收入、基本建设贷款归还收入、国家预算调节基金收入、其他收入等. 为了建立国家财政收入回归模型, 我们以财政收入 y(亿元) 为因变量, 自变量如下: x_1 为农业增加值 (亿元)、x_2 为工业增加值 (亿元)、x_3 为建筑业增加值 (亿元)、x_4 为人口数 (万人)、x_5 为社会消费总额 (亿元)、x_6 为受灾面积 (万公顷). 据《中国统计年鉴》获得 1978~2007 年共 30 个年份的统计数据, 如表 4.1 所示. 由定性分析知, 所选自变量都与因变量 y 有较强的相关性, 分别用向前法, 向后法和逐步回归法作自变量选择.

表 4.1 1978~2007 年 30 个年份的统计数据

年份	财政收入 y	农业 x_1	工业 x_2	建筑业 x_3	人口 x_4	最终消费 x_5	受灾面积 x_6
1978	1132.3	1027.5	1607	138.2	96259	2239.1	50790
1979	1146.4	1270.2	1769.7	143.8	97542	2633.7	39370
1980	1159.9	1371.6	1996.5	195.5	98705	3007.9	44526
1981	1175.8	1559.5	2048.4	207.1	100072	3361.5	39790
1982	1212.3	1777.4	2162.3	220.7	101654	3714.8	33130
1983	1367	1978.4	2375.6	270.6	103008	4126.4	34710
1984	1642.9	2316.1	2789	316.7	104357	4846.3	31890
1985	2004.8	2564.4	3448.7	417.9	105851	5986.3	44365
1986	2122	2788.7	3967	525.7	107507	6821.8	47140
1987	2199.4	3233	4585.8	665.8	109300	7804.6	42090
1988	2357.2	3865.4	5777.2	810	111026	9839.5	50870
1989	2664.9	4265.9	6484	794	112704	11164.2	46991
1990	2937.1	5062	6858	859.4	114333	12090.5	38474
1991	3149.48	5342.2	8087.1	1015.1	115823	14091.9	55472
1992	3483.37	5866.6	10284.5	1415	117171	17203.3	51333
1993	4348.95	6963.8	14188	2266.5	118517	21899.9	48829
1994	5218.1	9572.7	19480.7	2964.7	119850	29242.2	55043
1995	6242.2	12135.8	24950.6	3728.8	121121	36748.2	45821
1996	7407.99	14015.4	29447.6	4387.4	122389	43919.5	46989
1997	8651.14	14441.9	32921.4	4621.6	123626	48140.6	53429
1998	9875.95	14817.6	34018.4	4985.8	124761	51588.2	50145
1999	11444.08	14770	35861.5	5172.1	125786	55636.9	49981
2000	13395.23	14944.7	4003.6	5522.3	126743	61516	54688
2001	16386.04	15781.3	43580.6	5931.7	127627	66878.3	52215
2002	18903.64	16537	47431.3	6465.5	128453	71691.2	47119
2003	21715.25	17381.7	54945.5	7490.8	129227	77449.5	54506
2004	26396.47	21412.7	65210	8694.3	129988	87032.9	37106
2005	31649.29	22420	76912.9	10133.8	130756	96918.1	38818
2006	38760.2	24040	91310.9	11851.1	131448	110595.3	41091
2007	51321.78	28095	107367.2	14014.1	132129	128444.6	48992

1. 向前法的自变量选择

R 软件提供了获得 “最优” 回归方程的计算函数 step(), 它是以 AIC 信息统计量为准则, 通过选择最小的 AIC 信息统计量, 来达到删除或增加变量的目的. 相应的 R 程序如下.

(1) 读入数据 $y, x_1, x_2, x_3, x_4, x_5, x_6$.

将表 4.1 中 Excel 类型的数据保存为文本文档 data4.txt, 然后使用

```
>yx=read.table("data4.txt")
>y=data4[,2]
>x1=data4[,3]
>x2=data4[,4]
>x3=data4[,5]
>x4=data4[,6]
>x5=data4[,7]
>x6=data4[,8]
>yx1=data.frame(y,x1,x2,x3,x4,x5,x6)
```

(2) 变量选择

```
>lm.reg=lm(y~x1+x2+x3+x4+x5+x6, data=yx1)
>lm.step=step(lm.reg, direction="forward")
```

运行结果为

```
Start:  AIC=442.27
y~x1 + x2 + x3 + x4 + x5 + x6
```

上述结果表明, 用向前法来选择自变量, 则所有的自变量都选入, 此时 AIC 统计量为 442.27. 再用函数 summary() 提取相关回归信息.

```
>summary(lm.step)
```

提取结果为

```
Call:
lm(formula = y~x1 + x2 + x3 + x4 + x5 + x6, data = yx1)
  Residuals:
  Min           1Q           Median       3Q          Max
  -2514.6       -828.6       -250.5       604.5       3172.3
  Coefficients:
                Estimate     Std. Error   t value     Pr(>|t|)
  (Intercept)   -5.433e+03   8.608e+03    -0.631      0.534
  x1            -1.908e+00   3.420e-01    -5.577      1.13e-05 ***
  x2            4.595e-02    4.275e-02    1.075       0.294
  x3            6.458e+00    7.658e-01    8.434       1.71e-08 ***
  x4            9.602e-02    9.166e-02    1.048       0.306
  x5            3.108e-03    4.281e-02    0.073       0.943
  x6            -2.763e-02   4.890e-02    -0.565      0.578
  ...
Signif. codes:  0 '***' 0.001 '**' 0.01 '*' 0.05 '.' 0.1 '' 1
Residual standard error: 1437 on 23 degrees of freedom
Multiple R-squared: 0.9897, Adjusted R-squared: 0.987
F-statistic: 366.7 on 6 and 23 DF, p-value: <2.2e-16
```

从提取结果可以看出, 回归方程系数的显著性不高, 很多自变量都没有通过检验, 这说明如果选择全部变量构造回归方程, 效果并不好.

2. 向后法的自变量选择

向后法的自变量选择程序为

```
lm.step1=step(lm.reg, direction="backward")
```

运行结果为

```
Start:  AIC=442.27
y~x1 + x2 + x3 + x4 + x5 + x6
              Df   Sum of Sq   RSS         AIC
       -x5    1    10894       47534809    440.27
       -x6    1    659405      48183321    440.68
       -x4    1    2267608     49791523    441.66
       -x2    1    2387337     49911252    441.74
       <none>                  47523916    442.27
       -x1    1    64264068    111787983   465.93
       -x3    1    146973104   194497020   482.54
Step:  AIC=440.27
y~x1 + x2 + x3 + x4 + x6
              Df   Sum of Sq   RSS         AIC
       -x6    1    756226      48291035    438.75
       -x4    1    2297061     49831870    439.69
       -x2    1    2408744     49943553    439.76
       <none>                  47534809    440.27
       -x1    1    64451392    111986202   463.98
       -x3    1    201062740   248597550   487.90
Step:  AIC=438.75
y~x1 + x2 + x3 + x4
              Df   Sum of Sq   RSS         AIC
       -x4    1    1687901     49978936    437.78
       -x2    1    3135909     51426944    438.63
       <none>                  48291035    438.75
       -x1    1    63738006    112029041   461.99
       -x3    1    200406226   248697261   485.92
Step:  AIC=437.78
y~x1 + x2 + x3
              Df   Sum of Sq   RSS         AIC
       -x2    1    2771471     52750407    437.40
       <none>                  49978936    437.78
       -x1    1    150278809   200257745   477.42
       -x3    1    240778293   290757229   488.60
Step:  AIC=437.4
y~x1 + x3
              Df   Sum of Sq   RSS         AIC
       <none>                  52750407    437.40
       -x1    1    184435530   237185937   480.49
```

```
-x₃      1      654483842      707234249    513.27
```

从上述结果可以看出: 用全部变量作回归方程, 其 AIC 统计量的值为 442.27, 如果剔除变量 x_5, 则其 AIC 统计量的值为 440.27; 如果剔除变量 x_6, 则其 AIC 统计量的值变为 440.68, 依次类推. 由于剔除变量 x_5 使 AIC 统计量达到最小, 因此 R 软件会自动剔除 x_5, 进入下一轮计算.

在下一轮计算中, 如果去掉变量 x_6, AIC 统计量的值变为 438.75; 如果去掉变量 x_4, 则其 AIC 统计量的值变为 439.69; 如果去掉变量 x_2, 则其 AIC 统计量的值变为 439.76, 依次类推. 由于剔除变量 x_6 使 AIC 统计量达到最小, 因此 R 软件会自动剔除 x_6, 进入下一轮计算. 这样反复进行, 直到得到 "最优" 回归方程. 向后法依次剔除了变量 x_5, x_6, x_4, x_2, 保留了 x_1, x_3 作为最终的回归模型. 再用函数 summary() 提取相关回归信息.

```
>summary(lm.step1)
```

提取结果为

```
Call:
lm(formula=y~x₁ + x₃, data = yx1)
   Residuals:
   Min            1Q          Median         3Q          Max
   -2186.7        -931.4      -410.1         706.7       2893.0
   Coefficients:
                  Estimate    Std. Error     t value     Pr(>|t|)
   (Intercept)    3067.8676   564.2449       5.437       9.43e-06 ***
   x1             -1.7086     0.1759         -9.716      2.62e-10 ***
   x3             6.6621      0.3640         18.303      <2e-16 ***
   ...
Signif. codes:  0 '***' 0.001 '**' 0.01 '*' 0.05 '.' 0.1 '' 1
Residual standard error: 1398 on 27 degrees of freedom
Multiple R-squared: 0.9885, Adjusted R-squared: 0.9877
F-statistic:  1162 on 2 and 27 DF, p-value: < 2.2e-16
```

从相关回归信息中可以看出, 回归系数的显著性水平有很大提高, 所有的检验均是显著的, 由此得到 "最优" 的回归方程为

$$y = 3067.8676 - 1.7086x_1 + 6.6621x_3.$$

3. *逐步回归法的自变量选择*

逐步回归法的自变量选择程序为

```
>lm.step2=step(lm.reg, direction="both")
```

运行结果为

```
Start:  AIC=442.27
y~x₁ + x₂ + x₃ + x₄ + x₅ + x₆
```

	Df	Sum of Sq	RSS	AIC
$-x_5$	1	10894	47534809	440.27
$-x_6$	1	659405	48183321	440.68
$-x_4$	1	2267608	49791523	441.66
$-x_2$	1	2387337	49911252	441.74
<none>			47523916	442.27
$-x_1$	1	64264068	111787983	465.93
$-x_3$	1	146973104	194497020	482.54

Step:　AIC=440.27

$y \sim x_1 + x_2 + x_3 + x_4 + x_6$

	Df	Sum of Sq	RSS	AIC
$-x_6$	1	756226	48291035	438.75
$-x_4$	1	2297061	49831870	439.69
$-x_2$	1	2408744	49943553	439.76
<none>			47534809	440.27
$+x_5$	1	10894	47523916	442.27
$-x_1$	1	64451392	111986202	463.98
$-x_3$	1	201062740	248597550	487.90

Step:　AIC=438.75

$y \sim x_1 + x_2 + x_3 + x_4$

	Df	Sum of Sq	RSS	AIC
$-x_4$	1	1687901	49978936	437.78
$-x_2$	1	3135909	51426944	438.63
<none>			48291035	438.75
$+x_6$	1	756226	47534809	440.27
$+x_5$	1	107714	48183321	440.68
$-x_1$	1	63738006	112029041	461.99
$-x_3$	1	200406226	248697261	485.92

Step:　AIC=437.78

$y \sim x_1 + x_2 + x_3$

	Df	Sum of Sq	RSS	AIC
$-x_2$	1	2771471	52750407	437.40
<none>			49978936	437.78
$+x_4$	1	1687901	48291035	438.75
$+x_6$	1	147066	49831870	439.69
$+x_5$	1	85384	49893552	439.73
$-x_1$	1	150278809	200257745	477.42
$-x_3$	1	240778293	290757229	488.60

Step:　AIC=437.4

$y \sim x_1 + x_3$

	Df	Sum of Sq	RSS	AIC
<none>			52750407	437.40
$+x_2$	1	2771471	49978936	437.78
$+x_4$	1	1323462	51426944	438.63
$+x_6$	1	556888	52193518	439.08

+x5	1	6930	52743476	439.39
-x1	1	184435530	237185937	480.49
-x3	1	654483842	707234249	513.27

向后法与逐步回归法两者最终得到的模型都为

$$y = 3067.8676 - 1.7086x_1 + 6.6621x_3.$$

4.4 缺失数据回归模型的自变量选择

1. IC 准则

模型选择准则如 AIC,BIC 和其它准则已经被广泛使用, 但是主要针对没有缺失数据的情形. 当缺失数据出现时, 可观测数据的似然函数可能比较复杂, 甚至没有显示表达式. 因此, 直接采用 AIC,BIC 准则进行变量选择是非常困难和复杂的. 然而, 我们注意到可观测数据的对数似然函数可表示为

$$\ln L(y_{obs};\theta) = Q(\theta|\theta^{(s)}) - H(\theta|\theta^{(s)}),$$

其中

$$Q(\theta|\theta^{(s)}) = E[\ln L(y_{\rm com};\theta)|y_{\rm obs};\theta^{(s)}],$$

$$H(\theta|\theta^{(s)}) = E[\ln L(y_{\rm mis}|y_{\rm obs};\theta)|y_{\rm obs};\theta^{(s)}].$$

这里, $L(y_{\rm obs};\theta)$, $L(y_{\rm com};\theta)$, $L(y_{\rm mis}|y_{\rm obs};\theta)$ 分别表示可观测数据似然函数、完全数据似然函数和给定可观测数据条件下缺失数据的似然函数. 这样, 对缺失数据进行自变量选择的 IC 准则可定义为

$$\mathrm{IC}_{H,Q} = -2Q(\hat\theta|\hat\theta) + 2H(\hat\theta|\hat\theta) + \hat c_n(\hat\theta),$$

其中, $\hat c_n(\hat\theta)$ 是惩罚项. 当 $\hat c_n(\hat\theta) = 2p$ 时, IC 准则即为 AIC 准则; 当 $\hat c_n(\hat\theta) = \ln(n)p$ 时, IC 准则即为 BIC 准则; 因此, 选择使得 $\mathrm{IC}_{H,Q}$ 达到最小的模型即为最优的回归模型.

2. SCAD 方法

考虑如下线性回归模型

$$Y = \boldsymbol{X}\beta + \epsilon \tag{4.7}$$

设 $(Y_i, \boldsymbol{X}_i, \delta_i)$ 为来自模型 (4.7) 的一个不完全样本, 其中 $\boldsymbol{X}_i = (X_{i1}, X_{i2}, \cdots, X_{ip})$ 为完全可以观测的自变量, Y_i 为不能完全观测的因变量. 定义 δ_i 为对应于数据 Y_i 是否有缺失的示性函数, 即

$$\delta_i = \begin{cases} 0, & Y_i \text{ 为缺失数据} \\ 1, & Y_i \text{ 为观测数据} \end{cases}$$

其中 $i=1,\cdots,n$. 同时假定 Y_i 随机缺失, 即 $P(\delta_i=1|Y_i,\boldsymbol{X}_i)=P(\delta_i=1|\boldsymbol{X}_i)$. 在 Y_i 带有随机缺失机制下, 模型 (4.7) 可写为

$$\delta_i Y_i=\delta_i \boldsymbol{X}_i\beta+\delta_i\varepsilon_i, \quad ,i=1,2,\cdots,n. \tag{4.8}$$

于是定义惩罚估计函数为

$$U(\beta)=\sum_{i=1}^{n}\delta_i\boldsymbol{X}_i^T(Y_i-\boldsymbol{X}_i\beta)+nB_{\lambda_n}(\beta)$$

其中 $B_{\lambda_n}(\beta)=(b_{\lambda_n}(|\beta_1|)\mathrm{sgn}(\beta_1),\cdots,b_{\lambda_n}(|\beta_p|)\mathrm{sgn}(\beta_p))^{\mathrm{T}}$ 为惩罚向量, $\mathrm{sgn}(\beta_k)$ 为 $\beta_k,k=1,2,\cdots,p$ 的符号函数, $b_{\lambda_n}(|\omega|)$ 取为 SCAD 惩罚函数

$$b_{\lambda_n}(|\omega|)=\lambda_n\{I(|\omega|<\lambda_n)+\frac{(a\lambda_n-|\omega|)_+}{(a-1)\lambda_n}I(|\omega|\geqslant\lambda_n)\}$$

其中 λ_n 为调节参数, a 为某一给定的参数. 进而 β 的估计可由解方程 $U(\beta)=0$ 得到. 这样根据 β 的估计值, 我们就可以将自变量选择出来.

案例分析: 中国旅游发展的影响因素分析

近年来, 中国旅游业高速发展, 旅游业作为国民经济发展的一个新增长点, 在整个社会经济发展中起着至关重要的作用. 为了更好地规划中国未来旅游产业的发展, 需要定量分析影响中国旅游市场发展的因素, 对中国旅游业的现状进行具体分析. 经分析, 国内旅游市场收入 y (亿元) 受到许多因素的影响. 本例选取了如下 5 个因素进行研究: 国内旅游人数 x_1 (万人次), 城镇居民人均旅游支出 x_2 (元), 农村居民人均旅游支出 x_3 (元), 公路里程 x_4 (万公里), 铁路里程 x_5 (万公里). 根据《中国统计年鉴》, 收集了 1994~2010 年度数据, 如表 4.2 所示.

表 4.2 中国旅游情况

年份	国内旅游收入	国内旅游人数	城镇居民人均旅游支出	农村居民人均旅游支出	公路里程	铁路里程
1994	1023.5	52400	414.7	54.9	111.78	5.9
1995	1375.7	62900	464	61.5	115.7	5.97
1996	1638.4	63900	534.1	70.5	118.58	6.49
1997	2112.7	64400	599.8	145.7	122.64	6.6
1998	2391.2	69450	607	197	127.85	6.64
1999	2831.9	71900	614.8	249.5	135.17	6.74
2000	3175.5	74400	678.6	226.6	140.27	6.87
2001	3522.4	78400	708.3	212.7	169.8	7.01
2002	3878.4	87800	739.7	209.1	176.52	7.19
2003	3442.3	87000	684.9	200	180.98	7.3
2004	4710.7	110200	731.8	210.2	187.07	7.44
2005	5285.86	121200	737.1	227.6	334.52	7.54
2006	6229.74	139400	766.4	221.9	345.7	7.71
2007	7770.62	161000	906.9	222.5	358.37	7.8
2008	8749.3	171200	849.4	275.3	373.02	7.97
2009	10183.69	190200	801.1	295.3	386.08	8.55
2010	12579.77	210300	883	306	400.83	9.12

解 计算分析过程及相应的 R 程序如下.

(1) 读入数据 $y, x_1, x_2, x_3, x_4, x_5$.

将表 4.2 中 Excel 类型的数据保存为文本文档 data5.txt, 然后使用

```
>travel=read.table("data5.txt")
>y=data5[,2]
>x1=data5[,3]
>x2=data5[,4]
>x3=data5[,5]
>x4=data5[,6]
>x5=data5[,7]
>yx1=data.frame(y,x1,x2,x3,x4,x5)
```

(2) 相关系数矩阵

```
>cor(yx1)
```

运行结果为

	y	x1	x2	x3	x4	x5
y	1.0000000	0.9901257	0.8648871	0.7898707	0.9333445	0.9680780
x1	0.9901257	1.0000000	0.8575339	0.7463630	0.9625311	0.9520854
x2	0.8648871	0.8575339	1.0000000	0.8644661	0.8472181	0.9105685
x3	0.7898707	0.7463630	0.8644661	1.0000000	0.7108844	0.8526581
x4	0.9333445	0.9625311	0.8472181	0.7108844	1.0000000	0.9035867
x5	0.9680780	0.9520854	0.9105685	0.8526581	0.9035867	1.0000000

从自变量之间的关系来看, 变量 x_1, x_4, x_5 之间的相关系数较高, 其中

$$r_{1,4} = 0.9625311, \quad r_{1,5} = 0.9520854, \quad r_{4,5} = 0.9035867.$$

变量 x_4, x_5 属于基础设施方面. 基础设施的好坏自然影响旅游人数, 两者存在正相关. 从而采用逐步回归法筛选解释变量.

(3) 变量选择

```
>lm.reg=lm(y~x1+x2+x3+x4+x5, data=yx1)
>lm.step=step(lm.reg, direction="both")
```

运行结果为

```
Start:  AIC=203.92
y~x1 + x2 + x3 + x4 + x5
              Df    Sum of Sq    RSS        AIC
    -x2       1     66437        1425846    202.73
    <none>                       1359409    203.92
    -x5       1     207578       1566987    204.34
    -x3       1     238438       1597847    204.67
    -x4       1     518383       1877792    207.41
    -x1       1     5773992      7133401    230.10
```

```
Step:  AIC=202.73
y~x1 + x3 + x4 + x5
                Df     Sum of Sq      RSS         AIC
     -x5        1      155388         1581234     202.49
     -x3        1      176134         1601981     202.71
     <none>                           1425846     202.73
     -x4        1      702392         2128239     207.54
     -x1        1      6149522        7575368     229.12
Step:  AIC=202.49
y~x1 + x3 + x4
                Df     Sum of Sq      RSS         AIC
     <none>                           1581234     202.49
     -x4        1      849311         2430545     207.80
     -x3        1      950669         2531903     208.49
     -x1        1      15420738       17001972    240.87
```

从上述结果可以看出, 影响旅游市场的主要因素为国内旅游人数, 农村居民人均旅游支出, 公路里程. 可见, 农村居民旅游市场逐渐扩大, 逐渐成为我国旅游经济消费的热点, 这主要得益于我国农村经济的快速发展和农民消费意识的转变. 另外, 在自变量选择中, 去除了铁路里程数, 个人觉得因为在时效性上, 铁路不如汽车, 在自然风景旅游和老区旅游上, 主要依靠公路基础设施完善程度. 再用函数 summary() 提取相关回归信息.

```
>summary(lm.step)
```

提取结果为

```
Call:
lm(formula = y~x1 + x3 + x4, data = yx1)
   Residuals:
   Min            1Q           Median         3Q          Max
   -629.2         -202.4       -112.5         151.8       701.4
   Coefficients:
                  Estimate     Std. Error     t value     Pr(>|t|)
   (Intercept)    -2.731e+03   2.471e+02      -11.051     5.58e-08 ***
   x1             7.679e-02    6.820e-03      11.260      4.47e-08 ***
   x3             4.855e+00    1.737e+00      2.796       0.0152 *
   x4             -7.548e+00   2.857e+00      -2.642      0.0203 *
       ...

Signif. codes:  0 '***' 0.001 '**' 0.01 '*' 0.05 '.' 0.1 '' 1
Residual standard error: 348.8 on 13 degrees of freedom
Multiple R-squared: 0.991, Adjusted R-squared: 0.9889
F-statistic: 478.1 on 3 and 13 DF, p-value: 1.507e-13
```

从回归结果可以得到后退法回归方程只保留了自变量 x_1, x_3, x_4, 即

$$y = (-2.631) + (0.07679)x_1 + 4.855x_3 - 7.548x_4.$$

但 x_4(公路里程) 的估计参数与预期的经济意义相悖——模型可能存在异方差和多重共线性, 这将在后面的章节中继续研究, 这里不在详细介绍.

复习思考题

1. 自变量的选择对回归参数的估计以及回归预测有什么影响?

2. 如果所建立的回归模型主要用于预测, 应该选择哪个准则来衡量回归方程的优劣?

3. 试述向前法、向后法的思想方法, 以及各自的优缺点.

4. 试述逐步回归法的思想方法. 考虑在运用逐步回归法时, α_{entry} 与 $\alpha_{removal}$ 的赋值原则是什么? 如果希望回归方程中多保留一些自变量, α_{entry} 应该如何赋值?

5. y 表示某种消费品的销售额, x_1 表示居民可支配收入, x_2 表示该类消费品的价格指数, x_3 表示其他消费品的平均价格指数. 下表给出了某地区 18 年某种消费品的销售情况资料, 分别用后退法和逐步回归法作自变量选择.

序号	x_1/元	x_2/%	x_3/%	y/百万元
1	81.2	85	87	7.8
2	82.9	92	94	8.4
3	83.2	91.5	95	8.7
4	85.9	92.9	95.5	9
5	88	93	96	9.6
6	99.9	96	97	10.3
7	102	95	97.5	10.6
8	105.3	95.6	97	10.9
9	117.7	98.9	98	11.3
10	126.4	101.5	101.2	12.3
11	131.2	102	102.5	13.5
12	148	105	104	14.2
13	153	106	105.9	14.9
14	161	109	109.5	15.9
15	170	112	111	18.5
16	174	112.2	112	19.5
17	185	113	112.3	19.9
18	189	114	113	20.5

6. 27 名糖尿病人的血清总胆固醇 (x_1)、甘油三酯 (x_2)、空腹胰岛素 (x_3)、糖化血红蛋白 (x_4)、空腹血糖 (y) 的测量值如下表所示.

序号	x_1	x_2	x_3	x_4	y
1	5.68	1.90	4.53	8.2	11.2
2	3.79	1.64	7.32	6.9	8.8
3	6.02	3.56	6.95	10.8	12.3
4	4.85	1.07	5.88	8.3	11.6
5	4.60	2.32	4.05	7.5	13.4
6	6.05	0.64	1.42	13.6	18.3
7	4.90	8.50	12.60	8.5	11.1
8	7.08	3.00	6.75	11.5	12.1
9	3.85	2.11	16.28	7.9	9.6
10	4.65	0.63	6.59	7.1	8.4
11	4.59	1.97	3.61	8.7	9.3
12	4.29	1.97	6.61	7.8	10.6
13	7.97	1.93	7.57	9.9	8.4
14	6.19	1.18	1.42	6.9	9.6
15	6.13	2.06	10.35	10.5	10.9
16	5.71	1.78	8.53	8.0	10.1
17	6.40	2.40	4.53	10.3	14.8
18	6.06	3.67	12.79	7.1	9.1
19	5.09	1.03	2.53	8.9	10.8
20	6.13	1.71	5.28	9.9	10.2
21	5.78	3.36	2.96	8.0	13.6
22	5.43	1.13	4.31	11.3	14.9
23	6.50	6.21	3.47	12.3	16.0
24	7.98	7.92	3.37	9.8	13.2
25	11.54	10.89	1.20	10.5	20.0
26	5.84	0.92	8.61	6.4	13.3
27	3.84	1.20	6.45	9.6	10.4

(1) 试建立空腹血糖与其他指标之间的线性回归方程;

(2) 用后退法选择自变量;

(3) 用逐步回归法选择自变量.

第 5 章　多元线性回归模型的统计诊断

第 3 章我们对多元线性回归模型考虑了以下假定.

假设 1　自变量 $x_1, x_2, \cdots, x_p$ 是确定性变量而非随机变量, 且 $\text{rank}(\boldsymbol{X}) = p+1 < n$, 即 $\boldsymbol{X}$ 为一列满秩矩阵.

假设 2　随机误差项 $\varepsilon_1, \cdots, \varepsilon_n$ 满足 Gauss-Markov 条件, 即

$$E(\varepsilon_i) = 0, \quad \text{Cov}(\varepsilon_i, \varepsilon_j) = \begin{cases} \sigma^2, & i = j, \\ 0, & i \neq j, \end{cases}$$

或 $\varepsilon_1, \cdots, \varepsilon_n$ 满足 $\varepsilon_i \overset{\text{i.i.d}}{\sim} N(0, \sigma^2)$ $(i = 1, 2, \cdots, n)$, 其中 i.i.d 表示独立同分布.

在上面给定的假设条件下, 我们考虑了多元线性回归模型中参数的估计及其假设检验以及拟合优度评价等问题. 这里人们自然会问以下问题：对一个给定的数据集如何考察这些假设是否合理呢？当我们的数据集 $\{(y_i, x_{i1}, \cdots, x_{ip}) : i = 1, \cdots, n\}$ 与给定的模型及其假设不相符合时, 前面介绍的统计推断理论和方法是否仍然成立了？若经过分析确信, 给定的数据集不满足上面的假设条件, 此时我们又该如何来拟合这一数据集呢？是所有数据点与模型及其假设不相符合呢？还是个别数据点与模型及其假设不相符合呢？若是个别数据点与模型及其假设不相符合, 该如何来识别和判断这些数据点呢？这些都是回归诊断要研究的主要问题. 本章将就这些问题进行讨论, 同时也给出假定不真时的解决办法.

5.1　异常点和影响点

1. 异常点

在回归分析中, 所谓异常点 (又称离群点) 是指对既定模型偏离很大的数据点. 如何度量数据点偏离既定模型的程度呢？这就涉及到假设模型误差项的分布了 (通常假定模型误差项服从正态分布). 尽管异常点的概念看起来很明了, 但要给它下一个准确的定义还是相当困难的. 事实上, 至今都还没有异常点的统一定义.

目前对异常点较为流行的两种看法是：① 异常点是指那些与绝大多数数据点明显不协调的数据点. 这时, 异常点可理解为所假定分布中的极端点, 即落在假定分布的单侧或双侧 α 分位点以外的点 (α 通常取很小的值, 如 0.005); ② 异常点就是那些污染点, 即是指与绝大多数据点不是来自同一分布的个别数据点, 或在绝大多数来自某一共同分布的数据点中掺入了少量来自另一分布的数据点.

不管采用哪种看法, “异常点” 的 “异常” 二字总是相对于绝大多数数据点或所假定的模型而言. 在回归分析中, 为了识别这些异常点需要对偏离既定模型的程度进行度量,

即需要用度量偏离既定模型的指标来确定哪些点是异常点. 为了更清楚地说明异常点的概念, 我们看一个实际例子.

例 5.1 考察下面一组数据:

1.74, 1.46, -1.28, -0.02, -0.40, -0.02, 3.89, 1.35, -0.10, 1.71.

若假设这组数据来自于正态分布 $N(\mu,1)$, 现想用它们的平均值来估计总体均值 μ. 由此可得 μ 的估计值为 $\hat{\mu}=0.83$. 然而, 我们注意到: 数据点 3.89 对正态分布 $N(0.83,1)$ 来说显得过大, 而且出现如此大的数据的概率小于 0.002, 因此, 根据前面介绍的异常点的定义, 我们可将该数据点看成是一个异常点. 删除该数据点后算得 μ 的估计值为 $\hat{\mu}=0.49$, 由此可见 3.89 这个数据点对 μ 的估计值的影响很大. 事实上, 这组数据为来自于 Cauchy 分布的一组随机样本, 其概率密度函数为 $f(x)=\pi^{-1}(1+x^2)^{-1}$. 而 Cauchy 分布无均值可言, 更谈不上参数估计等问题了.

例 5.1 说明, 异常点与所考虑的数据集或模型的分布假定是密切相关的, 不正确的分布假定将导致错误的或不合理的结论. 同时, 也表明: 对异常点的处理需持谨慎的态度, 不能简单地将它们从数据集中删除就可以了. 事实上, 在许多场合, 异常点的出现恰好是我们探测某些事先不清楚的或许更为重要的因素的线索. 譬如: 在地质探矿研究中, 异常点或许就是我们需要找的矿床. 这就告诉我们: 必须根据专业知识以及数据收集的实际情况等来仔细分析产生异常点的原因及背景以确定异常点的处理.

2. 强影响点

数据集中的强影响点是指那些对统计推断 (包括参数估计等) 产生较大影响的数据点. 事实上, 每个数据点对统计推断的影响大小是不尽相同的, 有的可能影响很大, 有的可能影响很小, 在所有这些数据点中我们把对统计推断影响很大的点称谓强影响点. 在分析影响大小时, 我们需要明确以下几个基本问题.

第一, 其影响是针对于哪一个统计推断量来说的. 譬如: 在多元线性回归模型中, 所考虑的是对回归系数 $\boldsymbol{\beta}$ 的估计量 $\hat{\boldsymbol{\beta}}$ 的影响, 还是对误差方差 σ^2 的估计量 $\hat{\sigma^2}$ 的影响等. 其分析目的不同, 所考虑的影响亦有所不同. 一般来说, 对于既定模型, 我们通常总是选择几个有兴趣的统计量 (如: 回归系数的估计量等等), 然后考察每一数据点对它们的影响.

第二, 如何度量影响大小. 为了定量地刻画影响大小, 迄今为止已提出了许多诊断度量统计量. 譬如, Cook 距离、Welsch-Kuh 距离、Welsch 距离、修正的 Cook 距离等. 一般地, 如何度量影响与我们所考虑的统计问题是有密切关系的. 事实上, 每一诊断度量统计量都是着眼于某一方面的影响而提出来的, 并在某种具体场合下它是非常有效的. 在实际应用中, 我们可以选择几种不同的诊断度量统计量对影响进行分析, 并对各种分析结果加以比较研究以期得到更为全面的结论. 类似于异常点的处理, 对已判定为强影响点的数据点也必须谨慎处理. 强影响点通常是数据集中更为重要的数据点, 它往往能提供比一般数据点更多的信息, 因此, 需引起特别注意. 此外, 强影响点和异常点是两个不同的概念, 它们之间既有一定的联系也有区别. 强影响点可能同时又是异常点也可能不是; 反之, 异常点可能同时又是强影响点也可能不是. 为了更清楚地理解强影响点的概念, 我们看一个实际例子.

例 5.2 智能测试数据. 在这个数据集中, x 表示儿童年龄 (按月计算), y 表示某种智能指标.

表 5.1　智能测试数据

序号	x	y	序号	x	y	序号	x	y
1	15	95	8	11	100	15	11	102
2	26	71	9	8	104	16	10	100
3	10	83	10	20	94	17	12	105
4	9	91	11	7	113	18	42	57
5	15	102	12	9	96	19	17	121
6	20	87	13	10	83	20	11	86
7	18	93	14	11	84	21	10	100

该数据集的散点图如图 5.1 所示. 从图 5.1 可以看出, 第 19 号点是一个明显的异常点, 第 18 号点虽然离回归线不远, 但它距离数据集的主体部分较远, 这也是一个值得关注的数据点.

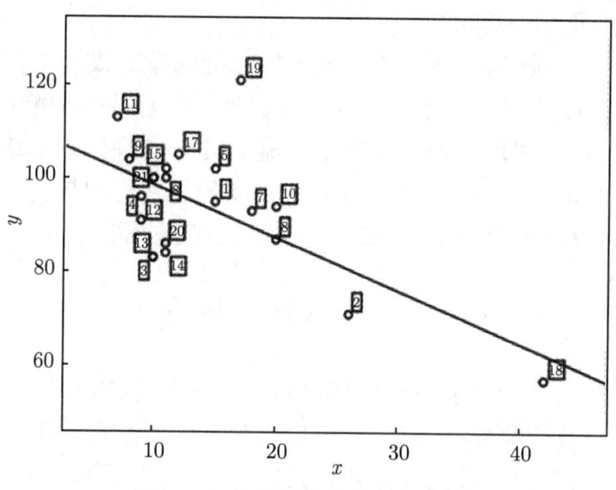

图 5.1　智能测试数据的散点图

首先考虑第 19 号数据点, 它是一个很明显的异常点. 为了考虑第 19 号点是否是影响点, 我们计算了删除第 19 号数据点前后回归系数的估计值以及主要统计量的值, 其结果如表 5.2 所示. 表 5.2 说明, 第 19 号点对回归分析的影响并不大, 两者差别甚小, 回归方程基本上没有变化. 这说明了一个很重要事实: 异常点对回归分析的影响未必很大, 即异常点不一定是强影响点.

表 5.2　删除 19 号点前后的回归分析结果

统计量	全数据集	删除 19 号点后的数据集
$\hat{\beta}_0$	109.87	109.30
$\hat{\beta}_1$	−1.13	−1.19
$S_e(\hat{\beta}_0)$	5.06	3.97
$S_e(\hat{\beta}_1)$	0.31	0.24
$\hat{\sigma}^2$	121.50	74.45
R^2	0.41	0.57

注：$S_e(\hat{\beta}_0)$ 为 $\hat{\beta}_0$ 的标准差的估计值, 它等于 $\sqrt{\mathrm{Var}(\hat{\beta}_0)}$ 的估计值

再考察第 18 号数据点. 由于此数据点紧靠回归线, 因此, 不能认为它是一个异常点. 为了考察此数据点的影响, 我们也计算了删除第 18 号点前后回归分析的主要统计量的值, 其结果如表 5.3 所示. 表 5.3 说明, 第 18 号数据点对回归系数的估计值有很大的影响, 因而, 该数据点对回归分析的影响很大, 是一个强影响点, 但它不是异常点.

表 5.3 删除 18 号点前后的回归分析结果

统计量	全数据集	删除 18 号点后的数据集
$\hat{\beta}_0$	109.87	105.63
$\hat{\beta}_1$	−1.13	−0.78
$S_e(\hat{\beta}_0)$	5.06	7.16
$S_e(\hat{\beta}_1)$	0.31	0.52
$\hat{\sigma}^2$	121.50	123.40
R^2	0.41	0.11

综合以上分析, 我们得到结论：第 19 号点是一个异常点但它不是强影响点; 而第 18 号点是一个强影响点但它不是异常点.

当识别出异常点或强影响点后, 不应该不加分析地自动或机械地将它们从数据集中删除. 相反, 我们应当通过考察、分析, 判断它们为异常点或强影响点的原因或背景. 根据这些考察、分析结果, 采取合适、正确地措施来处理这些异常点或强影响点. 这些正确的措施包括：改正数据中的错误、删除异常点或降低它们的权重、变换数据、考虑不同的模型, 以及重新设计实验或抽样调查、收集更多数据等.

5.2 残差及其性质

残差与杠杆值是统计诊断中两个最基本的、最重要的统计量, 几乎我们后面介绍的所有诊断统计量都与残差和杠杆值有关, 它们反映了观测数据在用既定模型拟合时的基本统计特征, 包含了很多有关数据和拟合效果的信息, 二者都有十分丰富的内涵.

1. 残差与杠杆值

考虑多元线性回归模型：

$$\boldsymbol{Y}=\boldsymbol{X\beta}+\boldsymbol{\varepsilon},\quad E(\boldsymbol{\varepsilon})=\boldsymbol{0},\quad \mathrm{Var}(\boldsymbol{\varepsilon})=\sigma^2\boldsymbol{I}_n,\tag{5.1}$$

其中, $\boldsymbol{X}=(\tilde{\boldsymbol{x}}_1,\cdots,\tilde{\boldsymbol{x}}_n)^{\mathrm{T}}$ 为已知的列满秩矩阵, $\tilde{\boldsymbol{x}}_i=(1,\boldsymbol{x}_i^{\mathrm{T}})^{\mathrm{T}}$, $\boldsymbol{x}_i=(x_{i1},\cdots,x_{ip})^{\mathrm{T}}$. 则随机误差向量可表示为 $\boldsymbol{\varepsilon}=\boldsymbol{Y}-\boldsymbol{X\beta}$. 用 $\boldsymbol{\beta}$ 的估计量 $\hat{\boldsymbol{\beta}}$ 代替式 (5.1) 中的 $\boldsymbol{\beta}$ 即得随机误差向量的估计量 $\hat{\boldsymbol{\varepsilon}}=\boldsymbol{Y}-\boldsymbol{X}\hat{\boldsymbol{\beta}}=\boldsymbol{Y}-\hat{\boldsymbol{Y}}=\boldsymbol{e}$, 其中残差 e_i 为残差向量 $\boldsymbol{e}$ 的第 i 个分量. 此式表明, 残差向量就是随机误差向量的估计量, $e_1,\cdots,e_n$ 可近似地看成随机误差的一组样本值. 这样, 残差反映了模型与数据拟合效果的好坏, $|e_i|$ 越小, 说明第 i 个数据点拟合得越好. 因此, e_i 可用来判断模型 (5.1) 与给定数据集拟合好坏的一个指标.

我们在第 3 章也定义了帽子矩阵 $\boldsymbol{H}=\boldsymbol{X}(\boldsymbol{X}^{\mathrm{T}}\boldsymbol{X})^{-1}\boldsymbol{X}^{\mathrm{T}}$. 这里, 把帽子矩阵 $\boldsymbol{H}$ 的第 i 对角元 h_{ii} 称为杠杆值, 它在回归诊断中起着十分重要的作用. h_{ii} 度量了第 i 个数据点偏离数据中心的程度, h_{ii} 越大, 则第 i 个数据点离数据中心就越远; 反之, 若第 i 个数据点离数据中心越近, 则 h_{ii} 就越小.

例 5.3 对一元线性回归模型

$$y_i=\beta_0+\beta_1 x_i+\varepsilon_i,\quad i=1,\cdots,n$$

容易得到

$$h_{ii}=\frac{1}{n}+\frac{(x_i-\bar{x})^2}{\sum_{j=1}^{n}(x_j-\bar{x})^2},$$

其中 $\bar{x}=\sum_{i=1}^{n}x_i/n$. 上式表明：当 $x_i=\bar{x}$ 时 h_{ii} 达到最小值 $1/n$, 且随着 x_i 远离数据中心 $\bar{x}$, h_{ii} 的值增大; 当 x_i 离 $\bar{x}$ 充分远时, h_{ii} 能够充分接近于 1.

由第 3 章的分析知, $E(e_i)=0$ 和 $\text{Var}(e_i)=\sigma^2(1-h_{ii})$. 此式表明：① h_{ii} 越大, $\text{Var}(e_i)$ 就越小. 特别地, 当 $h_{ii}=1$ 时, 从 $E(e_i)=0$ 和 $\text{Var}(e_i)=0$ 可知 $e_i=0$(此事实以概率为 1 成立, 如果将概率为 0 的集合不予考虑的话, 我们就认为 $e_i=0$), 即 $y_i=\hat{y}_i$, 这表明, 当 h_{ii} 很大, 即当试验点 x_i 距离数据中心很远时, 残差 $e_i\approx 0$, 即不论观测值 y_i 等于何值, 总有拟合值 $\hat{y}_i\approx y_i$. 从几何上看, 这个结论可解释为, 在自变量空间 $\mathbb{R}^p$ 中 $\boldsymbol{x}_i$ 远离数据中心 $\bar{\boldsymbol{x}}$, 则在空间 $\mathbb{R}^{p+1}$ 中, 数据点 $(\boldsymbol{x}_i,y_i)$ 就把回归直线拉向它自己. 这种点对回归系数的估计有很大的影响, 在回归诊断中应予以特别关注. 通常把对应于 h_{ii} 的值很大的数据点称为**高杠杆点**. 那么究竟 h_{ii} 大到多大时, 所对应的数据点才是高杠杆点呢? 迄今为止还没有一个统一的标准. 但目前广为使用的方法是：若将 $\boldsymbol{x}_1,\cdots,\boldsymbol{x}_n$ 看成是来自正态分布的简单随机样本, 则有

$$\mathbb{F}=\frac{n-p-1}{p}\frac{h_{ii}-\frac{1}{n}}{1-h_{ii}}\sim F_{p,n-p-1}.$$

显然, $\mathbb{F}$ 是 h_{ii} 的单调增函数, 所以, h_{ii} 很大等价于 $\mathbb{F}$ 很大. 由此得到以下判断准则：若对应于某个 h_{ii} 的 $\mathbb{F}>F_{p,n-p-1}(\alpha)$($\alpha$ 是一个很小的数, 譬如：$\alpha=0.05$ 或 0.1 等), 则我们就认为 h_{ii} 很大, 其对应的数据点 $(\boldsymbol{x}_i,y_i)$ 就认为是高杠杆点. ② e_i 的值应在零附近波动且 $e_i/\sqrt{1-h_{ii}}$ 具有方差齐性, 但 e_i 不具有方差齐性, 不便于用它来直接比较大小以判定该数据点为异常点. 为此, 可考虑对残差 e_i 进行标准化, 从而, 得到学生化残差：

$$s_i=\frac{e_i}{\sigma\sqrt{1-h_{ii}}}.$$

显然, $E(s_i)=0$ 且 $\text{Var}(s_i)=1$. 特别地, 当 $\boldsymbol{\varepsilon}\sim N(\boldsymbol{0},\sigma^2\boldsymbol{I}_n)$ 时, $s_i\sim N(0,1)$. 这样, 根据前面介绍的异常点的定义可知, 当 s_i 的值落入标准正态分布的单侧或双侧 α 分位点以外时, 我们就认为第 i 个数据点为异常点. 但是, 计算 s_i 是十分困难的, 这是因为 σ^2 在实际应用中是未知的. 因此, 定义下面的残差.

定义 5.1 模型 (5.1) 的学生化内残差可定义为

$$r_i=\frac{e_i}{\hat{\sigma}\sqrt{1-h_{ii}}},\quad i=1,\cdots,n,$$

其中 $\hat{\sigma}^2 = \mathrm{SS}_E/(n-p-1)$.

定义 5.2 模型 (5.1) 的学生化外残差可定义为

$$t_i = \frac{e_i}{\hat{\sigma}_{(i)}\sqrt{1-h_{ii}}}, \quad i=1,\cdots,n,$$

其中 $\hat{\sigma}_{(i)}^2 = (n-p-1-r_i^2)\hat{\sigma}^2/(n-p-2)$ 表示删除第 i 个数据点后得到的 σ^2 的估计.

上面介绍的普通残差和学生化残差都是从数据与模型的拟合角度提出来的. 而预测是回归模型的一个非常重要的应用, 因此, 我们有必要从预测角度定义残差.

定义 5.3 模型 (5.1) 在数据点 $\boldsymbol{x}_i$ 处的预测残差定义为

$$\tilde{\epsilon}_i = y_i - \tilde{\boldsymbol{x}}_i^{\mathrm{T}}\hat{\boldsymbol{\beta}}_{(i)}, \quad i=1,\cdots,n,$$

其中 $\hat{\boldsymbol{\beta}}_{(i)}$ 为删除第 i 个数据点 $(\boldsymbol{x}_i, y_i)$ 后模型 (5.1) 中参数 $\boldsymbol{\beta}$ 的估计量.

2. 残差的性质

性质 1 残差 e_i 与 e_j 之间的相关系数 ρ_{ij} 可表示为

$$\rho_{ij} = \frac{-h_{ij}}{\sqrt{1-h_{ii}}\sqrt{1-h_{jj}}}.$$

由上式可知, 一般情况下通常可近似认为 e_i 和 e_j 不相关. 这是因为 $h_{ii} = \sum\limits_{j=1}^{n} h_{ij}^2$, 而 h_{ii} 的平均值 p/n 通常都较小 (由于 p 通常都较小而 n 通常都较大), 这样 h_{ij} 通常也很小, 因此, ρ_{ij} 也就很小.

性质 2 预测残差 $\tilde{\epsilon}_i$ 与普通残差 e_i 之间存在如下关系

$$\tilde{\epsilon}_i = e_i/(1-h_{ii}).$$

由上式可知, 对应于 h_{ii} 较大的数据点, 其对应的预测残差 $\tilde{\epsilon}_i$ 也较大 (这是因为 $0 \leqslant h_{ii} \leqslant 1$). 这表明, 用预测残差作回归诊断更看重的是具有较大 h_{ii} 值的数据点, 也就是那些远离数据中心的数据点.

性质 3 若 $\boldsymbol{\varepsilon} \sim N(\boldsymbol{0}, \sigma^2\boldsymbol{I}_n)$, 则

(1) $\mathcal{B}_i = \dfrac{r_i^2}{n-p-1}$ 服从参数为 $\dfrac{1}{2}$ 和 $\dfrac{n-p-2}{2}$ 的 Beta 分布, 即 $\mathcal{B}_i \sim B\left(\dfrac{1}{2}, \dfrac{n-p-2}{2}\right)$.

(2) $E(r_i) = 0$, $\mathrm{Var}(r_i) = 1$ 并且

$$\rho_{ij} = \mathrm{Cov}(r_i, r_j) = \frac{-h_{ij}}{\sqrt{1-h_{ii}}\sqrt{1-h_{jj}}}, \quad i \neq j.$$

(3) t_i 服从自由度为 $n-p-2$ 的 t 分布, 即 $t_i \sim t(n-p-2)$.

(4) t_i 为 r_i 的单调增函数, 它们之间的关系如下

$$t_i = \left(\frac{n-p-2}{n-p-1-r_i^2}\right)^{1/2} r_i = \frac{\hat{\sigma}}{\hat{\sigma}_{(i)}} r_i.$$

(5) t_i 为 $\mathcal{B}_i$ 的单调增函数, 它们之间的关系如下

$$t_i^2 = (n-p-2)\frac{\mathcal{B}_i}{1-\mathcal{B}_i}.$$

(6) 若记 $\tilde{\boldsymbol{H}} = \mathrm{diag}(1-h_{11},\cdots,1-h_{nn})$, $\tilde{\boldsymbol{\epsilon}} = (\tilde{\epsilon}_1,\cdots,\tilde{\epsilon}_n)^{\mathrm{T}}$, 则

$$\tilde{\boldsymbol{\epsilon}} \sim N(\boldsymbol{0}, \sigma^2\tilde{\boldsymbol{H}}^{-1}(\boldsymbol{I}-\boldsymbol{H})\tilde{\boldsymbol{H}}^{-1}).$$

5.3 异常点的诊断

异常点的识别与处理是统计诊断中的重要内容之一, 它进行的好坏通常影响到整个的诊断过程, 而识别的过程更是整个统计诊断的基础. 自从异常点的一词提出以后, 对异常点的概念、类型、识别及处理等问题的讨论就一直没有停止过. 迄今为止, 人们已经提出了识别异常点的许多不同方法, 譬如, 残差图法、数据删除法和均值漂移模型法. 本节主要介绍线性回归模型中异常点诊断的基本方法.

5.3.1 残差图

残差图是对回归模型进行统计诊断的综合方法, 它既可用于识别数据中的异常点, 又可用来评判回归模型的各种假设是否合理 (如: 正态性假设、方差齐性假设、序列不相关性假设等). 这是目前广为使用的统计诊断工具之一. 所谓**残差图**就是以某种残差为纵坐标, 以某一合适的量为横坐标的散点图. 这里选择横坐标的最常见的方法包括: ① 因变量 y_i 的预测值 $\hat{y}_i$, ② 回归自变量 x_j $(j=1,\cdots,p)$, ③ 观测数据的序号或观测时间等. 5.2 节我们在假设随机误差向量 $\boldsymbol{\varepsilon}$ 服从正态分布 (即 $\boldsymbol{\varepsilon} \sim N(\boldsymbol{0},\sigma^2\boldsymbol{I}_n)$) 的条件下讨论了各种残差的统计性质. 残差作为误差 ε_i 的估计应该与 ε_i 相差不远, 这一事实告诉我们: 根据残差图的大致形状是否与应有的性质相一致就可以判断随机误差假设的合理性. 用残差及残差图来考察模型假设的合理性通常被称为**残差分析**. 因为以自变量为横坐标的残差图与以拟合值为横坐标的残差图在处理上相似, 因此, 下面我们仅讨论以拟合值 $\hat{y}_i$ 或观测序号 (或时间) 为横坐标的残差图.

以学生化内残差 r_i(或学生化外残差 t_i) 为纵坐标, 以拟合值 $\hat{y}_i$ 为横坐标作 $(\hat{y}_i, r_i)$ 散点图 (图 5.2). 对这种残差图我们有如下解释: 如果假设 $\boldsymbol{\varepsilon} \sim N(\boldsymbol{0},\sigma^2\boldsymbol{I}_n)$ 成立, 则由 5.2 节的讨论知, 残差向量 $\boldsymbol{e}$ 与拟合向量 $\hat{\boldsymbol{Y}} = \boldsymbol{HY}$ 相互独立且相互垂直. 从而, $\boldsymbol{R} = (r_1,\cdots,r_n)^{\mathrm{T}}$ 与 $\hat{\boldsymbol{Y}}$ 也近似地相互独立. 于是, 散点图 $(\hat{y}_i, r_i)$ 只反映 r_i 的变化趋势, 而不受 $\hat{y}_i$ 的影响. 又由上一节知, r_i 近似服从 $N(0,1)$ 且近似相互独立. 因此, 根据正态分布的性质知, 大约有 95% 的 r_i 应当落在 $[-2,2]$ 中. 这一事实表明: 在残差图中, 点 $(\hat{y}_i, r_i)$ $(i=1,\cdots,n)$ 应大致落在 $r_i = \pm 2$ 的水平带状区域中, 而且这些点不应呈现任何有规律的趋势, 如图 5.2(a) 所示. 这时数据与假设 $\boldsymbol{\varepsilon} \sim N(\boldsymbol{0},\sigma^2\boldsymbol{I}_n)$ 没有不一致的征兆, 可以认为这个假设基本上是合理的. 而图 5.2(b)~(d) 表明误差等方差即 $\mathrm{Var}(\varepsilon_i) = \sigma^2$ $(i=1,\cdots,n)$ 的假设并不成立, 其中图 (b) 表明误差方差随 $\hat{y}_i$ 的增加而增大, 而图 (c) 正好相反, 它表明误差方差随 $\hat{y}_i$ 的增加而减小, 图 (d) 则表明对应于拟合值 $\hat{y}_i$ 较大和较小的数据点的误差方差都比较小, 而对应于中等大小拟合值的数据点的误差方差比较

大. 图 (e) 和 (f) 则表明回归函数可能是非线性的, 或误差 ε_i 之间具有一定相关性或漏掉了一个甚至多个重要的自变量. 究竟属于何种情况, 还需作进一步的诊断.

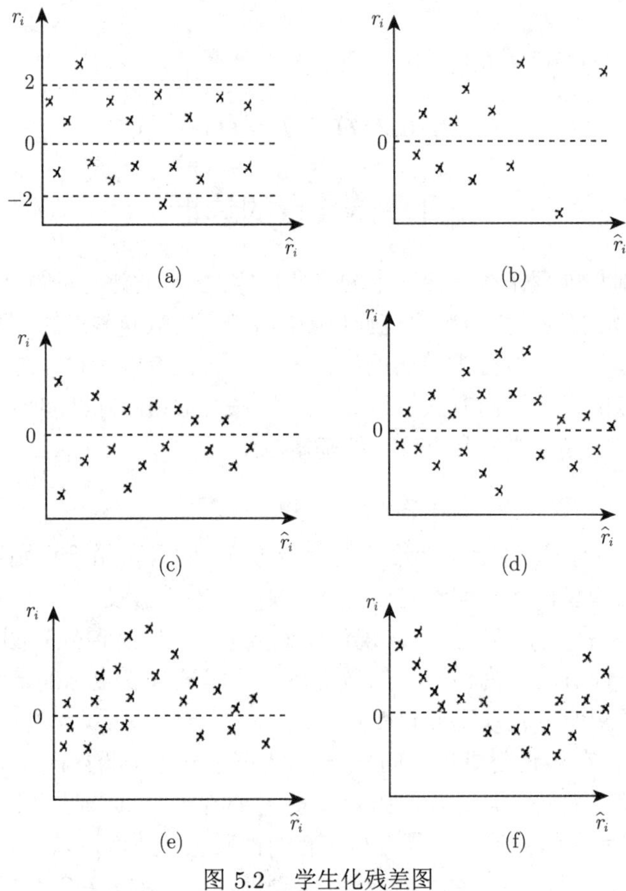

图 5.2　学生化残差图

用残差图来识别数据集中的异常点的常用方法如下：把对应于 $|r_i| \geqslant 2$ 的数据点视为异常点或利用 5.2 节介绍的性质 3 中的结论直接进行检验 (如下面例 5.4 所做的一样).

例 5.4　BOQ 数据

美国海军试图建立一些方程来估计操作某些海军设备所需的人力. 表 5.4 给出了关于 BOQ 设备的数据, 这些数据取自 25 个使用 BOQ 设备的点, 其中, x_1 表示每天平均占有率, x_2 表示每月平均值勤人数, x_3 表示每周服务台工作时间 (小时数), x_4 表示一般使用面积 (平方英尺①), x_5 表示建筑物侧厅的数目, x_6 表示操作余地, x_7 表示房间数, y 表示每月所需人力 (人数每小时). 现考虑用如下线性回归模型

$$y_i = \beta_0 + \beta_1 x_{i1} + \cdots + \beta_7 x_{i7} + \varepsilon_i, \quad i = 1, \cdots, 25$$

① 1 平方英尺 = 0.0929 平方米

拟合这组数据集. 为了说明前面介绍的识别数据集中的异常点方法的应用, 我们计算了普通残差和学生化内残差以及杠杆值, 其结果如表 5.4.

表 5.4 BOQ 数据

序号	x_1	x_2	x_3	x_4	x_5	x_6	x_7	y	e_i	r_i	h_{ii}
1	2.00	4.00	4.0	1.26	1.0	6.0	6.0	180.23	−27.981	−0.07139	0.25728
2	3.00	1.58	40.0	1.25	1.0	5.0	5.0	182.61	−29.754	−0.07142	0.16088
3	16.60	23.78	40.0	1.0	1.0	13.0	13.0	164.38	−194.641	−0.46734	0.16141
4	7.00	2.37	168.0	1.0	1.0	7.0	8.0	284.55	−75.298	−0.18098	0.16311
5	5.30	1.67	42.5	7.79	3.0	25.0	25.0	199.92	−179.479	−0.42740	0.14748
6	16.50	8.25	168.0	1.12	2.0	19.0	19.0	267.38	−242.690	−0.58184	0.15889
7	25.89	3.00	40.0	0.0	3.0	36.0	36.0	990.09	306.568	0.74569	0.18288
8	44.42	159.75	168.0	0.60	18.0	48.0	48.0	1103.24	−175.805	−0.48285	0.35909
9	39.63	50.86	40.0	27.37	10.0	77.0	77.0	944.21	129.651	0.33615	0.28081
10	31.92	40.08	168.0	5.52	6.0	47.0	47.0	931.84	40.274	0.09491	0.12953
11	97.33	255.08	168.0	19.0	6.0	165.0	130.0	2268.06	635.864	1.49390	0.12414
12	56.63	373.42	168.0	6.03	4.0	36.0	37.0	1489.50	184.259	0.45364	0.20240
13	96.67	206.67	168.0	17.86	14.0	120.0	120.0	1891.70	−81.594	−0.18706	0.08020
14	54.38	207.08	168.0	7.77	6.0	66.0	66.0	1387.82	−10.064	−0.02329	0.09694
15	113.88	981.00	168.0	24.48	6.0	166.0	179.0	3559.92	−665.472	−2.19985	0.55758
16	149.58	233.83	168.0	31.07	14.0	185.0	202.0	3115.29	−19.351	−0.05504	0.40234
17	134.32	145.82	168.0	25.99	12.0	192.0	192.0	2227.76	−470.598	−1.30181	0.36823
18	188.74	937.00	168.0	45.44	26.0	237.0	237.0	4804.24	417.670	1.23437	0.44649
19	110.24	410.00	168.0	20.05	12.0	115.0	115.0	2628.32	437.850	1.00744	0.08681
20	96.83	677.33	168.0	20.31	10.0	302.0	210.0	1880.84	−870.352	−2.40395	0.36629
21	102.33	288.83	168.0	21.01	14.0	131.0	131.0	3036.63	826.513	1.88484	0.07039
22	274.92	695.25	168.0	46.63	58.0	363.0	363.0	5539.98	−323.891	−1.53718	0.78536
23	811.08	714.33	168.0	22.76	17.0	242.0	242.0	3534.49	−160.356	−3.28203	0.98845
24	384.50	1473.66	168.0	7.36	24.0	540.0	453.0	8266.77	414.126	2.58769	0.87618
25	95.00	368.00	168.0	30.26	9.0	292.0	196.0	1845.89	134.552	0.43943	0.54673

解 输入数据, 并将上述表中的数据保存为 “5.4.txt”, 然后上述结果的程序为

```
>yx=read.table("5.4.txt")
>x_1=yx[,1]
>x2=yx[,2]
>x3=yx[,3]
>x4=yx[,4]
>x5=yx[,5]
>x6=yx[,6]
>x7=yx[,7]
>y=yx[,8]
>lm.reg=lm(y~x1+x2+x3+x4+x5+x6+x7)
>y.fit=predict(lm.reg)
>e=y-y.fit
>y.rst=rstandard(lm.reg)
>h.x=matrix(c(rep(1,25),x1,x2,x3,x4,x5,x6,x7),25, 8, byrow=F)
```

```
>h.values=hat(h.x,intercept=T)
>plot(y.rst~y.fit, xlab=expression(hat(y)), ylab="r")
>text(y.fit, y.rst, type=1:25")
```

图 5.3 给出了 $(\hat{y}_i, r_i)$ 的散点图. 由图 5.3 可以看出, ① 当 $\hat{y}_i$ 的值较大时 (譬如, 超过 2000 以后), 残差 r_i 有增大的趋势, 这与图 5.2(b) 的情形类似, 因而, 随机误差项的齐性假设有可能不太合理, 至少对 y_i 值较大的情形是如此的; ② 第 23 号和 24 号点离 $r_i = \pm 2$ 较远, 因而, 这两个数据点有可能是异常点. 由表 5.4 可以看出, ① 第 23 号点的普通残差 $e_{23} = -160.356$, 此值与其他数据点对应的普通残差相比并不太大, 但是它的学生化内残差 $r_{23} = -3.28203$ 是所有这 25 个学生化内残差中绝对值最大的, 其学生化外残差 $t_{23} = -5.242$, 其绝对值比临界值 $t(17, 0.95) = 3.69$ 大很多, 因而第 23 号数据点为异常点, 该数据点的杠杆值 $p_{23,23} = 0.989$ 也很大, 此即表明: 该数据点还是高杠杆点; ② 第 24 号点相应的值也都比较大, 但 $t_{24} = 3.209$ 比临界值略小, 因而没有足够证据断定该数据点也是异常点; ③ 第 15 号和 20 号数据点的内外残差也都很大. 以上分析表明: 用该回归模型拟合 BOQ 设备数据有多个数据点拟合得都不够理想, 我们或许考虑用更稳健的方法来估计该模型的参数或用其他的模型, 如异方差模型等拟合该数据集.

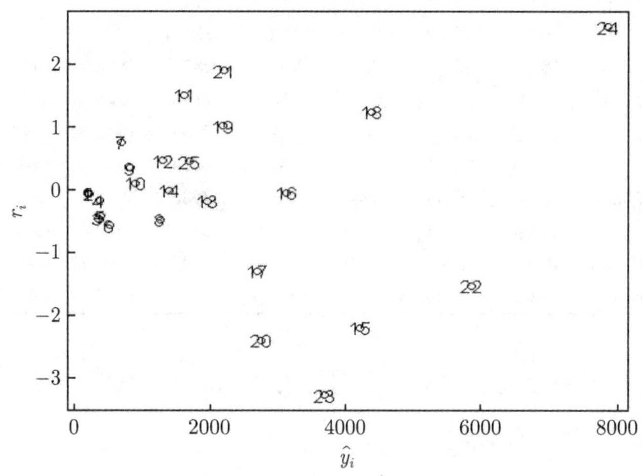

图 5.3 学生化残差 r_i 和拟合值 $\hat{y}_i$ 的散点图

5.3.2 基于数据删除模型的异常点检验

对于给定的数据集 $\{(y_i, x_{i1}, \cdots, x_{ip}) : i = 1, \cdots, n\}$, 我们要研究各个数据点在统计推断中的作用. 也就是说, 要检测第 i 个数据点 $(y_i, x_{i1}, \cdots, x_{ip})$ 是否为异常点或强影响点. 如果所有数据点都没有异常, 则它们在统计推断中的作用差别不大, 这样去掉一个或多个数据点对统计推断不会有太大的影响. 但是, 如果第 i 个数据点 $(y_i, x_{i1}, \cdots, x_{ip})$ 为异常点或强影响点, 则它可能对统计推断起到比其他数据点更大的作用, 这样去掉这个数据点以后的统计推断与包括该数据点的统计推断结果可能会有很大的不同. 为了研究第 i 个数据集 $(y_i, x_{i1}, \cdots, x_{ip})$ 对回归分析的影响, 通常可采用以下两类模型: ① 数据删除模型, 即在多元线性回归模型 (5.1) 中删除第 i 个数据点之后, 研究该数据点删除前后对回归模型参数 $\boldsymbol{\beta}$ 的估计量 $\hat{\boldsymbol{\beta}}$ 以及其他统计量是否有举足轻重的影响; ② 均值漂移模型, 即在第 i 个数据点上增加一个扰动, 这相当于 y_i 的均值发生了一定的漂移, 然后研究这个扰动对于估计量及其他统计量是否有显著的影响.

今考虑多元线性回归模型 (5.1) 中删除第 i 个数据点 $(y_i, x_{i1}, \cdots, x_{ip})$ 以后的模型及其参数估计. 删除第 i 个数据点以后的模型称为数据删除模型, 其矩阵形式可表示为

$$\boldsymbol{Y}_{(i)} = \boldsymbol{X}_{(i)}\boldsymbol{\beta} + \boldsymbol{\varepsilon}_{(i)}, \quad \boldsymbol{\varepsilon}_{(i)} \sim N(\boldsymbol{0}, \sigma^2 \boldsymbol{I}_{n-1}), \tag{5.2}$$

其中 $\boldsymbol{Y}_{(i)}$ 和 $\boldsymbol{\varepsilon}_{(i)}$ 分别表示由 $\boldsymbol{Y}$ 和 $\boldsymbol{\varepsilon}$ 删除第 i 分量以后得到的向量, 而 $\boldsymbol{X}_{(i)}$ 则表示删掉矩阵 $\boldsymbol{X}$ 的第 i 行向量 $\tilde{\boldsymbol{x}}_i$ 后得到的矩阵. 记数据删除模型 (5.2) 中参数 $\boldsymbol{\beta}$ 和 σ^2 的估计分别为 $\hat{\boldsymbol{\beta}}_{(i)}$ 和 $\hat{\sigma}^2_{(i)}$.

定理 5.1 模型 (5.2) 中 $\boldsymbol{\beta}$ 和 σ^2 的最小二乘估计可表示为

$$\hat{\boldsymbol{\beta}}_{(i)} = \hat{\boldsymbol{\beta}} - \frac{(\boldsymbol{X}^{\mathrm{T}}\boldsymbol{X})^{-1}\tilde{\boldsymbol{x}}_i e_i}{1 - h_{ii}}, \quad \hat{\sigma}^2_{(i)} = \frac{n - p - 1 - r_i^2}{n - p - 2}\hat{\sigma}^2. \tag{5.3}$$

证明 由第 3 章的讨论知, 模型 (5.2) 中参数 $\boldsymbol{\beta}$ 的最小二乘估计为

$$\hat{\boldsymbol{\beta}}_{(i)} = (\boldsymbol{X}_{(i)}^{\mathrm{T}}\boldsymbol{X}_{(i)})^{-1}\boldsymbol{X}_{(i)}^{\mathrm{T}}\boldsymbol{Y}_{(i)}.$$

注意到

$$\boldsymbol{X}^{\mathrm{T}}\boldsymbol{X} = \sum_{j=1}^{n} \tilde{\boldsymbol{x}}_j \tilde{\boldsymbol{x}}_j^{\mathrm{T}} = \boldsymbol{X}_{(i)}^{\mathrm{T}}\boldsymbol{X}_{(i)} + \tilde{\boldsymbol{x}}_i \tilde{\boldsymbol{x}}_i^{\mathrm{T}}, \quad \boldsymbol{X}^{\mathrm{T}}\boldsymbol{Y} = \sum_{j=1}^{n} \tilde{\boldsymbol{x}}_j y_j = \boldsymbol{X}_{(i)}^{\mathrm{T}}\boldsymbol{Y}_{(i)} + \tilde{\boldsymbol{x}}_i y_i.$$

于是, 由矩阵和式求逆公式可得

$$\begin{aligned}
(\boldsymbol{X}_{(i)}^{\mathrm{T}}\boldsymbol{X}_{(i)})^{-1} &= (\boldsymbol{X}^{\mathrm{T}}\boldsymbol{X} - \tilde{\boldsymbol{x}}_i \tilde{\boldsymbol{x}}_i^{\mathrm{T}})^{-1} \\
&= (\boldsymbol{X}^{\mathrm{T}}\boldsymbol{X})^{-1} + (\boldsymbol{X}^{\mathrm{T}}\boldsymbol{X})^{-1}\tilde{\boldsymbol{x}}_i(1 - \tilde{\boldsymbol{x}}_i^{\mathrm{T}}(\boldsymbol{X}^{\mathrm{T}}\boldsymbol{X})^{-1}\tilde{\boldsymbol{x}}_i)^{-1}\tilde{\boldsymbol{x}}_i^{\mathrm{T}}(\boldsymbol{X}^{\mathrm{T}}\boldsymbol{X})^{-1} \\
&= (\boldsymbol{X}^{\mathrm{T}}\boldsymbol{X})^{-1} + \frac{(\boldsymbol{X}^{\mathrm{T}}\boldsymbol{X})^{-1}\tilde{\boldsymbol{x}}_i\tilde{\boldsymbol{x}}_i^{\mathrm{T}}(\boldsymbol{X}^{\mathrm{T}}\boldsymbol{X})^{-1}}{1 - h_{ii}}
\end{aligned}$$

将上式两端同乘以 $\boldsymbol{X}_{(i)}^{\mathrm{T}}\boldsymbol{Y}_{(i)} = \boldsymbol{X}^{\mathrm{T}}\boldsymbol{Y} - \tilde{\boldsymbol{x}}_i y_i$ 可得

$$\begin{aligned}
\hat{\boldsymbol{\beta}}_{(i)} &= \hat{\boldsymbol{\beta}} + \frac{(\boldsymbol{X}^{\mathrm{T}}\boldsymbol{X})^{-1}\tilde{\boldsymbol{x}}_i\tilde{\boldsymbol{x}}_i^{\mathrm{T}}\hat{\boldsymbol{\beta}}}{1 - h_{ii}} - (\boldsymbol{X}^{\mathrm{T}}\boldsymbol{X})^{-1}\tilde{\boldsymbol{x}}_i y_i - \frac{h_{ii}}{1 - h_{ii}}(\boldsymbol{X}^{\mathrm{T}}\boldsymbol{X})^{-1}\tilde{\boldsymbol{x}}_i y_i \\
&= \hat{\boldsymbol{\beta}} + \frac{(\boldsymbol{X}^{\mathrm{T}}\boldsymbol{X})^{-1}\tilde{\boldsymbol{x}}_i\tilde{\boldsymbol{x}}_i^{\mathrm{T}}\hat{\boldsymbol{\beta}}}{1 - h_{ii}} - (\boldsymbol{X}^{\mathrm{T}}\boldsymbol{X})^{-1}\tilde{\boldsymbol{x}}_i y_i\left(1 + \frac{h_{ii}}{1 - h_{ii}}\right) \\
&= \hat{\boldsymbol{\beta}} + \frac{(\boldsymbol{X}^{\mathrm{T}}\boldsymbol{X})^{-1}\tilde{\boldsymbol{x}}_i(\hat{y}_i - y_i)}{1 - h_{ii}} = \hat{\boldsymbol{\beta}} - \frac{(\boldsymbol{X}^{\mathrm{T}}\boldsymbol{X})^{-1}\tilde{\boldsymbol{x}}_i e_i}{1 - h_{ii}}.
\end{aligned}$$

由此即得式 (5.3) 第一式成立. 另外, 数据删除模型的残差平方和 $\mathrm{SS}_{E(i)}$ 可表示为

$$\begin{aligned}\mathrm{SS}_{E(i)} &= (n-p-2)\hat{\sigma}_{(i)}^2 = \|\boldsymbol{Y}_{(i)} - \boldsymbol{X}_{(i)}\hat{\boldsymbol{\beta}}_{(i)}\|^2 \\ &= \|\boldsymbol{Y} - \boldsymbol{X}\hat{\boldsymbol{\beta}}_{(i)}\|^2 - (y_i - \tilde{\boldsymbol{x}}_i^{\mathrm{T}}\hat{\boldsymbol{\beta}}_{(i)})^2 \\ &= \|\boldsymbol{Y} - \boldsymbol{X}\hat{\boldsymbol{\beta}} + \boldsymbol{X}(\hat{\boldsymbol{\beta}} - \hat{\boldsymbol{\beta}}_{(i)})\|^2 - (y_i - \tilde{\boldsymbol{x}}_i^{\mathrm{T}}\hat{\boldsymbol{\beta}}_{(i)})^2 \\ &= \mathrm{SS}_E + \|\boldsymbol{X}(\hat{\boldsymbol{\beta}} - \hat{\boldsymbol{\beta}}_{(i)})\|^2 - (y_i - \tilde{\boldsymbol{x}}_i^{\mathrm{T}}\hat{\boldsymbol{\beta}}_{(i)})^2.\end{aligned}$$

根据 (5.3) 式第一式可得

$$\|\boldsymbol{X}(\hat{\boldsymbol{\beta}} - \hat{\boldsymbol{\beta}}_{(i)})\|^2 = \frac{h_{ii}e_i^2}{(1-h_{ii})^2}, \quad (y_i - \tilde{\boldsymbol{x}}_i^{\mathrm{T}}\hat{\boldsymbol{\beta}}_{(i)})^2 = \frac{e_i^2}{(1-h_{ii})^2}.$$

综合以上各式可得

$$(n-p-2)\hat{\sigma}_{(i)}^2 = (n-p-1)\hat{\sigma}^2 - \frac{e_i^2}{1-h_{ii}} = (n-p-1-r_i^2)\hat{\sigma}^2.$$

由此即得式 (5.3) 第二式.

定理 5.1 给出了删除第 i 个数据点前后模型参数估计量之间的关系式, 这些公式是我们后面判断第 i 个数据点是否为异常点或强影响点的基础. 如前所述, 若第 i 个数据点是一个正常点, 则 $\hat{\boldsymbol{\beta}}_{(i)}$ 与 $\hat{\boldsymbol{\beta}}$ 之间应该相差不大; 如果它们之间的差异较大, 则说明第 i 个数据点对参数 $\boldsymbol{\beta}$ 的估计量有较大的影响; 若它们之间的差异很大, 则说明第 i 个数据点与其他数据点或许并非来自于同一母体 (即该数据点为异常点), 或许这个数据点在该数据集中具有特别重要的作用 (它是同一母体的峰值点等强影响点), 或许其他更为复杂的原因等.

式 (5.3) 表明：① 第 i 数据点所对应的残差 e_i 越大, 则估计量 $\hat{\boldsymbol{\beta}}_{(i)}$ 和 $\hat{\boldsymbol{\beta}}$ 之间的差异就越大, 也即第 i 数据点对模型的影响也就越大, 因而, 残差 e_i 是决定第 i 个数据点影响大小的一个很重要的统计量; ② 学生化内残差 r_i 越大, 估计量 $\hat{\boldsymbol{\beta}}_{(i)}$ 和 $\hat{\boldsymbol{\beta}}$ 之间的差异亦越大; ③ 第 i 个数据点所对应的杠杆值 h_{ii} 越大, 则删除第 i 个数据点前后的估计量 $\hat{\boldsymbol{\beta}}_{(i)}$ 与 $\hat{\boldsymbol{\beta}}$ 之间的差异就越大; 若 $h_{ii} \approx 1$, 则 $\hat{\boldsymbol{\beta}}_{(i)}$ 与 $\hat{\boldsymbol{\beta}}$ 之间的差异将很大, 因而, 高杠杆点对模型参数估计有很大的影响.

式 (5.3) 是回归诊断中很重要的公式之一, 它不仅适用于线性回归模型的统计诊断, 而且对于其他各种复杂的模型 (如非线性模型、Logistic 回归模型) 也有与之相类似的公式. 因为复杂模型的线性近似就相当于一个线性模型, 而对那个近似的线性模型就有与式 (5.3) 相类似的公式.

推论 对应于数据点 $(y_i, x_{i1}, \cdots, x_{ip})$ 的拟合值 $\hat{y}_i$ 可表示为 y_i 和 $\hat{y}_{(i)} = \tilde{\boldsymbol{x}}_i^{\mathrm{T}}\hat{\boldsymbol{\beta}}_{(i)}$ 的加权平均, 且有

$$\hat{y}_i = h_{ii}y_i + (1-h_{ii})\hat{y}_{(i)}, \quad \frac{\partial \hat{y}_i}{\partial y_i} = h_{ii}.$$

证明 将式 (5.3) 两端同乘以 $\tilde{\boldsymbol{x}}_i^{\mathrm{T}}$ 可得

$$\tilde{\boldsymbol{x}}_i^{\mathrm{T}}\hat{\boldsymbol{\beta}}_{(i)} = \tilde{\boldsymbol{x}}_i^{\mathrm{T}}\hat{\boldsymbol{\beta}} - \frac{\tilde{\boldsymbol{x}}_i^{\mathrm{T}}(\boldsymbol{X}^{\mathrm{T}}\boldsymbol{X})^{-1}\tilde{\boldsymbol{x}}_i e_i}{1-h_{ii}}.$$

由 $\tilde{\boldsymbol{x}}_i^{\mathrm{T}}(\boldsymbol{X}^{\mathrm{T}}\boldsymbol{X})^{-1}\tilde{\boldsymbol{x}}_i = h_{ii}$ 和 $e_i = y_i - \hat{y}_i$ 以及 $\hat{y}_i = \tilde{\boldsymbol{x}}_i^{\mathrm{T}}\hat{\boldsymbol{\beta}}$ 可得

$$(1-h_{ii})\hat{y}_{(i)} = (1-h_{ii})\hat{y}_i - h_{ii}(y_i - \hat{y}_i) = \hat{y}_i - h_{ii}y_i.$$

由此即得推论成立.

关系式 $\partial\hat{y}_i/\partial y_i = h_{ii}$ 表明, h_{ii} 度量了当观测值 y_i 有微小变化时其拟合值 $\hat{y}_i$ 的变化大小. 特别地, 若 h_{ii} 越大, 则 $\hat{y}_i$ 对 y_i 的变化就越敏感.

定理 5.2 在模型 (5.2) 的假设条件下, 有

$$\mathrm{SS}_E = \mathrm{SS}_{E(i)} + \frac{e_i^2}{1-h_{ii}}.$$

对模型 (5.1), 若 $\boldsymbol{\varepsilon} \sim N(\boldsymbol{0}, \sigma^2\boldsymbol{I}_n)$, 则上式右端两项相互独立, 并且

$$\mathrm{SS}_{E(i)} \sim \sigma^2\chi^2(n-p-2), \quad \frac{e_i^2}{1-h_{ii}} \sim \sigma^2\chi^2(1).$$

证明 由定理 5.1 的证明过程知

$$\mathrm{SS}_{E(i)} = (n-p-2)\hat{\sigma}_{(i)}^2 = (n-p-1)\hat{\sigma}^2 - \frac{e_i^2}{1-h_{ii}} = \mathrm{SS}_E - \frac{e_i^2}{1-h_{ii}}.$$

上式表明定理的第一个结论成立.

由第 3 章的分析知, 在正态性假设 $\boldsymbol{\varepsilon} \sim N(\boldsymbol{0}, \sigma^2\boldsymbol{I}_n)$ 下, 我们有 $\mathrm{SS}_E \sim \sigma^2\chi^2(n-p-1)$, 同理可得 $\mathrm{SS}_{E(i)} \sim \sigma^2\chi^2(n-p-2)$. 又由残差的性质知 $e_i \sim N(0, \sigma^2(1-h_{ii}))$, 因此, $e_i^2/(1-h_{ii}) \sim \sigma^2\chi^2(1)$. $\mathrm{SS}_E = \boldsymbol{Y}^{\mathrm{T}}(\boldsymbol{I}-\boldsymbol{H})\boldsymbol{Y}$ 作为 $\boldsymbol{Y}$ 的二次型, 其矩阵的秩等于二次型 $\mathrm{SS}_{E(i)}$ 和 $e_i^2/(1-h_{ii})$ 所对应的矩阵的秩之和, 因此, 由 Cochran 定理知 $\mathrm{SS}_{E(i)}$ 与 $e_i^2/(1-h_{ii})$ 相互独立.

定理 5.2 给出了删除第 i 个数据点前后其残差平方和的变化关系式以及与 $\hat{\sigma}_{(i)}^2$ 有关的分布. 此关系式表明：当 $e_i = 0$ (即第 i 个数据点的拟合值等于其观测值) 时, 删除第 i 数据点并不改变其残差平方和. 若 $|e_i|$ 很大, 则删除第 i 数据点对残差平方和有很大的影响. 类似地, 若 h_{ii} 很大, 则删除其对应的数据点将大大减少其残差平方和的值. 这样我们可用残差平方和的变化量 $w_i = e_i^2/(1-h_{ii})$ 来判断第 i 个数据点是否为异常点.

5.3.3 基于均值漂移模型的异常点检验

前面我们通过比较第 i 个数据点 $(\boldsymbol{x}_i, y_i)$ 删除前后其模型参数估计量的变化情况来判断该数据点是否为异常点或强影响点. 该方法是从总体上来考察第 i 个数据点是否有问题的, 但它并未涉及到该数据点的具体的统计性质. 本节则通过分析第 i 个数据点的基本统计性质来判断该数据点是否为异常点.

对于多元线性回归模型 (5.1), 其均值漂移模型可表示为

$$\begin{cases} y_j = \tilde{\boldsymbol{x}}_j^{\mathrm{T}}\boldsymbol{\beta} + \varepsilon_j, \quad j = 1, \cdots, n, \quad j \neq i, \\ y_i = \tilde{\boldsymbol{x}}_i^{\mathrm{T}}\boldsymbol{\beta} + \gamma + \varepsilon_i, \end{cases}$$

其中 γ 为扰动值, 它是一个新参数 (也称为漂移参数), 该模型最初由 Ferguson 于 1961 年首先提出. 均值漂移模型的矩阵形式为

$$\boldsymbol{Y} = \boldsymbol{X}\boldsymbol{\beta} + \gamma\boldsymbol{d}_i + \boldsymbol{\varepsilon}, \quad E(\boldsymbol{\varepsilon}) = \boldsymbol{0}, \quad \mathrm{Var}(\boldsymbol{\varepsilon}) = \sigma^2\boldsymbol{I}_n, \tag{5.4}$$

其中 $\boldsymbol{d}_i$ 表示第 i 个分量为 1 而其他分量均为零的 n 维向量. 明显地, 若 γ 显著异于零, 则说明第 i 个数据点的均值确实与其他数据点的均值不一样, 因而, 第 i 个数据点 $(\boldsymbol{x}_i, y_i)$ 不符合既定的多元线性回归模型 (5.1), 即是说第 i 个数据点为异常点. 于是, 判断第 i 个数据点是否为异常点的问题就可转化为判断 γ 是否显著不等于零的问题了. 为此, 我们考虑如下假设检验问题 $H_0 : \gamma = 0 \longleftrightarrow H_1 : \gamma \neq 0$. 如果 H_0 被否定, 则说明 γ 显著不等于零, 因而, 第 i 个数据点即被认为是异常点.

为了判断 γ 是否显著不等于零, 我们通常可采用参数估计和假设检验的方法来解决这一问题. 今记均值漂移模型 (5.4) 中相应参数 $\boldsymbol{\beta}, \gamma$ 和 σ^2 的最小二乘估计分别为 $\hat{\boldsymbol{\beta}}_{mi}$, $\hat{\gamma}_{mi}$ 和 $\hat{\sigma}^2_{mi}$, 其相应的残差平方和记为 SS_{Emi}. 如果 $\hat{\gamma}_{mi}$ 显著不等于零, 则说明 γ 也显著不等于零, 因而, 第 i 个数据点即被认为是异常点.

定理 5.3 对于均值漂移模型 (5.4), 有

$$\hat{\boldsymbol{\beta}}_{mi} = \hat{\boldsymbol{\beta}}_{(i)}, \quad \hat{\sigma}^2_{mi} = \hat{\sigma}^2_{(i)}, \quad \mathrm{SS}_{Emi} = \mathrm{SS}_{E(i)},$$

$$\hat{\gamma}_{mi} = \frac{e_i}{1 - h_{ii}}, \quad \hat{\boldsymbol{\beta}} - \hat{\boldsymbol{\beta}}_{mi} = (\boldsymbol{X}^{\mathrm{T}}\boldsymbol{X})^{-1}\tilde{\boldsymbol{x}}_i\hat{\gamma}_{mi}.$$

证明 对于均值漂移模型 (5.4), 参数 $\boldsymbol{\beta}$ 和 γ 的最小二乘估计 $\hat{\boldsymbol{\beta}}_{mi}$ 和 $\hat{\gamma}_{mi}$ 就是找 $\boldsymbol{\beta}$ 和 γ 使得偏差平方和

$$S(\boldsymbol{\beta}, \gamma) = \sum_{j \neq i}(y_j - \tilde{\boldsymbol{x}}_j^{\mathrm{T}}\boldsymbol{\beta})^2 + (y_i - \tilde{\boldsymbol{x}}_i^{\mathrm{T}}\boldsymbol{\beta} - \gamma)^2 \triangleq S_{(i)}(\boldsymbol{\beta}) + (y_i - \tilde{\boldsymbol{x}}_i^{\mathrm{T}}\boldsymbol{\beta} - \gamma)^2$$

达到最小, 其中 $S_{(i)}(\boldsymbol{\beta}) = \sum\limits_{j \neq i}(y_j - \tilde{\boldsymbol{x}}_j^{\mathrm{T}}\boldsymbol{\beta})^2$. 由第 3 章的讨论知, $\hat{\boldsymbol{\beta}}_{mi}$ 和 $\hat{\gamma}_{mi}$ 是下面方程组的解

$$\frac{\partial S(\boldsymbol{\beta}, \gamma)}{\partial \boldsymbol{\beta}} = \frac{\partial S_{(i)}(\boldsymbol{\beta})}{\partial \boldsymbol{\beta}} - 2(y_i - \tilde{\boldsymbol{x}}_i^{\mathrm{T}}\boldsymbol{\beta} - \gamma)\tilde{\boldsymbol{x}}_i = \boldsymbol{0},$$

$$\frac{\partial S(\boldsymbol{\beta}, \gamma)}{\partial \gamma} = -2(y_i - \tilde{\boldsymbol{x}}_i^{\mathrm{T}}\boldsymbol{\beta} - \gamma) = 0.$$

将上面的第二式代入第一式得, $\hat{\boldsymbol{\beta}}_{mi}$ 和 $\hat{\gamma}_{mi}$ 是以下方程组的解

$$\frac{\partial S(\boldsymbol{\beta}, \gamma)}{\partial \boldsymbol{\beta}} = \frac{\partial S_{(i)}(\boldsymbol{\beta})}{\partial \boldsymbol{\beta}} = \boldsymbol{0}, \quad y_i - \tilde{\boldsymbol{x}}_i^{\mathrm{T}}\boldsymbol{\beta} - \gamma = 0.$$

由此可得

$$\hat{\gamma}_{mi} = y_i - \tilde{\boldsymbol{x}}_i^{\mathrm{T}}\hat{\boldsymbol{\beta}}_{mi}. \tag{5.5}$$

对于数据删除模型 (5.2), 参数 $\boldsymbol{\beta}$ 的最小二乘估计 $\hat{\boldsymbol{\beta}}_{(i)}$ 是使得 $S_{(i)}(\boldsymbol{\beta})$ 达到最小的 $\boldsymbol{\beta}$. 因此, $\hat{\boldsymbol{\beta}}_{(i)}$ 是方程组

$$\frac{\partial S_{(i)}(\boldsymbol{\beta})}{\partial \boldsymbol{\beta}} = \mathbf{0} \tag{5.6}$$

的解. 综合以上各式表明, $\hat{\boldsymbol{\beta}}_{(i)}$ 和 $\hat{\boldsymbol{\beta}}_{mi}$ 都是方程组 (5.6) 的解. 这一事实表明 $\hat{\boldsymbol{\beta}}_{mi} = \hat{\boldsymbol{\beta}}_{(i)}$.

由 $\hat{\boldsymbol{\beta}}_{mi} = \hat{\boldsymbol{\beta}}_{(i)}$ 以及式 (5.5) 和式 (5.3) 得

$$\hat{\gamma}_{mi} = y_i - \tilde{\boldsymbol{x}}_i^{\mathrm{T}}\hat{\boldsymbol{\beta}} + \tilde{\boldsymbol{x}}_i^{\mathrm{T}}\frac{(\boldsymbol{X}^{\mathrm{T}}\boldsymbol{X})^{-1}\tilde{\boldsymbol{x}}_i e_i}{1-h_{ii}} = e_i + \frac{h_{ii}}{1-h_{ii}}e_i = \frac{e_i}{1-h_{ii}}.$$

由式 (5.3) 和上式以及 $\hat{\boldsymbol{\beta}}_{mi} = \hat{\boldsymbol{\beta}}_{(i)}$ 可得 $\hat{\boldsymbol{\beta}} - \hat{\boldsymbol{\beta}}_{mi} = (\boldsymbol{X}^{\mathrm{T}}\boldsymbol{X})^{-1}\tilde{\boldsymbol{x}}_i\hat{\gamma}_{mi}$.

由式 (5.5) 可得, $S(\hat{\boldsymbol{\beta}}_{mi}, \hat{\gamma}_{mi}) = S_{(i)}(\hat{\boldsymbol{\beta}}_{mi}) = S_{(i)}(\hat{\boldsymbol{\beta}}_{(i)})$. 此即表明 $\mathrm{SS}_{Emi} = \mathrm{SS}_{E(i)}$. 由此即得 $\hat{\sigma}^2_{mi} = \hat{\sigma}^2_{(i)}$.

定理 5.3 表明, 尽管数据删除模型 (5.2) 与均值漂移模型 (5.4) 其表现形式不一样, 但其参数估计及其残差平方和是完全相同的, 因而, 用它们中任何一个模型研究第 i 个数据点对参数估计量的影响, 其效果都是一样的. 定理 5.3 的结果也表明, 若 $\hat{\gamma}_{mi} = 0$ (即残差 $e_i = 0$), 则 $\hat{\boldsymbol{\beta}}_{mi} = \hat{\boldsymbol{\beta}}$; 若 $\hat{\gamma}_{mi}$ 的值越大, 则 $\hat{\boldsymbol{\beta}}$ 与 $\hat{\boldsymbol{\beta}}_{(i)}$ 之间的差异也就越大, 反之亦然. 因此, $\hat{\boldsymbol{\beta}} - \hat{\boldsymbol{\beta}}_{(i)}$ 的大小主要取决于 $\hat{\gamma}$ 的大小.

上面是从参数估计的角度来判断第 i 个数据点是否为异常点的. 下面我们从假设检验的角度来讨论异常点的识别问题. 为此, 对均值漂移模型 (5.4), 考虑如下的假设检验问题:

$$H_0: \gamma = 0 \longleftrightarrow H_1: \gamma \neq 0. \tag{5.7}$$

这时需要假设 $\boldsymbol{\varepsilon} \sim N(\mathbf{0}, \sigma^2\boldsymbol{I}_n)$. 为了检验此假设, 我们下面介绍三种常见的检验统计量 (即 F 统计量、似然比统计量和 Score 统计量).

1. F 统计量

定理 5.4 对于均值漂移模型 (5.4), 若 $\boldsymbol{\varepsilon} \sim N(\mathbf{0}, \sigma^2\boldsymbol{I}_n)$, 则假设检验问题 (5.7) 的检验统计量可表示为

$$F_i = t_i^2 = \frac{n-p-2}{n-p-1-r_i^2}r_i^2 = \frac{e_i^2}{\hat{\sigma}^2_{(i)}(1-h_{ii})} \sim F(1, n-p-2),$$

其中 $t_i \sim t(n-p-2)$.

根据定理 5.4 并在给定水平 α 下可根据以下准则来判定第 i 数据点是否为异常点. 若 F_i 的观测值大于 $F_\alpha(1, n-p-2)$ 或 t_i 的观测值大于 $t_\alpha(n-p-2)$, 则认为第 i 个数据点为异常点, 其中 $F_\alpha(1, n-p-2)$(或 $t_\alpha(n-p-2)$) 为 F(或 t) 分布的上 α 分位点.

2. 似然比统计量

我们先简单介绍一下似然比检验统计量. 记样本数据 $\boldsymbol{Y}$ 的概率密度函数和对数似然函数分别为 $p(\boldsymbol{y},\boldsymbol{\theta})$ 和 $\ell(\boldsymbol{\theta})=\log p(\boldsymbol{y},\boldsymbol{\theta})$, 并且 q 维参数向量 $\boldsymbol{\theta}$ 有如下分块: $\boldsymbol{\theta}=(\boldsymbol{\theta}_1^{\mathrm{T}},\boldsymbol{\theta}_2^{\mathrm{T}})^{\mathrm{T}}$, 其中 $\boldsymbol{\theta}_1$ 和 $\boldsymbol{\theta}_2$ 分别为 q_1 和 q_2 维向量并且 $q_1+q_2=q$. 则假设检验问题

$$H_0:\boldsymbol{\theta}_1=\boldsymbol{\theta}_{10}\longleftrightarrow H_1:\boldsymbol{\theta}_1\neq\boldsymbol{\theta}_{10}$$

的似然比检验统计量可表示为

$$\mathrm{LR}=2\{\ell(\hat{\boldsymbol{\theta}})-\ell(\hat{\boldsymbol{\theta}}_0)\},\tag{5.8}$$

其中 $\hat{\boldsymbol{\theta}}_0$ 为 H_0 成立时参数 $\boldsymbol{\theta}$ 的最大似然估计 (MLE), 即 $\hat{\boldsymbol{\theta}}_0=(\boldsymbol{\theta}_{10}^{\mathrm{T}},\tilde{\boldsymbol{\theta}}_2^{\mathrm{T}}(\boldsymbol{\theta}_{10}))^{\mathrm{T}}$, $\tilde{\boldsymbol{\theta}}_2(\boldsymbol{\theta}_{10})$ 为参数 $\boldsymbol{\theta}_{10}$ 固定时参数 $\boldsymbol{\theta}_2$ 的 MLE. 在一些合适的正则条件下, 似然比检验统计量 LR 渐近收敛于自由度为 q_1 的卡方分布, 即 $LR\xrightarrow{H_0}\chi^2(q_1)$.

对均值漂移模型 (5.4) 和假设检验问题 (5.7), 我们取 $\boldsymbol{\theta}_1=\gamma,\boldsymbol{\theta}_2=(\boldsymbol{\beta}^{\mathrm{T}},\sigma^2)^{\mathrm{T}}$, $\boldsymbol{\theta}_{10}=0$. 则由式 (5.8) 可得

定理 5.5 对均值漂移模型 (5.4), 若 $\boldsymbol{\varepsilon}\sim N(\mathbf{0},\sigma^2\boldsymbol{I}_n)$, 则假设检验问题 (5.7) 的似然比统计量可表示为

$$\mathrm{LR}_i=-n\ln(1-b_i),$$

其中,

$$b_i=\frac{r_i^2}{n-p-1}\sim\beta\left(\frac{1}{2},\frac{n-p-2}{2}\right).$$

3. Score 检验统计量

对于假设检验问题 $H_0:\boldsymbol{\theta}_1=\boldsymbol{\theta}_{10}$, 其 Score 检验统计量可表示为

$$\mathrm{SC}=\left\{\left(\frac{\partial\ell}{\partial\boldsymbol{\theta}_1}\right)^{\mathrm{T}}\boldsymbol{I}^{11}(\hat{\boldsymbol{\theta}}_0)\left(\frac{\partial\ell}{\partial\boldsymbol{\theta}_1}\right)\right\}_{\hat{\boldsymbol{\theta}}_0}\longrightarrow\chi^2(q_1),$$

其中 $\boldsymbol{I}^{11}(\boldsymbol{\theta})$ 为 $\boldsymbol{Y}$ 关于参数 $\boldsymbol{\theta}$ 的 Fisher 信息阵 $\boldsymbol{I}(\boldsymbol{\theta})$ 的逆矩阵 $\boldsymbol{I}^{-1}(\boldsymbol{\theta})$ 对应于 $\boldsymbol{\theta}_1$ 的子矩阵. 特别地, $\boldsymbol{I}^{11}(\boldsymbol{\theta})$ 可由 $\boldsymbol{I}(\boldsymbol{\theta})$ 的分块矩阵表示为:

$$\boldsymbol{I}=\begin{pmatrix}\boldsymbol{I}_{11}&\boldsymbol{I}_{12}\\\boldsymbol{I}_{21}&\boldsymbol{I}_{22}\end{pmatrix},\quad\boldsymbol{I}^{11}=(\boldsymbol{I}_{11}-\boldsymbol{I}_{12}\boldsymbol{I}_{22}^{-1}\boldsymbol{I}_{21})^{-1}.$$

引理 5.1 对均值漂移模型 (5.4), 若 $\boldsymbol{\varepsilon}\sim N(\mathbf{0},\sigma^2\boldsymbol{I}_n)$, 则 $\boldsymbol{Y}$ 关于参数 $\boldsymbol{\theta}=(\gamma,\boldsymbol{\beta},\sigma^2)$ 的 Fisher 信息矩阵可表示为

$$\boldsymbol{I}(\boldsymbol{\theta})=\begin{pmatrix}\sigma^{-2}&\tilde{\boldsymbol{x}}_i^{\mathrm{T}}/\sigma^2&0\\\tilde{\boldsymbol{x}}_i/\sigma^2&\boldsymbol{X}^{\mathrm{T}}\boldsymbol{X}/\sigma^2&0\\0&0&\dfrac{n}{2\sigma^4}\end{pmatrix}$$

定理 5.6 对均值漂移模型 (5.4), 若 $\boldsymbol{\varepsilon} \sim N(\mathbf{0}, \sigma^2 \boldsymbol{I}_n)$, 则假设检验问题 (5.7) 的 Score 检验统计量可表示为

$$\mathrm{SC}_i = \frac{e_i^2}{\hat{\sigma}^2(1-h_{ii})} = r_i^2 \longrightarrow \chi^2(1).$$

定理 5.6 表明, 残差 r_i 渐近服从标准正态分布; 可用 r_i 来判断第 i 个数据点是否为异常点, 这是因为 r_i 是 SC_i 的单调函数, 并且当 SC_i 大于某一临界值时我们就有理由拒绝原假设 $H_0: \gamma = 0$. 特别地, 当 $|r_i| \geqslant z_{\alpha/2}$(这里 $z_{\alpha/2}$ 为正态分布的上 $\alpha/2$ 分位点) 时, 在给定的水平 α 我们拒绝原假设 $H_0: \gamma = 0$, 则认为第 i 个数据点与其他数据点不来自同一母体, 即把第 i 个数据点判定为异常点. 譬如: 取 $\alpha = 0.05$, 则 $z_{0.025} = 1.96 \approx 2.0$. 这进一步表明, 用准则 $|r_i| \geqslant 2.0$ 来判断第 i 数据点为异常点的合理性.

前面介绍的都是假设异常点只有一个的情况, 当异常点的个数多于一个时, 其情况变得很复杂, 其中最首要的任务是确定异常点的个数. 如果所设个数与实际个数有很大的差异, 则会产生如下两个严重问题: ① 掩盖 (masking) 效应, 即假定的异常点个数小于实际个数则有可能一个都找不到; ② 淹没 (swamping) 效应, 即假定的异常点个数大于实际个数则有可能把正常点误断为异常点. 关于异常点个数 k 值的确定问题可参见书 (Beckman and Cook, 1983). 其次, 当异常点的个数 k 确定后, 要想知道哪 k 个数据点为异常点也是一件非常不容易的事, 这是因为要从 n 数据点中对所有可能的 k 个数据点都进行检验需要做 $n!/(k!(n-k)!)$ 次检验而当 n 较大时这是一个非常重的任务.

例 5.5 (续例 5.2) 智能测试数据.

根据例 5.2 的分析知, 第 18 号点和第 19 号点对参数估计量的影响很大, 现根据定理 5.4 来进一步地检验它们. 此时, $n = 21, p = 1$, 其 t 分布的上 5% 分位点为 $t_{0.05}(18) = 1.734$. 对第 18 号数据点经计算得 $r_{18} = -0.83$ 和 $t_{18} = 0.716 < t_{0.05}(18) = 1.734$. 因此, 根据定理 5.4 后的讨论知, 尽管第 18 号数据点是高杠杆点, 但它不是异常点. 而对第 19 号数据点经计算得 $r_{19} = 2.823$ 和 $t_{19} = 3.607 > t_{0.05}(18) = 1.734$, 因此, 第 19 号数据点为异常点. 这与例 5.2 的分析是一致的. 现研究该数据集是否存在两个异常点, 即是否 $k = 2$. 若对所有可能的两个数据点都计算 Score 检验统计量, 则需计算 $21!/(2!19!) = 210$ 次. 显然, 其计算量是很大的. 为了说明我们的主要思想, 我们仅考虑与第 19 号数据点有关的 Score 检验统计量的计算, 在这 20 个 Score 检验统计量的观测值中求其最大值都小于由 Bonferroni 方法确定的水平为 $\alpha = 0.05$ 的下界 $T_\alpha = 14.18$. 因此, 我们没有理由认为该数据集含有两个异常点.

5.4 强影响点的诊断

5.4.1 诊断统计量

当数据中的某些点被断定为异常值后, 人们关心的一个问题就是这些异常点对模型的参数估计和统计推断是否产生较大的影响, 这一问题的提出导致了回归诊断中的另一个研究分支——影响分析. 该方法自 1977 年由著名统计学家 Cook 提出来后, 一直备受国内外统计学者的高度关注. 该方法已经成功用于很多重要的统计模型, 如线性回归模

型、非线性回归模型、广义线性模型、指数族非线性模型以及混合效应模型等. 影响分析的主要任务就是要识别数据集中那些对模型参数估计及其统计推断产生较大影响的数据点, 通常把这些数据点称为强影响点. 从强影响点的定义可以看出, 为了识别某些数据点是否为强影响点, 首先必须明确它们是对参数估计还是检验统计量或置信区间等的影响; 其次, 必须明确如何度量其影响大小. 一般地, 当想要了解数据点对参数估计 $\hat{\boldsymbol{\theta}}$ 的影响时, 一种比较直观的方法就是通过比较删除某个或某几个数据点前后其参数估计量的变化量来判定这些数据点对参数估计的影响大小. 譬如, 对多元线性回归模型 (5.1), 为了研究第 i 数据点 $(\boldsymbol{x}_i, y_i)$ 对模型参数 $\boldsymbol{\beta}$ 的估计量的影响, 我们可用差值 $\hat{\boldsymbol{\beta}}_{(i)} - \hat{\boldsymbol{\beta}}$ 来度量第 i 个数据点的影响大小. 显然, 此差值越大, 第 i 个数据点的影响也越大. 但由于 $\hat{\boldsymbol{\beta}}_{(i)} - \hat{\boldsymbol{\beta}}$ 是一个向量, 直接比较其大小几乎是不可能的, 因此, 必须选择某种合适的距离来定量地比较其影响大小. 基于 $\hat{\boldsymbol{\beta}}_{(i)} - \hat{\boldsymbol{\beta}}$ 定义的距离有很多, 目前广为使用的有 Cook 距离、广义 Cook 距离、W-K 距离等. 下面我们将分别介绍这些距离.

1. Cook 距离

由第 3 章的讨论知, 多元线性回归模型 (5.1) 中参数 $\boldsymbol{\beta}$ 的置信水平为 $1-\alpha$ 的置信域可以表示为

$$\left\{\boldsymbol{\beta} : \frac{(\boldsymbol{\beta}-\hat{\boldsymbol{\beta}})^{\mathrm{T}}\boldsymbol{X}^{\mathrm{T}}\boldsymbol{X}(\boldsymbol{\beta}-\hat{\boldsymbol{\beta}})}{(p+1)\hat{\sigma}^2} \leqslant F_\alpha(p+1, n-p-1)\right\}.$$

在参数空间 $\mathbb{R}^{p+1}$ 中, 它表示一个以 $\hat{\boldsymbol{\beta}}$ 为中心的椭球. 显然, 落在椭球以外的 $\boldsymbol{\beta}$ 的可能性很小, 其概率仅为 α. 若某个 $\boldsymbol{\beta}$ 值落在了该椭球之外, 则说明这个 $\boldsymbol{\beta}$ 值与 $\hat{\boldsymbol{\beta}}$ 之间有较大的差异. 今考察 $\hat{\boldsymbol{\beta}}_{(i)}$, 如果 $\hat{\boldsymbol{\beta}}_{(i)}$ 落在该椭球之外, 则说明 $\hat{\boldsymbol{\beta}}_{(i)}$ 与 $\hat{\boldsymbol{\beta}}$ 之间有较大的差异, 因此, 数据点 $(\boldsymbol{x}_i, y_i)$ 作为模型 (5.1) 中的点或许是不恰当的. 同理, 若 $\hat{\boldsymbol{\beta}}_{(i)}$ 离置信域中心 $\hat{\boldsymbol{\beta}}$ 较远, 则 $\hat{\boldsymbol{\beta}}_{(i)}$ 与 $\hat{\boldsymbol{\beta}}$ 之间亦有较大的差异, 从而, 可认为数据点 $(\boldsymbol{x}_i^{\mathrm{T}}, y_i)$ 对模型参数估计有很大的影响. 基于上述思想, Cook 于 1977 年提出了度量第 i 个数据点 $(\boldsymbol{x}_i^{\mathrm{T}}, y_i)$ 对模型参数 $\boldsymbol{\beta}$ 的估计影响大小的 Cook 距离.

定义 5.4 对给定模型 (5.1) 和式 (5.2), 度量第 i 个数据点 $(\boldsymbol{x}_i^{\mathrm{T}}, y_i)$ 对参数 $\boldsymbol{\beta}$ 的估计量影响大小的 Cook 距离可定义为

$$\mathrm{CD}_i = \frac{(\hat{\boldsymbol{\beta}}-\hat{\boldsymbol{\beta}}_{(i)})^{\mathrm{T}}\boldsymbol{X}^{\mathrm{T}}\boldsymbol{X}(\hat{\boldsymbol{\beta}}-\hat{\boldsymbol{\beta}}_{(i)})}{(p+1)\hat{\sigma}^2}. \tag{5.9}$$

注意: CD_i 与尺度无关, 这是因为式 (5.9) 的分母有 $(p+1)\hat{\sigma}^2$.

定理 5.7 对给定模型 (5.1) 和式 (5.2), 其 Cook 距离可简化为

$$\mathrm{CD}_i = \frac{h_{ii}}{1-h_{ii}}\frac{r_i^2}{p+1} = \frac{h_{ii}}{1-h_{ii}}\frac{n-p-1}{p+1}b_i, \tag{5.10}$$

其中 $b_i = r_i^2/(n-p-1) \sim \mathrm{Beta}\left(\dfrac{1}{2}, \dfrac{n-p-2}{2}\right)$.

证明 将式 (5.3) 代入式 (5.9) 即可得式 (5.10) 第一个等式成立. 再由 b_i 的表达式即可得式 (5.10) 第二个等式也成立.

定理 5.7 表明, Cook 距离 CD_i 不仅取决于残差 r_i 的大小还与杠杆值 h_{ii} 的大小有关, 前者反映模拟与数据拟合好坏的情况, 而后者则说明第 i 个数据点距离数据中心的远近程度. 由此可见, 一个数据点对参数估计量的影响大小既与模型在该点拟合好坏有关, 也与该点的位置有关. 若 CD_i 很大, 则称其所对应的数据点 $(\boldsymbol{x}_i, y_i)$ 为强影响点. 但究竟 CD_i 的值多大才算很大呢? 这可根据 CD_i 的分布来确定. 定理 5.7 还表明, Cook 距离 CD_i 与 b_i 均服从 Beta 分布. 容易验证 $v_i \triangleq \tilde{\boldsymbol{x}}_i^{\mathrm{T}}(\boldsymbol{X}_{(i)}^{\mathrm{T}}\boldsymbol{X}_{(i)})^{-1}\tilde{\boldsymbol{x}}_i = h_{ii}/(1-h_{ii})$, 它表示 $\tilde{\boldsymbol{x}}_i$ 关于 $\boldsymbol{X}_{(i)}^{\mathrm{T}}\boldsymbol{X}_{(i)}$ 的马氏距离并且是 h_{ii} 的严增函数. 于是, h_{ii} 越大的数据点其 v_i 的值亦越大. 因为 h_{ii} 度量了数据 $\boldsymbol{x}_i$ 在自变量空间 $\mathbb{R}^p$ 中距离数据中心的远近程度, 因此, v_i 也就度量了这种距离的大小. 另外, 由 $(\boldsymbol{X}_{(i)}^{\mathrm{T}}\boldsymbol{X}_{(i)})^{-1} = (\boldsymbol{X}^{\mathrm{T}}\boldsymbol{X})^{-1} + (\boldsymbol{X}^{\mathrm{T}}\boldsymbol{X})^{-1}\tilde{\boldsymbol{x}}_i\tilde{\boldsymbol{x}}_i^{\mathrm{T}}(\boldsymbol{X}^{\mathrm{T}}\boldsymbol{X})^{-1}/(1-h_{ii})$ 得

$$\mathrm{Var}(\tilde{\boldsymbol{x}}_j^{\mathrm{T}}\hat{\boldsymbol{\beta}}_{(i)}) = \sigma^2\tilde{\boldsymbol{x}}_j^{\mathrm{T}}(\boldsymbol{X}_{(i)}^{\mathrm{T}}\boldsymbol{X}_{(i)})^{-1}\tilde{\boldsymbol{x}}_j = \sigma^2\left(h_{jj} + \frac{h_{ji}^2}{1-h_{ii}}\right).$$

而 $\mathrm{Var}(\tilde{\boldsymbol{x}}_j^{\mathrm{T}}\hat{\boldsymbol{\beta}}) = \sigma^2\tilde{\boldsymbol{x}}_j^{\mathrm{T}}(\boldsymbol{X}^{\mathrm{T}}\boldsymbol{X})^{-1}\tilde{\boldsymbol{x}}_j = \sigma^2 h_{jj}$. 综合以上两式可得

$$\sigma^{-2}\left\{\sum_{j=1}^{n}\mathrm{Var}(\tilde{\boldsymbol{x}}_j^{\mathrm{T}}\hat{\boldsymbol{\beta}}_{(i)}) - \sum_{j=1}^{n}\mathrm{Var}(\tilde{\boldsymbol{x}}_j^{\mathrm{T}}\hat{\boldsymbol{\beta}})\right\} = \sum_{j=1}^{n}\frac{h_{ji}^2}{1-h_{ii}} = v_i.$$

上式表明, v_i 度量了删除第 i 个数据点后拟合值方差的总变化. 这进一步说明 Cook 距离 CD_i 与数据拟合效果是紧密相关的. 此外, 式 (5.10) 还表明, 异常点 ($|r_i|$ 很大的数据点) 和高杠杆点 (h_{ii} 很大的数据点) 都有可能是强影响点, 但又不一定都是强影响点. 式 (5.10) 从数学上刻画了异常点、高杠杆点和强影响点三者之间的关系.

2. 广义 Cook 距离

为了度量 $\hat{\boldsymbol{\beta}}_{(i)}$ 与 $\hat{\boldsymbol{\beta}}$ 之间的距离, 我们将上面定义的 Cook 距离推广到如下更一般的形式

$$\mathrm{CD}_i(\boldsymbol{M}, c) = \frac{(\hat{\boldsymbol{\beta}}_{(i)} - \hat{\boldsymbol{\beta}})\boldsymbol{M}(\hat{\boldsymbol{\beta}}_{(i)} - \hat{\boldsymbol{\beta}})}{c}.$$

类似地, $\mathrm{CD}_i(\boldsymbol{M}, c)$ 越大表明删除第 i 个数据点后参数 $\boldsymbol{\beta}$ 的估计量 $\hat{\boldsymbol{\beta}}$ 的变化量就越大, 因此, $\mathrm{CD}_i(\boldsymbol{M}, c)$ 度量了第 i 个数据点对参数 $\boldsymbol{\beta}$ 的估计量 $\hat{\boldsymbol{\beta}}$ 的影响的大小. 一般地, 把对应于 $\mathrm{CD}_i(\boldsymbol{M}, c)$ 较大的数据点 $(\boldsymbol{x}_i, y_i)$ 称为强影响点. 但究竟 $\mathrm{CD}_i(\boldsymbol{M}, c)$ 多大才算大呢? 这是一个很难回答的问题. 一般地, 可根据所选择的 $\boldsymbol{M}$ 和 c 以及具体问题来确定多大才算大. 显然, 对 $\boldsymbol{M}$ 和 c 的不同选择, $\mathrm{CD}_i(\boldsymbol{M}, c)$ 的统计意义亦不相同. 特别地, 若取 $\boldsymbol{M} = \boldsymbol{X}^{\mathrm{T}}\boldsymbol{X}$ 且 $c = (p+1)\hat{\sigma}^2$, 则广义 Cook 距离 $\mathrm{CD}_i(\boldsymbol{X}^{\mathrm{T}}\boldsymbol{X}, (p+1)\hat{\sigma}^2)$ 即为前面介绍的 Cook 距离 CD_i. 若取 $\boldsymbol{M} = \boldsymbol{X}^{\mathrm{T}}\boldsymbol{X}$ 和 $c = (p+1)\hat{\sigma}_{(i)}^2$, 则由式 (5.3) 并经简单计算可得

$$\mathrm{CD}_i(\boldsymbol{X}^{\mathrm{T}}\boldsymbol{X}, (p+1)\hat{\sigma}_{(i)}^2) = \frac{t_i^2}{p+1}\frac{h_{ii}}{1-h_{ii}}.$$

这是从预测的角度提出来的. 除了上面介绍的有关 $\boldsymbol{M}$ 和 c 的两种选择外, 近年来, 许多作者还从其他一些直观意义上提出了其他的选择方法. 表 5.5 给出了 $\boldsymbol{M}$ 和 c 的几种选择其对应的 $\mathrm{CD}_i(\boldsymbol{M},c)$ 的简洁表达式.

此外, 比较常用的距离还有 Welsch-Kuh 距离 (简称 W-K 统计量), 它其实就是广义 Cook 距离的一种形式. 但是 Welsch-kuh 距离当初不是从置信域或距离的观点提出的, 而是从数据拟合的观点提出的. 下面我们便从拟合的观点来介绍该距离, 并研究它与 Cook 距离之间的关系.

表 5.5 $\mathrm{CD}_i(\boldsymbol{M},c)$ 的几种选择

$\boldsymbol{M}$	c	$\mathrm{CD}_i(\boldsymbol{M},c)$ 的简洁表达式
$\boldsymbol{X}^{\mathrm{T}}\boldsymbol{X}$	$(p+1)\hat{\sigma}^2$	$\dfrac{r_i^2}{p+1}\dfrac{h_{ii}}{1-h_{ii}}$
$\boldsymbol{X}^{\mathrm{T}}\boldsymbol{X}$	$(p+1)\hat{\sigma}_{(i)}^2$	$\dfrac{t_i^2}{p+1}\dfrac{h_{ii}}{1-h_{ii}}$
$\boldsymbol{X}_{(i)}^{\mathrm{T}}\boldsymbol{X}_{(i)}$	$(p+1)\hat{\sigma}^2$	$\dfrac{r_i^2}{p+1}h_{ii}$
$\boldsymbol{X}_{(i)}^{\mathrm{T}}\boldsymbol{X}_{(i)}$	$(p+1)\hat{\sigma}_{(i)}^2$	$\dfrac{t_i^2}{p+1}h_{ii}$
$\boldsymbol{I}$	$(p+1)\hat{\sigma}^2$	$\dfrac{r_i^2}{p+1}\dfrac{\tilde{\boldsymbol{x}}_i^{\mathrm{T}}(\boldsymbol{X}^{\mathrm{T}}\boldsymbol{X})^{-2}\tilde{\boldsymbol{x}}_i}{1-h_{ii}}$
$\boldsymbol{X}^{\mathrm{T}}\boldsymbol{X}$	$\hat{\sigma}_{(i)}^2$	$t_i^2\dfrac{h_{ii}}{1-h_{ii}}$

3. W-K 统计量

现考虑第 i 个数据点 $(\boldsymbol{x}_i,y_i)$ 删除前后对 $\tilde{\boldsymbol{x}}_i$ 处拟合值的影响. 记它们对应的拟合值分别为 $\hat{y}_i=\tilde{\boldsymbol{x}}_i^{\mathrm{T}}\hat{\boldsymbol{\beta}}$ 和 $\tilde{y}_{(i)}=\tilde{\boldsymbol{x}}_i^{\mathrm{T}}\hat{\boldsymbol{\beta}}_{(i)}$. 则差值 $\hat{y}_i-\tilde{y}_{(i)}=\tilde{\boldsymbol{x}}_i^{\mathrm{T}}(\hat{\boldsymbol{\beta}}-\hat{\boldsymbol{\beta}}_{(i)})$ 度量了第 i 个数据点删除前后对 $\tilde{\boldsymbol{x}}_i$ 处的拟合值的影响. 为了消除量纲的影响, 我们可考虑将上面的差值除于拟合值的均方误差 $\mathrm{Var}(\hat{y}_i)=\sigma^2h_{ii}$. 由于 σ^2 未知且我们主要考虑删掉第 i 个数据点以后对 $\tilde{\boldsymbol{x}}_i$ 处拟合值的影响, 因而, 用 $\hat{\sigma}_{(i)}^2$ 去代替 $\mathrm{Var}(\hat{y}_i)$ 中的 σ^2. 这样, 便得到下面的定义.

定义 5.5 对给定模型 (5.1) 和式 (5.2), 第 i 个数据点 $(\boldsymbol{x}_i,y_i)$ 对 $\tilde{\boldsymbol{x}}_i$ 处拟合值的影响可定义为

$$\mathrm{WK}_i=\frac{\hat{y}_i-\tilde{y}_{(i)}}{\hat{\sigma}_{(i)}\sqrt{h_{ii}}}=\frac{\tilde{\boldsymbol{x}}_i^{\mathrm{T}}(\hat{\boldsymbol{\beta}}-\hat{\boldsymbol{\beta}}_{(i)})}{\hat{\sigma}_{(i)}\sqrt{h_{ii}}}. \tag{5.11}$$

将式 (5.3) 代入式 (5.11) 即可得 WK_i 的如下计算公式:

定理 5.8 *对给定模型式 (5.1) 和式 (5.2), 则 W-K 统计量可表示为*

$$\mathrm{WK}_i=\left(\frac{h_{ii}}{1-h_{ii}}\right)^{1/2}t_i,\quad (\mathrm{WK}_i)^2=\mathrm{CD}_i(\boldsymbol{X}^{\mathrm{T}}\boldsymbol{X},\hat{\sigma}_{(i)}^2).$$

定理 5.8 表明, W-K 距离与 Cook 距离都可视为广义 Cook 距离, 它们都可用来度量 $\hat{\boldsymbol{\beta}}$ 和 $\hat{\boldsymbol{\beta}}_{(i)}$ 之间的差异. 但它们的统计意义不一样. Cook 距离 CD_i 主要用来度量参数

$\boldsymbol{\beta}$ 的估计量 $\hat{\boldsymbol{\beta}}$ 和 $\hat{\boldsymbol{\beta}}_{(i)}$ 之间的差异, 而 WK_i 则不同, 这是因为

$$(\mathrm{WK}_i)^2 = (p+1)\frac{\hat{\sigma}^2}{\hat{\sigma}^2_{(i)}}\mathrm{CD}_i.$$

上式表明, WK_i 综合考虑了参数 $\boldsymbol{\beta}$ 和 σ^2 的估计量之间的差异, 即 WK_i 度量了 $(\hat{\boldsymbol{\beta}}, \hat{\sigma}^2)$ 与 $(\hat{\boldsymbol{\beta}}_{(i)}, \hat{\sigma}^2_{(i)})$ 之间的差异.

4. 似然距离

似然距离是度量数据点对参数估计量影响的很一般的方法, 它最早由 Cook 和 Weisberg 于 1982 年提出. 在数据删除模型下, 似然距离是与 Cook 距离具有同等重要的诊断统计量. 但是, 由于似然距离的定义并不仅限于线性模型, 而是可用于相当广泛的统计模型, 因此, 用它来识别数据集中的强影响点更具有一般意义.

记 $\boldsymbol{Y}$ 的概率密度函数和对数似然函数分别为 $p(\boldsymbol{y}|\boldsymbol{\theta})$ 和 $\ell(\boldsymbol{\theta}) = \log p(\boldsymbol{y}|\boldsymbol{\theta})$, 并记删除第 i 个数据点前后参数 $\boldsymbol{\theta}$ 的最大似然估计分别为 $\hat{\boldsymbol{\theta}}$ 和 $\hat{\boldsymbol{\theta}}_{(i)}$. 与 Cook 距离一样, 似然距离也是从置信域的角度提出来的. 我们知道, 在一定的正则条件下, 参数 $\boldsymbol{\theta}$ 的置信水平为 $100(1-\alpha)\%$ 的渐近置信域可表示为

$$\{\boldsymbol{\theta} : 2(\ell(\hat{\boldsymbol{\theta}}) - \ell(\boldsymbol{\theta})) \leqslant \chi^2_\alpha(q)\},$$

其中 q 为参数 $\boldsymbol{\theta}$ 的维数, $\chi^2_\alpha(q)$ 为自由度为 q 的 χ^2 分布的上 α 分位点. 容易看出, 参数 $\boldsymbol{\theta}$ 落在上面置信区域之外的可能性很小. 若 $\hat{\boldsymbol{\theta}}_{(i)}$ 使得 $\mathrm{LD}_i = 2\{\ell(\hat{\boldsymbol{\theta}}) - \ell(\boldsymbol{\theta})\} > \chi^2_\alpha(q)$, 则说明 $\hat{\boldsymbol{\theta}}$ 和 $\hat{\boldsymbol{\theta}}_{(i)}$ 之间的差异很大, 因而, 第 i 个数据点对我们考虑的模型来说是不可接受的. 反之, 若 LD_i 很大, 则说明 $\hat{\boldsymbol{\theta}}$ 和 $\hat{\boldsymbol{\theta}}_{(i)}$ 之间的差异亦很大, 因而, 第 i 个数据点对参数 $\boldsymbol{\theta}$ 的最大似然估计 $\hat{\boldsymbol{\theta}}$ 的影响亦很大, 此即表明, 第 i 个数据点为强影响点.

考虑多元线性回归模型 (5.1), 第 i 个数据点关于参数 $\boldsymbol{\beta}$ 的似然距离定义为

$$\mathrm{LD}_i(\boldsymbol{\beta}) = 2\{\ell(\hat{\boldsymbol{\beta}}) - \ell(\hat{\boldsymbol{\beta}}_{(i)})\},$$

其中

$$\ell(\boldsymbol{\beta}) = -\frac{n}{2}\log(2\pi\sigma^2) - \frac{1}{2\sigma^2}(\boldsymbol{Y} - \boldsymbol{X}\boldsymbol{\beta})^{\mathrm{T}}(\boldsymbol{Y} - \boldsymbol{X}\boldsymbol{\beta}).$$

由此可得定理 5.9.

定理 5.9 对模型 (5.1), 若 $\boldsymbol{\varepsilon} \sim N(\boldsymbol{0}, \sigma^2\boldsymbol{I}_n)$ 且 σ^2 已知, 则

$$\mathrm{LD}_i(\boldsymbol{\beta}) = \mathrm{CD}_i(\boldsymbol{X}^{\mathrm{T}}\boldsymbol{X}, \sigma^2) = \frac{(\hat{\boldsymbol{\beta}} - \hat{\boldsymbol{\beta}}_{(i)})^{\mathrm{T}}\boldsymbol{X}^{\mathrm{T}}\boldsymbol{X}(\hat{\boldsymbol{\beta}} - \hat{\boldsymbol{\beta}}_{(i)})}{\sigma^2}.$$

若视 σ^2 为多余参数, 则 $\mathrm{LD}_i(\boldsymbol{\beta}|\sigma^2)$ 为 Cook 距离 CD_i 的单调增函数, 且

$$\mathrm{LD}_i(\boldsymbol{\beta}|\sigma^2) = n\log\left(1 + \frac{(p+1)\mathrm{CD}_i}{n-p-1}\right).$$

定理 5.9 指出了似然距离与 Cook 距离之间的内在联系. 当 σ^2 已知时, $\mathrm{LD}_i(\boldsymbol{\beta})$ 与 Cook 距离 CD_i 的表达式仅相差一个常数因子. 当 σ^2 被视为多余参数时, $\mathrm{LD}_i(\boldsymbol{\beta}|\sigma^2)$ 为 Cook 距离 CD_i 的单调增函数, 因而, 用它们来判断第 i 个数据点是否为强影响点具有完全相同的作用.

5.4.2 实例分析及 R 软件应用

例 5.6 (Moore 数据) 为了研究水的耗氧量与周围环境的关系, 在实验室条件下, 对连续放置 220 天的水进行不断的测试, 共作了 20 次观测. 选取如下变量进行观察: 水的日耗氧量取对数 (y), 生物耗氧量 (x_1), 总的耗氧量 (x_2), 固定物质含量 (x_3), 挥发性固定物质含量 (x_4), 化学物质耗氧量 (x_5). 其中, x_1 到 x_5 的单位都是 mg/L, y 的单位是 mg/min. 数据如表 5.6 所示. 对此数据作线性回归

$$\boldsymbol{Y} = \boldsymbol{X}\boldsymbol{\beta} + \varepsilon.$$

这里, $\boldsymbol{X}$ 的第 1 列全为 1, 第 2 列为 x_1 的 20 次观测值, 第 3 列为 x_2 的 20 次观测值, 依次下去, 第 6 列为 x_5 的 20 次观测值. 试给出回归分析, 并进行回归诊断.

表 5.6 Moore 数据

No	x_1	x_2	x_3	x_4	x_5	y
1	1125	232	7160	85.9	8905	1.5563
2	920	268	8804	86.5	7388	0.8976
3	835	271	8108	85.2	5348	0.7482
4	1000	237	6370	83.8	8056	0.716
5	1150	192	6441	82.1	6960	0.313
6	990	202	5154	79.2	5690	0.3617
7	840	184	5896	81.2	6932	0.1139
8	650	200	5336	80.6	5400	0.1139
9	640	180	5041	78.4	3177	−0.2218
10	583	165	5012	79.3	4461	−0.1549
11	570	151	4825	78.7	3901	0.0000
12	570	171	4391	78.0	5002	0.0000
13	510	243	4320	72.3	4665	−0.0969
14	555	147	3709	74.9	4642	−0.2218
15	460	286	3969	74.4	4840	−0.3979
16	275	198	3558	72.5	4479	−0.1549
17	510	196	4361	57.7	4200	−0.2218
18	165	210	3301	71.8	3410	−0.3919
19	244	327	2964	72.5	3360	−0.5229
20	79	334	2777	71.9	2599	−0.0458

解 分析过程如下.

(1) 输入数据.

```
>x1<-c(1125, 920, 835, 1000, 1150, 990, 840, 650, 640, 583, 570,
   510, 555, 460, 275, 510, 165, 244, 79)
>x2<-c(232, 268, 271, 237, 192, 202, 184, 200, 180, 165, 151, 171,
   243, 147, 286, 198, 196, 210,327, 334)
```

```
>x3<-c(7160, 8804, 8108, 6370, 6441, 5154. 5896, 5336, 5041, 5012,
    4825, 4391, 4320, 3709, 3969, 3558, 4361, 3301; 2964, 2777)
>x4<-c(85.9, 86.5, 85.2, 83.8, 82.1, 79.2, 81.2, 80.6, 78.4, 79.3,
    78.7, 78.0, 72.3, 74.9, 744, 72.5, 57.7, 71.8, 72.5, 71.9)
>x5<-c(8905, 7388, 5348, 8056, 6960. 5690, 6932, 5400, 3177, 4461,
    3901, 5002, 4665, 4642, 4840, 4479, 4200, 3410, 3360 2599)
>y<-c(1.5563, 0.8976, 0.7482, 0.7160, 0.3130, 0.3617. 0.1139,
    0.1139, -0.2218, -0.1549, 0.0000, 0.0000, -0.0969, -0.2218,
    -0.3979, -0.1549, -0.2218, -0.3919, -0.5229, -0.0458)
```

(2) 回归分析.

```
>lm.reg=lm(y~ x1+x2+x3+x4+x5)
> summary(lm.reg)
```

运行结果为.

```
Call:
lm(formula = y~ x1 + x2 + x3 + x4 + x5)

Residuals:
Min           1Q           Median     3Q         Max
-0.39475      -0.11902     0.00284    0.08215    0.56261
Coefficients:
              Estimate     Std. Error t value    Pr(>|t|)
(Intercept)   -2.155e+00   9.136e-01  -2.359     0.0334 *
x1            -1.302e-05   5.184e-04  -0.025     0.9803
x2            1.310e-03    1.264e-03  1.037      0.3175
x3            1.280e-04    7.691e-05  1.664      0.1184
x4            7.912e-03    1.400e-02  0.565      0.5810
x5            1.419e-04    7.376e-05  1.924      0.0749
...
Signif. codes:  0 '***' 0.001 '**' 0.01 '*' 0.05 '.' 0.1 '' 1
Residual standard error: 0.2618 on 14 degrees of freedom
Multiple R-squared: 0.8104, Adjusted R-squared: 0.7427
F-statistic: 11.97 on 5 and 14 DF,  p-value: 0.0001195
```

从结果可以看出, 回归系数不显著, 模型拟合的效果不好. 今对该数据集的回归进行影响分析.

(3) 影响分析.

```
>influence.measures(lm(y~ x1+x2+x3+x4+x5))
```

运行结果为

```
Influence measures of lm(formula =y~ x1 + x2 + x3 + x4 + x5):
```

```
   dfb.1     dfb.x1    dfb.x2   dfb.x3   dfb.x4   dfb.x5   dffit   cov.r   cook.d   hat    inf
1  -0.565004 -0.133718 0.31005  -0.48606 0.12507  1.53642  2.5571  0.0379  0.589813 0.3369 *
2  0.094559  0.360777  -0.03038 -0.58720 0.06379  -0.13310 -0.7802 2.3838  0.104401 0.5018 *
3  -0.071255 -0.005422 0.10563  0.29131  0.01311  -0.21495 0.4454  2.7527  0.035037 0.4853 *
4  0.029849  -0.003773 -0.02463 0.04025  -0.01189 -0.06581 -0.1174 2.0428  0.002467 0.2507
5  -0.038989 -0.500289 -0.12829 0.24344  0.04695  0.19297  -0.6551 1.3479  0.071100 0.2839
6  0.014330  0.565917  0.20721  -0.36635 0.01508  -0.30511 0.6265  1.8372  0.067010 0.3708
7  0.036536  0.215242  0.28486  0.02611  -0.05690 -0.40047 -0.6275 0.7264  0.060527 0.1530
8  0.029086  0.031474  0.03573  -0.00459 -0.04010 -0.01412 -0.0849 1.6497  0.001287 0.0868
9  0.000536  -0.016869 0.00261  -0.00185 -0.00709 0.03133  -0.0359 2.4509  0.000231 0.3642 *
10 0.023006  0.046895  0.12639  -0.03367 -0.07312 0.03792  -0.1932 1.6930  0.006599 0.1585
11 -0.021101 -0.018116 -0.23562 0.05248  0.13248  -0.16377 0.3928  1.5812  0.026601 0.2246
12 -0.009714 -0.022789 -0.04871 -0.01811 0.02954  0.02029  0.0779  1.7715  0.001086 0.1350
13 -0.024440 -0.006261 -0.01700 0.00294  0.02492  -0.00307 -0.0504 1.7039  0.000455 0.0947
14 0.006647  -0.000953 -0.02764 -0.01737 0.00696  0.00651  0.0450  1.9365  0.000363 0.1975
15 0.075653  -0.093440 -0.53818 0.33661  0.00738  -0.14156 -0.8096 0.5087  0.094591 0.1714
16 0.027798  -0.153538 -0.10432 0.02052  0.00122  0.13087  0.2051  2.0020  0.007482 0.2621
17 3.138932  0.276292  -0.20453 1.23325  -3.10290 0.05662  3.2464  12.5588 1.764230 0.9182 *
18 0.003413  -0.025886 -0.01592 0.00728  0.00312  0.01203  0.0370  2.0314  0.000246 0.2337
19 0.164059  -0.190799 -0.61803 0.33672  -0.10717 0.13476  -0.8116 1.4762  0.108618 0.3643
20 -0.407310 0.000468  1.11463  -0.35153 0.32109  -0.29450 1.7377  0.4555  0.404678 0.4064 *
```

从结果可以看出, 第 1、2、3、9、17、20 观测点为强影响点, 结果中已用 * 标出. 为了更好地分析, 我们仅仅考虑前面提到的 Cook 距离与 W-K 距离. Cook 距离和 W-K 距离就是上面运行结果的 cook.d 和 dffit. hat 就是帽子矩阵的对角元素. 我们也可以使用 R 软件中的函数 hatvalues() 和 hat() 来计算帽子矩阵的对角元素, cooks.distance() 来计算 Cook 距离, dffits() 来计算 W-K 距离. 为了方便, 表 5.7 和图 5.4 给出了这些影响度量.

表 5.7　Moore 数据的影响度量

No	h_{ii}	CD_i	WK_i
1	0.3369	0.589813	2.5571
2	0.5018	0.104401	−0.7802
3	0.4853	0.035037	0.4454
4	0.2507	0.002467	−0.1174
5	0.2839	0.071100	−0.6551
6	0.3708	0.067010	0.6265
7	0.1530	0.060527	−0.6275
8	0.0868	0.001287	−0.0849
9	0.3642	0.000231	−0.0359
10	0.1585	0.006599	−0.1932
11	0.2246	0.026601	0.3928
12	0.1350	0.001086	0.0779
13	0.0947	0.000455	−0.0504
14	0.1975	0.000363	0.0450
15	0.1714	0.094591	−0.8096
16	0.2621	0.007482	0.2051
17	0.9182	1.764230	3.2464
18	0.2337	0.000246	0.0370
19	0.3643	0.108618	−0.8116
20	0.4064	0.404678	1.7377

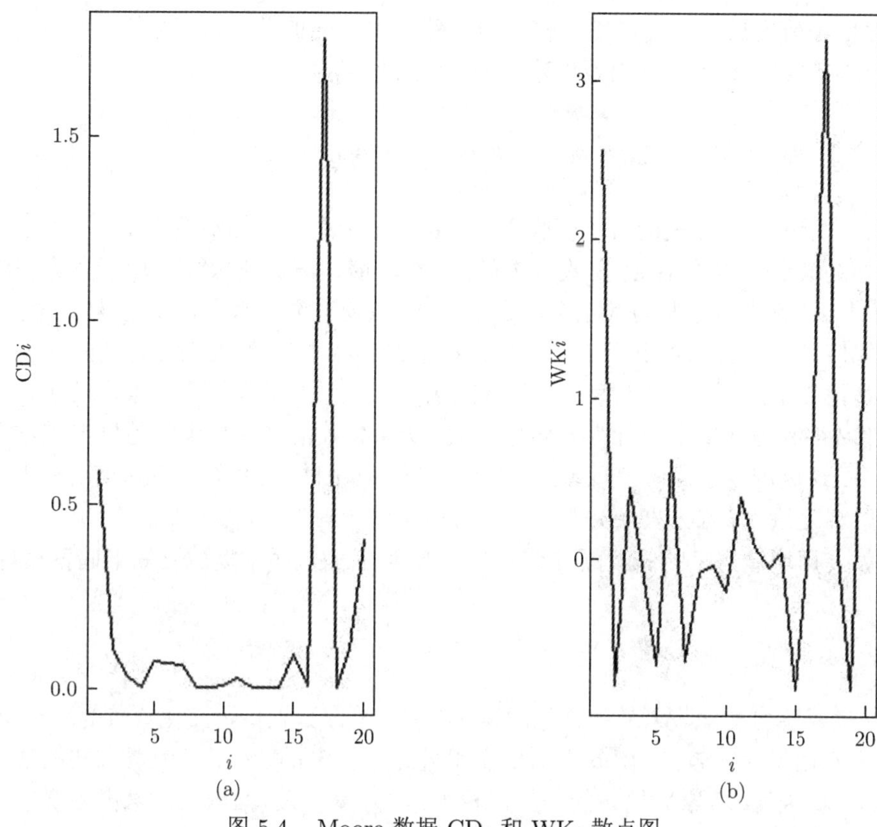

图 5.4 Moore 数据 CD_i 和 WK_i 散点图

由表 5.7 和图 5.4 可见, 第 17 号数据点的各种影响度量都较大, 因而可认为第 17 号数据点为强影响点. 第 17 号数据点的 h_{ii} 值也最大, 说明该数据点离开数据中心最远, 这就是造成影响最大的一个重要的原因. 另外, 第 1 号点的影响度量也较大, 第 20 号数据点的影响度量也比较大.

5.5 异方差性诊断

5.5.1 异方差产生的原因及背景

1. 异方差产生的原因

第 3 章我们对多元线性回归模型在随机误差项的 Gauss-Markov 假设或正态假设 $\varepsilon \sim N(\mathbf{0}, \sigma^2 \boldsymbol{I}_n)$ 下讨论了模型参数的估计、假设检验和置信区间等问题. 但在许多实际应用中, 这些假设或许并不成立. 而有可能出现诸如: 存在某个 $i \neq j$ 有 $\mathrm{Var}(\varepsilon_i) \neq \mathrm{Var}(\varepsilon_j)$, 即误差项的等方差性假设并不成立, 我们把这一现象称为异方差性. 此时, 我们可记 $\mathrm{Var}(\varepsilon_i) = \sigma_i^2\ (i = 1, \cdots, n)$. 在异方差的情况下, ε_i 的方差 σ_i^2 或许并不是一个常数, 它有可能是自变量向量 $\boldsymbol{x}_i$ 的函数, 即 $\sigma_i^2 = \sigma^2 m(\boldsymbol{x}_i, \boldsymbol{\tau})$.

异方差产生的原因有很多, 但其中最主要的原因有以下五个方面:

(1) 线性回归模型中漏掉了或没有包含某些重要解释变量.

譬如, 在研究城镇居民可支配收入与消费支出之间的关系时, 我们可用同一截面上不同收入家庭数据和消费支出数据建立如下线性回归模型：

$$y_i = \beta_0 + \beta_1 x_i + \varepsilon_i, \quad i = 1, \cdots, n.$$

其中, x_i 表示第 i 个家庭的可支配收入, y_i 表示第 i 个家庭的消费支出, ε_i 表示除可支配收入外的其他因素 (如：家庭收入类型, 消费习惯、消费观念等). 由于各家庭的收入不同, 因此, 其消费观念和习惯也不尽完全一样, 致使其消费水平存在差异. 一般情况下, 低收入家庭的收入大都仅够用于购买生活必需品, 因此, 各低收入家庭的购买差异相对来说还是比较小的; 而高收入家庭的收入除去购买生活必需品外还有很多的余钱可用于购买奢侈品, 其消费支出的行为差异也很大, 从而导致消费模型中的随机误差项具有不同的方差, 这就产生了异方差现象. 产生异方差的原因是漏掉了对消费支出有重要影响的某些解释变量 (如家庭收入类型、消费习惯、消费观念等).

又如使用城镇居民的储蓄额 y 和可支配收入 x 的截面数据建立如下储蓄模型：

$$y_i = \beta_0 + \beta_1 x_i + \varepsilon_i, \quad i = 1, \cdots, n,$$

其中, ε_i 表示除可支配收入外的其他因素 (如利息、家庭人口、文化背景等). 一般说来, 高收入家庭由于收入较高, 除基本消费支出外还有很多的余钱, 在消费方式的选择上有更大的余地, 因而, 各家庭储蓄的差异性较大, 即方差较大; 而低收入家庭除必须支出外其余钱很少, 为了日后的生活保障才参加储蓄, 其储蓄比较有规律, 因而, 各家庭储蓄的差异性较小, 即方差较小. 这样各家庭的储蓄之间就产生了异方差现象. 其主要原因是我们所建模型中漏掉了对储蓄有重要影响的某些解释变量 (如利息、家庭人口、文化背景等).

(2) 样本数据的观测误差, 致使随机误差产生异方差性. 譬如, 用下面的道格拉斯生产函数模型来预测某一企业在不同时期的生产能力：$y_t = AK_t^{\alpha} L_t^{\beta} e^{\varepsilon_t}$, 其中, L_t 表示第 t 时刻该企业的劳动力, K_t 表示第 t 时刻该企业的资本, ε_t 表示该企业在第 t 时刻除劳动力和资本外的其他因素. 由于不同时期的观测技术、评价标准不同致使企业的投资环境、管理水平和生产规模 (如 L_t, K_t 增大) 的观测误差降低引起 ε_t 偏离均值的程度不同, 从而, 产生异方差.

(3) 模型的函数形式不正确, 也会产生异方差. 如正确的道格拉斯生产函数模型为 $y_t = AK_t^{\alpha} L_t^{\beta} e^{\varepsilon_t}$ 而误用 $y_t = AK_t^{\alpha} L_t^{\beta} + \varepsilon_t$ 则产生异方差性.

(4) 用分组数据估计线性回归模型也是产生异方差性的重要来源. 这是因为不同组数据可看成来自于不同总体的样本, 而不同总体的方差或许是不一样的.

(5) 异常点的存在也会产生异方差性.

2. 异方差性对模型的影响

异方差的存在对模型的参数估计及假设检验等都将产生严重的影响. 其主要影响如下.

(1) 当一个多元线性回归模型存在异方差性时, 若仍用普通最小二乘估计法去估计模型中的参数, 尽管得到的参数估计量仍是线性无偏的, 但其普通最小二乘估计不再具有方差最小性, 即最小二乘估计的有效性被破坏了.

例 5.7 考虑一元线性回归模型

$$y_i = \beta_0 + \beta_1 x_i + \varepsilon_i, \quad E(\varepsilon_i) = 0, \quad \mathrm{Var}(\varepsilon_i) = \sigma_i^2, \quad i = 1, \cdots, n.$$

若假设 $\sum_{i=1}^{n} x_i = 0$, 则参数 β_1 在非异方差下的普通最小二乘估计可表示为

$$\hat{\beta}_1 = \beta_1 + \sum_{i=1}^{n} \frac{x_i}{\sum_{j=1}^{n} x_j^2} \varepsilon_i.$$

由此可得, $E(\hat{\beta}_1) = \beta_1$ 即普通最小二乘估计仍为线性无偏估计, 并且这个无偏估计量在齐性方差假设下的方差为 $\widetilde{\mathrm{Var}}(\hat{\beta}_1) = \sigma^2 / \sum_{i=1}^{n} x_i^2$. 但它在异方差假设下的方差为

$$\mathrm{Var}(\hat{\beta}_1) = \sum_{i=1}^{n} \left(\frac{x_i}{\sum_{j=1}^{n} x_j^2} \right)^2 \mathrm{Var}(\varepsilon_i) = \frac{\sum_{i=1}^{n} x_i^2 \sigma_i^2}{\left(\sum_{i=1}^{n} x_i^2 \right)^2}.$$

由于 σ_i^2 未知, 而且不能用 $\hat{\sigma}^2 = \mathrm{SS}_E/(n-2)$ 去代替 σ_i^2, 因此, 确定参数估计的方差是非常困难的. 若假设 $\sigma_i^2 = \sigma^2 m(x_i) = \sigma^2 x_i^2$, 则在一些情况下有 $\sum_{i=1}^{n} x_i^4 > \sum_{i=1}^{n} x_i^2$. 这一事实表明, 在一些情况下, 有 $\mathrm{Var}(\hat{\beta}_1) > \widetilde{\mathrm{Var}}(\hat{\beta}_1)$. 也就是说, 一般会低估存在的异方差.

(2) 异方差性将会导致回归系数的 t 检验失效. 当模型存在异方差时, 参数 β_1 的普通最小二乘估计的方差 $\mathrm{Var}(\hat{\beta}_1)$ 比不存在异方差时普通最小二乘估计的方差 $\widetilde{\mathrm{Var}}(\hat{\beta}_1)$ 大, 若仍用 $\widetilde{\mathrm{Var}}(\hat{\beta}_1)$ 去估计其方差, 则低估了真实方差, 从而, 高估 t 统计量的值, 这样就有可能造成本来不显著的解释变量变为显著了.

(3) 回归方程的应用效果极为不理想, 致使其预测精度降低. 由于异方差的存在, 参数估计的方差增大, 参数最小二乘估计值的变异程度增大, 致使对响应变量 y 的预测误差增大, 从而降低了预测的精度; 用该统计量对参数进行区间估计时, 将会产生偏误, 使估计失真.

5.5.2 异方差性检验及其处理

1. 异方差性检验

关于异方差性检验, 迄今为止人们已经提出了许多不同的诊断方法, 但没有一种方法被公认为是最优的. 本节将介绍检验异方差存在的两种最常用的方法：残差图分析法和等级相关系数法.

(1) 残差图分析法

残差图分析法是一种比较直观的、简便的分析方法. 它以残差 e_i 为纵坐标, 以其他适宜的变量为横坐标在平面直角坐标系上画散点图. 横坐标常有三种选择: ① 以拟合值 $\hat{y}_i$ 为横坐标; ② 以某个自变量 x_j $(j=1,\cdots,p)$ 为横坐标; ③ 以观测时间或序号为横坐标.

如果线性回归模型与观测数据相匹配, 则残差 e_i 应反映随机误差 ε_i 所假定的性质, 因此, 可根据残差的变化趋势来判断线性回归模型是否具有某些性质. 一般情况下, 当线性回归模型满足其假设条件时, 残差图上的 n 个数据点的散布应该是随机的, 无任何规律. 如果线性回归模型存在异方差, 则残差图上的 n 个数据点的散布将呈现出某种变化趋势. 也若残差 e_i 的值随 y_i 的增大而减小, 这种情况也同样属于异方差性.

(2) 等级相关系数法

等级相关系数法又称斯皮尔曼 (Spearman) 检验, 它是一种应用较为广泛的方法. 该方法不仅适用于大样本数据, 而且还可用于小样本数据的异方差性检验. 进行等级相关系数检验的步骤一般包括:

第一步, 对数据集 $\{(y_i,\boldsymbol{x}_i):i=1,\cdots,n\}$ 在线性回归模型 (5.1) 的假设下用普通最小二乘估计法估计模型中的参数 $\boldsymbol{\beta}$, 进而求出 ε_i 的估计值, 即残差 e_i 的值.

第二步, 对残差 e_i 求绝对值, 即计算 $|e_i|$. 再把某一选定的自变量 x_{ij} 和 $|e_i|$ 按递增或递减的顺序排列, 然后求它们的等级, 并按下式计算出等级相关系数

$$r_s=1-\frac{6}{n(n^2-1)}\sum_{i=1}^{n}d_i^2,$$

其中, n 为观测数据个数, d_i 为对应于 x_{ij} 和 $|e_i|$ 的等级差. 注意: 这里的 x_{ij} 是 p 个自变量与普通残差的等级相关系数最大的那个自变量 x_j 所对应的 n 个观测值.

第三步, 进行等级相关系数的显著性检验. 在 $n>8$ 的情况下, 用下面的检验统计量

$$t=\frac{\sqrt{n-2}\,r_s}{\sqrt{1-r_s^2}},$$

对样本等级相关系数 r_s 进行 t 检验. 如果 $t\leqslant t_{\alpha/2}(n-2)$, 则认为该数据模型不存在异方差性; 如果 $t>t_{\alpha/2}(n-2)$, 则说明该数据模型存在异方差性.

2. 异方差性处理

若通过上面的诊断方法发现我们所研究的线性回归模型存在异方差性, 则该线性回归模型就不满足基本假设了. 此时, 我们就不能再用普通最小二乘法来估计该模型中的参数了, 必须寻找别的好方法来解决这一问题. 而目前解决这类问题的基本思想是: 想办法消除模型的异方差性. 消除模型异方差性的常用方法有: 加权最小二乘法、Box-Cox 变换法、方差稳定性变换法等, 其中加权最小二乘法是消除异方差性的最为有用的方法.

对多元线性回归模型

$$y_i=\beta_0+\beta_1x_{i1}+\cdots+\beta_px_{ip}+\varepsilon_i,\quad i=1,\cdots,n. \tag{5.12}$$

当随机误差项 ε_i 存在异方差 (即 $\mathrm{Var}(\varepsilon_i)=1/w_i$) 时, 线性回归模型 (5.12) 的两端都乘以 $w_i^{1/2}$ 并令 $y_i^*=w_i^{1/2}y_i$, $x_{i0}^*=w_i^{1/2}$, $x_{i1}^*=w_i^{1/2}x_{i1},\cdots,x_{ip}^*=w_i^{1/2}x_{ip}$ 和 $\varepsilon_i^*=w_i^{1/2}\varepsilon_i$ 即得

$$y_i^*=\beta_0x_{i0}^*+\beta_1x_{i1}^*+\cdots+\beta_px_{ip}^*+\varepsilon_i^*,\quad i=1,\cdots,n. \tag{5.13}$$

显然, 上述模型中随机误差项的方差为 $\mathrm{Var}(\varepsilon_i^*)=1$, 此式表明: 上述模型满足 Gauss-Markov 假设条件. 此时, 我们可用普通最小二乘估计法估计上述模型中的参数 $\beta_0,\beta_1,\cdots,\beta_p$. 于是, 模型 (5.13) 式中参数 $\boldsymbol{\beta}=(\beta_0,\beta_1,\cdots,\beta_p)^{\mathrm{T}}$ 的最小二乘估计量就是离差平方和

$$\begin{aligned}Q(\boldsymbol{\beta})&=\sum_{i=1}^n(y_i^*-\beta_0x_{i0}^*-\beta_1x_{i1}^*-\cdots-\beta_px_{ip}^*)^2\\&=\sum_{i=1}^n w_i(y_i-\beta_0-\beta_1x_{i1}-\cdots-\beta_px_{ip})^2.\end{aligned} \tag{5.14}$$

关于参数 $\boldsymbol{\beta}$ 的最小值点. 这里, 称由式 (5.14) 定义的 $Q(\boldsymbol{\beta})$ 为加权离差平方和. 加权最小二乘估计就是找 $\beta_0,\beta_1,\cdots,\beta_p$ 的估计 $\hat{\beta}_{0w},\hat{\beta}_{1w},\cdots,\hat{\beta}_{pw}$ 使得加权离差平方和式 (5.14) 达到最小. 此时, 我们称 $\hat{\beta}_{0w},\hat{\beta}_{1w},\cdots,\hat{\beta}_{pw}$ 为参数 $\beta_0,\beta_1,\cdots,\beta_p$ 的加权最小二乘估计. 显然, 若所有的权数都相等, 则加权最小二乘估计即变为普通最小二乘估计. 用同普通最小二乘估计完全一样的方法可以证明, 线性回归模型 (5.12) 的加权最小二乘估计 $\hat{\boldsymbol{\beta}}_w$ 可表示为

$$\hat{\boldsymbol{\beta}}_w=(\boldsymbol{X}^{\mathrm{T}}\boldsymbol{W}\boldsymbol{X})^{-1}\boldsymbol{X}^{\mathrm{T}}\boldsymbol{W}\boldsymbol{Y},$$

其中, $\boldsymbol{W}=\mathrm{diag}(w_i,\cdots,w_n)$. 由 w_i 的定义知, 在使用加权最小二乘法时, 误差项方差较大的观测值的权数反而较小, 而误差项方差较小的观测值的权数反而较大.

在实际应用中, 误差项的方差 $\sigma_i^2=1/w_i$ 中的 w_i 通常都是未知的. 此时, 人们通常可取权函数 w_i 为某个自变量 x_j $(j=1,\cdots,p)$ 的幂函数, 即 $w_i=x_j^m$. 但在 $x_1,\cdots,x_p$ 这 p 个自变量中, 究竟应该取哪一个自变量呢? 这需要我们计算每个自变量 x_j 与普通残差的等级相关系数, 然后在这 p 个等级相关系数中选取对应于等级相关系数最大的一个自变量来构造权函数. 但在幂函数中 m 是一待定的未知参数. 人们通常可利用 R 软件通过比较不同 m 值所对应的对数似然函数的值来确定幂指数 m 的最优取值. 基于对数似然函数值确定幂指数 m 的最优值的一般准则是: 选 m 使其对数似然函数达到最大.

5.5.3 实例分析

例 5.8 设某地区的居民收入 x(万元) 与储蓄额 y(万元) 的历史统计数据如表 5.8 所示, 现根据前面介绍的方法来诊断该数据集是否存在异方差性.

解 (1) 输入数据, 并将表 5.8 的数据保存为 "5.8.txt". 然后根据此数据画出散点图, 其 R 程序为如下.

```
>yx=read.table("5.8. txt")
```

```
>y=yx[,1]
>x=yx[,2]
>lm.reg=lm(y~x)
>plot(y~x, col="red")
>abline(lm.reg)
```

输出结果如表 5.8 所示, 其图形如图 5.5 所示.

(2) 借助 R 软件用线性回归模型 $y_i = \beta_0 + \beta_1 x_i + \varepsilon_i$ 拟合该数据集, 得到样本决定系数 $R^2 = 0.9143$. 其 R 程序及运行结果如下:

```
>anova(lm.reg)
```

得到

```
Analysis of Variance Table

 Response: y
             Df    Sum Sq     Mean Sq     F value    Pr(>F)
 x           1     18484902   18484902    309.25     <2.2e-16 ***
 Residuals   29    1733409    59773
 ...

Signif. codes:  0 '***' 0.001 '**' 0.01 '*' 0.05 '.' 0.1
>summary(lm.reg)
```

得到

```
Call:
lm(formula = y~x)

 Residuals:
 Min            1Q            Median        3Q          Max
 -561.49        -166.09       -2.49         158.80      432.06
 Coefficients:
                Estimate      Std. Error    t value     Pr(>|t|)
 (Intercept)    -6.680e+02    1.176e+02     -5.68       3.84e-06 ***
 x              8.693e-02     4.943e-03     17.59       <2e-16 ***
 ...

Signif. codes:  0 '***' 0.001 '**' 0.01 '*' 0.05 '.' 0.1 '' 1
Residual standard error: 244.5 on 29 degrees of freedom
Multiple R-squared: 0.9143, Adjusted R-squared: 0.9113
F-statistic: 309.3 on 1 and 29 DF,  p-value: <2.2e-16
```

于是可得回归方程：$\hat{y} = -667.96 + 0.08693x$.

表 5.8 某地区居民收入与储蓄额数据

序号	y_i	x_i	x_i 的等级	e_i	$\|e_i\|$	$\|e_i\|$ 的等级	d_i	d_i^2
1	264	8777	1	169.0	169.0	17	−16	256
2	105	9210	2	−27.7	27.7	2	0	0
3	90	9954	3	−107.3	107.3	9	−6	36
4	131	10508	4	−114.5	114.5	11	−7	49
5	122	10979	5	−164.4	164.4	15	−10	100
6	107	11912	6	−260.5	260.5	23	−17	289
7	406	12747	7	−34.1	34.1	3	4	16
8	503	13499	8	−2.5	2.5	1	7	49
9	431	14269	9	−141.4	141.4	13	−4	16
10	588	15522	10	−93.4	93.4	7	3	9
11	898	16730	11	111.6	111.6	10	1	1
12	950	17633	12	85.1	85.1	5	7	49
13	779	18575	13	−167.7	167.7	16	−3	9
14	819	19635	14	−219.9	219.9	21	−7	49
15	1222	21163	15	50.3	50.3	4	11	121
16	1702	22880	16	381.0	381.0	28	−11	121
17	1578	24127	17	148.6	148.6	14	4	16
18	1654	25604	18	96.2	96.2	8	11	121
19	1400	26500	19	−235.7	235.7	22	−2	4
20	1829	27670	21	91.6	91.6	6	16	256
21	2200	28300	23	407.9	407.9	29	−5	25
22	2017	27430	20	300.5	300.5	25	−4	16
23	2105	29560	24	203.3	203.3	20	5	25
24	1600	28150	22	−179.1	179.1	19	4	16
25	2250	32100	25	127.5	127.5	12	14	196
26	2420	32500	26	262.8	262.8	24	3	9
27	2570	35250	28	173.7	173.7	18	10	100
28	1720	22500	27	432.1	432.1	30	−14	196
29	1900	36000	29	−561.5	561.5	31	−2	4
30	2100	36200	30	−378.9	378.9	27	3	9
31	2300	38200	31	−352.7	352.7	26	5	25

(3) 检验该模型是否存在异方差. 画出标准化残差散点图, 程序及图形 (图 5.6) 如下:

```
>y.rst=rstandard(lm.reg)
>y.fit=predict(lm.reg)
>plot(y.rst~y.fit,col="blue")
```

由残差图图 5.6 可以看出, 残差图从左到右逐渐散开, 误差项具有明显的异方差性, 并且误差随着 x 的增加而增加. 现用等级相关系数法来检验该模型是否存在异方差性. R 程序如下:

```
>e=y-y.fit
>e=round(e, 1)
>e1=abs(e)
>e2=rank(e1)
>e3=rank (x)
>d=e3-e2
>d1=d^2
```

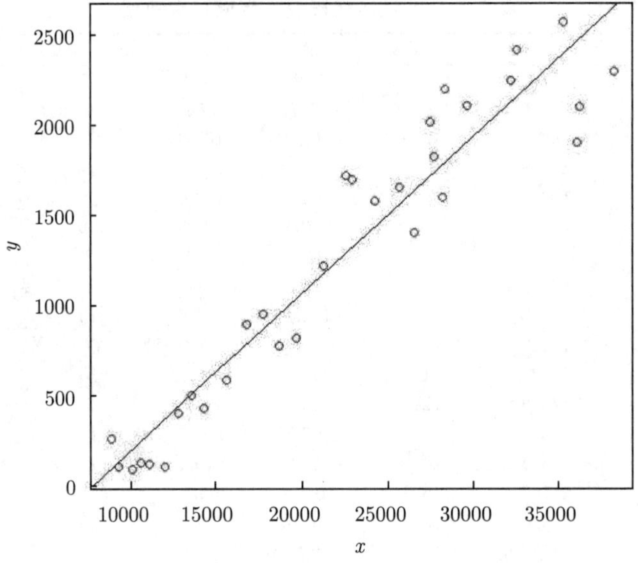

图 5.5　收入与储蓄额数据的散点图

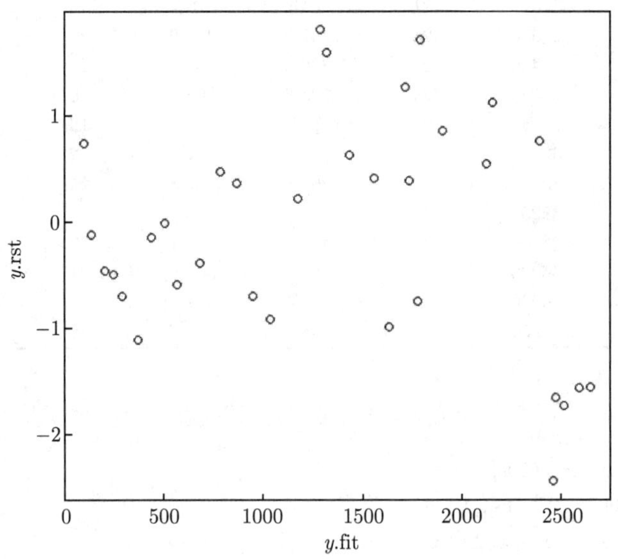

图 5.6　收入与储蓄额数据的标准化残差散点图

计算结果如表 5.8 所示. 经计算得, 等级相关系数 $r_s = 0.59897$. 将 $r_s = 0.59897$ 代入检验统计量 $t = \sqrt{n-2}r_s/\sqrt{1-r_s^2}$ 得

$$t = \frac{\sqrt{31-2} \times 0.59897}{\sqrt{1-0.59897^2}} = 4.028094.$$

给定显著性水平 $\alpha = 0.05$, 查 t 分布的临界值表得 $t_{0.025}(29) = 2.045$. 由于 $t = 4.028094 > 2.045$, 因此, 我们认为残差绝对值 $|e_i|$ 与自变量 x_i 显著相关, 即随机误差项存在异方差性.

(4) 异方差性修正. 在运用加权最小二乘法估计过程中, 我们分别选取了以下三种权函数 ① $w_i = 1/x_i$, ② $w_i = 1/x_i^2$ 和 ③ $w_i = x_i^{-1/2}$. 经估计检验, 发现用权函数 ③ (即 $w_i = x_i^{-1/2}$) 的效果最好. 下面仅给出权函数为 $w_i = x_i^{-1/2}$ 的结果.R 程序如下:

```
>lm.test=lm(y~x, weight=x^{-1/2}, yx))
>anova(lm.test)
```

运行结果为

```
Analysis of Variance Table
Response: y
             Df    Sum Sq    Mean Sq    F value    Pr(>F)
x            1     135765    135765     364.72     <2.2e-16 ***
Residuals    29    10795     372
...
Signif. codes:  0 '***' 0.001 '**' 0.01 '*' 0.05 '.' 0.
>summary(lm.test)
```

得到

```
Call:
lm(formula=y~x, data = yx, weight=x^{-1/2})

Residuals:
Min            1Q           Median       3Q          Max
-42.415        -13.883      1.284        11.433      35.334
Coefficients:
               Estimate     Std. Error   t value     Pr(>|t|)
(Intercept)    -7.078e+02   1.019e+02    -6.947      1.23e-07 ***
x              8.867e-02    4.643e-03    19.098      <2e-16 ***
...
Signif. codes:  0 '***' 0.001 '**' 0.01 '*' 0.05 '.' 0.1 '' 1
Residual standard error: 19.29 on 29 degrees of freedom
Multiple R-squared: 0.9263, Adjusted R-squared: 0.9238
F-statistic: 364.7 on 1 and 29 DF,  p-value: <2.2e-16
```

于是估计结果如下：

$$\hat{y} = -707.75411 + 0.08867x, \quad R^2 = 0.9263, \quad F = 364.7.$$

由以上结果可以看出, 运用加权最小二乘法消除异方差性后, 其模型参数 t 检验均显著了, F 检验也显著了, 说明居民收入每增加 1 万元, 其储蓄额平均增加 0.08867 万元. 比原来所得到的结论就更准确了.

5.6 自相关性问题及其处理

无论是第 2 章介绍的一元线性回归模型还是第 3 章介绍的多元线性回归模型, 我们均假设了其模型的随机误差项是不相关的, 即 $\forall i \neq j \in \{1, \cdots, n\}$ 有 $\mathrm{Cov}(\varepsilon_i, \varepsilon_j) = 0$.

此式表明, 不同观测时点的随机误差之间是不相关的. 然而, 在一些实际应用中, 常常遇见模型的不相关性假设并不成立的情况, 即至少存在某对 $i \neq j$ 使得 $\mathrm{Cov}(\varepsilon_i, \varepsilon_j) \neq 0$, 我们把这现象称为随机误差项之间存在着自相关现象. 这里所说的自相关现象不是指两个或两个以上的变量之间的相关关系, 而指的是一个因变量的前后期数值之间存在着相关关系. 基于自相关现象的上述定义, 我们又把自相关称为序列相关. 在实际问题中, 若变量在时间或空间的顺序有一定含义, 就有可能存在着序列相关, 特别是在时间序列数据的研究中, 数据的观测值往往是按照时间的先后顺序排列的, 因此, 连续观测的时间序列数据就表现出内在的相关性. 譬如, 我国股票的上证综合指数或上证 180 指数, 每天的汽油价格, 每年的樱桃价格, 每周的猪肉价格等. 本节将重点讨论自相关现象产生的背景和原因, 自相关现象对回归分析带来的影响, 自相关的诊断方法以及如何解决自相关现象带来的回归分析问题.

1. 自相关产生的背景及原因

产生序列自相关的背景及其原因很多, 但其中最主要的因素有以下几个方面.

(1) 经济系统的惯性产生序列的自相关性. 自相关现象大多出现在时间序列数据中, 而经济系统的经济行为都具有时间上的惯性. 例如, 国内生产总值、价格、就业等经济数据, 都会随经济系统的周期而波动. 又如, 在经济高涨时期, 较高的经济增长率会持续一段时间, 而在经济衰退期, 较高的失业率也会持续一段时间, 这种情况下经济数据很可能表现为自相关.

(2) 漏掉重要解释变量会产生序列的自相关性. 在对实际问题建模时, 若忽略掉一个或多个重要的解释变量, 而这些漏掉的重要解释变量在时间顺序上具有一定的正相关关系, 则回归模型中的随机误差项就包含了这些漏掉了的重要解释变量, 从而就导致模型的随机误差项呈现出明显的正相关现象. 譬如, 在利用以往数据对我国股票上证指数建立回归模型时, 存款年利率是一个非常重要的变量, 它对股民是否愿把自己的余钱投入股票市场这一行为产生重要的影响. 由于存款年利率对股民是否购买股票这一行为的影响可能是时间上正相关的, 因此, 若把这一重要变量漏掉了, 就有可能使得所建回归模型的随机误差项出现正自相关现象. 又如, 一个家庭或一个地区的消费行为可能会影响另外一些家庭或另外一些地区, 就是说不同家庭或地区的观测点之间的随机误差项可能是相关的, 因此, 若在建立消费函数模型时把消费行为这一因素漏掉, 就有可能使得所建模型的随机误差项出现自相关现象.

(3) 经济变量的滞后性会给序列带来自相关性. 滞后性是指某一变量对另一变量的影响不仅限于当期, 而是延续若干期, 由此带来变量的自相关. 许多经济变量都会产生滞后影响, 譬如, 货币发行量、国债、地方债、外汇变动率、基建投资、居民收入、货币政策、财政政策、房产税等都有一定的滞后性. 例如, 居民当期可支配收入的增加, 不会使居民的消费水平在当期达到应有的水平, 而是要经过若干期才能达到, 这是因为人的消费观念的改变存在一定的适应期; 居民前期银行存款对后期银行存款一般都会有明显的影响, 2003 年的“非典”疫情对疫情之后的经济增长有明显的负面影响, 房产税出台后对后期的房价会有明显的影响的, 当前居民收入的增加会对后期物价产生一定影响的.

(4) 模型的函数形式设定不正确也会引起自相关性. 在对实际问题建模时, 模型的正确函数形式总是未知的, 若模型中所采用的函数形式与所研究问题的真实关系不一致, 则会产生系统误差, 这种误差存在于随机误差项中, 从而带来了自相关. 由于设定误差造成的自相关, 在经济计量分析中经常可能发生.

(5) 蛛网现象 (cobweb phenomenon) 可能带来序列的自相关性. 蛛网现象是微观经济学中研究商品市场运行规律的一个概念, 它表示某种商品的供给量受前一期价格影响而表现出来的某种规律性, 即呈蛛网状收敛或发散于供需的均衡点. 由于规律性的作用, 使得所用回归模型的误差项不再是随机的了, 而产生了某种自相关性. 譬如, 许多农产品的供给反映出蛛网现象, 即供给量对价格的影响要滞后一段时间, 这是因为供给的调整需要经过一段时间才能实现. 如果第 t 时期的价格 P_t 低于上一期的价格 P_{t-1}, 则农民就会减少第 $t+1$ 时期的生产量. 在我们生活中, 经常遇见去年某种农产品价格低后, 今年该农产品就出现供不应求以及价格上涨等现象.

(6) 因对数据进行加工整理而导致误差项之间产生自相关性. 故为了用所得数据集建立回归模型, 通常都需要对原始数据进行修正和内插等处理, 如将月度数据调整为季度数据, 由于采用了加和处理, 修均了月度数据的波动致使季度数据具有平滑性, 这种平滑性可能会产生自相关. 对缺失的历史资料, 采用特定的统计方法进行内插处理, 也可能使得数据前后期相关, 而产生自相关.

自相关现象在时间序列数据的统计建模中常常会遇到, 但有时在截面数据的统计建模中也存在. 自相关现象有时表现为正相关, 有时表现为负相关. 但表现为负相关的情形不多见.

2. 忽略自相关性带来的问题

当一个线性回归模型的随机误差项存在序列自相关时, 该模型就违背了线性回归模型的 Gauss-Markov 假设. 此时, 若仍用普通最小二乘法估计线性回归模型中的参数, 将会产生以下问题:

(1) 在解释变量与随机误差项不相关假设下, 尽管模型参数的普通最小二乘估计量仍然是无偏的且在大样本下仍具有一致性, 但它不再具有最小方差线性无偏性了, 即有效性不再成立. 在自相关假设下, 我们可以找到比普通最小二乘估计量更为有效 (方差更小) 的估计量.

(2) 可能严重低估误差项的方差. 当无自相关性时, 一元线性回归模型 $y_t=\beta_0+\beta_1x_t+\varepsilon_t\ (t=1,\cdots,T)$ 中随机误差项 ε_t 的方差的无偏估计为 $\hat{\sigma}^2=\sum\limits_{t=1}^{T}e_t^2/(T-2)$. 但当随机误差项存在一阶自相关 ($\varepsilon_t=\rho\varepsilon_{t-1}+u_t,\ u_t\sim N(0,\sigma^2)$) 时, $E(\hat{\sigma}^2)=\sigma^2\{T-2/(1-\rho)-2\rho r\}/(T-2)$. 一般地, r 和 ρ 都是正数, 则 $E(\hat{\sigma}^2)<\sigma^2$.

(3) 可能导致高估检验统计量的 t 值, 致使本不显著的变量变得显著了, 这样一来变量的显著性检验就失去意义了. 常用的 F 检验和 t 检验等就失效. 如果忽略这一点, 可能导致得出回归参数统计检验为显著, 但实际上并不显著的严重误差结论.

(4) 若不加处理地运用普通最小二乘法估计线性回归模型中的参数, 用由此得到的拟合模型进行预测将使预测不准确, 从而降低预测精度.

3. 自相关性的诊断

由上面的分析知, 当线性回归模型的随机误差项存在自相关性时, 若仍用普通最小二乘估计来估计模型中的参数将使统计推断包括假设检验、置信区间以及预测等产生不合理的结论, 因此, 判断线性模型中的随机误差项是否存在序列相关性是统计建模过程中一个非常重要的环节. 尽管目前已有很多的方法可用来诊断模型中随机误差项的序列自相关性, 但基本思路是：首先采用普通最小二乘法估计模型参数以求得随机误差项的“近似估计量”, 即残差 $e_t = y_t - \hat{y}_t$ (其中 $\hat{y}_t$ 是 y_t 的拟合值), 其次通过分析这些“近似估计量”之间的相关性以判断随机误差项是否具有序列相关性. 这里我们将基于这一思想介绍四种比较常用的诊断方法.

第一, 图示诊断法

图示诊断法是一种比较直观的诊断方法, 它是用普通最小二乘估计法估计线性回归模型中的未知参数, 然后用残差 e_t 估计随机误差项 ε_t, 再做 e_t 的散点图, 最后再根据散点图的变化规律来判断随机误差项 ε_i 是否存在序列相关性. 绘制残差散点图的常用方法有以下两种方法：

(1) 绘制 (e_{t-1}, e_t) 的散点图, 即在平面直角坐标系上绘制以 e_{t-1} 为横坐标, 以 e_t 为纵坐标的散点图. 如果大部分点落在散点图的第 Ⅰ、Ⅲ 象限内, 则说明随机扰动项 ε_t 存在着正的序列相关, 如图 5.7(a) 所示; 若大部分点落在散点图的第 Ⅱ、Ⅳ 象限内, 则说明随机扰动项 ε_t 存在着负的序列相关性, 如图 5.7(b) 所示.

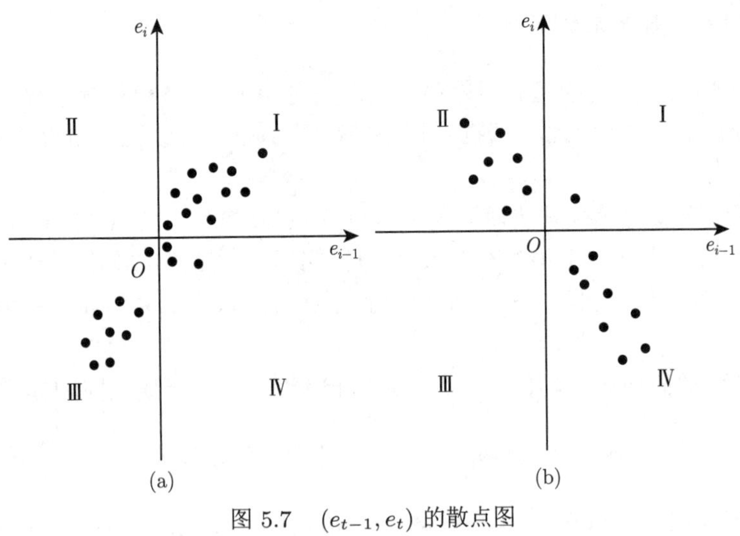

图 5.7　(e_{t-1}, e_t) 的散点图

(2) 在平面直角坐标系上绘制以时间 t 为横坐标, e_t 为纵坐标的散点图. 若 e_t 随着时间 t 的变化并不频繁地改变符号, 而是几个正的 e_t 后跟着几个负的, 之后再跟着几个正的, 则说明随机误差项 ε_t 存在正的序列相关, 如图 5.8(b) 所示; 如果 e_t 随着时间 t 的变化不断地改变符号, 并且其变化趋势表现为锯子状, 则说明随机误差项 ε_t 存在负的序列相关, 这种现象被称为蛛网现象, 如图 5.8(a) 所示.

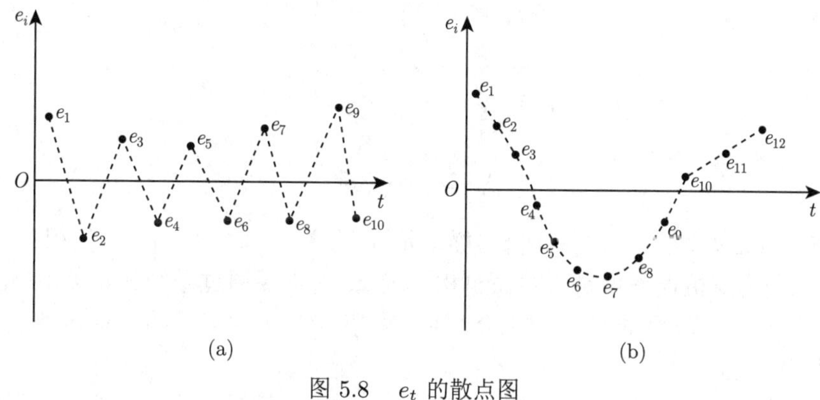

图 5.8 e_t 的散点图

这里特别要强调的是, 图示诊断法本质上还是一种经验方法, 它不能作为检验的最终依据.

第二, 回归检验法

以 e_t 为因变量, 以各种可能的相关量诸如：e_{t-1}、e_{t-2}、e_t^2 等为解释变量, 建立诸如下面的各种回归模型：

$$e_t = \rho e_{t-1} + u_t,$$
$$e_t = \rho_1 e_{t-1} + \rho_2 e_{t-2} + u_t,$$
$$\cdots\cdots$$

在以上各种回归模型中, 若存在某一回归模型显著成立, 则说明原线性回归模型存在序列相关性.

该方法的优点是：① 定量地能够确定序列相关性的形式; ② 适用于任何类型序列相关性问题的检验.

第三, 自相关系数法

类似于样本相关系数, 我们定义随机误差序列 $\varepsilon_1, \cdots, \varepsilon_T$ 的自相关系数为

$$\rho = \frac{\sum_{t=2}^{T} \varepsilon_t \varepsilon_{t-1}}{\sqrt{\sum_{t=2}^{T} \varepsilon_t^2} \sqrt{\sum_{t=2}^{T} \varepsilon_{t-1}^2}}. \tag{5.15}$$

容易证明, 我们这样定义的自相关系数有类似于样本相关系数一样的性质, 譬如, ρ 的取值范围为 $[-1, 1]$, 当 ρ 接近于 1 时, 表明误差序列存在正相关, 当 ρ 接近于 -1 时, 表明误差序列存在负相关. 然而, 在实际应用中, 随机误差序列 $\varepsilon_1, \cdots, \varepsilon_T$ 通常都是未知的, 因此, 为了计算 ρ 的值, 我们需要用 ε_t 的估计值 e_t 去代替式 (5.15) 中的 ε_t, 从而, 得到自相关系数的估计值：

$$\hat{\rho} = \frac{\sum_{t=2}^{T} e_t e_{t-1}}{\sqrt{\sum_{t=2}^{T} e_t^2}\sqrt{\sum_{t=2}^{T} e_{t-1}^2}}. \tag{5.16}$$

由于 $\hat{\rho}$ 作为自相关系数 ρ 的估计值与样本量 T 有关, 因此, 我们不能仅根据 $\hat{\rho}$ 的估计值的大小来确定随机误差项是否存在自相关现象, 而需要通过做统计显著性检验才能确定自相关性是否存在. 下面我们就来介绍目前检验自相关性常用的 DW 检验方法.

第四, DW 检验法

DW 检验是由 J. Durbin 和 G. S. Watson 于 1951 年提出的一种检验序列自相关性的检验方法. DW 检验只能用于① 线性回归模型含有常数项; ② 解释变量是非随机的; ③ 随机误差项 ε_t 具有一阶自回归形式: $\varepsilon_t = \rho\varepsilon_{t-1} + u_t$, ④ 不能把滞后因变量作为解释变量放在线性回归模型中, 即不应出现下列形式: $y_t = \beta_0+\beta_1 x_{t1}+\cdots+\beta_p x_{tp}+\gamma y_{t-1}+\varepsilon_t$, ⑤ 统计数据比较完整, 没有缺失数据, 样本容量应充分大. DW 检验是计量经济学模型中检验自相关性的常用方法. 目前很多的统计软件, 如 SPSS、Eviews、Matlab 等都能计算 DW 统计量的值.

检验序列的自相关性其实就是要检验一阶自回归形式中的 ρ 是否等于零. 这样, 检验随机误差项的自相关性就等价于检验下面的假设问题:

$$H_0 : \rho = 0 \longleftrightarrow H_1 : \rho \neq 0.$$

为了用 DW 检验法构造检验假设 $H_0 : \rho = 0$ 的 DW 统计量, 我们首先用普通最小二乘估计法求出回归模型中随机误差项 ε_t 的估计值 $e_t = y_t - \hat{y}_t \ (t = 1, \cdots, T)$, 然后基于残差 e_t 定义如下形式的 DW 检验统计量

$$\mathrm{DW} = \frac{\sum_{t=2}^{T}(e_t - e_{t-1})^2}{\sum_{t=1}^{T} e_t^2}. \tag{5.17}$$

当 T 充分大时, 我们有

$$\sum_{t=2}^{T} e_t^2 \approx \sum_{t=2}^{T} e_{t-1}^2 \approx \sum_{t=1}^{T} e_t^2.$$

由式 (5.16)、式 (5.17) 和上式可得

$$\hat{\rho} \approx \frac{\sum_{t=2}^{T} e_t e_{t-1}}{\sum_{t=2}^{T} e_t^2}, \quad \mathrm{DW} \approx \frac{2\sum_{t=2}^{T} e_t^2 - 2\sum_{t=2}^{T} e_t e_{t-1}}{\sum_{t=2}^{T} e_t^2}.$$

综合以上两式可得

$$\mathrm{DW} \approx 2(1-\hat{\rho}).$$

由此可得 DW 值与 $\hat{\rho}$ 值之间的关系如表 5.9 所示：

表 5.9 DW 值与 $\hat{\rho}$ 值的对应关系

$\hat{\rho}$	DW	误差项的自相关性
-1	4	完全负自相关
$(-1,0)$	$(2,4)$	负自相关
0	2	无自相关
$(0,1)$	$(0,2)$	正自相关
1	0	完全正自相关

由表 5.9 可以看出, DW 统计量的取值范围为 $0 \leqslant \mathrm{DW} \leqslant 4$.

这里特别需要指出的是, 用来检验 $H_0: \rho=0$ 的 DW 统计量与前面介绍的检验回归系数显著性的 t 统计量不一样, DW 统计量没有唯一的临界值来帮助我们判断是接受还是拒绝原假设 $H_0: \rho=0$. 但它有一个临界值上限 d_{U} 和临界值下限 d_{L}. 将计算得到的 DW 值与其上下限值 d_{U} 和 d_{L} 进行比较以判断随机误差项是否存在自相关性. 不同样本容量 T 和解释变量个数 ν (包含常数项) 所对应的临界值 d_{U} 和 d_{L} 可查 DW 分布表得到. 其具体判断准则如表 5.10 所示.

表 5.10 自相关性判断准则

$0 \leqslant \mathrm{DW} \leqslant d_{\mathrm{L}}$	误差项 $\varepsilon_1,\cdots,\varepsilon_T$ 间存在正相关
$d_{\mathrm{L}} < \mathrm{DW} \leqslant d_{\mathrm{U}}$	不能判断是否有自相关
$d_{\mathrm{U}} < \mathrm{DW} < 4-d_{\mathrm{U}}$	误差项 $\varepsilon_1,\cdots,\varepsilon_T$ 间无自相关
$4-d_{\mathrm{U}} \leqslant \mathrm{DW} < 4-d_{\mathrm{L}}$	不能判断是否有自相关
$4-d_{\mathrm{L}} \leqslant \mathrm{DW} \leqslant 4$	误差项 $\varepsilon_1,\cdots,\varepsilon_T$ 间存在负相关

由图 5.9 可以看出, 当 DW 的值位于以 2 为中心的一个充分小的区间内, 我们无需查表就可得到结论：该线性回归模型的随机误差项不存在序列自相关性.

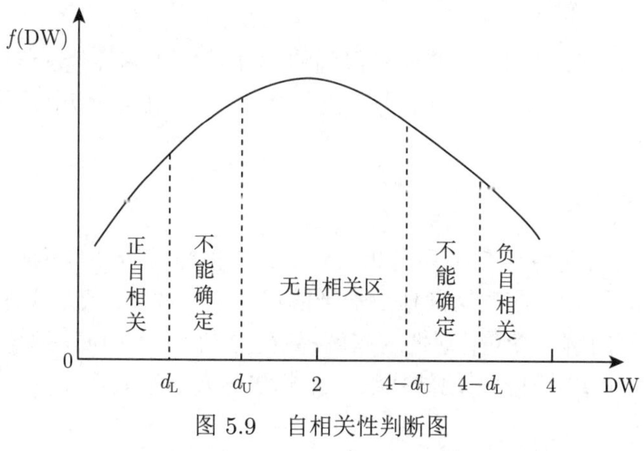

图 5.9 自相关性判断图

尽管 DW 检验法有着广泛的应用, 但它也存在以下四方面的不足.

(1) DW 检验有两个无法确定的区域, 一旦 DW 值落入这两个区域, 就无法判断模型的随机误差项是否存在序列自相关性. 这时, 我们可通过增大样本量或考虑其他方法来解决此问题.

(2) DW 分布表只给出了 $T > 15$ 的上、下限值, 这是因为样本若再小, 我们很难用残差对随机误差项的自相关的存在性做出比较正确的诊断.

(3) DW 检验不适用于随机误差项具有高阶序列相关性的检验.

(4) DW 检验只适用于有常数项的回归模型并且其解释变量中不含有滞后的因变量.

4. 拉格朗日乘数检验

拉格朗日乘数 (Lagrange multiplier) 检验克服了 DW 检验的缺陷, 它适合于高阶序列自相关性以及模型中存在滞后因变量的情况.

该检验法由布劳殊 (Breusch)-戈弗雷 (Godfrey) 于 1978 年提出的, 该检验也被称为 BG 检验.

对于线性回归模型 (5.1), 若其随机误差项的自相关形式为

$$\varepsilon_t = \rho_1\varepsilon_{t-1} + \rho_2\varepsilon_{t-2} + \cdots + \rho_k\varepsilon_{t-k} + u_t,$$

则没有自相关的假设问题为

$$H_0 : \rho_1 = \rho_2 = \cdots = \rho_k = 0 \longleftrightarrow \text{至少存在一个}\rho_j (j = 1, \cdots, k)\text{不为0.}$$

用 BG 检验法检验序列相关性的步骤如下:

(1) 用普通最小二乘估计法估计模型 (5.1) 中的参数 $\boldsymbol{\beta}$ 并求残差 e_t.

(2) 将残差 e_t 与残差滞后值 $e_{t-1}, e_{t-2}, \cdots, e_{t-k}$ 建立辅助回归模型, 并计算辅助回归模型的决定系数 R^2.

(3) 在大样本条件下, 有

$$\text{BG} = (T-k)R^2 \sim \chi^2(k).$$

(4) 对给定的显著性水平 α, 若计算得到的 BG 值大于临界值 $\chi^2_\alpha(k)$, 则拒绝原假设 $H_0 : \rho_1 = \rho_2 = \cdots = \rho_k = 0$, 认为至少存在一个 ρ_j $(j = 1, \cdots, k)$ 的值显著不为零, 即存在序列自相关性.

5. 自相关问题的处理

当一个线性回归模型存在序列自相关性时, 首先应该查明序列自相关性产生的原因. 若是模型选择不当, 则应改用其他更恰当的线性回归模型; 若是线性回归模型中漏掉了某个或某些重要的解释变量, 则把这些解释变量重新引入回归模型; 若不属于以上两种情况中的任何一种, 则需要采用迭代法、差分法等方法来处理.

(1) 广义差分法

为了简单起见, 我们以一元线性回归模型为例说明广义差分法的应用, 而对多元线性回归模型有类似的处理方法, 此处略.

假设一元线性回归模型的随机误差项存在一阶自相关, 即

$$y_t = \beta_0 + \beta_1 x_t + \varepsilon_t, \quad \varepsilon_t = \rho\varepsilon_{t-1} + u_t, \tag{5.18}$$

其中 u_t 满足 Gauss-Markov 假设条件.

由模型 (5.18) 可得

$$y_{t-1} = \beta_0 + \beta_1 x_{t-1} + \varepsilon_{t-1}. \tag{5.19}$$

用式 (5.18) 减去乘以 ρ 的式 (5.19) 可得

$$y_t - \rho y_{t-1} = (1-\rho)\beta_0 + \beta_1(x_t - \rho x_{t-1}) + (\varepsilon_t - \rho\varepsilon_{t-1}). \tag{5.20}$$

若令 $y_t^* = y_t - \rho y_{t-1}$, $x_t^* = x_t - \rho x_{t-1}$, $\beta_0^* = \beta_0(1-\rho)$ 以及 $\beta_1^* = \beta_1$, 则式 (5.20) 可表示为

$$y_t^* = \beta_0^* + \beta_1^* x_t^* + u_t. \tag{5.21}$$

通常称该模型为广义差分模型. 明显, 模型 (5.21) 中的随机误差项没有自相关性并且满足经典线性回归模型的基本假设了. 因此, 可用普通最小二乘估计法获得模型 (5.21) 中的 β_0^* 和 β_1^* 的最佳线性无偏估计. 尽管如此, 但在实际应用中 ρ 通常是未知的, 因此, 获得 y_t^* 和 x_t^* 的值几乎是不可能的. 为了解决这一问题, 我们可用 ρ 的估计值 $\hat{\rho} \approx 1 - \dfrac{1}{2}\mathrm{DW}$ 来代替 y_t^*, x_t^* 和 β_0^* 中的 ρ 以计算 y_t^* 和 x_t^* 的值, 然后用普通最小二乘估计法来估计模型 (5.21) 中的 β_0^* 和 β_1^*, 进而根据 β_0^* 和 β_1^* 与 β_0 和 β_1 它们之间的关系得到 β_0 和 β_1 的估计值. 基于获得的估计结果检验模型 (5.21) 是否还存在序列自相关性. 若模型 (5.21) 仍存在序列自相关性, 则重复上面的步骤直到模型已完全消除自相关性为止. 由于上面介绍的消除序列自相关性的方法是一个重复迭代的过程, 因此, 该方法又被称为迭代法.

注意在进行迭代过程中, 每迭代一次其样本容量将由 T 变为 $T-1$, 即少掉一个观测点. 如果样本容量很大, 减少一个观测点对估计结果影响并不大. 但是, 当样本容量较小时, 则对估计精度产生较大的影响. 此时, 可采用普莱斯-温斯滕 (Prais-Winsten) 变换, 将第一个观测点 (x_1, y_1) 变为 $(x_1\sqrt{1-\rho^2}, y_1\sqrt{1-\rho^2})$, 并将其补充到序列 y_t^* 和 x_t^* 中, 再使用普通最小二乘法估计模型 (5.21) 中的参数.

(2) 科克伦-奥克特 (Cochrane-Orcutt) 迭代估计 ρ

在上面介绍的广义差分方法中, 我们用 $\hat{\rho} \approx 1 - \dfrac{1}{2}\mathrm{DW}$ 去代替未知的 ρ 值. 事实上, 我们亦可用其他的方法给出 ρ 的更为精确的估计, 最常用的方法是科克伦-奥克特迭代法. 以一元线性回归模型为例说明科克伦-奥克特迭代法的应用. 其基本步骤如下:

(i) 用普通最小二乘估计估计原始模型得到估计的残差 e_t;

(ii) 根据估计的残差 e_t, 计算第一次 ρ 的估计值 $\hat{\rho} = \sum\limits_{t=2}^{T} e_t e_{t-1} \Big/ \sum\limits_{t=2}^{T} e_{t-1}^2$;

(iii) 利用 $\hat{\rho}$ 对模型进行广义差分变换, 并估计广义差分模型, 得到第二次估计的残差 e_t^* 和第二次对 ρ 的估计值 $\hat{\rho}$;

(iv) 重复步骤 (ii) 和 (iii) 两步, 直到前后两次估计结果比较接近为止.

6. 自相关问题案例分析

例 5.9 (续例 5.8) 由例 5.8 中的残差图 5.8 可以看出, 残差表现为某种变化趋势, 此即说明随机误差项存在自相关性. 为了定量分析该模型随机误差项是否存在序列自相关, 我们对表 5.10 的数据应用 R 软件计算了 DW 统计量. 程序如下:

```
>library(zoo)
>library(lmtest)
>yx=read.table("5.8.txt")
>y=yx[,1]
>x=yx[,2]
>lm.reg=lm(y~x)
>dwtest(lm.reg)
```

经计算 DW 统计量的值 DW $= 1.2529$, 查 DW 分布表中对应于 $n = 31, \nu = 2$, 显著性水平 $\alpha = 0.05$ 的上下限临界值得 $d_{\mathrm{L}} = 1.36, d_{\mathrm{U}} = 1.50$. 由 DW $= 1.2529 < d_{\mathrm{L}} = 1.36$ 知, 残差序列存在正的自相关性. 其自相关系数 ρ 的估计值为 $\hat{\rho} \approx 1 - \dfrac{1}{2}\mathrm{DW} = 0.37355$, 说明误差项存在中度自相关.

(1) 用广义差分法消除自相关性. 对表 5.10 中的数据 y_t 和 x_t 借助变换 $y_t^* = y_t - \hat{\rho} y_{t-1}, x_t^* = x_t - \hat{\rho} x_{t-1}$ 计算 y_t^* 和 x_t^* 的值, 见表 5.11 所示.

表 5.11 某地区居民收入与储蓄额广义差分数据

序号	y_t	x_t	y_t^*	x_t^*
1	264	8777		
2	105	9210	6.38280	5931.352
3	90	9954	50.77725	6513.604
4	131	10508	97.38050	6789.683
5	122	10979	73.06495	7053.737
6	107	11912	61.42690	7810.795
7	406	12747	366.03015	8297.272
8	503	13499	351.33870	8737.358
9	431	14269	243.10435	9226.449
10	588	15522	426.99995	10191.815
11	898	16730	678.35260	10931.757
12	950	17633	614.55210	11383.508
13	779	18575	424.12750	11988.193
14	819	19635	528.00455	12696.309
15	1222	21163	916.06255	13828.346
16	1702	22880	1245.52190	14974.561
17	1578	24127	942.21790	15580.176
18	1654	25604	1064.53810	16591.359
19	1400	26500	782.14830	16935.626
20	1829	27670	1306.03000	17770.925
21	2200	28300	1516.77705	17963.872
22	2017	27430	1195.19000	16858.535
23	2105	29560	1351.54965	19313.523
24	1600	28150	813.67725	17107.862
25	2250	32100	1652.32000	21584.567
26	2420	32500	1579.51250	20509.045

续表

序号	y_t	x_t	y_t^*	x_t^*
27	2570	35250	1666.00900	23109.625
28	1720	22500	759.97650	9332.362
29	1900	36000	1257.49400	27595.125
30	2100	36200	1390.25500	22752.200
31	2300	38200	1515.54500	24677.490

然后对数据集 $\{(x_t^*, y_t^*) : t = 1, \cdots, 30\}$ 建立一元线性回归, 并用普通最小二乘法拟合模型 (5.21), 其输出结果如下. 从输出结果知, 新回归模型 (5.21) 中的随机误差项不再具有序列相关性了, 这是因为模型 (5.21) 的 DW = 1.7533, 而对应于 $n = 30$, $\nu = 2$ 和显著性水平 $\alpha = 0.05$ 的 DW 分布的上下临界值为 $d_{\mathrm{L}} = 1.35, d_{\mathrm{U}} = 1.49$, DW 检验统计量的值 $> d_{\mathrm{U}}$. 可见, 广义差分法成功地消除了序列自相关性. 误差项 u_t 的标准差为 $\hat{\sigma}_u = 229.5$ 小于 ε_t 的标准差 $\hat{\sigma} = 244.5$.y_t^* 关于 x_t^* 的回归方程为 $\hat{y}_t^* = -357.7 + 0.08204x_t^*$. 将 $y_t^* = y_t - \hat{\rho}y_{t-1}, x_t^* = x_t - \hat{\rho}x_{t-1}$ 还原为原始变量的回归方程

$$\hat{y}_t = -668 + 0.08693x_t.$$

(2) 用科克伦-奥克特法消除自相关性;

```
>library(orcutt)
>cochrane.orcutt(lm.reg)
```

运行结果为

```
Cochrane.Orcutt
Call:
lm(formula = YB~XB - 1)

Residuals:
Min              1Q           Median       3Q          Max
-640.75          -150.80      -15.64       138.71      398.77
Coefficients:
                 Estimate     Std. Error   t value     Pr(>|t|)
XB(Intercept)    -450.80503   216.34024    -2.084      0.0464 *
XBx              0.07668      0.00841      9.118       7.1e-10 ***
...
Signif. codes:  0 '***' 0.001 '**' 0.01 '*' 0.05 '.' 0.1 " 1
Residual standard error: 228.6 on 28 degrees of freedom
Multiple R-squared: 0.9213, Adjusted R-squared: 0.9157
F-statistic: 163.9 on 2 and 28 DF,  p-value: 3.498e-16
rho
[1] 0.518639
number.interaction
[1] 77
```

5.7 多重共线性问题及其处理

5.5 节和 5.6 节对多元线性回归模型的随机误差项在违背同方差性假设和不相关性假设的情况下讨论其诊断方法和估计方法等问题. 无论是模型的异方差性还是序列自相关性都是针对模型的随机误差项而言的. 本节将讨论模型的解释变量违背基本假设的问题.

第 3 章在假设设计矩阵 $\boldsymbol{X}$ 的秩为 $p+1$(即矩阵 $(\boldsymbol{X})$ 为列满秩阵) 的情况下讨论多元线性回归模型的统计推断问题. 由矩阵论的知识知, 矩阵为列满秩阵即是表明矩阵 $\boldsymbol{X}$ 的列向量之间线性无关. 然而, 在实际应用中, 由于经济变量之间不是孤立的而是相互联系的, 致使设计阵 $\boldsymbol{X}$ 的列向量之间不可能完全线性无关. 很多情况下会遇见设计阵 $\boldsymbol{X}$ 的列向量之间存在多重共线性关系. 下面首先介绍一下多重共线性的概念.

多重共线性 (multicollinearity) 一词最初是由 Frish 于 1934 年在其论文《借助于完全回归系统的统计合流分析》中提出. 它的原义是指一个回归模型中的一些或全部解释变量之间存在着一种“完全”或准确的线性关系. 即存在不全为 0 的 $p+1$ 个数 c_0, c_1, c_2, $\cdots$, c_p 使得

$$c_0+c_1x_{i1}+c_2x_{i2}+\cdots+c_px_{ip}=0,\quad i=1,2,\cdots,n$$

则称自变量 $x_1,x_2,\cdots,x_p$ 之间存在着完全多重共线性关系. 然而, 在实际问题中完全的多重共线性并不多见, 一般出现的是在一定程度上的共线性, 即存在不全为 0 的 $p+1$ 个数 $c_0,c_1,c_2,\cdots,c_p$ 使得

$$c_0+c_1x_{i1}+c_2x_{i2}+\cdots+c_px_{ip}\approx 0,\quad i=1,2,\cdots,n,$$

则称自变量 $x_1,x_2,\cdots,x_p$ 之间存在着多重共线性又称为复共线性. 在对经济数据建模时, 多重共线性的情形很多, 如何诊断经济变量之间的多重共线性, 多重共线性情形会给多元线性回归分析带来什么的影响以及如何克服多重共线性的影响等问题将是本章要讨论的主要内容.

5.7.1 多重共线性产生的背景及原因

产生多重共线性的原因和背景很多, 其中最主要的因素包括以下三个方面:

(1) 经济变量之间的内在联系是产生多重共线性的根本原因. 解释变量之间完全不相关的情形是非常少见的. 特别是经济数据, 由于经济变量本身的性质, 导致其回归模型中的解释变量之间往往存在不同程度的线性关系. 下面通过几个实际例子来说明这一原因.

例如, 对某一行业的企业样本数据建立以产出量为因变量, 以资本、劳动力和技术等投入要素为自变量的企业生产函数模型. 由于这些投入要素的数量往往与产出量成正比, 产出量高的企业, 其投入的各要素都比较多, 这就使得各投入要素之间出现线性相关性. 若以简单线性关系作为模型的数学形式, 则多重共线性是难以避免的.

再如, 在建立某一地区服装需求函数模型时, 以服装需求量为因变量 y, 以收入 x_1, 服装价格 x_2 和其他商品价格指数 x_3 等为自变量. 从表面上看自变量 x_1, x_2 和 x_3 都是

影响服装需求量 y 的重要因素, 但建立 y 关于 x_1, x_2, x_3 的线性回归模型其拟合效果并不很好, 其原因是：商品价格与购买者的收入之间存在着一定的相关性, 这是因为高收入者经常在高档商场购买服装而低收入者一般在低档商场购买服装, 同样的服装对于不同收入的购买者而言其价格也不一样.

(2) 解释变量中含有滞后变量也会产生多重共线性. 例如, 以相对收入假设为理论假设, 以时间序列数据作样本建立如下居民消费函数模型：$C_t = \beta_0 + \beta_1 I_t + \beta_2 C_{t-1} + \varepsilon_t$ $(t = 1, 2, \cdots, n)$. 易见, 当期收入 I_t 与前期消费 C_{t-1} 之间具有较强的线性关系.

(3) 经济变量变化趋势的"共向性"也是自变量之间产生多重共线性的一个很重要的原因. 例如, 近年来我国的经济每年都以一定的速度在快速增长, 这种增长态势对各经济现象, 如房价、物价、居民收入、储蓄额以及消费等都产生了较大的正影响, 但这些经济指标之间又存在着较强的相关性, 从而, 导致以居民收入、消费、物价指数、房价为自变量建立研究居民储蓄状况的线性回归模型出现多重共线性.

这里所说的多重共线性基本上是一种样本现象. 因为我们在建立回归模型时, 总是尽量避免将理论上具有严格线性关系的变量作为自变量放在一起建模, 因此, 实际问题中的多重共线性并不是自变量之间存在理论上或实际上的线性关系所造成的, 而是由所收集的数据 (自变量观测值) 之间存在着近似的线性关系所致.

在对社会经济问题建模时, 由于研究问题本身的复杂性, 致使解释因变量的自变量不止一两个或许很多. 而由于建模者本身知识水平的局限性, 很难再这众多的自变量中找出一组既互不相关又对因变量有显著影响的自变量, 这样就不可避免地使得所选自变量之间存在相关关系. 一个自然的问题是：如何诊断线性回归模型存在多重共线性关系呢？当线性回归模型存在多重共线性时, 我们是否仍可用普通最小二乘估计法来估计模型中的参数？若不能, 我们又如何来解决这一问题呢？下面 5.7.2 小节和 5.7.3 小节我们将逐一讨论这些问题.

5.7.2 多重共线性对回归分析的影响

当线性回归模型存在多重共线性时, 若仍用普通最小二乘法估计模型参数, 则会产生以下不良后果：

(1) 完全共线性下模型参数的最小二乘估计量不存在.

假设线性回归模型

$$y_i = \beta_0 + \beta_1 x_{i1} + \beta_2 x_{i2} + \cdots + \beta_p x_{ip} + \varepsilon_i$$

存在完全多重共线性, 即存在不全为零的一组数 c_0, c_1, c_2, $\cdots$, c_p 使得

$$c_0 + c_1 x_{i1} + c_2 x_{i2} + \cdots + c_p x_{ip} = 0, \quad i = 1, 2, \cdots, n.$$

上式表明, 设计阵 $\boldsymbol{X}$ 的列向量之间存在线性相关关系, 这样设计阵 $\boldsymbol{X}$ 的秩 $\text{rank}(\boldsymbol{X}) < p+1$, 从而, 有 $|\boldsymbol{X}^{\mathrm{T}}\boldsymbol{X}| = 0$. 此式说明, $(\boldsymbol{X}^{\mathrm{T}}\boldsymbol{X})^{-1}$ 不存在. 于是, 线性回归模型中的参数 $\boldsymbol{\beta} = (\beta_0, \beta_1, \cdots, \beta_p)^{\mathrm{T}}$ 的最小二乘估计的表达式 $\hat{\boldsymbol{\beta}} = (\boldsymbol{X}^{\mathrm{T}}\boldsymbol{X})^{-1}\boldsymbol{X}^{\mathrm{T}}\boldsymbol{y}$ 亦不成立.

(2) 多重共线性下模型参数的最小二乘估计量非有效.

考虑 p 个自变量之间存在多重共线性的情况, 即存在不全为零的一组数 $c_0, c_1, c_2, \cdots, c_p$ 使得

$$c_0 + c_1 x_{i1} + c_2 x_{i2} + \cdots + c_p x_{ip} \approx 0, \quad i = 1, 2, \cdots, n.$$

尽管由它们构成的设计矩阵 $\boldsymbol{X}$ 的秩 $\mathrm{rank}(\boldsymbol{X}) = p + 1$ 成立, 但是此时 $|\boldsymbol{X}^{\mathrm{T}}\boldsymbol{X}| \approx 0$ 并且 $(\boldsymbol{X}^{\mathrm{T}}\boldsymbol{X})^{-1}$ 的主对角元很大. 从而, 在多重共线性假设下尽管我们仍可得到线性回归模型参数 $\boldsymbol{\beta}$ 的最小二乘估计量 $\hat{\boldsymbol{\beta}}$ 并且 $\boldsymbol{D}(\hat{\boldsymbol{\beta}}) \triangleq \mathrm{Var}(\hat{\boldsymbol{\beta}}) = \sigma^2(\boldsymbol{X}^{\mathrm{T}}\boldsymbol{X})^{-1}$ 仍然成立, 但是 $\hat{\boldsymbol{\beta}}$ 的方差阵 $D(\hat{\beta})$ 的主对角元亦很大, 而 $D(\hat{\boldsymbol{\beta}})$ 的主对角元, 即为 $\mathrm{Var}(\hat{\beta}_0), \mathrm{Var}(\hat{\beta}_1), \cdots, \mathrm{Var}(\hat{\beta}_p)$, 因而, $\beta_0, \beta_1, \cdots, \beta_p$ 的估计精度很低. 以上分析表明, 尽管我们用普通最小二乘估计仍能得到线性回归模型中参数 $\boldsymbol{\beta}$ 的无偏估计, 但其估计量 $\hat{\boldsymbol{\beta}}$ 的方差很大, 致使得到的最小二乘估计量非有效.

现以二元回归模型为例说明估计量的方差随自变量间相关性变化的情况. 考虑因变量 y 关于自变量 x_1 和 x_2 的线性回归模型, 其数据集为 $\{(x_{i1}, x_{i2}, y_i) : i = 1, 2, \cdots, n\}$. 假定 y_i, x_{i1} 和 x_{i2} 均已中心化, 此时二元线性回归模型的常数项为零, 其线性回归模型可表示为

$$\hat{y}_i = \hat{\beta}_1 x_{i1} + \hat{\beta}_2 x_{i2}.$$

若记 $L_{11} = \sum\limits_{i=1}^{n} x_{i1}^2$, $L_{12} = \sum\limits_{i=1}^{n} x_{i1}x_{i2}$, $L_{22} = \sum\limits_{i=1}^{n} x_{i2}^2$, 则自变量 x_1 和 x_2 之间的相关系数可表示为

$$r_{12} = \frac{L_{12}}{\sqrt{L_{11}L_{22}}}.$$

此外, 由 $\boldsymbol{X}^{\mathrm{T}}\boldsymbol{X} = \begin{pmatrix} L_{11} & L_{12} \\ L_{12} & L_{22} \end{pmatrix}$, 得

$$\begin{aligned}(\boldsymbol{X}^{\mathrm{T}}\boldsymbol{X})^{-1} &= \frac{1}{|\boldsymbol{X}^{\mathrm{T}}\boldsymbol{X}|}\begin{pmatrix} L_{22} & -L_{12} \\ -L_{12} & L_{11} \end{pmatrix} \\ &= \frac{1}{L_{11}L_{22} - L_{12}^2}\begin{pmatrix} L_{22} & -L_{12} \\ -L_{12} & L_{11} \end{pmatrix} \\ &= \frac{1}{L_{11}L_{22}(1 - r_{12}^2)}\begin{pmatrix} L_{22} & -L_{12} \\ -L_{12} & L_{11} \end{pmatrix}.\end{aligned}$$

于是, 由 $\mathrm{Var}(\hat{\boldsymbol{\beta}}) = \sigma^2(\boldsymbol{X}^{\mathrm{T}}\boldsymbol{X})^{-1}$ 以及上式可得

$$\mathrm{Var}(\hat{\beta}_1) = \frac{\sigma^2}{(1 - r_{12}^2)L_{11}}, \quad \mathrm{Var}(\hat{\beta}_2) = \frac{\sigma^2}{(1 - r_{12}^2)L_{22}}.$$

由上式容易看出, 随着自变量 x_1 与 x_2 的相关性增强 (即随着 r_{12} 的增大), $\hat{\beta}_1$ 和 $\hat{\beta}_2$ 的方差也将逐渐增大. 特别是, 当 x_1 与 x_2 完全相关 (即 $r_{12} = 1$) 时, 方差 $\mathrm{Var}(\hat{\beta}_1)$ 和 $\mathrm{Var}(\hat{\beta}_2)$ 将变为无穷大.

(3) 参数估计量的经济含义不合理, 变量的显著性检验失去意义. 对上面考虑的二元线性回归模型, 在假设 $\sigma^2/L_{11}=1$ 的条件下, 表 5.12 给出了 $\mathrm{Var}(\hat{\beta}_1)$ 随相关系数增加而增大的速度.

表 5.12 $\mathrm{Var}(\hat{\beta}_1)$ 与相关系数的变化关系

r_{12}	0.2	0.5	0.7	0.8	0.9	0.95	0.99	0.999	1.0
$\mathrm{Var}(\hat{\beta}_1)$	1.04	1.33	1.96	2.78	5.26	10.26	50.25	500.25	∞

由表 5.12 可知, 随着自变量 x_1 与 x_2 之间的相关性增强, $\hat{\beta}_1$ 和 $\hat{\beta}_2$ 的方差将增大, 回归系数的置信区间将变得很宽, 估计的精确性就大幅度降低, 估计值的稳定性也将降低, 致使一些高度显著的回归系数通不过显著性检验, 回归系数的正负号也有可能出现反常现象, 例如, 本来应该是正的, 其结果恰是负的, 无法对回归模型得到合理的经济解释, 这样就直接影响到最小二乘估计法的应用效果, 降低回归模型的应用价值.

(4) 模型的预测功能失效. 以上讨论告诉我们, 在利用最小二乘法对线性回归模型进行分析时, 应尽可能地避免多重共线性. 在利用线性回归模型去预测经济指标时, 只要能保证自变量的相关类型在预测时期内保持不变, 即预测时期自变量间仍具有当初建模时数据的联系特征, 即使回归模型中包含有严重多重共线性的变量也可得到较好的预测效果; 后者, 多重共线性将会对回归预测产生严重的影响, 即是说导致模型的预测功能失效.

5.7.3 多重共线性的诊断

由前面的分析知, 当线性回归模型的自变量之间存在很强的线性相关 (即自变量之间存在着多重共线性) 关系时, 随着自变量之间相关系数的增加, 一些高度显著的自变量的方差将增大致使其所对应的回归系数不能通过显著性检验, 甚至出现有的回归系数所带符号与其实际经济意义不相符. 目前已有很多关于多重共线性的诊断方法, 下面我们只介绍几种常用的方法.

1. *样本决定系数检验法*

记多元线性回归模型 (5.1) 的样本决定系数为 R_y^2. 在回归模型 (5.1) 中依次删除自变量 $x_1, x_2, \cdots, x_p$ 后, 我们得到 p 个新的回归模型. 对这 p 个新回归模型中的每一个分别应用最小二乘法拟合它们, 并求出它们各自的样本决定系数 R_i^2 $(i=1,2,\cdots,p)$, 记它们中最大的一个样本决定系数为 R_x^2. 若 R_x^2 与 R_y^2 非常接近, 则表明对应于 R_x^2 的自变量在模型中对样本决定系数的影响不大, 即是说该自变量对因变量总变异的解释能力可由其他自变量代替. 它很有可能是其他自变量的线性组合. 因此, 该自变量进入模型后就有可能引起多重共线性问题. 该方法的缺陷是：如何定量刻画两个量之间的接近程度存在主观性.

或者, 依次以 p 个自变量中的每一个自变量 (例如, x_j) 为因变量, 以除该选定的因变量外的其他 $p-1$ 个自变量为解释变量建立新的回归模型, 应用最小二乘法拟合该新回归模型并计算其样本决定系数 (记为 R_j^2 $(j=1,2,\cdots,p)$). 记这 p 个样本决定系数中最大的一个样本决定系数为 R_m^2(即对应于以 x_m 为因变量的回归模型). 若 R_m^2 的值很大, 则说明自变量 x_m 可用其他自变量的线性组合表示, 即 x_m 与其他自变量之间存在共线性关系.

2. 逐步回归诊断法

以 y 为因变量, 逐个引入自变量, 构成回归模型并应用最小二乘法拟合该回归模型. 根据样本决定系数的变化决定新引入的变量是否可以用其他自变量的线性组合代替, 而不作为独立的自变量. 若样本决定系数变化显著, 则说明新引入的变量是一个独立的自变量; 若其变化不显著, 则说明新引入的变量不是一个独立的自变量, 它可用其他变量的线性组合代替, 即是说它与其他变量之间存在共线性关系.

3. 方差膨胀因子诊断法

为了引入方差膨胀因子的概念, 我们首先对自变量作中心标准化处理, 得到中心标准化后的回归设计阵 $\boldsymbol{X}^*$. 则由第 3 章的讨论知 $\boldsymbol{X}^{*\mathrm{T}}\boldsymbol{X}^* = (r_{ij})$ 为自变量 $x_1, \cdots, x_p$ 的相关阵. 记 $\boldsymbol{C} = (c_{ij}) = (\boldsymbol{X}^{*\mathrm{T}}\boldsymbol{X}^*)^{-1}$ 并称矩阵 $\boldsymbol{C}$ 的主对角线元素 $\mathrm{VIF}_j = c_{jj}$ 为自变量 x_j 的方差膨胀因子 (variance inflation factor, VIF). 根据 $D(\hat{\boldsymbol{\beta}}) = \sigma^2(\boldsymbol{X}^{\mathrm{T}}\boldsymbol{X})^{-1}$ 可知

$$\mathrm{Var}(\hat{\beta}_j) = c_{jj}\sigma^2/L_{jj}, \quad j = 1, \cdots, p,$$

其中, L_{jj} 为 x_j 的离差平方和. 由前面的分析知, 一旦数据获得, σ^2/L_{jj} 就确定了, 从而, $\hat{\beta}_j$ 的方差就取决于 c_{jj} 了. 因而, 用 c_{jj} 作为度量自变量 x_j 的方差膨胀程度的因子是非常合适的且恰当的. 记 R_j^2 为自变量 x_j 对其余 $p-1$ 个自变量的样本决定系数, 可以证明

$$c_{jj} = \frac{1}{1 - R_j^2} \triangleq \frac{1}{\mathrm{Tol}_j}, \tag{5.22}$$

其中, $\mathrm{Tol}_j = 1 - R_j^2$ 称为自变量 x_j 的容忍度 (tolerance). 上式亦可用作方差膨胀因子 VIF_j 的定义, 由上式可知 $\mathrm{VIF}_j \geqslant 1$.

由于 R_j^2 度量了自变量 x_j 与其余 $p-1$ 个自变量之间的线性相关程度, R_j^2 越大, 这种相关程度越强, 则说明自变量 $x_1, \cdots, x_p$ 之间的多重共线性就越严重, R_j^2 也越接近于 1, VIF_j 也就越大. 反之, 若 x_j 与其余 $p-1$ 个自变量之间的线性相关程度越弱, 则自变量 $x_1, \cdots, x_p$ 之间的多重共线性也就越弱, 从而, R_j^2 也就越接近于零, 这样 VIF_j 的值也就越接近于 1. 由此可见, VIF_j 的大小反映了自变量 $x_1, \cdots, x_p$ 之间的多重共线性的严重程度, 因此, 用它来度量多重共线性的严重程度是合理的.

用方差膨胀因子 VIF_j 作为诊断自变量 $x_1, \cdots, x_p$ 之间是否存在多重共线性的准则是：当 $\mathrm{VIF}_j \geqslant 10$ 时, 则说明自变量 x_j 与其余 $p-1$ 个自变量之间存在严重的多重共线性. 也可用 p 个自变量所对应的方差膨胀因子的平均数来度量它们之间的多重共线性关系. 其判断准则为：当

$$\overline{\mathrm{VIF}} = \frac{1}{p}\sum_{j=1}^{p} \mathrm{VIF}_j$$

远远大于 1 时, 则表明自变量 $x_1, \cdots, x_p$ 之间存在严重的多重共线性问题.

由式 (5.22) 知, 当线性回归模型中只含两个自变量 x_1 和 x_2 时, 要判断 x_1 和 x_2 之间是否存在多重共线性, 其实就是要计算变量 x_1 对变量 x_2 的样本决定系数 R_{12}^2, 如果 R_{12}^2 很大, 则认为 x_1 与 x_2 之间有可能存在严重的多重共线性. 这里 R_{12}^2 多大才认为是很大呢? 这很难下结论, 因为 R_{12}^2 还与样本容量 n 有关. 通常情况下, 当样本容量 n 较小时, R_{12}^2 很容易接近于 1, 例如, 当 $n=2$ 时, $R_{12}^2 \equiv 1$, 这是因为任意两点总能连成一条直线. 因此, 当样本容量 n 不很小而 R_{12}^2 又非常接近于 1 时, 我们可以肯定地认为 x_1 与 x_2 之间存在严重的多重共线性.

例 5.10 某种水泥在凝固时单位质量所释放的热量为 Y 卡/克, 它与水泥中四种化学成分有关, 即 x_1 : $3CaO \cdot Al_2O_3$ 的成分 (%), x_2 : $3CaO \cdot SiO_2$ 的成分 (%), x_3 : $4CaO \cdot Al_2O_3 \cdot Fe_2O_3$ 的成分 (%), x_4 : $2CaO \cdot SiO_2$ 的成分 (%). 共观测了 13 组数据, 见表 5.13 所示. 试对自变量的共线性进行诊断.

表 5.13 水泥数据

序号	x_1	x_2	x_3	x_4	y
1	7	26	6	60	78.5
2	1	29	15	52	74.3
3	11	56	8	20	104.3
4	11	31	8	47	87.6
5	7	52	6	33	95.9
6	11	55	9	22	109.2
7	3	71	17	6	102.7
8	1	31	22	44	72.5
9	2	54	18	22	93.1
10	21	47	4	18	115.9
11	1	40	23	34	83.8
12	11	66	9	12	113.3
13	10	68	8	12	109.4

解 输入数据, 并将上述数据保存为 “5.10.txt”. 则回归分析的 R 程序如下:

```
>yx=read.table("5.10.txt")
>x1=yx[,1]
>x2=yx[,2]
>x3=yx[,3]
>x4=yx[,4]
>y=yx[,5]
>cement=data.frame(x1,X2,X3,X4,y)
>1m.reg-1m(y~ x1+x2+x3+X4, data=cement)
>summary(1m.reg)
```

结果显示为

```
Call:
lm(formula=y~x1 + x2 + x3 + x4, data=cement)
```

```
Residuals:
Min            1Q         Median       3Q        Max
-3.2777        -1.3956    -0.2374      1.1650    4.0379
Coefficients:
               Estimate   Std. Error   t value   Pr(>|t|)
(Intercept)    64.8044    22.8867      2.832     0.02210 *
x1             1.4805     0.3598       4.115     0.00337 **
x2             0.4918     0.2285       2.153     0.06351 .
x3             0.0510     0.3299       0.155     0.88097
x4             -0.1563    0.2120       -0.737    0.48205
...
Signif. codes:  0 '***' 0.001 '**' 0.01 '*' 0.05 '.' 0.1 '' 1
Residual standard error: 2.373 on 8 degrees of freedom
Multiple R-squared: 0.9834, Adjusted R-squared: 0.9751
F-statistic: 118.6 on 4 and 8 DF,  p-value: 3.736e-07
```

因此, 在显著性水平 $\alpha = 0.05$ 下, 仅有 x_1 是显著的. 看一下变量 x_1, x_2, x_3, x_4 的方差膨胀因子.

```
>library(DAAG)
>vif(lm.reg, digit=3)
```

运行结果为

```
x1      x2      x3      x4
9.54    26.90   9.51    31.40
```

由于 x_2 与 x_4 的方差膨胀因子均大于 10, 因此他们之间可能存在共线性性. 由命令

```
>cor(x2, x4)
[1] -0.94797
```

可知它们之间的线性相关系数达到-0.94797, 从而可以肯定它们之间的确存在严重的共线性关系.

4. 特征根与条件数诊断法

(1) 特征根诊断法

根据矩阵行列式的性质知, 矩阵的行列式等于其特征根的连乘积. 因此, 若行列式 $|\boldsymbol{X}^{\mathrm{T}}\boldsymbol{X}| \approx 0$ 时, 则矩阵 $\boldsymbol{X}^{\mathrm{T}}\boldsymbol{X}$ 至少存在一个特征根近似为零. 反之, 若 $\boldsymbol{X}^{\mathrm{T}}\boldsymbol{X}$ 至少有一个特征根近似为零时, 则 $\boldsymbol{X}$ 的列向量之间必存在多重共线性. 其理由如下.

记 $\boldsymbol{X} = (\boldsymbol{X}_0, \boldsymbol{X}_1, \cdots, \boldsymbol{X}_p)$, 其中, $\boldsymbol{X}_i\ (i = 0, 1, \cdots, p)$ 为 $\boldsymbol{X}$ 的列向量, $\boldsymbol{X}_0$ 为元素全为 1 的 n 维列向量. 设 λ 为矩阵 $\boldsymbol{X}^{\mathrm{T}}\boldsymbol{X}$ 的一个近似为零的特征根 (即 $\lambda \approx 0$), $\boldsymbol{c} = (c_0, c_1, \cdots, c_p)^{\mathrm{T}}$ 为矩阵 $\boldsymbol{X}^{\mathrm{T}}\boldsymbol{X}$ 的对应于特征根 λ 的单位特征向量, 则根据特征根的定义有

$$\boldsymbol{X}^{\mathrm{T}}\boldsymbol{X}\boldsymbol{c} = \lambda\boldsymbol{c} \approx 0.$$

上式两边同左乘 $\boldsymbol{c}^{\mathrm{T}}$ 得

$$\boldsymbol{c}^{\mathrm{T}}\boldsymbol{X}^{\mathrm{T}}\boldsymbol{X}\boldsymbol{c}=(\boldsymbol{X}\boldsymbol{c})^{\mathrm{T}}(\boldsymbol{X}\boldsymbol{c})\approx 0.$$

由上式可得 $\boldsymbol{X}\boldsymbol{c}\approx 0$, 此式表明：$c_0\boldsymbol{X}_0+c_1\boldsymbol{X}_1+\cdots+c_p\boldsymbol{X}_p\approx 0$. 其分量表示为

$$c_0+c_1x_{i1}+c_2x_{i2}+\cdots+c_px_{ip}\approx 0,\quad i=1,2,\cdots,n.$$

上式正好是自变量 $x_1,\cdots,x_p$ 之间的多重共线性的定义式.

如果矩阵 $\boldsymbol{X}^{\mathrm{T}}\boldsymbol{X}$ 有 m 个特征根近似为零 (不妨设最小的 m 个特征根 $\lambda_{p-m+1},\cdots,\lambda_p$ 近似为零), 则由上面的证明过程知, 对 m 个近似为零的特征根中的每一个特征根, 我们都可取 $\boldsymbol{c}$ 为该特征根所对应的标准正交化特征向量. 这一事实表明, 若矩阵 $\boldsymbol{X}^{\mathrm{T}}\boldsymbol{X}$ 有 m 个特征根接近于零, 则 $\boldsymbol{X}$ 就有 m 个多重共线性关系, 并且这 m 个多重共线性关系的系数向量就等于这 m 个接近于零的特征根所对应的标准正交化特征向量.

例 5.11 (续例 5.10) 试用求矩阵特征值的方法分析出自变量间的共线性关系.

解 由自变量 x_1,x_2,x_3,x_4 中心化和标准化得到的矩阵实质就是由这些自变量生成的相关矩阵, 再用 eigen() 函数求出矩阵的最小特征值和特征向量. 求解问题的 R 程序如下:

```
>X=cbind(rep(1,13),x1,x2,x3,x4)
>pho=cor(t(X)%*%(X))
>eigen(pho)
```

运行结果为

```
values
[1]4.816480e+00 1.573681e-01 2.602262e-02 1.293356e-04 -1.479600e-16
vectors

        [,1]         [,2]          [,3]          [,4]         [,5]
[1,]    -0.4556017   -0.03029168   -0.05478837   0.2282339    0.85814744
[2,]    -0.4473876   -0.39594276   0.65772282    -0.4498894   -0.08985491
[3,]    -0.4486130   -0.43345605   -0.20081450   0.6201424    -0.43122982
[4,]    -0.4527471   0.08479926    -0.66604570   -0.5726530   -0.12759624
[5,]    -0.4313211   0.80451021    0.28364696    0.1816611    -0.23080102
```

得到

$$\lambda_{min}=-1.479600\times 10^{-16},$$

$$\varphi=(0.85814744,-0.08985491,-0.43122982,-0.12759624,-0.23080102)^{\mathrm{T}}.$$

所以存在着 c_0,c_1,c_2,c_3,c_4 使得

$$c_1x_1+c_2x_2+c_3x_3+c_4x_4\approx c_0.$$

这说明变量 x_1,x_2,x_3,x_4 存在着多重共线性.

(2) 条件数

由前面的特征根分析过程知, 矩阵 $\boldsymbol{X}^{\mathrm{T}}\boldsymbol{X}$ 有多少个特征根接近于零, $\boldsymbol{X}$ 就有多少个多重共线性关系. 这一事实表明, 判断 $\boldsymbol{X}$ 的列向量之间存在多少个多重共线性关系等价于判断矩阵 $\boldsymbol{X}^{\mathrm{T}}\boldsymbol{X}$ 存在多少个近似等于零的特征根. 这里一个很自然的问题是：如何判断特征根近似为零呢? 这可用下面介绍的条件数来确定.

假设矩阵 $\boldsymbol{X}^{\mathrm{T}}\boldsymbol{X}$ 的 p 个特征根分别为 $\lambda_1,\lambda_2,\cdots,\lambda_p$, 其中, 最大特征根为 λ_m. 称

$$\kappa_j=\sqrt{\frac{\lambda_m}{\lambda_j}},\quad j=1,2,\cdots,p$$

为特征根 λ_j 的条件数 (condition index).

易见, 当矩阵 $\boldsymbol{X}^{\mathrm{T}}\boldsymbol{X}$ 的某个特征根 (例如, λ_j) 非常接近于零时, 则该特征根所对应的条件数 κ_j 就也趋向于无穷大, 因而, 线性回归模型就存在越严重的多重共线性. 因此, 条件数度量了矩阵 $\boldsymbol{X}^{\mathrm{T}}\boldsymbol{X}$ 的特征根近似为零的程度, 可以用它来判断多重共线性是否存在以及多重共线性的严重程度. 其判定准则如下：当 $0<\kappa<10$ 时, 则设计矩阵 $\boldsymbol{X}$ 不存在多重共线性; 当 $10\leqslant\kappa<100$ 时, 则认为设计阵 $\boldsymbol{X}$ 存在较强的多重共线性; 当 $\kappa\geqslant 100$ 时, 则认为设计阵 $\boldsymbol{X}$ 存在严重的多重共线性.

例 5.12 (续例 5.10) 试用求条件数的方法分析出自变量间的共线性关系.

解 R 程序如下:

```
>X=cbind(rep(1,13),x1,x2,x3,x4)
>pho=cor(t(X)%*%(X))
>kappa(pho, exact=TRUE)
```

得到条件数是 $k=2.21257e+16>1000$, 认为有严重的多重共线性.

5. 直观诊断法

上面几种方法是专门为诊断多个自变量之间是否存在多重共线性而提出来的, 相对于这几种方法, 还有一些在建模过程中比较直观的但非正规的诊断多重共线性的方法. 下面我们便来介绍它们.

(1) 当剔除所研究的这 p 个自变量中的某一个自变量时, 回归系数的估计值发生较大变化, 则认为该回归模型存在严重的多重共线性.

(2) 根据经济理论或实际经验认为, 一些自变量是重要的但在回归模型的显著性检验中没有通过显著性检验, 则可初步断定该回归模型存在严重的多重共线性.

(3) 一些自变量所对应的回归系数的估计值所带正负号与经济理论或经验结果不相吻合, 则可认为该回归模型存在多重共线性.

(4) 在自变量的样本相关矩阵中, 当自变量之间的相关系数较大时, 则认为该回归模型可能存在多重共线性问题.

(5) 根据经济理论或实际经验认为, 一些自变量是重要的但当它的回归系数的标准误差较大时, 则认为该回归模型有可能存在着多重共线性.

5.7.4 消除多重共线性的方法

若借助 5.7.3 小节介绍的方法发现线性回归模型 (5.1) 中的 p 个自变量之间存在严重的多重共线性, 则需想方设法消除它们之间的多重共线性关系. 目前人们已经提出了许多消除线性回归模型中自变量之间的多重共线性的方法, 但这里我们仅介绍几种常用的方法.

1. 剔除引起多重共线性的自变量

在对社会经济问题建立回归模型过程中, 由于我们认识水平的局限性, 通常将影响因变量的所有可能的因素都考虑进来, 从而导致考虑过多的自变量. 由于经济变量之间的相互内在联系, 致使基于这些过多的自变量所建立的回归模型受到多重共线性的影响. 此时, 最简便的办法就是借助 5.7.3 小节介绍的诊断方法找出引起多重共线性的自变量, 然后将它从所考虑的线性回归模型中剔除掉, 再基于剩余的自变量建立新的回归模型, 再判断新的回归模型是否还存在多重共线性, 直到所建回归模型不再存在多重共线性为止.

2. 增大样本容量

当对一个社会经济问题建立回归模型时, 如果所收集的样本数据太少很容易产生多重共线性. 现以二元线性回归模型为例来说明这一点. 由 5.7.2 小节的讨论知, 二元线性回归模型 $y_i = \beta_1 x_{i1} + \beta_2 x_{i2} + \varepsilon_i$ (这里 y, x_1 和 x_2 均已中心化) 参数 β_1 和 β_2 的最小二乘估计量的方差可表示为

$$\mathrm{Var}(\hat{\beta}_1) = \frac{\sigma^2}{(1-r_{12}^2)L_{11}}, \quad \mathrm{Var}(\hat{\beta}_2) = \frac{\sigma^2}{(1-r_{12}^2)L_{22}}, \tag{5.23}$$

其中, r_{12} 为自变量 x_1 和 x_2 之间的相关系数, $L_{11} = \sum_{i=1}^{n} x_{i1}^2$ 和 $L_{22} = \sum_{i=1}^{n} x_{i2}^2$. 由式 (5.23) 可以看出, 当 r_{12} 的值固定不变时, 若增大样本容量 n 的值, 则 L_{11} 和 L_{22} 的值也会增大, 这样方差 $\mathrm{Var}(\hat{\beta}_1)$ 和 $\mathrm{Var}(\hat{\beta}_2)$ 均会减小, 从而降低了多重共线性对回归模型统计推断的影响. 由此可见, 增大样本容量可在一定程度上消除回归模型中自变量之间的多重共线性.

在实际建模中, 当所选的自变量个数接近于样本容量 n 时, 自变量之间就容易产生多重共线性关系. 因此, 在运用回归分析研究社会经济问题时, 要尽可能地使样本容量 n 远远大于自变量个数 p. 然而, 我们注意到当自变量本身存在多重共线性时, 理论上说增加再多的样本容量都不可能降低自变量之间的多重共线性关系. 同时, 在一些社会经济问题中增大样本容量或许是不现实的, 这是因为在这些社会经济问题中一些自变量是不受控制的, 或由于种种原因不可能再得到更多的样本数据. 同时, 在一些情况下, 虽然可以适当增加一些样本数据, 但由于自变量个数较多, 往往很难确定增加多少样本数据才能克服自变量之间的多重共线性. 有时, 尽管我们增加了新的样本数据, 但新的样本数据有可能距离原样本数据的平均值较远, 从而产生一些新的问题, 使得模型的拟合效果变差. 这样一来, 我们不但没有收到增加新的样本数据所带来的期望效果, 反而产生了新

的问题, 例如, 人力、物力和财力的增加等. 这些事实告诉我们, 尽管在一些情况下, 我们可以通过增大样本数据来降低自变量之间的多重共线性, 但要根据研究的具体问题来确定是否采用这一方法.

尽管增加样本量的方法或许不能消除线性回归模型中的多重共线性, 但的确能消除多重共线性造成的后果, 即减少参数估计量的方差.

3. 变换模型形式

当线性回归模型存在多重共线性时, 我们可将原来设定的线性回归模型形式作适当的变换, 这样可有效地消除或减弱原模型中自变量之间的相关性, 从而降低模型的多重共线性对回归推断的影响. 一般的变换方法有：① 变换模型的函数形式, 如把线性回归模型变换为对数线性回归模型等; ② 变换模型的变量形式, 如差分变换和对变量作对数变换等. 以差分变换为例, 对变量进行差分可减弱多重共线性, 这是因为增量之间的相关性往往要低于水平值之间的相关性.

4. 回归系数的有偏估计

消除多重共线性对回归模型分析的影响是近 40 年来统计学家们关注的热点课题之一, 除了以上介绍的几种广为使用的方法外, 统计学家还致力于改进普通最小二乘法, 并且提出了以损失无偏性为代价的, 如岭回归法、主成分法、偏最小二乘法等方法, 这些方法近年来已在社会经济问题中得到了很好的应用, 而且随着计算机的快速发展, 这些方法已在信息工程等领域也得到了很好的应用.

5.7.5　多重共线性实例分析

例 5.13　表 5.14 给出了我国 1991~2006 年猪肉价格及其影响因素数据. 在这个数据集中, y 表示猪肉价格 (元/kg), x_1 表示 CPI, x_2 表示人口数 (亿), x_3 表示年末存栏

表 5.14　我国 1991~2006 年猪肉价及其影响因素

年份	时间	y	x_1	x_2	x_3	x_4	x_5	x_6
1990	1	9.84	103.1	14.39	36241	1510.2	686.7	2281
1991	2	10.32	103.4	12.98	36965	1700.6	590	2452
1992	3	10.65	106.4	11.60	38421	2026.6	625	2635
1993	4	10.49	114.7	11.45	39300	2577.4	726.7	2854
1994	5	9.16	124.1	11.21	41462	3496.2	1004.2	3205
1995	6	10.18	117.1	10.55	44169	4283	1576.7	3648
1996	7	14.96	107.9	10.42	36284	4838.9	1481.7	3158
1997	8	11.81	102.8	10.06	40035	5160.3	1150.8	3596
1998	9	10.77	99.2	9.14	42256	5425.1	1269.2	3884
1999	10	8.38	98.6	8.18	43020	5854	1092.5	3891
2000	11	8.74	100.4	7.58	44682	6280	887.5	4031
2001	12	10.18	100.7	6.95	45743	6859.6	1060	4184
2002	13	9.85	99.2	6.45	46292	7702.8	1033.3	4327
2003	14	10.7	101.2	6.01	46602	8472.2	1087.5	4519
2004	15	13.97	103.9	5.87	48189	9421.6	1288.3	4702
2005	16	13.39	101.8	5.89	50335	10493	1229.2	5011
2006	17	14.03	101.5	5.28	49441	13172	1280	5197

量 (万头), x_4 表示城镇居民可支配收入, x_5 表示玉米价格 (元/吨), x_6 表示猪肉生产量 (万吨).

记 $y_i^* = \log y_i, z_{i1} = \log x_{i1}, z_{i2} = \log x_{i2}, \cdots, z_{i6} = \log x_{i6}$. 对表 5.14 的数据集建立 y_i^* 关于 $z_{i1}, z_{i2}, \cdots, z_{i6}$ 的线性回归模型:

$$y_i^* = \beta_0 + \beta_1 z_{i1} + \beta_2 z_{i2} + \beta_3 z_{i3} + \beta_4 z_{i4} + \beta_5 z_{i5} + \beta_6 z_{i6} + \varepsilon_i, \quad i = 1, \cdots, 17. \tag{5.24}$$

下面我们用这一数据例子来分析 6 个自变量之间是否存在多重共线性问题, 以及处理多重共线性问题的方法的应用.

基于表 5.14 中的数据集考虑 y^* 与 $z_1, z_2, \cdots, z_6$ 的普通最小二乘回归分析, R 软件的命令如下:

```
>yx=read.table("5.13.txt")
>z1=log(yx[,2])
>z2=1og(yx[,3])
>z3=1og(yx[,4])
>z4=1og(yx[,5])
>z5=1og(yx[,6])
>z6=1og(yx[,7])
>y*=10g(yx[,1])
>1m.reg=lm(y*~z1+z2+z3+Z4+Z5+z6)
```

得到 y_i^* 关于 $z_{i1}, z_{i2}, \cdots, z_{i6}$ 的普通最小二乘回归模型:

$$\hat{y}_i^* = 15.035 + 0.2658 z_{i1} - 0.895 z_{i2} + 0.0858 z_{i3} + 0.461 z_{i4} + 0.421 z_{i5} - 2.404 z_{i6}. \tag{5.25}$$

另外, 为了考虑多重共线性, 使用命令:

```
>summary(1m.reg)
>library(DAAG)
>vif(1m.reg, digit=3)
```

运行结果为

```
z1    z2     z3     z4      z5    z6
2.92  66.30  73.40  315.00  7.47  385.00
```

由上面结果可以看出, 自变量 z_2, z_3, z_4 和 z_6 的方差膨胀因子很大, 分别为 $\text{VIF}_2 = 66.3$, $\text{VIF}_3 = 73.4$, $\text{VIF}_4 = 315$ 和 $\text{VIF}_6 = 385$, 远远超过 10, 则说明模型 (5.25) 存在严重的多重共线性.z_4 和 z_6 二者的简单相关系数 $r_{46} = 0.987$, 此值表明: 变量 z_4 和 z_6 高度相关. 另外, 自变量的条件数为 $\kappa = 1.55469e + 16$, 远远大于 100, 则进一步说明模型 (5.25) 存在严重的多重共线性.

复习思考题

1. 简述什么是异方差? 为什么异方差的出现总是与模型中某个解释变量的变化有关?

2. 归纳书中所介绍的检验异方差的方法之基本思想.

3. 什么是加权最小二乘法, 它的基本思想是什么?

4. 判断下列说法是否正确, 并简要回答为什么:

(1) 当异方差出现时, 最小二乘估计是有偏的和方差非有效;

(2) 当异方差出现时, 常用的 t 和 F 检验失效;

(3) 在异方差情况下, 普通最小二乘估计一定高估了估计量的标准差;

(4) 如果普通最小二乘估计回归的残差表现出系统性, 则说明数据中有异方差性;

(5) 如果一个回归模型遗漏了一个重要变量, 则普通最小二乘估计的残差必定表现出明显的样式;

(6) 如果模型漏掉一个有非恒定方差的回归元, 则残差将会呈异方差.

5. 什么是序列相关? 回归模型产生自相关的原因是什么?

6. 怎样认识用一阶自回归表示序列的相关? 简述 DW 检验的应用条件.

7. 设模型为

$$I_t = \beta_0 + \beta_1 \gamma_t + \varepsilon_t, \quad \varepsilon_t = \rho \varepsilon_{t-1} + u_t,$$

其中, I_t 表示投资, γ_t 表示利息率, u_t 为随机误差项且有如下特性: $E(u_t) = 0$, $E(u_s u_t) = 0(s \neq 0)$, $\text{Cov}(u_t, u_{t-1}) = 0$, $E(u_t^2) = \sigma_u^2$, u_t 服从正态分布. 试求 ρ 的估计量, 并最终得出消除序列相关的估计量的计算步骤.

8. 多重共线性产生的原因是什么?

9. 证明性质 3 的结论.

10. 证明定理 5.4 的结论.

11. 检验多重共线性的方法思路是什么? 有哪些克服方法?

12. 考虑以下模型:

$$Y_t = \beta_1 + \beta_2 X_t + \beta_3 X_{t-1} + \beta_4 X_{t-2} + \beta_5 X_{t-3} + \beta_6 X_{t-4} + u_t,$$

其中, Y 表示消费, X 表示收入, t 表示观测时间. 上述模型假设了时间 t 的消费支出不仅是时间 t 的收入而且是以前多期收入的函数. 例如, 1976 年第一季度的消费支出是同季度收入和 1975 年的四个季度收入的函数. 这个模型称为分布滞后模型 (distributed lag models).

(1) 你预期在这类模型中有多重共线性吗? 为什么?

(2) 如果预期有多重共线性, 你会怎么样解决这个问题?

13. 已知回归模型 $E = \alpha + \beta N + \mu$, 式中, E 为某类公司一名新员工的起始薪金 (元), N 为所受教育水平 (年). 随机扰动项 μ 的分布未知, 其他所有假设都满足.

(1) 从直观及经济角度解释 α 和 β.

(2) 普通最小二乘估计量 $\hat{\alpha}$ 和 $\hat{\beta}$ 满足线性、无偏性及有效性吗? 简单陈述理由.

(3) 对参数的假设检验还能进行吗? 简单陈述理由.

14. 根据 1899~1922 年在美国制造业部门的年度数据, 多尔蒂 (Dougherty) 获得了如下回归结果:

$$\log(Y) = 2.81 - 0.53\log(K) + 0.91\log(L) + 0.047t, \quad R^2 = 0.97, \quad F = 189.8,$$

其中, Y 表示实际生产指数, L 表示实际劳力投入指数, k 表示实际资本投入指数, t 表示时间或趋势. 该模型中回归系数的标准差分别为 $1.38, 0.34, 0.14, 0.021$.

(1) 回归中有没有多重共线性? 你怎么知道?

(2) 在回归中, $\log(Y)$ 的先验符号是什么一致? 结果是否与预期一致? 为什么一致或为什么不一致?

(3) 你怎样替回归的函数形式作辩护 (提示: 柯伯-道格拉斯生产函数).

(4) 解释此回归中趋势变量的作用如何?

15. 下表给出消费 y 与收入 x 的数据, 试根据数据完成以下问题:

(1) 估计回归模型: $y=\beta_0+\beta_1 x+\varepsilon$;

(2) 检验异方差性;

(3) 选用适当的方法修正异方差.

消费与收入数据

y	x	y	x	y	x	y	x	y	x	y	x
55	80	152	220	95	140	74	105	55	80	140	210
65	100	144	210	108	145	110	160	70	85	152	220
70	85	175	245	113	150	113	150	75	90	140	225
80	110	180	260	110	160	125	165	65	100	137	230
79	120	135	190	125	165	108	145	74	105	145	240
84	115	140	205	115	180	115	180	80	110	175	245
98	130	178	265	130	185	140	225	84	115	189	250
95	140	191	270	135	190	120	200	79	120	180	260
90	125	137	230	120	200	145	240	90	125	178	265
75	90	189	250	140	205	130	185	98	130	191	270

16. 下表给出了 1985 年我国北方几个省市农业总产值 y(亿元), 农用化肥量 x_1(万吨)、农田水利 x_2(万公顷)、农业劳动力 x_3(万人), 每日生产性固定生产原值 x_4(元) 以及农机动力 x_5(万马力) 数据, 要求:

(1) 试建立我国北方地区农业产出线性模型;

(2) 选用适当的方法检验模型中是否存在异方差;

(3) 如果存在异方差, 采用适当的方法加以修正.

1985 年我国北方 12 省农业总产值有关的数据

地区	y	x_1	x_2	x_3	x_4	x_5
北京	19.64	90.1	33.84	7.5	394.3	435.3
天津	14.4	95.2	34.95	3.9	567.5	450.7
河北	149.9	1639.0	357.26	92.4	706.89	2712.6
山西	55.07	562.6	107.9	31.4	856.37	1118.5
内蒙古	60.85	462.9	96.49	15.4	1282.81	641.7
辽宁	87.48	588.9	72.4	61.6	844.74	1129.6
吉林	73.81	399.7	69.63	36.9	2576.81	647.6
黑龙江	104.51	425.3	67.95	25.8	1237.16	1305.8
山东	276.55	2365.6	456.55	152.3	5812.02	3127.9
河南	200.02	2557.5	318.99	127.9	754.78	2134.5
陕西	68.18	884.2	117.90	36.1	607.41	764.0
新疆	49.12	256.1	260.46	15.1	1143.67	523.3

17. 在研究生产中的劳动追加值所占份额的变动时, 有人曾考虑如下模型:

模型 A: $y_t=\beta_0+\beta_1 t+\varepsilon_t$,

模型 B: $y_t=\alpha_0+\alpha_1 t+\alpha_2 t^2+\varepsilon_t$,

其中, y_t 表示劳动份额, t 表示时间. 根据 1949~1964 年数据, 对初级金属工业得到如下结果.

模型 A: $\hat{y}_t=0.4529-0.0041t$, $R^2=0.5284$, $\mathrm{DW}=0.8252$, 其回归系数 β_1 的 t 检验统计量的值为 -3.9608.

模型 B: $\hat{y}_t=0.4786-0.0127t+0.0005t^2$, $R^2=0.6629$, $\mathrm{DW}=1.82$, 其回归系数 α_1 和 α_2 的 t 检验统计量的值分别为 -3.2724 和 2.7777.

试问: (1) 模型 A 与模型 B 谁存在序列相关?

(2) 怎样说明序列相关?

(3) 如何区分“纯粹”自相关和设定偏误?

18. 下表是北京市城镇居民家庭人均收入 (x) 和消费支出 (y) 资料.

年份	x/元	y/元	年份	x/元	y/元
1978	450.18	359.86	1988	1767.67	1455.55
1979	491.54	408.66	1989	1899.57	1520.41
1980	599.40	490.44	1990	2067.33	1646.05
1981	619.57	511.43	1991	2359.88	1860.17
1982	668.06	534.82	1992	2813.10	2134.65
1983	716.6	574.06	1993	3935.39	2939.60
1984	837.65	666.75	1994	5585.88	4134.12
1985	1158.84	923.32	1995	4748.68	5019.76
1986	1317.33	1067.38	1996	7945.78	5729.45
1987	1413.24	1147.6			

(1) 运用 OLS 方法建立该市城镇居民家庭的消费函数:

(2) 选用适当方法检验是否存在序列相关?

(3) 如果存在自相关, 选用适当的估计方法加以修正.

19. 下表给出某国铜工业的有关数据.

年份	C	G	I	L	H	A
1951	21.89	330.2	45.1	220.4	1491	19
1952	22.29	347.2	50.9	259.5	1504	19.41
1953	19.63	366.1	53.3	256.3	1438	20.07
1954	22.85	366.3	53.6	249.3	1551	21.78
1955	33.77	399.3	54.6	352.3	1646	23.68
1956	39.18	420.7	61.1	329.1	1349	26.01
1957	30.58	442	61.9	219.6	1224	27.52
1958	26.30	447	57.9	234.8	1382	26.89
1959	30.7	483	64.8	237.4	1553.7	26.85
1960	32.1	506	66.2	245.8	1296.1	27.23
1961	30	523.3	66.7	229.2	1365.0	25.46
1962	30.8	563.8	72.2	233.9	1492.5	23.88
1963	30.8	594.7	76.5	234.2	1634.9	22.62
1964	32.6	635.7	81.7	347	1561	23.72
1965	35.4	688.1	89.8	468.1	1509.7	24.5
1966	36.6	753	97.8	555	1195.8	24.5
1967	38.6	796.3	100	418	1321.9	24.98
1968	42.2	868.5	106.3	525.2	1545.4	25.58
1969	47.9	935.5	111.1	620.7	1499.5	27.18
1970	58.2	982.4	107.8	588.6	1469	28.72
1971	52	1063.4	109.6	444.4	2084.5	29
1972	51.2	1171.1	119.7	427.8	2378.5	26.67
1973	59.5	1306.6	129.8	727.1	2057.5	25.33
1974	77.3	1412.9	129.3	877.6	1352.5	34.06
1975	64.2	1528.8	117.8	556.6	1171.4	39.79
1976	69.6	1700.1	129.8	780.6	1547.6	44.49
1977	66.8	1887.2	137.1	750.7	1989.8	51.23
1978	66.5	2127.6	145.2	709.8	2023.3	54.42
1979	98.3	2628.8	152.5	935.7	1759.2	61.06
1980	101.4	2633.1	147.1	940.9	1298.5	70.87

(1) 根据这些数据, 估计以下回归模型:

$$\log C_t = \beta_1 \log I_t + \beta_2 \log L_t + \beta_3 \log H_t + \beta_4 \log A_t + \varepsilon_t,$$

其中 C 表示 12 个月的平均国内铜价 (每磅美分), G 为国民总产值 (10 亿美元), I 为 12 个月的平均工业生产指数, L 为 12 个月的平均伦敦金属交易所铜价 (20 英镑), H 为每年新房动工数 (千单位), A 为 12 个月的平均铝价 (每磅美分), 并解释所得结果.

(2) 求出上述回归的残差, 你能对这些残差中是否有自回归做些什么解释?

(3) 求 DW 统计量, 并对数据中可能出现的自相关性质作出评价;

(4) 试用广义差分回归估计方法修正自相关.

(5) 试用科克伦-奥克特迭代法估计模型.

(6) 对 (4) 与 (5) 所用方法作出评价.

20. 下表给出了 1953~1985 年我国固定资产投资总额与工业总产值的数据资料.

年份	x	y	年份	x	y	年份	x	y
1953	91.59	450	1964	165.89	1164	1975	544.94	3124
1954	102.68	515	1965	216.90	1402	1976	523.94	3158
1955	105.24	534	1966	254.8	1624	1977	548.30	3578
1956	160.84	642	1967	187.72	1382	1978	688.72	4067
1957	151.23	704	1968	151.57	1285	1979	699.36	4483
1958	279.06	1083	1969	246.92	1665	1980	745.90	4897
1959	368.02	1483	1970	368.08	2080	1981	667.51	5120
1960	416.58	1637	1971	417.31	2375	1982	845.31	5506
1961	156.06	1067	1972	412.81	2517	1983	951.96	6088
1962	87.28	920	1973	438.12	2741	1984	1185.18	7042
1963	116.66	993	1974	436.19	2730	1985	1180.51	9756

试求解如下问题:

(1) 运用回归分析方法求模型

$$\log y_t = \beta_0 + \beta_1 \log x_t + \varepsilon_t$$

的估计式, 并判断是否存在自相关?

(2) 若存在自相关, 并按一阶自回归假定运用广义差分法重新估计模型, 这时再检验模型是否还存在自相关.

(3) 若采用 $x_t^* = x_t/x_{t-1}$(固定资产投资指数), $y_t^* = y_t/y_{t-1}$ (工业总产值指数) 作为新数据, 估计模型

$$y_t^* = \alpha_0 + \alpha_1 x_t^* + u_t,$$

然后检验是否还存在自相关.

21. 自己独立选择一个实际经济问题, 建立模型, 检验是否存在多重共线性、异方差、自相关, 并采用相应的办法解决.

第 6 章　多元线性回归模型的有偏估计

6.1 引　　言

第 5 章讨论了多元线性回归模型的多重共线性问题, 本章将进一步讨论这类模型的参数估计. 为了引入我们要讨论的问题, 我们首先回顾一下最小二乘估计的一些性质. 由前面的讨论, 我们已经知道, 多元线性回归模型中参数的最小二乘估计具有很多好的性质, 其中最重要的性质便是 Gauss-Markov 定理, 该定理表明：在一切线性无偏估计类中最小二乘估计具有方差最小性. 特别地, 在假设随机误差项服从正态分布的条件下, 最小二乘估计在所有无偏估计类中具有方差最小性. 然而, 随着社会的发展和科技的进步以及电子计算机技术的迅猛发展, 人们每天都需要处理大数据问题, 而这些数据不仅样本量大而且涉及的变量也越来越多. 由于涉及的变量增多, 这就不可避免地导致这些变量之间存在近似的线性相关关系. 当解释变量间存在线性相关, 也就是说设计阵 $\boldsymbol{X}$ 的列向量之间存在较强的线性关系时, 解释变量之间就出现严重的多重共线性. 此时, 设计矩阵 $\boldsymbol{X}$ 将呈病态. 在这种情况下, 尽管我们仍可用最小二乘法去估计其模型参数以及最小二乘估计的方差仍然在线性无偏估计类中具有方差最小性但其方差的值却很大, 致使最小二乘估计的精度下降并表现出相当的不稳定. 为了解决这一问题, 一些统计学家从模型和数据的角度考虑, 采用回归诊断和自变量选择的方法来克服模型的多重共线性问题. 近 50 年来, 许多统计学者一直致力于改进普通最小二乘估计, 并提出了一些具有良好性质的改进估计. 其中有较大影响的一类改进估计就是众所周知的有偏估计. 目前, 在有偏估计类中, 有很大影响的估计就是岭回归、主成分估计以及 Stein 压缩估计等, 它们是这类估计中最有代表性的几个估计了. 本章将系统介绍这几类估计的定义及其性质, 并结合实际例子给出它们的具体应用.

一般地, 在讨论多元线性回归模型的统计推断时, 我们要求设计阵的列向量之间不存在线性相关关系, 即对于多元线性回归模型

$$y = \beta_0 + \beta_1 x_1 + \cdots + \beta_p x_p + \varepsilon, \tag{6.1}$$

不存在不全为 0 的实数 $c_0, c_1, \cdots, c_p$ 使得解释变量 $x_0, x_1, \cdots, x_p$ 之间有以下关系式成立：

$$c_0 + c_1 x_1 + \cdots + c_p x_p = 0,$$

其中 $x_0 = 1$. 如果解释变量 $x_1, \cdots, x_p$ 之间存在上述关系, 则称它们之间存在着**完全多重共线性** (multi-collinearity).

对于多元线性回归模型

$$\boldsymbol{Y} = \boldsymbol{X\beta} + \boldsymbol{\varepsilon}, \qquad E(\boldsymbol{\varepsilon}) = \boldsymbol{0}, \qquad \mathrm{Var}(\boldsymbol{\varepsilon}) = \sigma^2 \boldsymbol{I}_n, \tag{6.2}$$

其中 $\boldsymbol{I}_n$ 为 $n\times n$ 的单位阵. 在古典回归分析中, 通常用最小二乘估计 $\hat{\boldsymbol{\beta}}=(\boldsymbol{X}^{\mathrm{T}}\boldsymbol{X})^{-1}\boldsymbol{X}^{\mathrm{T}}\boldsymbol{Y}$ 来估计模型中的参数 $\boldsymbol{\beta}$. 从前面的讨论知, $\hat{\boldsymbol{\beta}}$ 具有很多好的统计性质, 譬如, 它在线性无偏估计类里具有方差最小性. 当进一步地假设随机误差向量 $\boldsymbol{\varepsilon}$ 服从多元正态分布时, $\hat{\boldsymbol{\beta}}$ 具有服从多元正态分布等优良性质, 这些性质可用来作各种统计检验. 正因为如此, 最小二乘估计在过去很长一段时间内被认为是估计模型参数的一个很好的方法并得到了理论研究者和实际应用者的广泛关注. 但是, 随着应用范围的扩大, 人们逐渐发现了它的一些缺点. 人们在处理变量很多的回归问题时, 经常遇到最小二乘估计的效果很不理想的问题, 在个别情况下它可能很不好. 造成这一情况的原因很多, 但一个比较重要的原因就是 LS 估计的统计性能依赖于设计阵 $\boldsymbol{X}$. 特别是, 当 $\boldsymbol{R}=\boldsymbol{X}^{\mathrm{T}}\boldsymbol{X}$ 接近于一个奇异阵时, 即设计阵 $\boldsymbol{X}$ 呈现所谓的“病态”时, 最小二乘估计的统计性能变坏. 为了说明这一点, 我们先来看几个例子.

例 6.1 假设 x_1,x_2 与 y 存在如下模型

$$y=\beta_0+\beta_1x_1+\beta_2x_2+\varepsilon$$

所示的关系, 其中 $\beta_0=10$, $\beta_1=2$, $\beta_2=3$. 考虑 x_1 和 x_2 的 10 次试验的如下设计阵

$$\boldsymbol{X}^{\mathrm{T}}=\begin{pmatrix}1.0&1.0&1.0&1.0&1.0&1.0&1.0&1.0&1.0&1.0\\1.1&1.4&1.7&1.7&1.8&1.8&1.9&2.0&2.3&2.4\\1.1&1.5&1.8&1.7&1.9&1.8&1.8&2.1&2.4&2.5\end{pmatrix}.$$

用随机模拟产生正态分布随机误差的 10 次观测值:

$$\boldsymbol{\varepsilon}=(0.8,-0.5,0.4,-0.5,0.2,1.9,1.9,0.6,-1.5,-0.5)^{\mathrm{T}}.$$

由模型 $y=10+2x_1+3x_2+\varepsilon$ 可得 y 的 10 次观测值:

$$\boldsymbol{Y}=(16.3,16.8,19.2,18.0,19.5,20.9,21.1,20.9,20.3,22.0)^{\mathrm{T}}.$$

由数据 $(\boldsymbol{X},\boldsymbol{Y})$ 和前面介绍的最小二乘估计方法可得模型参数的最小二乘估计:

$$\hat{\beta}_0=11.292,\quad \hat{\beta}_1=11.307,\quad \hat{\beta}_2=-6.591.$$

比较模型参数的最小二乘估计值及其真值不难发现, 模型参数的最小二乘估计值与其真值存在很大的差异. 为了探究其原因, 我们计算了变量 x_1 与 x_2 之间的样本相关系数 $\rho=0.986$, 这个值表明: 变量 x_1 与 x_2 存在高度的正相关; 并且我们注意到: 矩阵 $\boldsymbol{X}$ 的第 2 列与第 3 列接近线性相关关系, 这种自变量之间的近似线性关系称之为复共线性关系. 此例表明: 当解释变量之间存在高度相关时, 也即是说矩阵 $\boldsymbol{X}$ 的列向量之间存在近似线性相关时, 最小二乘估计的统计性能变得很差.

例 6.2 表 6.1 是 Malinvand 于 1966 年用来研究法国经济问题的一组数据. 所考虑的因变量为进口总额 y, 三个解释变量分别为: 国内总产值 x_1, 储存量 x_2 和总消费量 x_3(单位均为 10 亿法郎). 1949~1959 年有关法国进出口的数据如表 6.1 所示.

表 6.1 1949～1959 年法国进出口总额与相关变量的数据

年份	x_1	x_2	x_3	y	年份	x_1	x_2	x_3	y
1949	149.3	4.2	108.1	15.9	1955	202.1	2.1	146.0	22.7
1950	171.5	4.1	114.8	16.4	1956	212.4	5.6	154.1	26.5
1951	175.5	3.1	123.2	19.0	1957	226.1	5.0	162.3	28.1
1952	180.8	3.1	126.9	19.1	1958	231.9	5.1	164.3	27.6
1953	190.7	1.1	132.1	18.8	1959	239.0	0.7	167.6	26.3
1954	202.1	2.2	137.7	20.4					

基于该数据集由最小二乘估计法得到的 y 关于解释变量 x_1, x_2 和 x_3 的回归方程为

$$\hat{y} = -10.128 - 0.051x_1 + 0.587x_2 + 0.287x_3.$$

此结果表明：x_1 的回归系数为负的, 这不符合其经济意义, 这是因为法国是一个原材料进口国, 当国内总产值 x_1 增加时, 进口总额 y 也应增加, 所以, 该回归系数的符号与实际不相吻合. 其原因是因为三个自变量 x_1, x_2 和 x_3 之间存在着多重共线性, 这可从变量 x_1, x_2 和 x_3 三者的相关系数阵

$$\boldsymbol{R} = \begin{pmatrix} 1.0 & 0.026 & 0.997 \\ 0.026 & 1.0 & 0.036 \\ 0.997 & 0.036 & 1.0 \end{pmatrix}$$

看出. 由于 x_1 与 x_3 之间的相关系数高达 0.997, 因此, x_1 与 x_3 存在高度的相关性. 另一方面, 若将 x_3 看作因变量, x_1 看作解释变量, 那么 x_3 关于 x_1 的一元线性回归方程为

$$x_3 = 60258 + 0.686x_1.$$

这说明 x_3 随着 x_1 的增加而成正比例的增长, 这与实际是相吻合的, 因为随着国内生产总值的增加其消费也会增加. 这进一步地说明了当模型中各自变量之间存在线性相关时, 前面介绍的最小二乘估计方法不能很好地用来估计多元线性模型中的未知参数. 以上两例表明：复共线性的存在是回归系数的符号及其数值与理论值不一致的主要原因之一.

“多重共线性”一词是由著名统计学家 R. Frisch 于 1934 年提出的, 它是指线性回归模型中的解释变量之间由于存在精确相关关系或高度相关关系而使模型参数估计失真或难以估计准确. 一般来说, 由于经济数据的限制使得模型设计不当, 导致设计矩阵中解释变量之间存在普遍的相关关系. 完全共线性的情况并不多见, 一般出现的是在一定程度上的共线性, 即近似共线性. 若无特别说明, 后面我们所说的多重共线性都是指近似共线性.

一般地, 关于多重共线性我们有下面的定义：当设计矩阵 $\boldsymbol{X}$ 的列向量间具有近似的线性相关关系时, 即存在不全为 0 的常数 $c_0, c_1, \cdots, c_p$ 使得 $c_0 + c_1x_1 + \cdots + c_px_p \approx 0$, 则称自变量 $x_1, \cdots, x_p$ 之间存在多重共线性关系.

由第 3 章的讨论知, 在解释变量 $x_1, \cdots, x_p$ 标准化的条件下, 各解释变量的相关系数阵可表示为 $\boldsymbol{R} = \boldsymbol{X}^T\boldsymbol{X}$. 若假设相关系数阵 $\boldsymbol{R}$ 的 p 个特征根分别为 $\lambda_1 \geqslant \lambda_2 \geqslant \cdots \geqslant \lambda_p \geqslant 0$, 则由高等代数的知识可知: $\sum_{j=1}^{p}\lambda_j = p$. 由于各 λ_j 之和为一常数, 而每一 λ_j 均非负, 从而当某些 λ_j 较大时, 必有一些 λ_j 的值较小, 即一些 λ_j 的倒数必很大. 当 $x_1, x_2, \cdots, x_p$ 存在着多重共线性关系时, λ_1 的值必很大, 而 λ_p 值将会变得很小. 此时, 虽然多元线性回归模型参数的最小二乘估计 $\hat{\boldsymbol{\beta}}$ 仍为 $\boldsymbol{\beta}$ 的具有最小方差的线性无偏估计, 但从均方误差的意义来看, $\hat{\boldsymbol{\beta}}$ 并非是 $\boldsymbol{\beta}$ 的一个好估计.

为说明这一点, 我们假设对应于特征根 $\lambda_1, \lambda_2, \cdots, \lambda_p$ 的标准化正交特征向量分别为 $\boldsymbol{l}_1, \boldsymbol{l}_2, \cdots, \boldsymbol{l}_p$. 若记 $\boldsymbol{\Lambda} = \mathrm{diag}(\lambda_1, \lambda_2, \cdots, \lambda_p)$ 和 $\boldsymbol{L} = (\boldsymbol{l}_1, \boldsymbol{l}_2, \cdots, \boldsymbol{l}_p)$, 则 $\boldsymbol{X}^{\mathrm{T}}\boldsymbol{X} = \boldsymbol{L}\boldsymbol{\Lambda}\boldsymbol{L}^{\mathrm{T}}$ 且 $\boldsymbol{L}^{\mathrm{T}}\boldsymbol{L} = \boldsymbol{I}_p$. 从而, 多元线性回归模型 $\boldsymbol{Y} = \boldsymbol{X}\boldsymbol{\beta} + \boldsymbol{\varepsilon}$ 中参数 $\boldsymbol{\beta}$ 的最小二乘估计 $\hat{\boldsymbol{\beta}}$ 的均方误差可以表示为

$$\mathrm{MSE}(\hat{\boldsymbol{\beta}}) = E\{(\hat{\boldsymbol{\beta}} - \boldsymbol{\beta})^{\mathrm{T}}(\hat{\boldsymbol{\beta}} - \boldsymbol{\beta})\} = \mathrm{tr}\{\mathrm{var}(\hat{\boldsymbol{\beta}})\} = \sigma^2\mathrm{tr}\{(\boldsymbol{X}^{\mathrm{T}}\boldsymbol{X})^{-1}\} = \sigma^2\sum_{i=1}^{p}\frac{1}{\lambda_i} \tag{6.3}$$

且

$$\mathrm{Var}\{(\hat{\boldsymbol{\beta}} - \boldsymbol{\beta})^{\mathrm{T}}(\hat{\boldsymbol{\beta}} - \boldsymbol{\beta})] = 2\sigma^4\sum_{i=1}^{p}\frac{1}{\lambda_i^2}.$$

由此可以看出, 当 $\boldsymbol{X}^{\mathrm{T}}\boldsymbol{X}$ 至少有一个特征根非常小 (即非常接近于零, 此时, 我们称设计阵 $\boldsymbol{X}$ 呈病态) 时, 则 $\mathrm{MSE}(\hat{\boldsymbol{\beta}})$ 就很大并且 $\boldsymbol{X}$ 的列向量之间存在近似的线性关系. 此时, 尽管 Gauss-Markov 定理保证了 $\hat{\boldsymbol{\beta}}$ 的方差在线性无偏估计类中很小, 但它本身的值却很大. 在这种情况下, $\hat{\boldsymbol{\beta}}$ 不再是 $\boldsymbol{\beta}$ 的一个良好估计了. 若记 $\|\hat{\boldsymbol{\beta}} - \boldsymbol{\beta}\|^2 = (\hat{\boldsymbol{\beta}} - \boldsymbol{\beta})^{\mathrm{T}}(\hat{\boldsymbol{\beta}} - \boldsymbol{\beta})$ 为向量 $\hat{\boldsymbol{\beta}} - \boldsymbol{\beta}$ 的长度的平方, 则以上两式给出了向量 $\hat{\boldsymbol{\beta}} - \boldsymbol{\beta}$ 的长度的平方的期望和方差. 由于这两个量都依赖于相关系数阵 $\boldsymbol{R}$ 的特征根, 因此, 当 $x_1, x_2, \cdots, x_p$ 存在着多重共线性关系时, 向量 $\hat{\boldsymbol{\beta}} - \boldsymbol{\beta}$ 的长度的平方的均值将变的很大并且其波动亦变的很大.

以上事实说明, 判断解释变量 $x_1, x_2, \cdots, x_p$ 之间是否存在多重共线性关系是一个非常重要的问题. 第 5 章我们已经介绍了判断解释变量是否存在多重共线性的一些常用的准则: 特征分析法、条件数法、方差扩大因子法等. 并且多重共线性产生的原因也已在第 5 章做了介绍. 由第 5 章的分析知道, 由数据收集的局限性所造成的多重共线性是非本质的, 它可以通过进一步收集数据来克服; 而对自变量之间客观上就存在着近似线性相关关系的情况, 往往通过进一步收集数据是无法克服的, 此时需要寻找别的估计方法来解决这一问题. 从 20 世纪 50 年代特别是 60 年代以来, 统计学家们作了种种努力, 试图改进最小二乘估计. 其改进方法可以从两方面入手: 一是从减少 $\mathrm{MSE}(\hat{\boldsymbol{\beta}})$ 着手, 岭估计就是实现这一目的的一个很有用的方法; 二是从消除自变量之间的多重共线性入手, 其中主成分估计就是处理这一问题的一个很有用的方法. 此外, 还有均匀压缩的 Stein 估计等方法. 本章将重点介绍较常用的岭估计和主成分估计, 同时也介绍一些其他的估计方法.

6.2 岭 估 计

6.2.1 岭估计的定义

当自变量之间存在多重共线性关系时, 为了克服最小二乘估计法明显变坏的问题, Hoerl 于 1962 年提出了一种改进的最小二乘估计方法, 即岭估计 (ridge estimate). 之后, Hoerl 和 Kennard 在 1970 年对该估计作了进一步地详细讨论. 自 1970 年以来, 这一估计的研究和应用得到了广泛的重视, 目前它已成为有偏估计中一个最有影响的估计. 岭估计提出的想法很自然. 因为当自变量 $x_1, x_2, \cdots, x_p$ 之间存在着多重共线性关系时, 其设计阵 $\boldsymbol{X}$ 满足 $|\boldsymbol{X}^{\mathrm{T}}\boldsymbol{X}| \approx 0$, 从而, $(\boldsymbol{X}^{\mathrm{T}}\boldsymbol{X})^{-1}$ 接近奇异. 为了避免这一现象, 我们设想给 $\boldsymbol{X}^{\mathrm{T}}\boldsymbol{X}$ 加上一个正常数矩阵 $k\boldsymbol{I}$ $(k>0)$, 则矩阵 $(\boldsymbol{X}^{\mathrm{T}}\boldsymbol{X}+k\boldsymbol{I})^{-1}$ 接近奇异的可能性要比 $(\boldsymbol{X}^{\mathrm{T}}\boldsymbol{X})^{-1}$ 接近奇异的可能性小得多, 因此, 用

$$\hat{\boldsymbol{\beta}}(k) = (\boldsymbol{X}^{\mathrm{T}}\boldsymbol{X}+k\boldsymbol{I})^{-1}\boldsymbol{X}^{\mathrm{T}}\boldsymbol{Y} \tag{6.4}$$

作为多元线性回归模型中参数 $\boldsymbol{\beta}$ 的估计应该比最小二乘估计要稳定一些. 基于以上思想, 我们现给出岭估计的如下定义.

定义 6.1 对给定的 k $(0<k<\infty)$, 我们把满足式 (6.4) 的 $\hat{\boldsymbol{\beta}}(k)$ 称为多元线性回归模型 $\boldsymbol{Y}=\boldsymbol{X}\boldsymbol{\beta}+\boldsymbol{\varepsilon}$ 中参数 $\boldsymbol{\beta}$ 的**岭估计**. 由 $\boldsymbol{\beta}$ 的岭估计所建立的回归方程称为**岭回归方程**. 这里的 k 常称为**岭参数**或**偏参数**. 对于岭估计 $\hat{\boldsymbol{\beta}}(k) = (\hat{\beta}_1(k), \cdots, \hat{\beta}_p(k))^{\mathrm{T}}$ 的分量 $\hat{\beta}_j(k)$ 来说, 把在平面直角坐标系中 $\hat{\beta}_j(k)$ 随 $k>0$ 变化所表现出来的曲线称为**岭迹** (ridge trace).

由定义 6.1 可知, 当 k 取与 $\boldsymbol{Y}$ 无关的常数时, $\hat{\boldsymbol{\beta}}(k)$ 仍为 $\boldsymbol{\beta}$ 的线性估计. 对不同的 k 值, 我们可得到参数 $\boldsymbol{\beta}$ 的不同岭估计. 这样, 方程 (6.4) 定义了参数 $\boldsymbol{\beta}$ 的一个很大的估计类. 特别地, 若取 $k=0$, 则 $\hat{\boldsymbol{\beta}}(0)$ 即为参数 $\boldsymbol{\beta}$ 的最小二乘估计.

6.2.2 岭估计的性质

性质 1 $\hat{\boldsymbol{\beta}}(k)$ 是 $\boldsymbol{\beta}$ 的有偏估计, 即对任意 $k\in(0,\infty)$ 有 $E(\hat{\boldsymbol{\beta}}(k)) \neq \boldsymbol{\beta}$.

证明 由岭估计的定义及多元线性回归模型的基本假设 (6.2) 可得

$$\begin{aligned} E(\hat{\boldsymbol{\beta}}(k)) &= E\{(\boldsymbol{X}^{\mathrm{T}}\boldsymbol{X}+k\boldsymbol{I})^{-1}\boldsymbol{X}^{\mathrm{T}}\boldsymbol{Y}\} \\ &= (\boldsymbol{X}^{\mathrm{T}}\boldsymbol{X}+k\boldsymbol{I})^{-1}\boldsymbol{X}^{\mathrm{T}}E(\boldsymbol{Y}) \\ &= (\boldsymbol{X}^{\mathrm{T}}\boldsymbol{X}+k\boldsymbol{I})^{-1}\boldsymbol{X}^{\mathrm{T}}\boldsymbol{X}\boldsymbol{\beta}. \end{aligned}$$

显然, 当 $k=0$ 时, 有 $E(\hat{\boldsymbol{\beta}}(k)) = \boldsymbol{\beta}$; 当 $k\neq 0$ 时, $\hat{\boldsymbol{\beta}}(k)$ 是 $\boldsymbol{\beta}$ 的有偏估计.

性质 2 $\hat{\boldsymbol{\beta}}(k) = (\boldsymbol{X}^{\mathrm{T}}\boldsymbol{X}+k\boldsymbol{I})^{-1}\boldsymbol{X}^{\mathrm{T}}\boldsymbol{Y}$ 是最小二乘估计 $\hat{\boldsymbol{\beta}}$ 的一个线性变换.

证明 我们注意到

$$\begin{aligned} \hat{\boldsymbol{\beta}}(k) &= (\boldsymbol{X}^{\mathrm{T}}\boldsymbol{X}+k\boldsymbol{I})^{-1}\boldsymbol{X}^{\mathrm{T}}\boldsymbol{y} \\ &= (\boldsymbol{X}^{\mathrm{T}}\boldsymbol{X}+k\boldsymbol{I})^{-1}\boldsymbol{X}^{\mathrm{T}}\boldsymbol{X}(\boldsymbol{X}^{\mathrm{T}}\boldsymbol{X})^{-1}\boldsymbol{X}^{\mathrm{T}}\boldsymbol{Y} \end{aligned}$$

$$= (\boldsymbol{X}^{\mathrm{T}}\boldsymbol{X} + k\boldsymbol{I})^{-1}\boldsymbol{X}^{\mathrm{T}}\boldsymbol{X}\hat{\boldsymbol{\beta}}.$$

上式表明：岭估计 $\hat{\boldsymbol{\beta}}(k)$ 是最小二乘估计 $\hat{\boldsymbol{\beta}}$ 的一个线性变换.

性质 3 对任意 $k > 0$, 若 $\|\hat{\boldsymbol{\beta}}\| \neq 0$, 则我们总有

$$\|\hat{\boldsymbol{\beta}}(k)\| < \|\hat{\boldsymbol{\beta}}\|.$$

证明 考虑多元线性回归模型 $\boldsymbol{Y} = \boldsymbol{X}\boldsymbol{\beta} + \boldsymbol{\varepsilon}$, 若令 $\boldsymbol{Z} = \boldsymbol{X}\boldsymbol{L}$, $\boldsymbol{\alpha} = \boldsymbol{L}^{\mathrm{T}}\boldsymbol{\beta}$, 其中 $\boldsymbol{L}$ 为正交阵且满足 $\boldsymbol{L}^{\mathrm{T}}\boldsymbol{X}^{\mathrm{T}}\boldsymbol{X}\boldsymbol{L} = \boldsymbol{\Lambda}$ ($\boldsymbol{\Lambda} = \mathrm{diag}(\lambda_1, \cdots, \lambda_p)$, 其中 $\lambda_1 \geqslant \lambda_2 \geqslant \cdots \geqslant \lambda_p \geqslant 0$ 为矩阵 $\boldsymbol{X}^{\mathrm{T}}\boldsymbol{X}$ 的特征值), 则多元线性回归模型可写为

$$\boldsymbol{Y} = \boldsymbol{Z}\boldsymbol{\alpha} + \boldsymbol{\varepsilon}. \tag{6.5}$$

通常将式 (6.5) 称为多元线性回归模型的**典型形式**, $\boldsymbol{\alpha}$ 被称为**典则回归系数**. 由式 (6.5) 可得参数 $\boldsymbol{\alpha}$ 的最小二乘估计的表达式:

$$\hat{\boldsymbol{\alpha}} = \boldsymbol{\Lambda}^{-1}\boldsymbol{Z}^{\mathrm{T}}\boldsymbol{Y}.$$

而 $\boldsymbol{\beta}$ 的最小二乘估计 $\hat{\boldsymbol{\beta}}$ 与 $\hat{\boldsymbol{\alpha}}$ 有如下关系式:

$$\hat{\boldsymbol{\beta}} = (\boldsymbol{X}^{\mathrm{T}}\boldsymbol{X})^{-1}\boldsymbol{X}^{\mathrm{T}}\boldsymbol{Y} = \boldsymbol{L}\boldsymbol{\Lambda}^{-1}\boldsymbol{L}^{\mathrm{T}}\boldsymbol{X}^{\mathrm{T}}\boldsymbol{Y} = \boldsymbol{L}\boldsymbol{\Lambda}^{-1}\boldsymbol{Z}^{\mathrm{T}}\boldsymbol{Y} = \boldsymbol{L}\hat{\boldsymbol{\alpha}}.$$

它们相应的岭估计分别为

$$\hat{\boldsymbol{\alpha}}(k) = (\boldsymbol{\Lambda} + k\boldsymbol{I})^{-1}\boldsymbol{Z}^{\mathrm{T}}\boldsymbol{Y}, \quad \hat{\boldsymbol{\beta}}(k) = \boldsymbol{L}\hat{\boldsymbol{\alpha}}(k).$$

因为均方误差在估计和参数的正交变换下保持不变, 所以, 典则回归系数和原回归系数的最小二乘估计 (或岭估计) 有相同的均方误差. 因而, 有

$$\|\hat{\boldsymbol{\beta}}(k)\| = \|\hat{\boldsymbol{\alpha}}(k)\| = \|(\boldsymbol{\Lambda} + k\boldsymbol{I})^{-1}\boldsymbol{\Lambda}\hat{\boldsymbol{\alpha}}\| < \|\hat{\boldsymbol{\alpha}}\| = \|\hat{\boldsymbol{\beta}}\|. \tag{6.6}$$

这就证明性质 3.

性质 3 表明：$\hat{\boldsymbol{\beta}}(k)$ 是把最小二乘估计 $\hat{\boldsymbol{\beta}}$ 向原点做适度的压缩而得到的. 因此, 岭估计 (6.4) 是一种压缩型有偏估计.

此外, 由于

$$\mathrm{MSE}(\hat{\boldsymbol{\beta}}) = E\{(\hat{\boldsymbol{\beta}} - \boldsymbol{\beta})^{\mathrm{T}}(\hat{\boldsymbol{\beta}} - \boldsymbol{\beta})\} = E\{\hat{\boldsymbol{\beta}}^{\mathrm{T}}\hat{\boldsymbol{\beta}}\} - \boldsymbol{\beta}^{\mathrm{T}}\boldsymbol{\beta},$$

因此, 由上式及式 (6.3) 可得

$$E\|\hat{\boldsymbol{\beta}}\|^2 = \|\boldsymbol{\beta}\|^2 + \mathrm{MSE}(\hat{\boldsymbol{\beta}}) = \|\boldsymbol{\beta}\|^2 + \sigma^2\sum_{i=1}^{p}\frac{1}{\lambda_i}. \tag{6.7}$$

当设计阵 $\boldsymbol{X}$ 呈病态 (即至少有一个 λ_j 的值非常地接近于 0) 时, 式 (6.7) 第二项的值将趋于无穷大, 这样最小二乘估计 $\hat{\boldsymbol{\beta}}$ 偏长, 因此, 对它作适当的压缩是应该的. 这也从另一

个侧面说明了岭估计的合理性. 下面的性质从均分误差意义上表明, 岭估计优于最小二乘估计.

性质 4 存在一个 $k>0$, 使得 $\mathrm{MSE}(\hat{\boldsymbol{\beta}}(k))<\mathrm{MSE}(\hat{\boldsymbol{\beta}}(0))$, 即存在 $k>0$, 使得在均方误差意义下, 岭估计优于最小二乘估计.

证明 根据式 (6.6), 我们只需证明, 存在一个 $k>0$, 使得 $\mathrm{MSE}(\hat{\boldsymbol{\alpha}}(k))<\mathrm{MSE}(\hat{\boldsymbol{\alpha}}(0))$ 成立. 我们注意到

$$\mathrm{Var}(\hat{\boldsymbol{\alpha}}(k))=\sigma^2(\boldsymbol{\Lambda}+k\boldsymbol{I})^{-1}\boldsymbol{\Lambda}(\boldsymbol{\Lambda}+k\boldsymbol{I})^{-1},\quad E(\hat{\boldsymbol{\alpha}}(k))=(\boldsymbol{\Lambda}+k\boldsymbol{I})^{-1}\boldsymbol{\Lambda}\boldsymbol{\alpha},$$

并且

$$\begin{aligned}\mathrm{MSE}(\hat{\boldsymbol{\alpha}}(k))&=\mathrm{tr}\{\mathrm{Var}(\hat{\boldsymbol{\alpha}}(k))\}+\|E(\hat{\boldsymbol{\alpha}}(k))-\boldsymbol{\alpha}\|^2\\&=\sigma^2\sum_{i=1}^{p}\frac{\lambda_i}{(\lambda_i+k)^2}+k^2\sum_{i=1}^{p}\frac{\alpha_i^2}{(\lambda_i+k)^2}\\&\triangleq g_1(k)+g_2(k)\triangleq g(k).\end{aligned}$$

对 $g_1(k)$ 和 $g_2(k)$ 关于 k 求导可得

$$g_1'(k)=-2\sigma^2\sum_{i=1}^{p}\frac{\lambda_i}{(\lambda_i+k)^3},\quad g_2'(k)=2k\sum_{i=1}^{p}\frac{\lambda_i\alpha_i^2}{(\lambda_i+k)^3}.\tag{6.8}$$

因为 $g_1'(0)\leqslant 0$, $g_2'(0)=0$, 所以 $g'(0)<0$. 而函数 $g_1'(k)$ 和 $g_2'(k)$ 在 $k\geqslant 0$ 上连续, 因此, 当 $k>0$ 的一个充分小的邻域里, 有 $g'(k)=g_1'(k)+g_2'(k)<0$. 这样, 我们就证明了, 在 $k>0$ 的一个充分小的邻域里, $g(k)=\mathrm{MSE}(\hat{\boldsymbol{\alpha}}(k))$ 是 k 的单调减函数. 从而, 存在某个 $k>0$, 使得 $g(k)<g(0)$, 即 $\mathrm{MSE}(\hat{\boldsymbol{\alpha}}(k))<\mathrm{MSE}(\hat{\boldsymbol{\alpha}}(0))$. 这样, 我们就证明了性质 4.

性质 4 表明: 当设计阵 $\boldsymbol{X}$ 出现变态时, 总存在一个 k, 使得岭估计在均方误差意义下确实改进了最小二乘估计.

6.2.3 岭参数的选取

我们引进岭估计的目的是为了降低均方误差, 性质 4 表明这样的岭估计总是存在的, 但它取决于未知参数 $\boldsymbol{\beta}$ 和 σ^2. 这样, 对固定的 k, $\hat{\boldsymbol{\beta}}(k)$ 在整个参数空间上并非一致优于最小二乘估计 $\hat{\boldsymbol{\beta}}$, 而仅对存在的这个岭估计而言它优于最小二乘估计. 于是, 为了得到优于最小二乘估计的岭估计, 我们需要选取适当的 k 值. 从 $g'(k)=g_1'(k)+g_2'(k)$ 的表达式可以看出, 关于最优 k 的选择不但依赖于模型中的未知参数 $\boldsymbol{\beta}$, σ^2 和设计阵 $\boldsymbol{X}$, 而且这种依赖关系还没有显式表达式. 这就使得对于岭参数 k 值的确定变得非常的困难. 目前为止, 人们已经提出了许多确定岭参数 k 值的方法, 但是, 在所有这些方法中还没有一种方法能一致地优于其他方法. 下面介绍确定 k 值的最常用的几种方法.

1. 岭迹法

岭估计 $\hat{\boldsymbol{\beta}}(k)=(\boldsymbol{X}^{\mathrm{T}}\boldsymbol{X}+k\boldsymbol{I})^{-1}\boldsymbol{X}^{\mathrm{T}}\boldsymbol{Y}$ 的分量 $\hat{\beta}_i(k)$ 作为 k 的函数, 当 k 在 $[0,+\infty)$ 变化时, 它在平面直角坐标系中所描绘出来的曲线即为岭迹. 利用 $\hat{\boldsymbol{\beta}}(k)$ 的每一分量 $\hat{\beta}_j(k)$ 在同一图形上的岭迹选取岭参数 k 值时, 应保证选择的 k 值使得

(1) 各回归系数的岭估计大致比较稳定;

(2) 用最小二乘估计时符号不合理的回归系数, 其岭估计的符号将变得合理;

(3) 回归系数没有不合理的符号;

(4) 残差平方和不要上升太多.

关于岭迹的计算问题, 若按照其定义需对每一个 k 都要计算一次逆矩阵 $(\boldsymbol{X}^{\mathrm{T}}\boldsymbol{X}+k\boldsymbol{I})^{-1}$, 其计算量是很大的. 为了克服这一困难, 我们注意到

$$\hat{\boldsymbol{\beta}}(k)=(\boldsymbol{L}\boldsymbol{\Lambda}\boldsymbol{L}^{\mathrm{T}}+k\boldsymbol{I})^{-1}\boldsymbol{X}^{\mathrm{T}}\boldsymbol{Y}=\boldsymbol{L}(\boldsymbol{\Lambda}+k\boldsymbol{I})^{-1}\boldsymbol{L}^{\mathrm{T}}\boldsymbol{X}^{\mathrm{T}}\boldsymbol{Y}=\sum_{i=1}^{p}\left(\frac{\boldsymbol{l}_i\boldsymbol{l}_i^{\mathrm{T}}}{\lambda_i+k}\right)\boldsymbol{X}^{\mathrm{T}}\boldsymbol{Y},$$

则根据 $\boldsymbol{X}^{\mathrm{T}}\boldsymbol{X}$ 的特征根和特征向量 $\lambda_i,\boldsymbol{l}_i,i=1,2,\cdots,p$, 很容易就计算出岭迹了.

岭迹法与传统的基于残差的方法相比, 在概念上是完全不同的. 因此, 这对我们分析问题提供了一种新的思想方法, 对于分析各个变量之间的作用和关系也是有帮助的.

尽管岭迹法有以上一些优点, 但它也有一个缺点, 即是它缺少严格的令人信服的理论依据, k 值的确定也具有很大的主观随意性.

2. *方差扩大因子法*

第 5 章我们引入了方差扩大因子的概念. 由第 5 章的讨论知, 方差扩大因子 r^{ij} 可用来度量自变量之间多重共线性的严重程度. 一般地, 当 $r^{ij}\leqslant 10$ 时, 模型中的 p 个自变量之间就不存在多重共线性关系. 这启发我们选岭估计中的岭参数 k 使其方差扩大因子小于 10. 为此, 我们首先考虑岭估计 $\hat{\boldsymbol{\beta}}(k)$ 的协方差阵:

$$\mathrm{Cov}(\hat{\boldsymbol{\beta}}(k))=\sigma^2(\boldsymbol{X}^{\mathrm{T}}\boldsymbol{X}+k\boldsymbol{I})^{-1}\boldsymbol{X}^{\mathrm{T}}\boldsymbol{X}(\boldsymbol{X}^{\mathrm{T}}\boldsymbol{X}+k\boldsymbol{I})^{-1}\triangleq\sigma^2(d^{ij}(k)).$$

上式中的对角元 $d^{jj}(k)$ 就是岭估计的方差扩大因子. 不难看出, 方差扩大因子 $d^{jj}(k)$ 随着 k 的增大而减少. 这样, 我们用方差扩大因子选择 k 的基本思想就是：选取 k 使得岭估计的所有分量的方差扩大因子 $d^{jj}\leqslant 10$. 此时, 对应于所选 k 值的岭估计 $\hat{\boldsymbol{\beta}}(k)$ 就相对稳定了.

3. Hoerl-Kennad *公式*

由方程 (6.8) 可得

$$\begin{aligned}g'(k)&=g_1'(k)+g_2'(k)\\&=2\sum_{i=1}^{p}\frac{\lambda_i}{(\lambda_i+k)^3}(k\alpha_i^2-\sigma^2).\end{aligned}$$

上式表明：当 $k\alpha_i^2-\sigma^2<0\ (i=1,\cdots,p)$ 时, $g'(k)<0$. 即当 $0\leqslant k\leqslant\sigma^2/\mathrm{max}\alpha_i^2$ 时, $g(k)$ 是 k 的单调不增函数. 从而, 当取 $k^*=\sigma^2/\mathrm{max}_i\alpha_i^2>0$ 时, 我们有 $g(k^*)<g(0)$, 即 $\mathrm{MSE}(\hat{\boldsymbol{\beta}}(k^*))<\mathrm{MSE}(\hat{\boldsymbol{\beta}})$. 当 σ^2 和 α_i 未知时, 我们用 $\hat{\sigma}^2$ 和 $\hat{\alpha}_i$ 代替 σ^2 和 α_i 便得到最优 k 值：$\hat{k}=\hat{\sigma}^2/\mathrm{max}_i\hat{\alpha}_i^2$.

4. Mcdorard-Garaneau 法

由式 (6.7) 知, 当设计阵 $\boldsymbol{X}$ 呈病态时, 最小二乘估计 $\hat{\boldsymbol{\beta}}$ 偏长. 此时, 需要对 $\hat{\boldsymbol{\beta}}$ 做适当的压缩. Mcdonald 和 Galarneau 把 $\hat{\boldsymbol{\beta}}$ 的长度的平方 $\|\hat{\boldsymbol{\beta}}\|^2$ 与 $\mathrm{MSE}(\hat{\boldsymbol{\beta}})$ 的估计 $\hat{\sigma}^{-2}\sum\limits_{i=1}^{p}\lambda_i^{-1}$ 作比较, 如果

$$Q=\|\hat{\boldsymbol{\beta}}\|^2-\hat{\sigma}^{-2}\sum_{i=1}^{p}\lambda_i^{-1}>0,$$

则认为 $\hat{\boldsymbol{\beta}}$ 太长, 需要对它做压缩. 其压缩量由 $\hat{\sigma}^{-2}\sum\limits_{i=1}^{p}\lambda_i^{-1}$ 来决定. Mcdonald 和 Galarneau 建议选择 k, 使得

$$\|\hat{\boldsymbol{\beta}}\|^2-\|\hat{\boldsymbol{\beta}}(k)\|^2\approx\hat{\sigma}^{-2}\sum_{i=1}^{p}\lambda_i^{-1},$$

即选择 k, 使得

$$\|\hat{\boldsymbol{\beta}}(k)\|^2\approx\|\hat{\boldsymbol{\beta}}\|^2-\hat{\sigma}^{-2}\sum_{i=1}^{p}\lambda_i^{-1}=Q.$$

如果 $Q\leqslant 0$, 则认为 $\hat{\boldsymbol{\beta}}$ 不算太长, 此时不需要对 $\hat{\boldsymbol{\beta}}$ 做压缩, 选择 $k=0$.

6.2.4　实例分析

例 6.3 (例 6.2 续)

记 x_1,x_2,x_3 以及 y 的标准化变量分别为 x_1',x_2',x_3' 以及 y'. 假设其标准化回归方程为

$$\hat{y'}=\hat{\beta}_1'x_1'+\hat{\beta}_2'x_2'+\hat{\beta}_3'x_3'.$$

对于不同的 k 值, 我们计算了回归系数 $\beta_1',\beta_2',\beta_3'$ 的岭估计以及岭迹. 这些程序如下:

```
>library(MASS)
>yx=read.table("6.2.txt")
>yx'=scale(yx)
>x1'=yx'[,1]
>x2'=yx'[,2]
>x3'=yx'[,3]
>y'=yx'[,4]
>lm.ridge(y~0+x1'+x2'+x3', data=data.frame(yx'),lambda=c(seq(0, 0.01,
    0.001),
seq(0.02, 0.1, 0.01), seq(0.2,1, 0.1)))
```

运行结果为

	x_1'	x_2'	x_3'
0.000	-0.339342628	0.2130484	1.3026815
0.001	-0.312570821	0.2132939	1.2758583
0.002	-0.287494805	0.2135225	1.2507314
0.003	-0.263958525	0.2137361	1.2271447
0.004	-0.241824502	0.2139358	1.2049607
0.005	-0.220971154	0.2141228	1.1840578
0.006	-0.201290557	0.2142983	1.1643279
0.007	-0.182686584	0.2144632	1.1456751
0.008	-0.165073332	0.2146184	1.1280132
0.009	-0.148373803	0.2147645	1.1112654
0.010	-0.132518774	0.2149023	1.0953623
0.020	-0.009178625	0.2159333	0.9715526
0.030	0.072700065	0.2165559	0.8892173
0.040	0.130988751	0.2169461	0.8304795
0.050	0.174578235	0.2171918	0.7864459
0.060	0.208390199	0.2173414	0.7521931
0.070	0.235369741	0.2174239	0.7247752
0.080	0.257387107	0.2174578	0.7023213
0.090	0.275687037	0.2174554	0.6835864
0.100	0.291130095	0.2174252	0.6677096
0.200	0.370560751	0.2164006	0.5839853
0.300	0.400521805	0.2149193	0.5497830
0.400	0.415571800	0.2133213	0.5305332
0.500	0.424167477	0.2116891	0.5177761
0.600	0.429392660	0.2100524	0.5084265
0.700	0.432640361	0.2084241	0.5010906
0.800	0.434631830	0.2068108	0.4950464
0.900	0.435777879	0.2052158	0.4898824
1.000	0.436329637	0.2036409	0.4853472

```
>plot(lm.ridge(y~0+x1+x2+x3, data=data.frame(yx),lambda=c(seq(0,
    0.01, 0.001),
>seq(0.02, 0.1, 0.01), seq(0.2, 1, 0.1))))
```

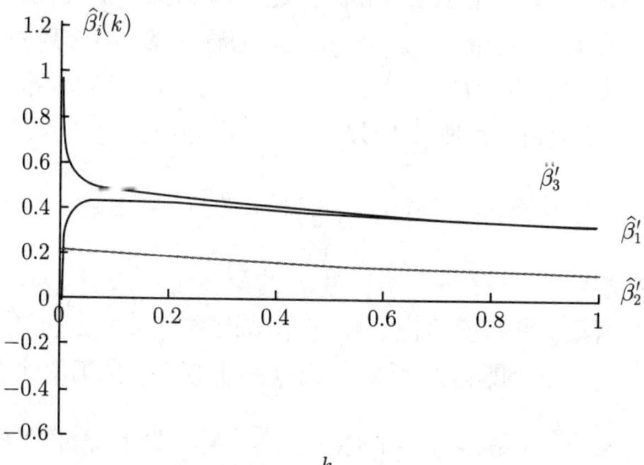

图 6.1 岭迹图

由岭迹图 6.1 可以看到, 随着 k 的增大, 各岭迹很快趋于稳定. 特别是, 当 $k \geqslant 0.4$ 时, 三条岭迹均已较平稳了, 故可以取 $k = 0.4$ 来建立岭迹回归方程, 此时其标准化回归方程为

$$\hat{y}' = 0.420\hat{\beta}_1' + 0.213\hat{\beta}_2' + 0.530\hat{\beta}_3'.$$

因为 $\bar{x}_1 = 194.59$, $\bar{x}_2 = 3.30$, $\bar{x}_3 = 139.74$, $\bar{y} = 21.89$, $\sigma_{x_1} = 94.87$, $\sigma_{x_2} = 5.22$, $\sigma_{x_3} = 65.25$, $\sigma_y = 14.37$, 因此, 将标准化回归方程还原后得多元线性回归模型

$$\hat{y} = -0.85537 + 0.063x_1 + 0.585x_2 + 0.115x_3.$$

与最小二乘估计法所得到的回归方程相比, 自变量 x_1 的回归系数由负变为正. 这说明, 由岭估计所得到的回归方程较最小二乘法所得到的回归方程有了更合理的经济解释, 即是说岭估计法克服了普通最小二乘法的不足之处. 将这二个方程用于预测, 结果表明用岭估计法的预测效果较用最小二乘估计法的预测效果好.

6.3 主成分估计

主成分估计是由 W. F. Massy 于 1965 年提出的另一种有偏估计. 虽然这种估计也是为了克服设计阵 $\boldsymbol{X}$ 病态时最小二乘估计的稳定性很差这一缺陷而提出的, 但这种估计的基本做法与前面介绍的岭估计有很大的不同. 主成分估计的基本思想是, 首先借助于参数变换将回归自变量变为它们对应的主成分, 然后从所有的主成分中选取一部分重要的主成分并以它们作为新的回归自变量建立新的回归模型, 用最小二乘估计法估计新的回归模型中的参数, 基于得到的回归参数的估计再将它们转换为原来的参数估计进而得到原来的回归模型. 这一方法主要基于多元统计中的一个重要概念—主成分. 因此, 我们首先引进主成分的概念.

1. 主成分

主成分 (principal component) 的概念是皮尔逊于 1901 年首先提出的, 但当时只针对非随机变量来讨论的. 1933 年 Hotelling 将这个概念推广到了随机变量的情况.

假设 $\boldsymbol{x}$ 为 $p\times 1$ 的随机向量, $E(\boldsymbol{x}) = \boldsymbol{\mu}$, $\mathrm{Cov}(\boldsymbol{x}) = \boldsymbol{\Sigma} > 0$, 其中 $\boldsymbol{\mu}$ 和 $\boldsymbol{\Sigma}$ 均已知. 记 $\lambda_1 \geqslant \lambda_2 \geqslant \cdots \geqslant \lambda_p$ 是 $\boldsymbol{\Sigma}$ 的特征根, $\boldsymbol{l}_1, \boldsymbol{l}_2, \cdots, \boldsymbol{l}_p$ 为其对应的标准正交化特征向量, 即 $\boldsymbol{L} = (\boldsymbol{l}_1, l_2, \cdots, \boldsymbol{l}_p)$ 为正交阵, 且使 $\boldsymbol{L}^{\mathrm{T}}\boldsymbol{\Sigma}\boldsymbol{L} = \boldsymbol{\Lambda} = \mathrm{diag}(\lambda_1, \lambda_2, \cdots, \lambda_p)$, 称

$$\boldsymbol{z} = (z_1, z_2, \cdots, z_p)^{\mathrm{T}} = \boldsymbol{L}^{\mathrm{T}}(\boldsymbol{x} - \boldsymbol{\mu}) \tag{6.9}$$

为随机向量 $\boldsymbol{x}$ 的主成分, $z_i = \boldsymbol{l}_i^{\mathrm{T}}(\boldsymbol{x} - \boldsymbol{\mu})$ 为 $\boldsymbol{x}$ 的第 i 个主成分 $(i = 1, 2, \cdots, p)$. 主成分有很多优良的性质. 这里, 我们仅给出一些与本节内容有关联的性质.

性质 (1) $\mathrm{Cov}(\boldsymbol{z}) = \boldsymbol{\Lambda}$, 即任意两个主成分都不相关, 且第 i 个主成分的方差为 λ_i;

(2) $\sum\limits_{i=1}^{p} \mathrm{Var}(\boldsymbol{z}_i) = \sum\limits_{i=1}^{p} \mathrm{Var}(\boldsymbol{x}_i) = \mathrm{tr}(\boldsymbol{\Sigma}) = \sum\limits_{i=1}^{p} \lambda_i$. 即主成分的方差之和与原随机向量的方差之和相等;

(3) 对任意向量 $\boldsymbol{a} \in \mathbb{R}^p$, 有

$$\sup_{\boldsymbol{a}^{\mathrm{T}}\boldsymbol{a}=1} \mathrm{Var}(\boldsymbol{a}^{\mathrm{T}}\boldsymbol{x}) = \mathrm{Var}(\boldsymbol{z}_1) = \lambda_1,$$

$$\sup_{\boldsymbol{l}_j^{\mathrm{T}}\boldsymbol{a}=0, j=1,\cdots,i-1, \boldsymbol{a}^{\mathrm{T}}\boldsymbol{a}=1} \mathrm{Var}(\boldsymbol{a}^{\mathrm{T}}\boldsymbol{x}) = \mathrm{Var}(\boldsymbol{z}_i) = \lambda_i, \quad i = 2, \cdots, p.$$

这个性质说明, 对任意单位向量 $\boldsymbol{a}$, 在随机变量 $\boldsymbol{a}^{\mathrm{T}}\boldsymbol{x}$ 中, 第一主成分 $\boldsymbol{z}_1 = \boldsymbol{l}_1^{\mathrm{T}}(\boldsymbol{x} - \boldsymbol{\mu})$ 的方差最大. 而在与第一主成分不相关的随机变量 $\boldsymbol{a}^{\mathrm{T}}\boldsymbol{x}$ 中, 第二主成分 $\boldsymbol{z}_2 = \boldsymbol{l}_2^{\mathrm{T}}(\boldsymbol{x} - \boldsymbol{\mu})$ 的方差最大. 一般情况下, 在与前 $i-1$ 个主成分不相关的随机变量 $\boldsymbol{a}^{\mathrm{T}}\boldsymbol{x}$ 中, 第 i 个主成分 $\boldsymbol{z}_i = \boldsymbol{l}_i^{\mathrm{T}}(\boldsymbol{x} - \boldsymbol{\mu})$ 的方差最大;

性质 (1), (2) 的证明很容易获得, 此处省略. 我们只证性质 (3). 由于 $\mathrm{Var}(\boldsymbol{a}^{\mathrm{T}}\boldsymbol{x}) = \boldsymbol{a}^{\mathrm{T}}\boldsymbol{\Sigma}\boldsymbol{a}$, 因此, 求 $\mathrm{Var}(\boldsymbol{a}^{\mathrm{T}}\boldsymbol{x})$ 在约束条件 $\boldsymbol{a}^{\mathrm{T}}\boldsymbol{a} = 1$ 下的最大值问题可转化为求 $\boldsymbol{a}^{\mathrm{T}}\boldsymbol{\Sigma}\boldsymbol{a}/(\boldsymbol{a}^{\mathrm{T}}\boldsymbol{a})$ 的最大值. 因为 $\boldsymbol{l}_1, \boldsymbol{l}_2, \cdots, \boldsymbol{l}_p$ 为 $\mathbb{R}^p$ 的一组标准正交基, 所以, 对任意向量 $\boldsymbol{a} \in \mathbb{R}^p$, 存在向量 $\boldsymbol{t} \in \mathbb{R}^p$ 使得 $\boldsymbol{a} = \boldsymbol{L}\boldsymbol{t}$, 并且有

$$\sup_{\boldsymbol{a}\neq 0} \frac{\boldsymbol{a}^{\mathrm{T}}\boldsymbol{\Sigma}\boldsymbol{a}}{\boldsymbol{a}^{\mathrm{T}}\boldsymbol{a}} = \sup_{\boldsymbol{t}\neq 0} \frac{\boldsymbol{t}^{\mathrm{T}}\boldsymbol{L}^{\mathrm{T}}\boldsymbol{\Sigma}\boldsymbol{L}\boldsymbol{t}}{\boldsymbol{t}^{\mathrm{T}}\boldsymbol{t}} = \sup_{\boldsymbol{t}\neq 0} \frac{\boldsymbol{t}^{\mathrm{T}}\boldsymbol{\Lambda}\boldsymbol{t}}{\boldsymbol{t}^{\mathrm{T}}\boldsymbol{t}} = \sup_{\boldsymbol{t}\neq 0} \frac{\sum\limits_{i=1}^{p} \lambda_i t_i^2}{\sum\limits_{i=1}^{p} t_i^2} = \sup_{\boldsymbol{w}} \sum_{i=1}^{p} \lambda_i w_i$$

其中 $w_i = t_i^2 / \sum t_i^2 > 0$ 并且 $\sum\limits_{i=1}^{p} w_i = 1$. 上式的最大值在 $w_1 = 1, w_2 = \cdots = w_p = 0$, 即 $\boldsymbol{t} = (1, 0, \cdots, 0)^{\mathrm{T}}$ 处达到, 也即是说在 $\boldsymbol{a} = \boldsymbol{l}_1$ 处达到. 这样我们就证明了性质 (3) 中的第一式.

为了证明性质 (3) 中的第二式, 我们注意到约束条件 $\boldsymbol{l}_j^{\mathrm{T}}\boldsymbol{a} = 0\ (j = 1, \cdots, i-1)$ 等价于 $\boldsymbol{a} \in \mathcal{L}(\boldsymbol{l}_1, \boldsymbol{l}_2, \cdots, \boldsymbol{l}_i)^{\perp}$, 其中 $\mathcal{L}(\boldsymbol{l}_1, \boldsymbol{l}_2, \cdots, \boldsymbol{l}_i)^{\perp}$ 表示由向量 $\boldsymbol{l}_1, \cdots, \boldsymbol{l}_i$ 生成的子空间的正交补空间. 从而, 用子空间 $\mathcal{L}(\boldsymbol{l}_1, \boldsymbol{l}_2, \cdots, \boldsymbol{l}_i)^{\perp}$ 去代替 $\mathbb{R}^p$ 并用同前面类似的方法可证明性质 (3) 中的第二式成立.

综合以上性质, 我们有以下结论：由于各主成分之间互不相关, 且第 i 个主成分 $\boldsymbol{z}_i = \boldsymbol{l}_i^{\mathrm{T}}(\boldsymbol{x} - \boldsymbol{\mu})$ 对总方差 $\mathrm{tr}(\boldsymbol{\Sigma})$ 的贡献为 λ_i, 因此, λ_i 越大, $\boldsymbol{z}_i$ 对总方差的贡献就愈大; 若 $\lambda_{r+1}, \cdots, \lambda_p$ 都等于零, 则主成分 $\boldsymbol{z}_{r+1}, \cdots, \boldsymbol{z}_p$ 的方差也就均为零, 从而, 由它们的均值均为零知这些主成分以概率 1 均为零, 这样我们就可以去掉这些主成分了. 于是, 我们实现了将 p 维随机向量 $\boldsymbol{x}$ 降为 r 维随机向量的思想. 然而, 在实际问题应用中, 后面 $p-r$ 个主成分的方差并非严格地等于零, 而仅近似为零, 此时它们在总方差中所占的比例很小. 在这种情况下, 我们也可以把它们丢掉.

然而, 在很多实际问题研究中, $\boldsymbol{\mu}$ 和 $\boldsymbol{\Sigma}$ 并非已知, 通常都是未知的. 此时, 我们可以首先考虑用样本去估计它们, 然后用这些估计去代替主成分中的相应量得到其样本主成分. 譬如：基于样本 $\boldsymbol{x}_1, \cdots, \boldsymbol{x}_n$ 可得到 $\boldsymbol{\mu}$ 和 $\boldsymbol{\Sigma}$ 的估计：$\hat{\boldsymbol{\mu}} = \bar{\boldsymbol{x}} = \dfrac{1}{n}\sum\limits_{i=1}^{n} \boldsymbol{x}_i$ 和

$\hat{\boldsymbol{\Sigma}} = \dfrac{1}{n}\sum_{i=1}^{n}\sum_{j=1}^{n}(\boldsymbol{x}_i - \bar{\boldsymbol{x}})(\boldsymbol{x}_j - \bar{\boldsymbol{x}})$. 记 $\hat{\lambda}_1 \geqslant \hat{\lambda}_2 \geqslant \cdots \geqslant \hat{\lambda}_p$ 和 $\hat{\boldsymbol{L}} = (\hat{\boldsymbol{l}}_1, \hat{\boldsymbol{l}}_2, \cdots, \hat{\boldsymbol{l}}_p)$ 分别为 $\hat{\boldsymbol{\Sigma}}$ 的特征根和标准正交化特征向量, 则称

$$\boldsymbol{z}_i^* = \hat{\boldsymbol{L}}^{\mathrm{T}}(\boldsymbol{x}_i - \bar{\boldsymbol{x}}), \quad i = 1, \cdots, n,$$

为**样本主成分**. 类似地, $\hat{\lambda}_1, \hat{\lambda}_2, \cdots, \hat{\lambda}_p$ 度量了各样本主成分对总方差的贡献大小. 若 $\hat{\lambda}_r, \cdots, \hat{\lambda}_p$ 比较接近于零或它们在总方差中所占的比例很小, 则我们可以把它们对应的样本主成分也丢掉.

2. 回归系数的主成分估计

在多元线性回归模型式 (6.2) 中, 我们假设设计阵 $\boldsymbol{X}$ 已经中心化了, 则其相关系数矩阵为 $\boldsymbol{R} = \boldsymbol{X}^{\mathrm{T}}\boldsymbol{X}$. 记其特征根分别为 $\lambda_1 \geqslant \lambda_2 \geqslant \cdots \geqslant \lambda_p$, 它们对应的标准正交化特征向量分别为 $\boldsymbol{l}_1, \boldsymbol{l}_2, \cdots, \boldsymbol{l}_p$, $\boldsymbol{L} = (\boldsymbol{l}_1, \boldsymbol{l}_2, \cdots, \boldsymbol{l}_p)$. 若视 p 个回归自变量构成的向量 $\boldsymbol{x} = (x_1, \cdots, x_p)^{\mathrm{T}}$ 为 p 维随机向量, 并且把设计矩阵 $\boldsymbol{X}$ 的 n 个行看作 $\boldsymbol{x}$ 的 n 个随机样本, 则 $\boldsymbol{X}^{\mathrm{T}}\boldsymbol{X}/n$ 就是 $\boldsymbol{x}$ 的协方差阵 $\boldsymbol{\Sigma}$ 的一个估计并且 $\boldsymbol{Z} = (\boldsymbol{z}_1, \cdots, \boldsymbol{z}_p)$ 就是由样本主成分构成的设计矩阵. 于是, 由式 (6.5) 知, 多元线性回归模型 (6.2) 的典则形式就是以 $\boldsymbol{x} = (x_1, \cdots, x_p)^{\mathrm{T}}$ 的主成分 $\boldsymbol{z}_1, \cdots, \boldsymbol{z}_p$ 为新自变量的回归模型. 这样回归模型的典则形式就是把回归自变量从原来的变量 $x_1, \cdots, x_p$ 变换到了它们的主成分 $\boldsymbol{z}, \cdots, \boldsymbol{z}_p$. 此时, 新设计阵为 $\boldsymbol{Z} = \boldsymbol{X}\boldsymbol{L}$, $\boldsymbol{Z}$ 的第 i 行是 p 个主成分 $\boldsymbol{z}_1, \cdots, \boldsymbol{z}_p$ 在第 i 次试验中的取值, 而第 j 列是第 j 个主成分在 n 次试验中的取值 $(i = 1, \cdots, n, j = 1, \cdots, p)$. 由性质 (3) 可知, 矩阵 $\boldsymbol{X}^{\mathrm{T}}\boldsymbol{X}$ 的特征根 λ_i 度量了第 i 个主成分 $\boldsymbol{z}_i$ 在 n 次试验中取值的变化大小. 若某个 $\lambda_i \approx 0$, 则 $\mathrm{Var}(\boldsymbol{z}_i)$ 近似为零, 即主成分 $\boldsymbol{z}_i$ 在 n 次试验中的取值几乎没有太大的变化. 这样, 它对因变量的作用就可以忽略掉, 即是说我们可以把它从模型中剔除掉. 而由前面的讨论知, 当设计矩阵 $\boldsymbol{X}$ 呈病态时, 相关阵 $\boldsymbol{R}$ 的 p 个特征根 $\lambda_1 \geqslant \lambda_2 \geqslant \cdots \geqslant \lambda_p$ 中有一部分特征根很小. 不妨假设后 $p-r$ 个特征根很小, 即 $\lambda_{r+1}, \cdots, \lambda_p \approx 0$. 此时, 后 $p-r$ 个新自变量 $z_{r+1}, \cdots, z_p$ 就可以从模型中剔除掉了.

基于上述思想, 我们可以把 $\boldsymbol{R}$ 的特征根分为两部分, 一部分为由特征根 $\lambda_1, \cdots, \lambda_r$ 构成, 而另一部分则由特征根 $\lambda_{r+1}, \cdots, \lambda_p$ 构成, 并把 $\boldsymbol{\Lambda}, \boldsymbol{\alpha}, \boldsymbol{Z}$ 和 $\boldsymbol{L}$ 按特征根的两部分构成进行相应的分块:

$$\boldsymbol{\Lambda} = \begin{pmatrix} \boldsymbol{\Lambda}_1 & \boldsymbol{0} \\ \boldsymbol{0} & \boldsymbol{\Lambda}_2 \end{pmatrix}, \quad \boldsymbol{\alpha} = \begin{pmatrix} \boldsymbol{\alpha}_{(1)} \\ \boldsymbol{\alpha}_{(2)} \end{pmatrix},$$

$$\boldsymbol{Z} = (\boldsymbol{Z}_{(1)}, \boldsymbol{Z}_{(2)}), \quad \boldsymbol{L} = (\boldsymbol{L}_{(1)}, \boldsymbol{L}_{(2)}),$$

其中, $\boldsymbol{\Lambda}_1$ 为 $r \times r$ 矩阵, $\boldsymbol{\Lambda}_2$ 为 $(p-r)\times(p-r)$ 矩阵, $\boldsymbol{\alpha}_{(1)}$ 为 $r \times 1$ 向量, $\boldsymbol{\alpha}_{(2)}$ 为 $(p-r)\times 1$ 向量, $\boldsymbol{Z}_{(1)}$ 为 $n \times r$ 矩阵, $\boldsymbol{Z}_{(2)}$ 为 $n \times (p-r)$ 矩阵, $\boldsymbol{L}_{(1)}$ 为 $p \times r$ 矩阵, $\boldsymbol{L}_{(2)}$ 为 $p \times (p-r)$ 矩阵, 则多元线性回归模型的典则形式 (6.5) 可改写为

$$\boldsymbol{Y} = \boldsymbol{Z}_{(1)}\boldsymbol{\alpha}_{(1)} + \boldsymbol{Z}_{(2)}\boldsymbol{\alpha}_{(2)} + \boldsymbol{\varepsilon}, \quad E(\boldsymbol{\varepsilon}) = \boldsymbol{0}, \quad \mathrm{Var}(\boldsymbol{\varepsilon}) = \sigma^2 \boldsymbol{I}_n.$$

当 $\lambda_{r+1},\cdots,\lambda_p\approx 0$ 时, 由 $\boldsymbol{Z}^{\mathrm{T}}\boldsymbol{Z}=\boldsymbol{\Lambda}$ 知 $\boldsymbol{Z}_{(2)}\approx 0$. 此时, 我们可将上式中的 $\boldsymbol{Z}_{(2)}\boldsymbol{\alpha}_{(2)}$ 从模型中剔除掉, 并用 $\hat{\boldsymbol{\alpha}}_{(2)}=\mathbf{0}$ 去估计 $\boldsymbol{\alpha}_{(2)}$. 基于剔除后的新模型 $\boldsymbol{Y}=\boldsymbol{Z}_{(1)}\boldsymbol{\alpha}_{(1)}+\boldsymbol{\varepsilon}$ 可得 $\boldsymbol{\alpha}_{(1)}$ 的最小二乘估计

$$\hat{\boldsymbol{\alpha}}_{(1)}=(\boldsymbol{Z}_{(1)}^{\mathrm{T}}\boldsymbol{Z}_{(1)})^{-1}\boldsymbol{Z}_{(1)}^{\mathrm{T}}\boldsymbol{Y}=\boldsymbol{\Lambda}_1^{-1}\boldsymbol{Z}_{(1)}^{\mathrm{T}}\boldsymbol{Y}.$$

由关系式 $\boldsymbol{\alpha}=\boldsymbol{L}^{\mathrm{T}}\boldsymbol{\beta}$ 可得 $\boldsymbol{\beta}$ 的估计

$$\tilde{\boldsymbol{\beta}}=\boldsymbol{L}\begin{pmatrix}\hat{\boldsymbol{\alpha}}_{(1)}\\ \mathbf{0}\end{pmatrix}=\boldsymbol{L}_{(1)}\hat{\boldsymbol{\alpha}}_{(1)}=\boldsymbol{L}_{(1)}\boldsymbol{\Lambda}_1^{-1}\boldsymbol{Z}_{(1)}^{\mathrm{T}}\boldsymbol{Y}. \tag{6.10}$$

我们把 $\tilde{\boldsymbol{\beta}}$ 称为参数 $\boldsymbol{\beta}$ 的**主成分估计** (principal components estimate).

对主成分估计我们有下列性质：

(1) $\tilde{\boldsymbol{\beta}}=\boldsymbol{L}_{(1)}\boldsymbol{L}_{(1)}^{\mathrm{T}}\hat{\boldsymbol{\beta}}$, 即主成分估计是最小二乘估计的一个线性变换.

(2) $E(\tilde{\boldsymbol{\beta}})=\boldsymbol{L}_{(1)}\boldsymbol{L}_{(1)}^{\mathrm{T}}\boldsymbol{\beta}$. 此即表明：只要 $r<p$, 其主成分估计就是有偏估计.

(3) $\|\tilde{\boldsymbol{\beta}}\|<\|\hat{\boldsymbol{\beta}}\|$, 即主成分估计 $\tilde{\boldsymbol{\beta}}$ 是压缩估计.

(4) 当设计矩阵 $\boldsymbol{X}$ 呈病态时, 可选择适当的 r 使得

$$\mathrm{MSE}(\tilde{\boldsymbol{\beta}})<\mathrm{MSE}(\hat{\boldsymbol{\beta}}).$$

证明 (1) 由模型假设和 $\tilde{\boldsymbol{\beta}}$ 的定义以及关系式 $(\boldsymbol{Z}_{(1)},\boldsymbol{Z}_{(2)})=(\boldsymbol{X}\boldsymbol{L}_{(1)},\boldsymbol{X}\boldsymbol{L}_{(2)})$、$\boldsymbol{X}^{\mathrm{T}}\boldsymbol{X}=\boldsymbol{L}\boldsymbol{\Lambda}\boldsymbol{L}^{\mathrm{T}}=\boldsymbol{L}_{(1)}\boldsymbol{\Lambda}_1\boldsymbol{L}_{(1)}^{\mathrm{T}}+\boldsymbol{L}_{(2)}\boldsymbol{\Lambda}_2\boldsymbol{L}_{(2)}^{\mathrm{T}}$、$\boldsymbol{L}_{(1)}^{\mathrm{T}}\boldsymbol{L}_{(1)}=\boldsymbol{I}_r$ 和 $\boldsymbol{L}_{(1)}^{\mathrm{T}}\boldsymbol{L}_{(2)}=\mathbf{0}$ 知

$$\begin{aligned}\tilde{\boldsymbol{\beta}}&=\boldsymbol{L}_{(1)}\boldsymbol{\Lambda}_1^{-1}\boldsymbol{L}_{(1)}^{\mathrm{T}}\boldsymbol{X}^{\mathrm{T}}\boldsymbol{Y}=\boldsymbol{L}_{(1)}\boldsymbol{\Lambda}_1^{-1}\boldsymbol{L}_{(1)}^{\mathrm{T}}\boldsymbol{X}^{\mathrm{T}}\boldsymbol{X}\hat{\boldsymbol{\beta}}\\&=\boldsymbol{L}_{(1)}\boldsymbol{\Lambda}_1^{-1}\boldsymbol{L}_{(1)}^{\mathrm{T}}\boldsymbol{L}_{(1)}\boldsymbol{\Lambda}_1\boldsymbol{L}_{(1)}^{\mathrm{T}}\hat{\boldsymbol{\beta}}+\boldsymbol{L}_{(1)}\boldsymbol{\Lambda}_1^{-1}\boldsymbol{L}_{(1)}^{\mathrm{T}}\boldsymbol{L}_{(2)}\boldsymbol{\Lambda}_2\boldsymbol{L}_{(2)}^{\mathrm{T}}\hat{\boldsymbol{\beta}}\\&=\boldsymbol{L}_{(1)}\boldsymbol{\Lambda}_1^{-1}\boldsymbol{L}_{(1)}^{\mathrm{T}}\boldsymbol{L}_{(1)}\boldsymbol{\Lambda}_1\boldsymbol{L}_{(1)}^{\mathrm{T}}\hat{\boldsymbol{\beta}}=\boldsymbol{L}_{(1)}\boldsymbol{L}_{(1)}^{\mathrm{T}}\hat{\boldsymbol{\beta}}\end{aligned}$$

(2) 由 $E(\hat{\boldsymbol{\beta}})=\boldsymbol{\beta}$ 以及 (1) 的结论知 $E(\tilde{\boldsymbol{\beta}})=\boldsymbol{L}_{(1)}\boldsymbol{L}_{(1)}^{\mathrm{T}}\boldsymbol{\beta}$.

(3) 令 $\tilde{\boldsymbol{I}}=\mathrm{diag}(\boldsymbol{I}_r,\mathbf{0})$. 则由 $\boldsymbol{L}$ 的定义知 $\boldsymbol{L}_{(1)}\boldsymbol{L}_{(1)}^{\mathrm{T}}=\boldsymbol{L}\tilde{\boldsymbol{I}}\boldsymbol{L}^{\mathrm{T}}$. 从而, 我们有

$$\|\tilde{\boldsymbol{\beta}}\|=\|\boldsymbol{L}\tilde{\boldsymbol{I}}\boldsymbol{L}^{\mathrm{T}}\hat{\boldsymbol{\beta}}\|=\|\tilde{\boldsymbol{I}}\boldsymbol{L}^{\mathrm{T}}\hat{\boldsymbol{\beta}}\|<\|\boldsymbol{L}^{\mathrm{T}}\hat{\boldsymbol{\beta}}\|=\|\hat{\boldsymbol{\beta}}\|.$$

(4) 由式 (6.10) 以及均方误差的性质可得

$$\begin{aligned}\mathrm{MSE}(\tilde{\boldsymbol{\beta}})&=\mathrm{MSE}\begin{pmatrix}\hat{\boldsymbol{\alpha}}_{(1)}\\ \mathbf{0}\end{pmatrix}\\&=\sigma^2\mathrm{tr}(\hat{\boldsymbol{\alpha}}_{(1)})+\|\boldsymbol{\alpha}_{(2)}\|^2\\&=\sigma^2\sum_{i=1}^{r}\lambda_i^{-1}+\sum_{i=r+1}^{p}\alpha_i^2\\&=\mathrm{MSE}(\hat{\boldsymbol{\beta}})+\left(\sum_{i=r+1}^{p}\alpha_i^2-\sigma^2\sum_{i=r+1}^{p}\lambda_i^{-1}\right).\end{aligned} \tag{6.11}$$

由于设计阵 $\boldsymbol{X}$ 呈病态, 因此, 有一部分特征根非常接近于零. 不妨假设后 $p-r$ 个特征根 $\lambda_{r+1},\cdots,\lambda_p$ 非常接近于零, 从而 $\sum\limits_{i=r+1}^{p}\lambda_i^{-1}$ 将非常地大, 这致使式 (6.11) 的最后一个等式的第二项为负. 于是, 性质 (4) 的结论成立.

此外, 主成分估计还有许多其他的性质, 为了节约篇幅, 此处略. 若有兴趣的同学, 可参见陈希孺和王松桂 (1987).

我们注意到矩阵 $\boldsymbol{X}^{\mathrm{T}}\boldsymbol{X}$ 的特征根、主成分与复共线性三者之间有如下关系：若第 i 个特征根 λ_i 近似为零, 则第 i 主成分也近似为零; 有多少个主成分接近于零, 自变量之间就存在着多少个复共线性关系. 这是因为: 若 $\lambda_i\approx 0$, 则 $\boldsymbol{X}^{\mathrm{T}}\boldsymbol{X}\boldsymbol{l}_i=\lambda_i\boldsymbol{l}_i\approx 0$, 从而, 第 i 个主成分 $\boldsymbol{z}_i=\boldsymbol{X}\boldsymbol{l}_i\approx 0$. 于是, 若记 $\boldsymbol{l}_i=(l_{1i},\cdots,l_{pi})^{\mathrm{T}}$, 则由 $\boldsymbol{X}\boldsymbol{l}_i\approx 0$ 知 $\sum\limits_{l=1}^{p}x_{jl}l_{li}\approx 0\ (j=1,\cdots,n)$, 此即表明：回归自变量 $x_1,\cdots,x_p$ 之间存在近似的线性关系：$x_1l_{1i}+\cdots+x_pl_{pi}\approx 0\ (i=r+1,\cdots,p)$, 即有多少个特征根为零, 自变量 $x_1,\cdots,x_p$ 之间就存在多少个复共线性关系.

为了研究回归自变量之间的相关关系, 我们通常可借助于相关系数矩阵来考察它们, 但相关系数仅局限于研究两个变量之间的关系. 而主成分估计方法为研究多个变量之间的相关关系提供了一种简单有效的工具, 因此, 其研究备受国内外统计学者的青睐.

由前面的讨论可以看出, 为了获得模型参数 $\boldsymbol{\beta}$ 的主成分估计, 我们需要知道主成分的个数 r. 解决这一问题的常用方法有：① 略去特征根接近于零的那些主成分; ② 选择 r 使得前 r 个特征根之和在 p 个特征根总和中所占比例达到预先给定的值. 譬如, 选择 r 使得 $\sum\limits_{i=1}^{r}\lambda_i\Big/\sum\limits_{i=1}^{p}\lambda_i>85\%$ 或 90% 等.

下面我们以例 6.2 为例说明主成分估计的应用.

例 6.4 (续例 6.2) 例 6.2 中所有可能子集回归如表 6.2 所示:

表 6.2 所有可能子集的回归

回归模型中的变量	回归系数的最小二乘估计		
	x_1	x_2	x_3
x_1	0.146	—	—
x_2	—	0.691	—
x_3	—	—	0.214
x_1, x_2	0.145	0.622	—
x_1, x_3	−0.109	—	0.372
x_2, x_3	—	0.596	0.212
x_1, x_2, x_3	−0.051	0.587	0.287

由表 6.2 可以看出, 自变量 x_3 引入回归方程后自变量 x_1 的回归系数估计发生了很大的变化. 为了探讨其原因, 我们将原始数据中心标准化, 求得样本相关系数 $\boldsymbol{X}^{\mathrm{T}}\boldsymbol{X}$ 矩阵:

$$\boldsymbol{X}^{\mathrm{T}}\boldsymbol{X}=\begin{pmatrix}1 & 0.026 & 0.997\\ 0.026 & 1 & 0.036\\ 0.997 & 0.036 & 1\end{pmatrix}.$$

矩阵 $\boldsymbol{X}^{\mathrm{T}}\boldsymbol{X}$ 的三个特征根分别为 $\lambda_1 = 1.999, \lambda_2 = 0.998, \lambda_3 = 0.003$. 明显地, 特征根 λ_3 非常地接近于零, 并且条件数 $\lambda_1/\lambda_3 = 666.333$, 这些结果表明: x_1, x_2, x_3 三者之间存在中等程度的复共线性关系. 为了消除复共线性的影响, 下面我们求它们的主成分. 矩阵 $\boldsymbol{X}^{\mathrm{T}}\boldsymbol{X}$ 对应于三个特征根 $\lambda_1, \lambda_2, \lambda_3$ 的三个特征向量分别为

$$\boldsymbol{l}_1 = (0.7063, 0.0435, 0.7065)^{\mathrm{T}},$$

$$\boldsymbol{l}_2 = (-0.0357, 0.9990, -0.0258)^{\mathrm{T}},$$

$$\boldsymbol{l}_3 = (-0.7070, -0.0070, 0.7072)^{\mathrm{T}}.$$

其对应的三个主成分可分别表示为

$$\boldsymbol{z}_1 = 0.7063x_1 + 0.0435x_2 + 0.7065x_3,$$

$$\boldsymbol{z}_2 = -0.0357x_1 + 0.9990x_2 - 0.0258x_3,$$

$$\boldsymbol{z}_3 = -0.7070x_1 - 0.0070x_2 + 0.7072x_3.$$

由前面的分析知, 当 $\lambda_3 = 0.003 \approx 0$ 时, 我们有 $\boldsymbol{z}_3 \approx 0$, 即存在不全为零的实数 $c_1 = -0.7070, c_2 = -0.0070, c_3 = 0.7072$ 使得 $c_1x_1 + c_2x_2 + c_3x_3 \approx 0$. 从而, 变量 x_1, x_2, x_3 之间存在复共线性关系. 由于 x_2 的系数 $c_2 = -0.0070 \approx 0$ 并且 x_1 和 x_3 的系数 c_1 和 c_2 的绝对值近似相等, 因而, 其复共线性关系可表示为 $x_1 \approx x_3$, 这与 x_1 与 x_3 的相关系数为 $r = 0.997$ 是一致的. 注意 $x_1 \approx x_3$ 是对中心标准化数据而言的. 由表 6.1 可以看出, 对原始数据而言 $x_1 \approx x_3$ 并不成立. 但我们可根据中心标准化把关系 $x_1 \approx x_3$ 还原到原来的变量.

若踢掉 $\boldsymbol{z}_3$ 并保留前两个主成分, 算出其主成分回归后还原到原来变量, 得其主成分回归方程为

$$\hat{y} = -9.1057 + 0.0727x_1 + 0.6091x_2 + 0.1062x_3,$$

这与岭估计大体相近.

6.4 Stein 压缩估计

前面讨论的岭估计和主成分估计等有偏估计都是对最小二乘估计 $\hat{\boldsymbol{\beta}}$ 向原点作适当的压缩. 但它们对参数估计 $\hat{\boldsymbol{\beta}}$ 的各分量并非做的是均匀压缩. 本节将基于 Stein 的压缩思想讨论最小二乘估计 $\hat{\boldsymbol{\beta}}$ 的均匀压缩估计, 该估计是 Stein 于 1955 年首先提出的, 它是一种很简单的有偏估计. 尽管该估计的应用还远不如岭估计, 但它在有偏估计发展史上还是占有非常重要的地位的.

1. 定义及性质

对于多元线性回归模型 (6.2), 其回归系数 $\boldsymbol{\beta}$ 的最小二乘估计为 $\hat{\boldsymbol{\beta}} = (\boldsymbol{X}^{\mathrm{T}}\boldsymbol{X})^{-1}\boldsymbol{X}^{\mathrm{T}}\boldsymbol{Y}$. 我们把

$$\hat{\boldsymbol{\beta}}_s(c) = c\hat{\boldsymbol{\beta}}$$

称为 Stein 估计, 其中 $0 \leqslant c \leqslant 1$ 被称为压缩系数. 当 c 取遍区间 $[0,1]$ 时, 我们便得到回归参数 $\boldsymbol{\beta}$ 的一个估计类. 显然, $\hat{\boldsymbol{\beta}}_s(c)$ 是对 $\hat{\boldsymbol{\beta}}$ 的每一分量都做了一样的压缩, 因此, Stein 估计是一种均匀压缩估计.

Stein 估计具有如下一些主要性质：

(1) 当 $c \neq 1$ 时, $\hat{\boldsymbol{\beta}}_s(c)$ 是 $\boldsymbol{\beta}$ 的有偏、压缩估计.

(2) 存在 $0 < c < 1$, 使得 $\mathrm{MSE}(\hat{\boldsymbol{\beta}}_s(c)) < \mathrm{MSE}(\hat{\boldsymbol{\beta}})$.

事实上, $\hat{\boldsymbol{\beta}}_s(c)$ 的均方误差为

$$\begin{aligned}
\mathrm{MSE}(\hat{\boldsymbol{\beta}}_s(c)) &= \mathrm{tr}\{\mathrm{Cov}(\hat{\boldsymbol{\beta}}_s(c))\} + \|E\hat{\boldsymbol{\beta}}_s(c) - \boldsymbol{\beta}\|^2 \\
&= c^2\sigma^2\mathrm{tr}(\boldsymbol{X}^{\mathrm{T}}\boldsymbol{X})^{-1} + (c-1)^2\|\boldsymbol{\beta}\|^2 \\
&= c^2\sigma^2\sum_{i=1}^{p}\lambda_i^{-1} + (c-1)^2\|\boldsymbol{\beta}\|^2 \\
&\triangleq g(c)
\end{aligned}$$

对 $g(c)$ 关于 c 求导并令其导数等于零可解得 c 的最优值是

$$\tilde{c} = \frac{\|\boldsymbol{\beta}\|^2}{\sigma^2\sum\limits_{i=1}^{p}\lambda_i^{-1} + \|\boldsymbol{\beta}\|^2}. \tag{6.12}$$

由于 $g(c)$ 关于 c 的二阶导数等于 $2\sigma^2\sum\limits_{i=1}^{p}\lambda_i^{-1} + 2\|\boldsymbol{\beta}\|^2 > 0$, 因此, 我们可得 $g(c) = \mathrm{MSE}(\hat{\boldsymbol{\beta}}_s(c))$ 在 $\tilde{c}$ 处达到最小, 并且当 $\tilde{c} \leqslant c < 1$ 时有 $\mathrm{MSE}(\hat{\boldsymbol{\beta}}_s(c)) < \mathrm{MSE}(\hat{\boldsymbol{\beta}})$. 此即表明：Stein 估计 $\hat{\boldsymbol{\beta}}_s(c)$ 比最小二乘估计 $\hat{\boldsymbol{\beta}}$ 有更小的均方误差. 这样, 在均方误差意义下, 我们找到一个有偏的 Stein 估计, 它优于最小二乘估计.

2. 压缩系数的选择

为了得到了 Stein 估计, 我们需要知道压缩系数 c. 然而, 由 $\tilde{c}$ 的定义知, 压缩系数 c 的最优值依赖于未知参数 $\boldsymbol{\beta}$ 和 σ^2. 因此, 类似于岭估计, 我们通过数据来选择压缩系数 c. 下面我们介绍选压缩系数的两种常用方法.

(1) Stein-Jemes 法. 若假设误差 $\boldsymbol{\varepsilon} \sim N(\boldsymbol{0}, \sigma^2\boldsymbol{I}_n)$ 并取

$$c = 1 - \frac{d\hat{\sigma}^2}{\hat{\boldsymbol{\beta}}^T\boldsymbol{X}^{\mathrm{T}}\boldsymbol{X}\hat{\boldsymbol{\beta}}},$$

其中 d 满足

$$0 < d < \frac{2(n-p-1)}{n-p+1}\left(\lambda_p\sum_{i=1}^{p}\lambda_i^{-1} - 2\right),$$

则对一切的 $\boldsymbol{\beta}$ 和 σ^2, Stein 估计比最小二乘估计有更小的均方误差.

(2) 取

$$c=\begin{cases}\dfrac{1}{2}+\sqrt{\dfrac{1}{4}-\hat{\tau}^{-1}}, & \text{当 } \hat{\tau}\geqslant 4,\\ 0, & \text{当 } \hat{\tau}<4,\end{cases} \tag{6.13}$$

其中 $\hat{\tau}=\|\hat{\beta}\|^2\Big/\left(\hat{\sigma}^2\sum\limits_{i=1}^{p}\lambda_i^{-1}\right)$. 对式 (6.12) 应用迭代法, 可产生一个序列 c_m, 当 $m\to\infty$ 时, 该序列 c_m 的极限就是式 (6.13). 有关这一问题的详细叙述, 有兴趣的读者可参见文献陈希孺和王松桂 (1987).

复习思考题

1. 岭估计的定义及其统计思想是什么?

2. 选择岭参数 k 的主要方法有哪些?

3. 一家大型商业银行有多家分行, 近年来, 该银行的贷款额平稳增长, 但不良贷款额也有较大比例的提高. 为弄清不良贷款形成的原因, 希望利用银行业务的有关数据做些定量分析, 以便找出控制不良贷款的办法. 下表是该银行所属 25 家分行 2002 年的有关业务数据. 我们以 y 表示不良贷款 (亿元), x_1 表示各项贷款余额 (亿元), x_2 表示本年累计应收贷款 (亿元), x_3 表示贷款项目个数 (个), x_4 表示本年资产投资额 (亿元).

行号	y	x_1	x_2	x_3	x_4	行号	y	x_1	x_2	x_3	x_4
1	0.9	67.3	6.8	5	51.9	14	3.5	174.6	12.7	26	117.1
2	1.1	111.3	19.8	16	90.9	15	10.2	263.5	15.6	34	146.7
3	4.8	173.0	7.7	17	73.7	16	3.0	79.3	8.9	15	29.9
4	3.2	80.8	7.2	10	14.5	17	0.2	14.8	0.6	2	42.1
5	7.8	199.7	16.5	19	63.2	18	0.4	73.5	5.9	11	25.3
6	2.7	16.2	2.2	1	2.2	19	1.0	24.7	5.0	4	13.4
7	1.6	107.4	10.7	17	20.2	20	6.8	139.4	7.2	28	64.3
8	12.5	185.4	27.1	18	43.8	21	11.6	368.2	16.8	32	163.9
9	1.0	96.1	1.7	10	55.9	22	1.6	95.7	3.8	10	44.5
10	2.6	72.8	9.1	14	64.3	23	1.2	109.6	10.3	14	67.9
11	0.3	64.2	2.1	11	42.7	24	7.2	196.2	15.8	16	39.7
12	4.0	132.2	11.2	23	76.7	25	3.2	102.2	12.0	10	97.1
13	0.8	58.6	6.0	14	22.8						

(1) 建立不良贷款 y 对 4 个自变量的线性回归方程, 并说明其得到的回归系数是否合理?

(2) 采用后退法和逐步回归法选择回归自变量, 并说明所得回归方程的回归系数是否合理, 是否还存在共线性?

(3) 建立不良贷款 y 对 4 个自变量的岭回归.

(4) 对第 (2) 步剔除变量后的回归方程再做岭回归.

(5) 某研究人员希望就 y 关于各项贷款余额、本年累计应收贷款、贷款项目个数这 3 个自变量建立回归模型, 你认为这样做是否可行? 如果可行应该如何做?

4. 为研究某地消费品销售量 y 与居民可支配收入 x_1, 该消费品价格指数 x_2, 其他消费品的平均价格指数 x_3 的关系, 收集了 10 组数据, 并且求得各变量的均值与偏差平方和的算术根如下:

	x_1	x_2	x_3	y
$\overline{x}$	129.37	101.7	102	14
σ	109.2476	24.3742	19.2354	12.9035

(1) 求得岭迹的部分数据及相应的回归方程的残差平方和如下表所示:

k	d_1	d_2	d_3	SSE
0	0.8772	−0.3555	0.4746	0.3377
0.01	0.7187	−0.0816	0.3562	0.6350
0.02	0.5262	0.0289	0.3358	0.9808
0.03	0.5667	0.0911	0.3288	1.2535
0.04	0.5267	0.1310	0.3255	1.4664
0.05	0.4976	0.1588	0.3236	1.6377
⋮				

若允许 $\mathrm{SS}_E(k) < 3 \cdot \mathrm{SS}_E(0)$, 试问 k 最大取什么值? 并求 y 关于 x_1, x_2, x_3 的岭回归方程.

(2) 求得 x_1, x_2, x_3 的相关矩阵的特征根依次为 2.9732, 0.0201, 0.0067. 在建立主成分回归方程时, 为使累计贡献率不低于 90%, 至少应取几个主成分, 现还求得其最大特征根对应的特征向量为 $\boldsymbol{l} = (0.5763, 0.5771, 0.5786)^{\mathrm{T}}$. 各样本第一主成分及其标准化数据如下表所示:

i	z_{i1}	y_i	i	z_{i1}	y_i
1	−0.716	−0.434	6	−0.038	0.015
2	−0.605	−0.341	7	0.238	0.139
3	−0.441	−0.279	8	0.626	0.302
4	−0.460	−0.201	9	0.751	0.411
5	−0.162	−0.139	10	0.807	0.527

试写出 y 关于 x_1, x_2, x_3 的相应主成分回归方程.

第 7 章　非线性回归模型

7.1　引　　言

在前面几章的讨论中, 我们看到线性回归模型是一简便且在很多领域都得到了广泛使用的模型. 然而, 在实际问题的应用中, 线性回归模型并不多见, 但一些模型可通过变换将它化为线性模型. 事实上, 更多的情况是不能通过变换化为线性模型的非线性模型. 譬如, 考察某种产品每百户家庭拥有量这一问题. 在产品研制成功投入批量生产开始销售的初期, 市场接受这一新产品需要一个过程, 这时该产品的销售量不会很大, 每百户家庭的拥有量也增长缓慢. 但随着用户对该新产品的逐渐认同, 其销售量也将快速增加, 在这一阶段每百户家庭的拥有量也将随之迅速增长. 但当该产品达到一定的拥有量以后, 每百户家庭对该产品拥有量的增加量就会逐渐减少, 最后每百户家庭拥有量将趋于一个饱和值. 由此可见, 这里的每百户家庭拥有量与时间的关系并不是线性的, 而应该是先平坦、后陡峭、再平坦如此变化的一条 S 形曲线. 这类例子还有很多, 如：树木、农作物的生长随时间变化而表现为 S 形曲线, 人们对某一技能的学习的过程也表现为一条 S 形曲线, 市场对某一产品的需求的过程也表现为 S 形曲线, 等等. 这种 S 形曲线常被称为增长曲线, 其通常可由以下函数形式来表示

$$y=f(x,\boldsymbol{\theta})=\alpha \mathrm{e}^{-\exp(\beta-\gamma x)}$$

或

$$y=f(x,\boldsymbol{\theta})=\frac{\alpha}{1+\mathrm{e}^{\beta-\gamma x}}.$$

其相应的模型称为增长曲线模型. 以上两式中, 因变量 y 与自变量 x 通过一个形式已知的非线性函数相联系, 而且此函数关于其参数 $\boldsymbol{\theta}=(\alpha,\beta,\gamma)^{\mathrm{T}}$ 是非线性的. 增长曲线模型是非线性回归模型的一种特殊情形. 明显地, 对于这类曲线形式的回归模型, 我们不能用前面介绍的线性回归模型的参数估计方法或统计推断工具来估计其模型参数或对该模型做统计推断. 因此, 本章将讨论非线性回归模型的参数估计以及统计推断过程.

7.2　非线性回归模型

非线性回归模型的一般形式可表示为

$$y_i=f(\boldsymbol{x}_i,\boldsymbol{\theta})+\varepsilon_i,\quad i=1,\cdots,n, \tag{7.1}$$

其中自变量向量 $\boldsymbol{x}_i=(x_{i1},\cdots,x_{ip})^{\mathrm{T}}$, $\boldsymbol{\theta}=(\theta_1,\cdots,\theta_q)^{\mathrm{T}}$ 是模型的待估参数向量, $f(\boldsymbol{x}_i,\boldsymbol{\theta})$ 是关于 $\boldsymbol{x}_i$ 和 $\boldsymbol{\theta}$ 的函数, ε_i 是随机误差. 所谓**非线性**指的是函数 $f(\boldsymbol{x}_i,\boldsymbol{\theta})$ 关于自变量向量 $\boldsymbol{x}_i$ 或未知参数向量 $\boldsymbol{\theta}$ 是非线性的. 通常假设 $E(\varepsilon_i)=0$,

$$\mathrm{Cov}(\varepsilon_i, \varepsilon_j) = \begin{cases} 0, & i \neq j; \\ \sigma^2, & i = j. \end{cases} \tag{7.2}$$

一般地, 我们也可以假设 $\varepsilon_i \stackrel{\text{i.i.d}}{\sim} N(0, \sigma^2)$ $(i = 1, \cdots, n)$, 此即为随机误差的正态性假设. 在此假设下, 我们有

$$y_i \stackrel{\text{i.i.d}}{\sim} N(f(\boldsymbol{x}_i, \boldsymbol{\theta}), \sigma^2), \quad i = 1, \cdots, n. \tag{7.3}$$

特别地, 当 $f(\boldsymbol{x}_i, \boldsymbol{\theta}) = \boldsymbol{x}_i^{\mathrm{T}} \boldsymbol{\theta}$ 时, 非线性回归模型 (7.3) 即为我们前面讨论过的多元线性回归模型.

在一些实际问题研究中, 尽管被研究的模型是非线性的, 但是它们可以通过函数变换化为线性模型. 譬如, 对模型 $y_i = \beta_0 + \beta_1 e^{x_i} + \varepsilon_i$ $(i = 1, \cdots, n)$, 我们通过引入新变量 $z_i = e^{x_i}$ 可将它化为如下模型

$$y_i = \beta_0 + \beta_1 z_i + \varepsilon_i.$$

显然, 上式就是一个线性回归模型. 这一模型的特点是, 新引入的变量 z_i 仅依赖于原始变量 x_i 而与未知参数 $\boldsymbol{\theta} = (\beta_0, \beta_1)^{\mathrm{T}}$ 无关.

对一个 p 次多项式回归模型 $y_i = \beta_0 + \beta_1 x_i + \beta_2 x_i^2 + \cdots + \beta_p x_i^p + \varepsilon_i$ $(i = 1, \cdots, n)$, 若我们令 $z_{i1} = x_i$, $z_{i2} = x_i^2$, $\cdots$, $z_{ip} = x_i^p$, 则多项式回归模型可写为

$$y_i = \beta_0 + \beta_1 z_{i1} + \beta_2 z_{i2} + \cdots \beta_p z_{ip} + \varepsilon_i, \quad i = 1, \cdots, n.$$

这样, 我们通过上述变换后将一个多项式回归模型化为了多元线性回归模型. 更一般地, 对多元多阶多项式回归模型, 我们都可以通过变换将其化为多元线性回归模型. 例如, 对二元二阶多项式回归模型 $y_i = \beta_0 + \beta_1 x_{i1} + \beta_2 x_{i2} + \beta_{11} x_{i1}^2 + \beta_{22} x_{i2}^2 + \beta_{12} x_{i1} x_{i2} + \varepsilon_i$, 其中 β_{11} 和 β_{22} 是二次项系数, 而 β_{12} 是交叉乘积项系数, 交叉乘积项表示的是 x_1 和 x_2 的交互作用, 在这个模型中如果我们令 $z_{i1} = x_{i1}$, $z_{i2} = x_{i2}$, $z_{i3} = x_{i1}^2$, $z_{i4} = x_{i2}^2$, $z_{i5} = x_{i1} x_{i2}$, $\beta_0' = \beta_0$, $\beta_1' = \beta_1$, $\beta_2' = \beta_2$, $\beta_3' = \beta_{11}$, $\beta_4' = \beta_{22}$, $\beta_5' = \beta_{12}$, 则二元二阶多项式回归模型可化为如下的线性回归模型: $y_i = \beta_0' + \beta_1' z_{i1} + \cdots + \beta_5' z_{i5} + \varepsilon_i$.

又如, 非线性模型 $y_i = a e^{b x_i} e^{\varepsilon_i}$ $(i = 1, \cdots, n)$, 其中 $a > 0$, 我们可通过对该模型两端取对数化为如下模型

$$\log(y_i) = \log(a) + b x_i + \varepsilon_i.$$

若令 $y_i^* = \log(y_i)$, $\beta_0 = \log(a)$, $\beta_1 = b$, 则上式可写为线性回归模型 $y_i^* = \beta_0 + \beta_1 x_i + \varepsilon_i$. 我们称模型 $y_i = a e^{b x_i} e^{\varepsilon_i}$ 的随机误差项为乘性误差项. 以上介绍的模型都是可以通过变换化为线性模型, 因此, 我们把这类模型称为可线性化的非线性模型. 显然, 这类模型的统计推断仅借助于前面介绍的线性回归模型的理论和方法就可以解决了. R 软件给出了 10 种常见的可线性化的曲线回归模型. 这些曲线回归模型的名称和形式如表 7.1 所示.

然而, 对非线性模型 $y = a e^{bx} + \varepsilon$, 我们无论怎么作变换都不能将其化为线性回归模型. 这一模型与前面考虑的非线性 $y = a e^{bx} e^{\varepsilon}$ 的唯一区别就在于随机误差项的假定. 我们称模型 $y = a e^{bx} + \varepsilon$ 的随机误差项为加性误差项. 由此可以看出, 一个非线性回归模型是否能可以线性化不仅与回归函数的形式有关而且还与随机误差项的假定有关.

表 7.1 常见的可线性化的曲线回归模型

英文名称	中文名称	函数形式
Linear	线性函数	$y = \beta_0 + \beta_1 t$
Logarithm	对数函数	$y = \beta_0 + \beta_1 \log(t)$
Inverse	逆函数	$y = \beta_0 + \beta_1 / t$
Quadratic	二次曲线	$y = \beta_0 + \beta_1 t + \beta_2 t^2$
Cubic	三次曲线	$y = \beta_0 + \beta_1 t + \beta_2 t^2 + \beta_3 t^3$
Power	幂函数	$y = \beta_0 t^{\beta_1}$
Compound	复合函数	$y = \beta_0 \beta_1^t$
S	S 型函数	$y = \exp(\beta_0 + \beta_1 / t)$
Logistic	逻辑函数	$y = \dfrac{1}{a^{-1} + \beta_0 \beta_1^t}$, a 为事先指定的常数
Growth	增长曲线	$y = \exp(\beta_0 + \beta_1 t)$
Exponent	指数函数	$y = \beta_0 \exp(\beta_1 t)$

又譬如, 对柯伯-道格拉斯生产函数: $Q = \alpha L^{\beta_1} K^{\beta_2} + \varepsilon$, 其中 Q 是经济部门的产出, L 是劳动力投入, K 是资本投入, 而 α, β_1 和 β_2 是待估参数. 若令 $y = Q, \boldsymbol{x}^{\mathrm{T}} = (L, K)^{\mathrm{T}}$, $\boldsymbol{\theta} = (\alpha, \beta_1, \beta_2)^{\mathrm{T}}$ 以及 $f(\boldsymbol{x}, \boldsymbol{\theta}) = \alpha x_1^{\beta_1} x_2^{\beta_2}$, 则由此可以看出柯伯-道格拉斯生产函数就是一个非线性回归模型. 再譬如, 消费函数 $C = \beta_1 + \beta_2 Y^{\beta_3} + \varepsilon$, 其中 Y 是居民可支配收入, C 是居民消费, $\beta_1, \beta_2, \beta_3$ 为待估参数. 显然, 消费函数也是一个不可化为线性模型的非线性模型. 对于这些不可以线性化的非线性回归模型, 我们不能用前面介绍的线性回归模型的统计推断理论和方法来对它们做统计推断了, 而需要有一套专门处理这类非线性模型的统计推断方法和理论, 这就促进了非线性回归模型的统计推断理论和方法的发展.

例 7.1 考虑 1996~2011 年全国居民家庭人均年可支配收入数据, 其数据如表 7.2 所示. 在这个数据中, 我们选取居民家庭人均年可支配收入为因变量 y, 单位为元; 时间 t 为自变量, 这里我们以 1996 年为基准年, 并取 $t = 1$. 对该数据集建立以 t 自变量, y 为因变量的曲线回归模型.

表 7.2 1996~2011 年全国居民家庭人均年可支配收入数据

年份	t	y	年份	t	y
1996	1	4838.90	2004	9	9422.00
1997	2	5160.32	2005	10	10493.03
1998	3	5425.05	2006	11	11759.45
1999	4	5854.02	2007	12	13785.80
2000	5	6279.98	2008	13	15780.76
2001	6	6859.58	2009	14	17174.65
2002	7	7702.80	2010	15	19109.44
2003	8	8472.20	2011	16	21809.78

注: 该数据来源于 2012 年云南调查年鉴 (国家统计局云南调查总队编)

解 我们先画出全国居民家庭人均年可支配收入对时间的散点图, 如图 7.1 所示.

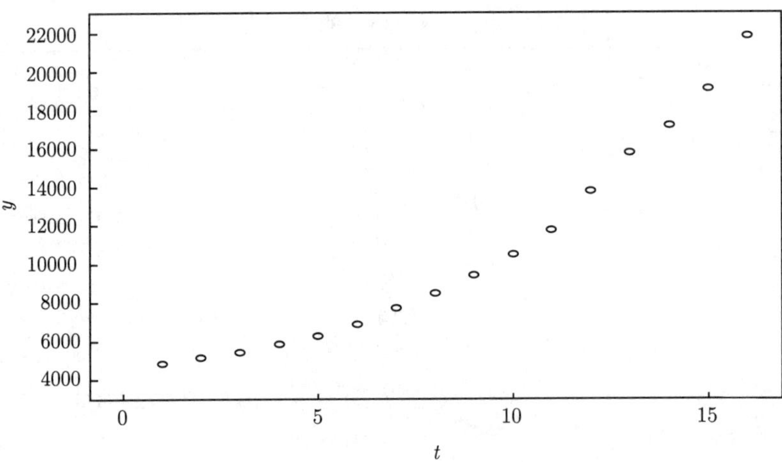

图 7.1 家庭人均年可支配收入 y 与时间 t 之间的样本散点图

从散点图图 7.1 中看到, 全国居民家庭人均年可支配收入大致为指数函数形式. 由于复合函数 $y = b_0 b_1^t$, 增长曲线 $y = \exp(b_0 + b_1 t)$, 指数函数 $y = b_0 \exp(b_1 t)$ 这三个曲线方程实际上是等价的. 在本例中, 复合函数 $y = b_0 b_1^t$ 的形式与经济意义更相吻合, 因此我们仅考虑复合函数 $y = b_0 b_1^t$. 程序如下:

```
>yx=read.table("7.1.txt")
>t=yx[,1]
>y=yx[,2]
>anova(lm(log(y)~x))
>summary(lm(log(y)~x))
>anova(lm(y~x))
>summary (lm(yx))
```

为了方便比较, 将运行结果整理如表 7.3 所示:

表 7.3 线性回归 $y = b_0 + b_1 t$ 和复合函数回归 $y = b_0 b_1^t$

	线性回归 $y = b_0 + b_1 t$				
Multiple R	0.959				
R Square	0.920				
Adjusted R Square	0.914				
Standard Error	1583.632				
	Analysis of Variance:				
	DF	Sum of Squares	Mean Square	F	Signif F
Regression	1	403571065	403571065	160.921	0.000
Residuals	14	35110468	2507891		
Variable	B	SE B	Beta	T	Sig T
Time	1089.483	85.885	0.959	12.685	0.000
(Constant)	1359.878	830.464		1.637	0.124
	复合函数回归 $y = b_0 b_1^t$				
Multiple R	0.994				
R Square	0.988				

续表

复合函数回归 $y = b_0 b_1^t$					
Adjusted R Square	0.988				
Standard Error	0.055				
	Analysis of Variance:				
	DF	Sum of Squares	Mean Square	F	Signif F
Regression	1	3.648	3.648	1186.050	0.000
Residuals	14	0.43	0.003		
Variable	B	SE B	Beta	T	Sig T
Time	1.109	0.003	2.702	332.468	0.000
(Constant)	3917.277	113.930		34.383	0.000

线性回归的 $\mathrm{SS}_E = 35110468, R^2 = 0.920$. 复合函数回归表中的 $\mathrm{SS}_E = 0.43, R^2 = 0.988$ 是按线性化后的回归模型计算的, 两者的残差不能直接相比. 复合函数回归的复决定系数 $R^2 = 0.988$, 说明拟合效果很好.

为了与线性回归的拟合效果直接相比, 可以先储存复合函数回归的残差序列, 然后计算出复合函数回归的 $\mathrm{SS}_E = 4572772.502$, 进而计算出 $R^2 = 0.989576$, 拟合效果明显优于线性回归, 当然应该采用复合函数回归.

7.3 非线性回归模型的参数估计及其算法

1. 非线性回归模型的最小二乘估计

非线性回归模型 (7.2) 中参数的最小二乘估计与线性回归模型中参数的最小二乘估计的定义是完全一样的, 即找参数 $\boldsymbol{\theta}$ 使得各因变量的观测值与其拟合值的离差平方和达到最小, 由此找到的参数值 (记为 $\hat{\boldsymbol{\theta}}$) 即为非线性回归模型中参数 $\boldsymbol{\theta}$ 的最小二乘估计. 因此, 我们把满足

$$Q(\hat{\boldsymbol{\theta}}) = \min_{\theta \in \Theta} \sum_{i=1}^{n} \{y_i - f(\boldsymbol{x}_i, \boldsymbol{\theta})\}^2$$

的估计量 $\hat{\boldsymbol{\theta}}$ 称为非线性回归模型 (7.2) 中参数 $\boldsymbol{\theta}$ 的最小二乘估计量. 当 $f(\boldsymbol{x}_i, \boldsymbol{\theta}) = \boldsymbol{x}_i^T \boldsymbol{\theta}$ 的情形下, 可根据最小二乘估计的定义直接求出参数 $\boldsymbol{\theta}$ 的表达式. 然而, 对于非线性的情形, 要想求出参数 $\boldsymbol{\theta}$ 的最小二乘估计量 $\hat{\boldsymbol{\theta}}$ 的解析表达式几乎是不可能的, 一般只能通过迭代法求出其近似解. 为了用迭代方法求 $\hat{\boldsymbol{\theta}}$ 的近似解, 这里我们假设函数 $f(\boldsymbol{x}_i, \boldsymbol{\theta})$ 关于参数 $\boldsymbol{\theta}$ 存在至少二阶连续偏导数.

下面我们介绍计算非线性回归模型参数的最小二乘估计的常用方法: Guass-Newton 算法和 Newton-Raphson 算法.

(1) 非线性回归模型参数最小二乘估计的 Gauss-Newton 算法

若记 $\boldsymbol{Y} = (y_1, \cdots, y_n)^{\mathrm{T}}$, $\boldsymbol{f}(\boldsymbol{\theta}) = (f(\boldsymbol{x}_1, \boldsymbol{\theta}), \cdots, f(\boldsymbol{x}_n, \boldsymbol{\theta}))^{\mathrm{T}}$, $\boldsymbol{\varepsilon} = (\varepsilon_1, \cdots, \varepsilon_n)^{\mathrm{T}}$, 则由式 (7.1) 和式 (7.2) 定义的非线性回归模型可表示为

$$\boldsymbol{Y} = \boldsymbol{f}(\boldsymbol{\theta}) + \varepsilon, \quad E(\varepsilon) = \boldsymbol{0}, \quad \mathrm{Var}(\varepsilon) = \sigma^2 \boldsymbol{I}_n.$$

其离差平方和可表示为

$$Q(\boldsymbol{\theta})=\sum_{i=1}^{n}(y_i-f(\boldsymbol{x}_i,\boldsymbol{\theta}))^2=\{\boldsymbol{Y}-\boldsymbol{f}(\boldsymbol{\theta})\}^{\mathrm{T}}\{\boldsymbol{Y}-\boldsymbol{f}(\boldsymbol{\theta})\}. \tag{7.4}$$

找 $\boldsymbol{\theta}$ 使得 $Q(\boldsymbol{\theta})$ 达到最小等价于求目标函数 $Q(\boldsymbol{\theta})$ 的最小值点. 根据数学分析求最小值点的理论知, 最小二乘估计量 $\hat{\boldsymbol{\theta}}$ 应满足下面的方程组

$$\frac{\partial Q}{\partial \boldsymbol{\theta}}=\boldsymbol{0}. \tag{7.5}$$

由式 (7.4) 可得

$$\begin{aligned}\frac{\partial Q}{\partial \boldsymbol{\theta}}&=-2\sum_{i=1}^{n}(y_i-f(\boldsymbol{x}_i,\boldsymbol{\theta}))\frac{\partial f(\boldsymbol{x}_i,\boldsymbol{\theta})}{\partial \boldsymbol{\theta}}\\&=-2\left\{\frac{\partial \boldsymbol{f}(\boldsymbol{\theta})}{\partial \boldsymbol{\theta}^{\mathrm{T}}}\right\}^{\mathrm{T}}(\boldsymbol{Y}-\boldsymbol{f}(\boldsymbol{\theta}))\triangleq-2\boldsymbol{Z}(\boldsymbol{\theta})^{\mathrm{T}}\boldsymbol{e},\end{aligned}$$

其中 $\partial f(\boldsymbol{x}_i,\boldsymbol{\theta})/\partial\boldsymbol{\theta}=(\partial f(\boldsymbol{x}_i,\boldsymbol{\theta})/\partial\theta_1,\cdots,\partial f(\boldsymbol{x}_i,\boldsymbol{\theta})/\partial\theta_q)^{\mathrm{T}}$,

$$\boldsymbol{Z}(\boldsymbol{\theta})=\frac{\partial \boldsymbol{f}(\boldsymbol{\theta})}{\partial \boldsymbol{\theta}^{\mathrm{T}}}=\begin{pmatrix}\dfrac{\partial f(\boldsymbol{x}_1,\boldsymbol{\theta})}{\partial\theta_1} & \cdots & \dfrac{\partial f(\boldsymbol{x}_1,\boldsymbol{\theta})}{\partial\theta_q}\\ \vdots & & \vdots\\ \dfrac{\partial f(\boldsymbol{x}_n,\boldsymbol{\theta})}{\partial\theta_1} & \cdots & \dfrac{\partial f(\boldsymbol{x}_n,\boldsymbol{\theta})}{\partial\theta_q}\end{pmatrix},$$

$\boldsymbol{e}=\boldsymbol{Y}-\boldsymbol{f}(\boldsymbol{\theta})=(y_1-f(\boldsymbol{x}_1,\boldsymbol{\theta}),\cdots,y_n-f(\boldsymbol{x}_n,\boldsymbol{\theta}))^{\mathrm{T}}$. 记 $\dot{\boldsymbol{Q}}(\boldsymbol{\theta})=\partial Q(\boldsymbol{\theta})/\partial\boldsymbol{\theta}$. 于是, $\hat{\boldsymbol{\theta}}$ 是方程组 $\dot{\boldsymbol{Q}}(\hat{\boldsymbol{\theta}})=\boldsymbol{0}$ 的解.

为了给出求 $\hat{\boldsymbol{\theta}}$ 的 Gauss-Newton 算法, 考虑多元函数 $f(\boldsymbol{x}_i,\boldsymbol{\theta})$ 在初值 $\boldsymbol{\theta}^{(0)}$ 处的如下多元 Taylor 展开式:

$$f(\boldsymbol{x}_i,\boldsymbol{\theta})\approx f(\boldsymbol{x}_i,\boldsymbol{\theta}^{(0)})+\left\{\left.\frac{\partial f(\boldsymbol{x}_i,\boldsymbol{\theta})}{\partial\boldsymbol{\theta}}\right|_{\boldsymbol{\theta}=\boldsymbol{\theta}^{(0)}}\right\}^{\mathrm{T}}(\boldsymbol{\theta}-\boldsymbol{\theta}^{(0)}),\quad i=1,\cdots,n.$$

将它们合并成向量得

$$\boldsymbol{f}(\boldsymbol{\theta})\approx\boldsymbol{f}(\boldsymbol{\theta}^{(0)})+\boldsymbol{Z}(\boldsymbol{\theta}^{(0)})(\boldsymbol{\theta}-\boldsymbol{\theta}^{(0)}).$$

这样, 非线性回归模型可近似表示为

$$\boldsymbol{Y}=\boldsymbol{f}(\boldsymbol{\theta})+\boldsymbol{\varepsilon}\approx\boldsymbol{f}(\boldsymbol{\theta}^{(0)})+\boldsymbol{Z}(\boldsymbol{\theta}^{(0)})(\boldsymbol{\theta}-\boldsymbol{\theta}^{(0)})+\boldsymbol{\varepsilon}. \tag{7.6}$$

若记 $\widetilde{\boldsymbol{Y}}(\boldsymbol{\theta}^{(0)})=\boldsymbol{Y}-\boldsymbol{f}(\boldsymbol{\theta}^{(0)})+\boldsymbol{Z}(\boldsymbol{\theta}^{(0)})\boldsymbol{\theta}^{(0)}$, 则可将非线性回归模型 (7.6) 写为下面的线性回归模型:

$$\underset{n\times1}{\widetilde{\boldsymbol{Y}}}(\boldsymbol{\theta}^{(0)})=\underset{n\times k}{\boldsymbol{Z}}(\boldsymbol{\theta}^{(0)})\underset{k\times1}{\boldsymbol{\theta}}+\underset{n\times1}{\boldsymbol{\varepsilon}}. \tag{7.7}$$

由前面介绍的多元线性回归模型的最小二乘估计的理论可得线性回归模型 (7.7) 中参数 $\boldsymbol{\theta}$ 的最小二乘估计 (即原非线性回归模型中参数 $\boldsymbol{\theta}$ 的第一次迭代解 $\boldsymbol{\theta}^{(1)}$)：

$$\begin{aligned}\boldsymbol{\theta}^{(1)} &= \{\boldsymbol{Z}(\boldsymbol{\theta}^{(0)})^{\mathrm{T}}\boldsymbol{Z}(\boldsymbol{\theta}^{(0)})\}^{-1}\boldsymbol{Z}(\boldsymbol{\theta}^{(0)})^{\mathrm{T}}\widetilde{\boldsymbol{Y}}(\boldsymbol{\theta}^{(0)})\\ &= \boldsymbol{\theta}^{(0)} + \{\boldsymbol{Z}(\boldsymbol{\theta}^{(0)})^{\mathrm{T}}\boldsymbol{Z}(\boldsymbol{\theta}^{(0)})\}^{-1}\boldsymbol{Z}(\boldsymbol{\theta}^{(0)})^{\mathrm{T}}(\boldsymbol{Y} - \boldsymbol{f}(\boldsymbol{\theta}^{(0)})).\end{aligned}$$

重复上述过程, 我们便得到求 $\hat{\boldsymbol{\theta}}$ 如下迭代公式：

$$\boldsymbol{\theta}^{(t+1)} = \boldsymbol{\theta}^{(t)} + \{\boldsymbol{Z}(\boldsymbol{\theta}^{(t)})^{\mathrm{T}}\boldsymbol{Z}(\boldsymbol{\theta}^{(t)})\}^{-1}\boldsymbol{Z}(\boldsymbol{\theta}^{(t)})^{\mathrm{T}}(\boldsymbol{Y} - \boldsymbol{f}(\boldsymbol{\theta}^{(t)})),\quad t = 0, 1, \cdots$$

若存在某个 $\mathbb{T}$ 使得当 $t = \mathbb{T}$ 时, $\|\boldsymbol{\theta}^{(t+1)} - \boldsymbol{\theta}^{(t)}\| = \delta$ 的值充分的小 (譬如: $\delta < 0.00001$). 此时, 我们就认为算法收敛了, 其收敛时的 $\boldsymbol{\theta}^{(\mathbb{T})}$ 即为参数 $\boldsymbol{\theta}$ 的最小二乘估计 $\hat{\boldsymbol{\theta}}$.

由于 $E\{\partial^2 Q/\partial\boldsymbol{\theta}\partial\boldsymbol{\theta}^{\mathrm{T}}\} = 2(\partial\boldsymbol{f}/\partial\boldsymbol{\theta}^{\mathrm{T}})^{\mathrm{T}}(\partial\boldsymbol{f}/\partial\boldsymbol{\theta}^{\mathrm{T}}) > 0$ 并且 $\boldsymbol{f}(\boldsymbol{\theta})$ 存在至少二阶连续偏导数, 因此, 满足方程组 (7.5) 的解必定为最小值点. 在实际应用中, 尽管我们不能保证最小值点已经被找到, 但我们可通过改变迭代初值来获得不同的极小值点并加以比较分析. 这样最小值点被遗漏的机会就大大减少了. 事实上, 在许多的统计软件如：SPSS、Matlab 和 R 软件中, 都有现成的求非线性回归模型参数的最小二乘估计的程序.

为了获得参数 $\boldsymbol{\theta}$ 的渐近分布, 除了我们已经陈列的诸如:

(i) $\varepsilon_1, \cdots, \varepsilon_n$ 独立同分布, 且其均值为 0, 方差为 σ^2；

(ii) $f(\boldsymbol{x}_i, \boldsymbol{\theta})$ 关于 $\boldsymbol{x}_i$ 连续且关于 $\boldsymbol{\theta}$ 存在至少二阶连续偏导数等条件外, 还需要假设;

(iii)

$$\lim_{n\to\infty}\frac{\boldsymbol{Z}(\boldsymbol{\theta})^T\boldsymbol{Z}(\boldsymbol{\theta})}{n} \longrightarrow \boldsymbol{K}(\boldsymbol{\theta}),$$

其中 $\boldsymbol{K}(\boldsymbol{\theta}) > 0$.

在上面陈列的正则条件下, 我们可以证明参数 $\boldsymbol{\theta}$ 的最小二乘估计 $\hat{\boldsymbol{\theta}}$ 渐近服从正态分布, 且其均值为 $\boldsymbol{\theta}$, 协方差阵为 $\boldsymbol{\Sigma} = \hat{\sigma}^2(\boldsymbol{Z}(\hat{\boldsymbol{\theta}})^T\boldsymbol{Z}(\hat{\boldsymbol{\theta}}))^{-1}$, 其中 $\hat{\sigma}^2 = Q(\hat{\boldsymbol{\theta}})/(n-q)$. 有兴趣的作者可参见 Wu (1981). 这一重要结果可用来对非线性回归模型中的参数 $\boldsymbol{\theta}$ 做假设检验或构造其置信区域等.

(2) 非线性回归模型参数最小二乘估计的 Newton-Raphson 算法

前面介绍的求非线性回归模型参数最小二乘估计的 Gauss-Newton 算法是基于非线性函数 $\boldsymbol{f}(\boldsymbol{\theta})$ 的一阶 Taylor 展开获得的. 下面我们基于 $Q(\boldsymbol{\theta})$ 而非 $\boldsymbol{f}(\boldsymbol{\theta})$ 的 Taylor 展开式来介绍求非线性回归模型参数的最小二乘估计的 Newton-Raphson 算法.

考虑目标函数 $Q(\boldsymbol{\theta})$ 在迭代初始值 $\boldsymbol{\theta}^{(0)}$ 处的二阶 Taylor 展开：

$$Q(\boldsymbol{\theta}) \approx Q(\boldsymbol{\theta}^{(0)}) + \left\{\left.\frac{\partial Q}{\partial\boldsymbol{\theta}}\right|_{\boldsymbol{\theta}^{(0)}}\right\}^{\mathrm{T}}(\boldsymbol{\theta} - \boldsymbol{\theta}^{(0)}) + \frac{1}{2}(\boldsymbol{\theta} - \boldsymbol{\theta}^{(0)})^{\mathrm{T}}\left.\frac{\partial^2 Q}{\partial\boldsymbol{\theta}\partial\boldsymbol{\theta}^{\mathrm{T}}}\right|_{\boldsymbol{\theta}^{(0)}}(\boldsymbol{\theta} - \boldsymbol{\theta}^{(0)}).$$

由此解得

$$\left\{\left.\frac{\partial Q}{\partial\boldsymbol{\theta}}\right|_{\boldsymbol{\theta}^{(0)}}\right\}^{\mathrm{T}}(\boldsymbol{\theta} - \boldsymbol{\theta}^{(0)}) \approx Q(\boldsymbol{\theta}) - Q(\boldsymbol{\theta}^{(0)}) - \frac{1}{2}(\boldsymbol{\theta} - \boldsymbol{\theta}^{(0)})^{\mathrm{T}}\left.\frac{\partial^2 Q}{\partial\boldsymbol{\theta}\partial\boldsymbol{\theta}^{\mathrm{T}}}\right|_{\boldsymbol{\theta}^{(0)}}(\boldsymbol{\theta} - \boldsymbol{\theta}^{(0)}).$$

上式两端关于参数 $\boldsymbol{\theta}$ 求偏导可得

$$\frac{\partial Q}{\partial \boldsymbol{\theta}} \approx \left.\frac{\partial Q}{\partial \boldsymbol{\theta}}\right|_{\boldsymbol{\theta}^{(0)}} + \boldsymbol{H}(\boldsymbol{\theta}^{(0)})(\boldsymbol{\theta} - \boldsymbol{\theta}^{(0)}),$$

其中 $\boldsymbol{H}(\boldsymbol{\theta}^{(0)}) = \partial^2 Q/\partial\boldsymbol{\theta}\partial\boldsymbol{\theta}^{\mathrm{T}}|_{\boldsymbol{\theta}^{(0)}}$. 为求目标函数 $Q(\boldsymbol{\theta})$ 的极小值, 我们令其导数等于 $\mathbf{0}$. 于是, 有

$$\left.\frac{\partial Q}{\partial \boldsymbol{\theta}}\right|_{\boldsymbol{\theta}^{(0)}} + \boldsymbol{H}(\boldsymbol{\theta}^{(0)})(\boldsymbol{\theta} - \boldsymbol{\theta}^{(0)}) = \mathbf{0}.$$

从而, 由上式可得参数 $\boldsymbol{\theta}$ 的第一次迭代值

$$\boldsymbol{\theta}^{(1)} = \boldsymbol{\theta}^{(0)} - \{\boldsymbol{H}(\boldsymbol{\theta}^{(0)})\}^{-1} \left.\frac{\partial Q}{\partial \boldsymbol{\theta}}\right|_{\boldsymbol{\theta}^{(0)}}.$$

如果 $Q(\boldsymbol{\theta})$ 是参数 $\boldsymbol{\theta}$ 的二次函数, 则上式正好是参数 $\boldsymbol{\theta}$ 的最小二乘估计. 然而, 在一般非线性回归模型情况下, $Q(\boldsymbol{\theta})$ 并非是参数 $\boldsymbol{\theta}$ 的二次函数, 此时, 上式只是参数 $\boldsymbol{\theta}$ 的一个迭代近似解. 基于上式可得求参数 $\boldsymbol{\theta}$ 的最小二乘估计的如下迭代公式:

$$\boldsymbol{\theta}^{(t+1)} = \boldsymbol{\theta}^{(t)} - \{\boldsymbol{H}(\boldsymbol{\theta}^{(t)})\}^{-1} \left.\frac{\partial Q}{\partial \boldsymbol{\theta}}\right|_{\boldsymbol{\theta}^{(t)}}, \quad t = 0, 1, \cdots.$$

类似地, 重复地迭代上式直到存在某个 $\mathcal{T}$ 使得 $\boldsymbol{\theta}^{(\mathcal{T}+1)} - \boldsymbol{\theta}^{(\mathcal{T})}$ 的值小于事先指定的充分小的数 δ(譬如, 取 $\delta = 0.00001$), 此时, 我们认为算法收敛了. 其收敛时的 $\boldsymbol{\theta}^{(\mathcal{T})}$ 就认为是非线性回归模型参数 $\boldsymbol{\theta}$ 的最小二乘估计 $\hat{\boldsymbol{\theta}}$. 此时, 我们有两个问题: 一是迭代收敛值 $\boldsymbol{\theta}^{(\mathcal{T})}$ 使 $Q(\boldsymbol{\theta})$ 取极小值还是极大值? 二是如何从这些极小值点中获得其最小值点? 当 $\boldsymbol{H}(\boldsymbol{\theta}^{(0)})$ 取正值时, 目标函数 $Q(\boldsymbol{\theta})$ 的二阶偏导数在 $\boldsymbol{\theta}^{(0)}$ 的充分小的邻域内有矩阵 $\boldsymbol{H}(\boldsymbol{\theta}^{(0)})$ 总是正定的, 此时可保证迭代过程朝 $Q(\boldsymbol{\theta})$ 的极小值方向移动. 为了使迭代不致反复, 我们考虑如下改进的迭代公式

$$\boldsymbol{\theta}^{(t+1)} = \boldsymbol{\theta}^{(t)} - \lambda_t\{\boldsymbol{H}(\boldsymbol{\theta}^{(t)})\}^{-1} \left.\frac{\partial Q}{\partial \boldsymbol{\theta}}\right|_{\boldsymbol{\theta}^{(t)}},$$

其中 λ_t 为迭代步长; 同时, 在迭代开始时应检验对于初值 $\boldsymbol{\theta}^{(0)}$ 来说是否有 $Q(\boldsymbol{\theta}^{(t+1)}) < Q(\boldsymbol{\theta}^{(t)})$. 有关迭代步长 λ_t 的选取, 有兴趣的读者可参见韦博成 (1989). 如果初值选的不很好且 $\boldsymbol{H}(\boldsymbol{\theta}^{(t)})$ 又为负值, 则其迭代结果有可能导致极大值点不存在. 为了保证收敛后的 $\boldsymbol{\theta}^{(t)}$ 是最小值点, 我们需要多测试几个迭代初值.

下面我们来比较 Gauss-Newton 迭代法与 Newton-Raphson 迭代法的区别. 在 Gauss-Newton 迭代算法中, 我们的迭代公式为

$$\boldsymbol{\theta}^{(t+1)} = \boldsymbol{\theta}^{(t)} - \frac{1}{2}\{\boldsymbol{Z}(\boldsymbol{\theta}^{(t)})^{\mathrm{T}}\boldsymbol{Z}(\boldsymbol{\theta}^{(t)})\}^{-1} \left.\frac{\partial Q}{\partial \boldsymbol{\theta}}\right|_{\boldsymbol{\theta}^{(t)}}.$$

这与 Newton-Raphson 算法相比, 它们有共同的形式:

$$\boldsymbol{\theta}^{(t+1)} = \boldsymbol{\theta}^{(t)} - \boldsymbol{P}_t \left.\frac{\partial Q}{\partial \boldsymbol{\theta}}\right|_{\boldsymbol{\theta}^{(t)}},$$

其中

$$\boldsymbol{P}_t=\begin{cases}\dfrac{1}{2}\{\boldsymbol{Z}(\boldsymbol{\theta}^{(t)})^{\mathrm{T}}\boldsymbol{Z}(\boldsymbol{\theta}^{(t)})\}^{-1}, & \text{Gauss - Newton;}\\ \{\boldsymbol{H}(\boldsymbol{\theta}^{(t)})\}^{-1}, & \text{Newton - Raphson.}\end{cases}$$

根据 $\boldsymbol{Z}(\boldsymbol{\theta})$ 与 $\boldsymbol{H}(\boldsymbol{\theta})$ 的定义, 有

$$\boldsymbol{Z}(\boldsymbol{\theta})^{\mathrm{T}}\boldsymbol{Z}(\boldsymbol{\theta})=\sum_{i=1}^{n}\frac{\partial f(\boldsymbol{x}_i,\boldsymbol{\theta})}{\partial\boldsymbol{\theta}}\frac{\partial f(\boldsymbol{x}_i,\boldsymbol{\theta})}{\partial\boldsymbol{\theta}^{\mathrm{T}}},$$

$$\begin{aligned}\boldsymbol{H}(\boldsymbol{\theta})&=\frac{\partial^2 Q}{\partial\boldsymbol{\theta}\partial\boldsymbol{\theta}^{\mathrm{T}}}=\frac{\partial^2}{\partial\boldsymbol{\theta}\partial\boldsymbol{\theta}^{\mathrm{T}}}\left\{\sum_{i=1}^{n}(y_i-f(\boldsymbol{x}_i,\boldsymbol{\theta}))^2\right\}\\&=\frac{\partial}{\partial\boldsymbol{\theta}}\left\{-2\sum_{i=1}^{n}(y_i-f(\boldsymbol{x}_i,\boldsymbol{\theta}))\frac{\partial f(\boldsymbol{x}_i,\boldsymbol{\theta})}{\partial\boldsymbol{\theta}^{\mathrm{T}}}\right]\\&=2\sum_{i=1}^{n}\left\{\frac{\partial f(\boldsymbol{x}_i,\boldsymbol{\theta})}{\partial\boldsymbol{\theta}}\frac{\partial f(\boldsymbol{x}_i,\boldsymbol{\theta})}{\partial\boldsymbol{\theta}^{\mathrm{T}}}-(y_i-f(\boldsymbol{x}_i,\boldsymbol{\theta}))\frac{\partial^2 f(\boldsymbol{x}_i,\boldsymbol{\theta})}{\partial\boldsymbol{\theta}\partial\boldsymbol{\theta}^{\mathrm{T}}}\right\}\\&=2\boldsymbol{Z}(\boldsymbol{\theta})^{\mathrm{T}}\boldsymbol{Z}(\boldsymbol{\theta})-2\sum_{i=1}^{n}(y_i-f(\boldsymbol{x}_i,\boldsymbol{\theta}))\frac{\partial^2 f(\boldsymbol{x}_i,\boldsymbol{\theta})}{\partial\boldsymbol{\theta}\partial\boldsymbol{\theta}^{\mathrm{T}}}.\end{aligned}$$

比较这些迭代公式不难看出, 除了上式最后的第二项不一样外, 这两种迭代算法可以认为是一样的. 由于 $E(y_i)=f(\boldsymbol{x}_i,\boldsymbol{\theta})$, 因此, 上式最后的第二项的期望值为 0. 从而, 有

$$E\{\boldsymbol{H}(\boldsymbol{\theta})\}=E\left\{\frac{\partial^2 Q}{\partial\boldsymbol{\theta}\partial\boldsymbol{\theta}^{T}}\right\}=2\boldsymbol{Z}(\boldsymbol{\theta})^{\mathrm{T}}\boldsymbol{Z}(\boldsymbol{\theta}).$$

上式表明, 在某种情况下, 这两种算法所相差的第二项 $-2\sum\limits_{i=1}^{n}(y_i-f(\boldsymbol{x}_i,\boldsymbol{\theta}))\dfrac{\partial^2 f(\boldsymbol{x}_i,\boldsymbol{\theta})}{\partial\boldsymbol{\theta}\partial\boldsymbol{\theta}^{\mathrm{T}}}$ 确实可以忽略不计; 然而在某种情况下, 忽略这一项又会导致迭代走向错误的方向.

类似地, $\hat{\boldsymbol{\theta}}$ 的协方差阵可近似地取为

$$\boldsymbol{\Sigma}=2\hat{\sigma}^2\left\{\frac{\partial^2 Q}{\partial\boldsymbol{\theta}\partial\boldsymbol{\theta}^{T}}\right\}^{-1},$$

其中 $\hat{\sigma}^2=Q(\hat{\boldsymbol{\theta}})/(n-q)$. Gauss-Newton 算法与 Newton-Raphson 算法是这一类算法中两个最重要的算法. 这一类算法可统一表示为

$$\boldsymbol{\theta}^{(t+1)}=\boldsymbol{\theta}^{(t)}-\lambda_t\boldsymbol{P}_t\gamma_t,$$

其中 $\gamma_t=\partial Q/\partial\boldsymbol{\theta}|_{\boldsymbol{\theta}^{(t)}}$ 是梯度函数, $\boldsymbol{P}_t$ 为某一正定矩阵, λ_t 是步长调整函数.

2. 非线性回归模型中参数的最大似然估计

最小二乘估计法与最大似然估计法是估计模型中的参数的两个最常用的方法. 当仅知道模型的前二阶矩且它们满足式 (7.2) 的假设时, 用最小二乘估计来估计模型的参数是比较合适的. 当随机误差项服从式 (7.3) 的假设时, 用最大似然估计方法比较合适.

在式 (7.3) 的假设下, 非线性回归模型的矩阵形式可写为

$$\boldsymbol{Y} = \boldsymbol{f}(\boldsymbol{X}, \boldsymbol{\theta}) + \boldsymbol{\varepsilon}, \quad \boldsymbol{\varepsilon} \sim N_n(\boldsymbol{0}, \sigma^2 \boldsymbol{I}_n).$$

由多元正态分布的概率密度函数知, 正态非线性回归模型的似然函数的表达式为

$$\begin{aligned} l(\boldsymbol{\theta}, \sigma^2 | \boldsymbol{Y}, \boldsymbol{X}) &= (2\pi\sigma^2)^{-n/2} \exp\left\{-\frac{1}{2\sigma^2}(\boldsymbol{Y} - \boldsymbol{f}(\boldsymbol{X}, \boldsymbol{\theta}))^{\mathrm{T}}(\boldsymbol{Y} - \boldsymbol{f}(\boldsymbol{X}, \boldsymbol{\theta}))\right\} \\ &= (2\pi\sigma^2)^{-n/2} \exp\left\{-\frac{Q(\boldsymbol{\theta})}{2\sigma^2}\right\}. \end{aligned}$$

其对数似然函数为

$$\begin{aligned} l(\boldsymbol{\theta}, \sigma^2 | \boldsymbol{Y}, \boldsymbol{X}) &= \log l(\boldsymbol{\theta}, \sigma^2 | \boldsymbol{Y}, \boldsymbol{X}) \\ &= -\frac{n}{2}\log(2\pi) - \frac{1}{2}\log\sigma^2 - \frac{Q(\boldsymbol{\theta})}{2\sigma^2}. \end{aligned} \tag{7.8}$$

以上各式表明, 由于模型的非线性性, 一般是很难找到 $\partial l / \partial \boldsymbol{\theta} = 0$ 的解析解的, 即 $\boldsymbol{\theta}$ 的最大似然估计没有解析表达式. 但是, 我们可以找到 σ^2 的最大似然估计 $\hat{\sigma}^2$ 作为 $\boldsymbol{\theta}$ 的函数的解析表达式. 对 $l(\boldsymbol{\theta}, \sigma^2)$ 关于 σ^2 求导数并其导数为 0, 可得 $\hat{\sigma}^2 = n^{-1}Q(\boldsymbol{\theta})$. 将上式代入式 (7.8) 可得

$$\begin{aligned} l^*(\boldsymbol{\theta} | \boldsymbol{Y}, \boldsymbol{X}) &= -\frac{n}{2}\log(2\pi) - \frac{n}{2}\log\frac{Q(\boldsymbol{\theta})}{n} - \frac{n}{2} \\ &= C - \frac{2}{n}\log Q(\boldsymbol{\theta}), \end{aligned}$$

其中 $C = -0.5n(\log(2\pi/n)$ 是一常数. 由上式可以看出, 非线性回归模型的最大似然估计与前面介绍的最小二乘估计是等价的, 它们都极小化目标函数 $Q(\boldsymbol{\theta})$. 这里需要指出的是, 仅在随机误差的正态假设下, 模型的最大似然估计 (MLE) 与最小二乘估计 (LSE) 才是等价的, 而对非正态误差假设这一结论不一定成立.

下面我们来分析 MLE 与 LSE 关于误差方差的估计是一致的. 令 $\boldsymbol{\theta}^\star = (\boldsymbol{\theta}, \sigma^2)^{\mathrm{T}}$. 记其 MLE 为 $\tilde{\boldsymbol{\theta}}^\star = (\tilde{\boldsymbol{\theta}}, \tilde{\sigma}^2)$. 则在一定的正则条件下, 我们有

$$\sqrt{n}(\tilde{\boldsymbol{\theta}}^\star - \boldsymbol{\theta}^\star) \xrightarrow{\mathcal{L}} N(\boldsymbol{0}, \boldsymbol{\Sigma}^\star),$$

其中 $\boldsymbol{\Sigma}^\star = \lim\limits_{n\to\infty}\{\frac{1}{n}\boldsymbol{I}(\boldsymbol{\theta}^\star)\}^{-1}$, 而 $\boldsymbol{I}(\boldsymbol{\theta}^\star)$ 是 Fisher 信息阵并且它有表达式:

$$\boldsymbol{I}(\boldsymbol{\theta}^\star) = E\left(-\frac{\partial^2 l}{\partial \boldsymbol{\theta}^\star \partial \boldsymbol{\theta}^{\star\mathrm{T}}}\right) = E\begin{pmatrix} -\dfrac{\partial^2 l}{\partial \boldsymbol{\theta} \partial \boldsymbol{\theta}^{\mathrm{T}}} & -\dfrac{\partial^2 l}{\partial \boldsymbol{\theta} \partial \sigma^2} \\ \dfrac{\partial^2 l}{\partial \sigma^2 \partial \boldsymbol{\theta}^{\mathrm{T}}} & -\dfrac{\partial^2 l}{\partial (\sigma^2)^2} \end{pmatrix} = \begin{pmatrix} \sigma^{-2}\boldsymbol{Z}(\boldsymbol{\theta})^{\mathrm{T}}\boldsymbol{Z}(\boldsymbol{\theta}) & \boldsymbol{0} \\ \boldsymbol{0}^{\mathrm{T}} & n\sigma^4/2 \end{pmatrix}.$$

因此, 根据上面的极限分布可知, $\tilde{\boldsymbol{\theta}}$ 的渐近方差为 $\boldsymbol{\Sigma}^\star_\theta = \sigma^2(\boldsymbol{Z}(\boldsymbol{\theta})^{\mathrm{T}}\boldsymbol{Z}(\boldsymbol{\theta}))^{-1}$. 这个结论与前面基于最小二乘估计得到的结论是完全一致的.

例 7.2 果蝇数据. McCullagh 和 Nelder (1989) 和 Wei (1998) 曾讨论过这组数据. 假设 y_i 表示第 i 次实验过程中果蝇产卵时测得的胚胎期的平均持续时间, x_i 表示在第 i 次实验过程中保持不变的实验温度. 数据见表 7.4 所示, 现想根据这组数据找出 y 与 x 之间的定量关系表达式.

表 7.4 果蝇数据

序号	x	y	序号	x	y	序号	x	y
1	14.95	67.50	9	23.27	24.24	17	27.68	17.79
2	16.16	57.10	10	24.09	22.44	18	28.89	17.38
3	16.19	56.00	11	24.81	21.13	19	28.96	17.26
4	17.15	48.40	12	24.84	21.05	20	29.00	17.18
5	18.20	41.20	13	25.06	20.39	21	30.05	16.81
6	19.08	37.80	14	25.06	20.41	22	30.80	16.97
7	20.07	33.33	15	25.80	19.45	23	32.00	18.20
8	22.14	26.50	16	26.92	18.77			

下面我们分两步来进行.

(1) 确定可能的函数形式

为对该数据进行分析, 首先描出数据 y 与 x 的散点图以判断这两个变量之间可能存在的函数关系式, 其散点图如图 7.2 所示.

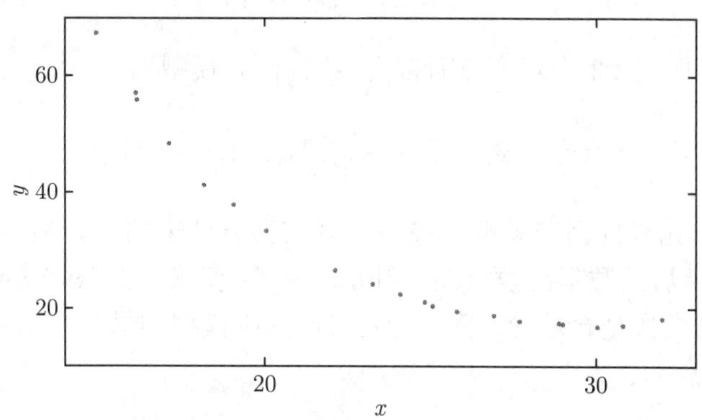

图 7.2 果蝇产卵时胚胎期的平均持续时间与实验温度散点图

从图 7.2 的散点图可以看出, 这 23 个观测点并不接近于一条直线, 因此, 用直线拟合该数据集并不是一个理想的选择, 用曲线拟合这 23 个观测点或许更恰当. 但这又出现了另一个问题, 即用何种曲线来拟合它们更好呢? 这就是所谓的曲线函数的选择问题. 一般来说, 曲线函数的确定是一个非常复杂的问题, 可根据研究问题的实际背景找专门领域的专家或根据以往的经验提出几个可能的函数形式. 再根据散点图与这些可能的函数关系的图形做比较, 从中选取与散点图非常接近的函数形式作为拟合这组数据的曲线回归方程.

本例中, 由于这 23 个观测点的散点图呈现出一个明显的向下且下凸的趋势, 因此, 其可能的函数关系有很多. 譬如: McCullagh and Nelder (1989) 和 Wei (1998) 曾经考虑的曲线函数：

$$\log(y) = \beta_1 + \beta_2 x + \beta_3 (x - \beta_4)^{-1}. \tag{7.9}$$

我们也可考虑如下的曲线函数：

$$\log(y) = \beta_1 + \beta_2 / x \tag{7.10}$$

有了此曲线函数形式后, 我们需要解决的问题包括：

(i) 如何估计曲线函数中的未知参数 $\beta_1, \cdots, \beta_4$?

(ii) 如何评价所选不同曲线函数形式的优劣？

(2) 参数估计

对上面陈列的非线性回归模型 (7.9), 我们可用前面介绍的求模型参数最小二乘估计的方法得到其曲线函数中 $\beta_1, \cdots, \beta_4$ 的估计, 其估计值分别为 $\hat{\beta}_1 = 3.2917$, $\hat{\beta}_2 = -0.2647$, $\hat{\beta}_3 = -210.0355$, $\hat{\beta}_4 = 58.0423$. 由此得拟合的非线性回归方程为

$$\hat{y} = \exp(3.2917 - 0.2647x - 210.0355(x - 58.0423)^{-1}).$$

对非线性回归模型 (7.10), 若令 $u = \log(y)$, $v = 1/x$, 则式 (7.10) 的曲线函数可化为如下的线性模型：

$$u = \beta_1 + \beta_2 v + \varepsilon,$$

这是理论回归模型. 对 23 个观测点而言, 其线性回归模型为

$$u_i = \beta_1 + \beta_2 v_i + \varepsilon_i, \quad i = 1, \cdots, 23.$$

这样, 我们可用一元线性回归模型的最小二乘估计方法来估计模型中的参数 β_1 和 β_2. 图 7.3 给出了变换后的数据的散点图. 图 7.3 表明, 变换后的数据大致成一条直线. 因此, 我们上述数据变换是合理的. 整个一元线性回归模型的最小二乘估计过程及结果陈列在表 7.5 中.

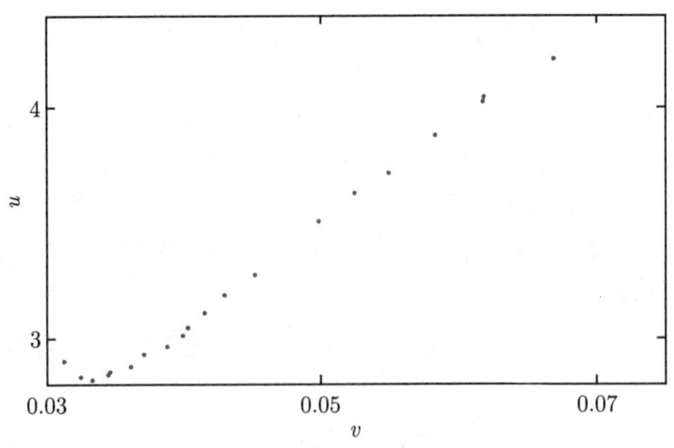

图 7.3 变换后果蝇数据的散点图

表 7.5 模型 (7.10) 线性化后参数估计计算表

$\sum v_i = 1.0087$	$n\bar{v}\bar{u} = 3.2719$
$\bar{v} = 0.0439$	$l_{vu} = \sum v_i u_i - n\bar{v}\bar{u} = 0.1045$
$\sum v_i^2 = 0.0467$	$\hat{\beta}_2 = l_{vu}/l_{vv} = 41.8$
$n\bar{v}^2 = 0.0442$	$\hat{\beta}_1 = \bar{u} - \hat{\beta}_2\bar{v} = 1.4087$
$l_{vv} = \sum v_i^2 - n\bar{v}^2 = 0.0025$	$\hat{y} = \exp\{1.4087 + 41.8/x\}$
$n = 23$	$\sum u_i = 74.6047$
$\sum v_i u_i = 3.3764$	$\bar{u} = 3.2437$

3. 两个非线性回归模型的比较

我们根据数据的散点图建立了两个非线性回归模型, 在这两个回归模型中, 哪一个与数据拟合的更好一点呢? 为了度量其拟合效果, 在线性回归模型中使用的**决定系数**和**剩余标准差**等统计量仍可用于非线性回归模型中.

(1) 决定系数 R^2. 类似于一元线性回归模型, 非线性回归模型的决定系数可定义为

$$R^2 = 1 - \frac{\sum_{i=1}^{n}(y_i - \hat{y}_i)^2}{\sum_{i=1}^{n}(y_i - \bar{y})^2}.$$

R^2 越大, 说明其残差平方和就越小, 回归模型拟合效果就越好. 这样, R^2 从整体上给出了非线性回归模型拟合好坏程度的一个度量.

(2) 剩余标准差 $\hat{\sigma}$. 类似于一元线性回归模型中估计标准差的计算公式, 我们定义非线性回归模型的剩余标准差为

$$\hat{\sigma} = \sqrt{\frac{\sum_{i=1}^{n}(y_i - \hat{y}_i)^2}{n-2}}.$$

从上式可以看出, $\hat{\sigma}$ 给出了各观测点 y_i 与其拟合值 $\hat{y}_i$ 之间的平均偏离程度的一个度量. 因此, $\hat{\sigma}$ 越小, 回归模型拟合效果也就越好.

这里, 我们特别要强调的是, 一元线性回归模型中的平方和分解式 (总平方和等于残差平方和加上回归平方和) 对非线性回归模型而言, 不再成立了. 即是说 $\mathrm{SS}_T \neq \mathrm{SS}_E + \mathrm{SS}_R$, 其中 $\mathrm{SS}_R = \sum_{i=1}^{n}(\hat{y}_i - \bar{y})^2$. 我们也注意到, 当观测数据获得后, 用不同的非线性回归模型来拟合该数据集, 其拟合效果对**总平方和**$\mathrm{SS}_T = \sum_{i=1}^{n}(y_i - \bar{y})^2$ 的值没有什么影响, 但它对残差平方和 $\mathrm{SS}_E = \sum_{i=1}^{n}(y_i - \hat{y}_i)^2$ 的值有很大的影响. 这样, 对选定的非线性回归模型而言, 决定系数 R^2 和剩余标准差 $\hat{\sigma}$ 都仅是残差平方和 SS_E 的单调函数, 因此, 这两个评价模型拟合好坏的准则是一致的.

表 7.6 给出了非线性回归模型 (7.9) 的残差平方和 SS_E 以及回归平方和 SS_R 的计算过程, 其中 $\hat{e}_i = y_i - \hat{y}_i$, $\hat{r}_i = \hat{y}_i - \bar{y}$. 由于 $n = 23$, 且 $\mathrm{SS}_E = 3.116940615$ 和 $\mathrm{SS}_R = 5075.893428$, 故其决定系数和剩余标准差分别为

$$R^2 = 1 - \frac{\mathrm{SS}_E}{\mathrm{SS}_T} = 0.999391425, \quad \hat{\sigma} = \sqrt{\frac{\mathrm{SS}_E}{n-4}} = 0.405030253.$$

表 7.6 模型 (7.9) 的残差平方和以及回归平方和计算表

y_i	$\hat{y}_i$	$\hat{e}_i$	$\hat{e}_i^2$	$\hat{r}_i$	$\hat{r}_i^2$
67.50	67.21133	0.28867	0.083330369	38.63306913	1492.51403
57.10	56.1664	0.9336	0.87160896	27.58813913	761.1054207
56.00	55.92274	0.07726	0.005969108	27.34447913	747.7205389
48.40	48.79532	−0.39532	0.156277902	20.21705913	408.7294799
41.20	42.30973	−1.10973	1.231500673	13.73146913	188.5532445
37.80	37.75469	0.04531	0.002052996	9.17642913	84.20685159
33.33	33.43357	−0.10357	0.010726745	4.85530913	23.57402675
26.50	26.58797	−0.08797	0.007738721	−1.99029087	3.961257745
24.24	23.8412	0.3988	0.15904144	−4.73706087	22.43974568
22.44	22.20261	0.23739	0.056354012	−6.37565087	40.64892401
21.13	20.98113	0.14887	0.022162277	−7.59713087	57.71639745
21.05	20.93436	0.11564	0.01337261	−7.64390087	58.4292205
25.06	20.6011	−0.2111	0.04456321	−7.97716087	63.63509554
25.06	20.6011	−0.1911	0.03651921	−7.97716087	63.63509554
25.8	19.60122	−0.15122	0.022867488	−8.97704087	80.58726277
26.92	18.42136	0.34864	0.12154985	−10.15690087	103.1626353
27.68	17.83628	−0.04628	0.002141838	−10.74198087	115.390153
28.89	17.25362	0.12638	0.015971904	−11.32464087	128.2474908
28.96	17.2331	0.0269	0.00072361	−11.34516087	128.7126752
29	17.22203	−0.04203	0.001766521	−11.35623087	128.9639796
30.05	17.10699	−0.29699	0.08820306	−11.47127087	131.5900554
30.8	17.24467	−0.27467	0.075443609	−11.33359087	128.450282
32	17.90495	0.29505	0.087054502	−10.67331087	113.9195649

也根据其总平方和 $\mathrm{SS}_T = 5121.70107$, 残差平方和 $\mathrm{SS}_E = 3.116940615$ 和回归平方和 $\mathrm{SS}_R = 5075.893428$ 的值可以看出 $\mathrm{SS}_T \neq \mathrm{SS}_R + \mathrm{SS}_E$, 此即表明：对非线性回归模型平方和分解式不再成立了；同时, 我们也注意到：对非线性回归模型而言, 其残差和也不再等于零了. 若非线性回归模型与数据集拟合的效果好的话, 其残差的均值会接近于零的.

对非线性回归模型 (7.10), 我们类似地计算了模型的残差平方和 SS_E 以及回归平方和 SS_R, 它们的值分别为 $\mathrm{SS}_E = 26.1904$ 和 $\mathrm{SS}_R = 4276.527$. 由此可得, 其决定系数和剩余标准差分别为

$$R^2 = 1 - \frac{\mathrm{SS}_E}{\mathrm{SS}_T} = 0.99, \quad \hat{\sigma} = \sqrt{\frac{\mathrm{SS}_E}{n-4}} = 1.174.$$

比较这两个非线性回归模型的决定系数不难看出, 模型 (7.10) 的决定系数最大, 且其剩余标准差最小, 因此, 我们认为模型 (7.10) 与果蝇数据拟合得更好些. 因此, y 与 x 的定量关系为

$$\hat{y} = \exp\{\beta_1 + \beta_2 x + \beta_3 (x - \beta_4)^{-1}\}.$$

7.4 非线性回归模型的统计诊断

由前面的分析知道, 当数据集中存在异常点或强影响点时, 可能导致建立的回归模型与实际不相吻合, 或许得到不合理的或错误的结论. 因此, 识别数据集中的异常点或强影响点是数据分析中的一个非常重要的环节. 同时, 在建立回归模型时我们也很想知道我们对回归模型所做的假设是否合理? 前面我们对多元线性回归模型已经讨论这一问题, 本节我们将研究这些理论和方法在非线性回归模型中的应用.

7.4.1 基于数据删除模型的影响分析

为了考察某个或某些数据点对回归分析的影响, 我们可借助数据删除模型和均值漂移模型来研究该数据点或这些数据点删除前后对模型参数估计量或其它统计量是否有显著的影响来实现这一目的. 若某一数据点或某些数据点删除前后对模型参数估计有很大的影响, 则认为这个数据点或这些数据点就是强影响点或异常点.

考虑非线性回归模型 (7.1) 中删除第 i 个数据点 $(y_i, \boldsymbol{x}_i)$ 以后的模型及其参数估计. 类似地, 非线性回归模型 (7.1) 的数据删除模型可表示为

$$y_j = f(\boldsymbol{x}_j, \boldsymbol{\theta}) + \varepsilon_j, \quad j \neq i.$$

其矩阵形式如下:

$$\boldsymbol{Y}_{(i)} = \boldsymbol{f}_{(i)}(\boldsymbol{\theta}) + \boldsymbol{\varepsilon}_{(i)}, \tag{7.11}$$

其中 $\boldsymbol{f}_{(i)}(\boldsymbol{\theta})$ 表示向量 $\boldsymbol{f}(\boldsymbol{\theta})$ 中删除第 i 个分量 $f(\boldsymbol{x}_i, \boldsymbol{\theta})$ 后得到的 $(n-1)$ 维向量, $\boldsymbol{Y}_{(i)}$ 和 $\boldsymbol{\varepsilon}_{(i)}$ 分别表示删除向量 $\boldsymbol{Y}$ 和 $\boldsymbol{\varepsilon}$ 中的第 i 分量 y_i 和 ε_i 后得到的 $(n-1)$ 维向量. 记模型 (7.11) 中参数 $\boldsymbol{\theta}$ 和 σ^2 的估计量分别为 $\hat{\boldsymbol{\theta}}_{(i)}$ 和 $\hat{\sigma}^2_{(i)}$, $\boldsymbol{f}_{(i)}(\boldsymbol{\theta})$ 关于 $\boldsymbol{\theta}$ 的一阶偏导数为 $\boldsymbol{Z}_{(i)}(\boldsymbol{\theta})$. 为了考察第 i 数据点的影响, 关键是要求出模型参数 $\boldsymbol{\theta}$ 的估计量 $\hat{\boldsymbol{\theta}}_{(i)}$ 的表达式. 由 7.3 节的讨论知, 要获得 $\hat{\boldsymbol{\theta}}$ 的解析表达式是十分困难的. 为此, 考虑其一阶近似公式:

$$\hat{\boldsymbol{\theta}}^I_{(i)} = \hat{\boldsymbol{\theta}} + \{\boldsymbol{J}_{(i)}(\hat{\boldsymbol{\theta}})\}^{-1}\dot{\boldsymbol{l}}_{(i)}(\hat{\boldsymbol{\theta}}), \tag{7.12}$$

其中 $\boldsymbol{J}_{(i)}(\boldsymbol{\theta})$ 和 $\dot{\boldsymbol{l}}_{(i)}(\boldsymbol{\theta})$ 分别为 Fisher 信息阵 $\boldsymbol{J}(\boldsymbol{\theta})$ 和 Score 函数 $\dot{\boldsymbol{l}}(\boldsymbol{\theta})$ 删除第 i 点以后得到的相应矩阵和向量, 且

$$\dot{\boldsymbol{l}}_{(i)}(\boldsymbol{\theta}) = \frac{1}{\sigma^2}\boldsymbol{Z}^{\mathrm{T}}_{(i)}(\boldsymbol{\theta})\boldsymbol{e}_{(i)}(\boldsymbol{\theta}), \quad \boldsymbol{J}_{(i)}(\boldsymbol{\theta}) = \frac{1}{\sigma^2}\boldsymbol{Z}^{\mathrm{T}}_{(i)}(\boldsymbol{\theta})\boldsymbol{Z}_{(i)}(\boldsymbol{\theta}), \tag{7.13}$$

$\boldsymbol{e}_{(i)}(\boldsymbol{\theta})$ 为残差向量 $\boldsymbol{e}(\boldsymbol{\theta}) = \boldsymbol{Y} - \boldsymbol{f}(\boldsymbol{\theta})$ 删除第 i 分量后得到的 $(n-1)$ 维向量.

引理 7.1 在非线性回归模型 (7.11) 中, $\hat{\boldsymbol{\theta}}_{(i)}$ 的一阶近似可表示为

$$\hat{\boldsymbol{\theta}}^I_{(i)} = \hat{\boldsymbol{\theta}} - \frac{(\widehat{\boldsymbol{Z}}^{\mathrm{T}}\widehat{\boldsymbol{Z}})^{-1}\hat{\boldsymbol{z}}_i\hat{e}_i}{1 - \hat{h}_{ii}}, \tag{7.14}$$

其中 $\widehat{\boldsymbol{Z}} = \boldsymbol{Z}(\hat{\boldsymbol{\theta}})$, $\hat{\boldsymbol{z}}_i$ 表示矩阵 $\widehat{\boldsymbol{Z}}$ 的第 i 行向量的转置, $\hat{h}_{ii}$ 为 $\widehat{\boldsymbol{H}} = \widehat{\boldsymbol{Z}}(\widehat{\boldsymbol{Z}}^{\mathrm{T}}\widehat{\boldsymbol{Z}})^{-1}\widehat{\boldsymbol{Z}}^{\mathrm{T}}$ 的第 i 个对角元素.

证明 将式 (7.13) 代入式 (7.12) 可得

$$\hat{\boldsymbol{\theta}}_{(i)}^{I} = \hat{\boldsymbol{\theta}} + \{\boldsymbol{Z}_{(i)}^{\mathrm{T}}(\hat{\boldsymbol{\theta}})\boldsymbol{Z}_{(i)}(\hat{\boldsymbol{\theta}})\}^{-1}\boldsymbol{Z}_{(i)}^{\mathrm{T}}(\hat{\boldsymbol{\theta}})\boldsymbol{e}_{(i)}(\hat{\boldsymbol{\theta}}). \tag{7.15}$$

由于 $\boldsymbol{Z}^{\mathrm{T}}\boldsymbol{Z} = \sum_{k=1}^{n}\boldsymbol{z}_k\boldsymbol{z}_k^{\mathrm{T}} = \sum_{k\neq i}\boldsymbol{z}_k\boldsymbol{z}_k^{\mathrm{T}} + \boldsymbol{z}_i\boldsymbol{z}_i^{\mathrm{T}} = \boldsymbol{Z}_{(i)}^{\mathrm{T}}\boldsymbol{Z}_{(i)} + \boldsymbol{z}_i\boldsymbol{z}_i^{\mathrm{T}}$, 因此, $\boldsymbol{Z}_{(i)}^{\mathrm{T}}\boldsymbol{Z}_{(i)} = \boldsymbol{Z}^{\mathrm{T}}\boldsymbol{Z} - \boldsymbol{z}_i\boldsymbol{z}_i^{\mathrm{T}}$. 同理, 我们有 $\boldsymbol{Z}^{\mathrm{T}}\boldsymbol{e} = \sum_{k\neq i}\boldsymbol{z}_k e_k + \boldsymbol{z}_i e_i = \boldsymbol{Z}_{(i)}^{\mathrm{T}}\boldsymbol{e}_{(i)} + \boldsymbol{z}_i e_i$. 将以上公式代入式 (7.15) 可得

$$\hat{\boldsymbol{\theta}}_{(i)}^{I} = \hat{\boldsymbol{\theta}} + \{\boldsymbol{Z}^{\mathrm{T}}(\hat{\boldsymbol{\theta}})\boldsymbol{Z}(\hat{\boldsymbol{\theta}}) - \hat{\boldsymbol{z}}_i\hat{\boldsymbol{z}}_i^{\mathrm{T}}\}^{-1}\{\boldsymbol{Z}^{\mathrm{T}}(\hat{\boldsymbol{\theta}})\boldsymbol{e}(\hat{\boldsymbol{\theta}}) - \hat{\boldsymbol{z}}_i\hat{e}_i\}.$$

由矩阵和式求逆公式以及烦琐的矩阵和向量运算即可得式 (7.14).

式 (7.14) 表明：残差 $\hat{e}_i$ 越大, 则 $\hat{\boldsymbol{\theta}}_{(i)}$ 与 $\hat{\boldsymbol{\theta}}$ 之间的差异也就越大, 亦即第 i 个数据点对模型的影响也就越大, 因而, 残差 $\hat{e}_i$ 是决定第 i 个数据点影响大小的很重要的统计量. 另外, 式 (7.14) 也表明：杠杆值 $\hat{h}_{ii}$ 越大, $\hat{\boldsymbol{\theta}}_{(i)}$ 与 $\hat{\boldsymbol{\theta}}$ 的差异也就越大; 特别, 当 $\hat{h}_{ii} \approx 1$ 时, 则 $\hat{\boldsymbol{\theta}}_{(i)}$ 与 $\hat{\boldsymbol{\theta}}$ 的差值将趋于很大, 因而, 该点的影响也非常地大.

由于 $\hat{\boldsymbol{\theta}}_{(i)}$ 和 $\hat{\boldsymbol{\theta}}$ 是向量, 不便于比较其大小, 必须选择一个合适的距离以定量地比较其影响大小. 为此, 我们考虑广泛被使用的影响度量统计量—广义 Cook 距离:

$$\mathrm{GD}_i = \frac{(\hat{\boldsymbol{\theta}} - \hat{\boldsymbol{\theta}}_{(i)})^{\mathrm{T}}\widehat{\boldsymbol{Z}}^{\mathrm{T}}\widehat{\boldsymbol{Z}}(\hat{\boldsymbol{\theta}} - \hat{\boldsymbol{\theta}}(i))}{q\hat{\sigma}^2}.$$

如果用 $\hat{\boldsymbol{\theta}}_{(i)}^{I}$ 代替 $\hat{\boldsymbol{\theta}}_{(i)}$, 并将公式 (7.14) 代入上式可得

$$\mathrm{GD}_i^I = \frac{\hat{h}_{ii}}{1-\hat{h}_{ii}}\frac{\hat{r}_i^2}{q}, \tag{7.16}$$

其中 $\hat{r}_i = \hat{e}_i/(\hat{\sigma}\sqrt{1-\hat{h}_{ii}})$, $\hat{e}_i = y_i - f(\boldsymbol{x}_i, \hat{\boldsymbol{\theta}})$.

例 7.3(续果蝇数据) 对前面讨论过的果蝇数据, 基于非线性回归模型 (7.9) 我们计算了每一数据点删除后其模型参数 $\beta_1, \cdots, \beta_4$ 的估计值, 其结果见表 7.7 所示.

7.4.2 诊断模型分析

在统计诊断中, 除了最基本的数据删除模型 (7.11) 外, 另一个重要模型就是均值漂移模型. 类似于线性回归模型, 将非线性回归模型的均值漂移模型表示为

$$\begin{cases} y_j = f(\boldsymbol{x}_j, \boldsymbol{\theta}) + \varepsilon_j, \quad j = 1, \cdots, n, \quad j \neq i, \\ y_i = f(\boldsymbol{x}_i, \boldsymbol{\theta}) + \gamma + \varepsilon_i. \end{cases} \tag{7.17}$$

式 (7.17) 表明：如果 γ 显著异于零, 则说明第 i 个数据点的均值与其他 $(n-1)$ 个数据点的均值的确不一样, 因而, 我们就认为第 i 个数据点为异常点. 通常可通过假设检验来判断均值漂移参数 γ 是否显著地不等于零. 记模型 (7.17) 对应的参数估计量分别为 $\hat{\boldsymbol{\theta}}_{mi}$, $\hat{\gamma}_{mi}$, $\hat{\sigma}_{mi}^2$.

表 7.7 果蝇数据基于数据删除模型的参数估计值

序号	β_1	β_2	β_3	β_4	序号	β_1	β_2	β_3	β_4
1	3.2962	−0.2625	−209.5132	58.2572	13	3.2078	−0.2645	−216.4508	58.6280
2	3.7608	−0.2494	−172.1636	56.2677	14	3.2144	−0.2641	−215.8420	58.6159
3	3.1646	−0.2658	−220.0204	58.7872	15	2.9780	−0.2688	−234.3471	59.5852
4	3.3404	−0.2624	−206.7016	58.0657	16	3.6309	−0.2555	−184.0379	56.7984
5	3.6933	−0.2538	−179.4009	56.5615	17	3.0787	−0.2674	−226.6454	59.1374
6	3.2969	−0.2627	−209.5878	58.2532	18	3.4366	−0.2595	−198.7422	57.6735
7	3.4666	−0.2587	−196.4058	57.5490	19	3.3162	−0.2622	−208.0670	58.1746
8	3.3601	−0.2611	−204.5945	57.9987	20	3.2121	−0.2646	−216.1923	58.5983
9	2.5946	−0.2785	−265.6845	60.9153	21	3.0211	−0.2694	−231.2968	59.2898
10	2.9356	−0.2713	−238.2703	59.6449	22	3.6732	−0.2552	−180.8501	56.5118
11	3.1485	−0.2664	−221.3559	58.8248	23	−3.1979	−0.3608	−803.4994	77.6780
12	3.1832	−0.2654	−218.5263	58.7035					

定理 7.1 对非线性回归模型 (7.1), 若其对应的数据删除模型 (7.11) 和均值漂移模型 (7.17) 的最小二乘估计量存在且唯一, 则

$$\hat{\boldsymbol{\theta}}_{(i)} = \hat{\boldsymbol{\theta}}_{mi}, \quad \hat{\sigma}^2_{(i)} = \hat{\sigma}^2_{mi}. \tag{7.18}$$

证明 对均值漂移模型 (7.17), 其模型参数 $\boldsymbol{\theta}$ 和 γ 的最小二乘估计 $\hat{\boldsymbol{\theta}}_{mi}$ 和 $\hat{\gamma}_{mi}$ 满足

$$S(\hat{\boldsymbol{\theta}}_{mi}, \hat{\gamma}_{mi}) = \min_{\boldsymbol{\theta},\gamma} S(\boldsymbol{\theta}, \gamma) \triangleq \min_{\boldsymbol{\theta},\gamma} \left\{ \sum_{j \neq i} (y_j - f(\boldsymbol{x}_j, \boldsymbol{\theta}))^2 + (y_i - f(\boldsymbol{x}_i, \boldsymbol{\theta}) - \gamma)^2 \right\}.$$

而对数据删除模型 (7.11), $\hat{\boldsymbol{\theta}}_{(i)}$ 是使离差平方和 $S_{(i)}(\boldsymbol{\theta}) = \sum\limits_{j \neq i} (y_j - f(\boldsymbol{x}_j, \boldsymbol{\theta}))^2$ 达到最小的 $\boldsymbol{\theta}$ 值, 且有

$$S(\boldsymbol{\theta}, \gamma) = S_{(i)}(\boldsymbol{\theta}) + (y_i - f(\boldsymbol{x}_i, \boldsymbol{\theta}) - \gamma)^2. \tag{7.19}$$

$\hat{\theta}_{mi}$ 和 $\hat{\gamma}_{mi}$ 是下面方程组的解:

$$\frac{\partial S(\boldsymbol{\theta}, \gamma)}{\partial \theta_a} = 0, \quad a = 1, \cdots, q; \quad \frac{\partial S(\boldsymbol{\theta}, \gamma)}{\partial \gamma} = 0.$$

由式 (7.19) 可得

$$\frac{\partial S(\boldsymbol{\theta}, \gamma)}{\partial \theta_a} = \frac{\partial S_{(i)}(\boldsymbol{\theta})}{\partial \theta_a} - 2(y_i - f(\boldsymbol{x}_i, \boldsymbol{\theta}) - \gamma) \frac{\partial f(\boldsymbol{x}_i, \boldsymbol{\theta}}{\partial \theta_a} = 0, \quad a = 1, \cdots, q,$$

$$\frac{\partial S(\boldsymbol{\theta}, \gamma)}{\partial \gamma} = -2(y_i - f(\boldsymbol{x}_i, \boldsymbol{\theta}) - \gamma) = 0.$$

由上面第二式可得 $\hat{\gamma}_{mi} = y_i - f(\boldsymbol{x}_i, \hat{\boldsymbol{\theta}}_{mi})$. 把此式代入上面第一式可知, $\hat{\theta}_{mi}$ 满足下面方程:

$$\frac{\partial S(\boldsymbol{\theta}, \gamma)}{\partial \theta_a} = \frac{\partial S_{(i)}(\boldsymbol{\theta})}{\partial \theta_a} = 0, \quad a = 1, \cdots, q.$$

此外, $\hat{\boldsymbol{\theta}}_{(i)}$ 满足:

$$\frac{\partial S_{(i)}(\boldsymbol{\theta})}{\partial \theta_a} = 0, \quad a = 1, \cdots, q. \tag{7.20}$$

综合以上各式表明: $\hat{\boldsymbol{\theta}}_{(i)}$ 和 $\hat{\boldsymbol{\theta}}_{mi}$ 都是方程组 (7.20) 的解. 因此, 必有 $\hat{\boldsymbol{\theta}}_{(i)} = \hat{\boldsymbol{\theta}}_{mi}$. 同时, 由式 (7.19) 可得

$$S(\hat{\boldsymbol{\theta}}_{mi}, \hat{\gamma}_{mi}) = S_{(i)}(\hat{\boldsymbol{\theta}}_i).$$

由于 $\hat{\sigma}^2_{(i)} = S_{(i)}(\hat{\boldsymbol{\theta}}_i)/(n-q-1)$ 和 $\hat{\boldsymbol{\theta}}_{mi} = S(\hat{\theta}_{mi}, \hat{\gamma}_{mi})/(n-q-1)$, 因此, 我们得到 $\hat{\sigma}^2_{(i)} = \hat{\sigma}^2_{mi}$.

7.4.3 方差齐性检验

由前面的分析知道, 我们在用最小二乘估计法找非线性回归模型中参数的估计时, 我们假设了随机误差序列 $\varepsilon_1, \cdots, \varepsilon_n$ 同分布且不相关或独立同正态分布. 类似于线性回归模型, 在一些情况下, 这一假设或许并不成立. 我们知道当这一假定不成立时, 基于最小二乘估计法得到的参数估计可能是有偏的或与实际问题不相吻合. 因此, 在应用最小二乘法基于给定数据集找其拟合模型参数的最小二乘估计前需要检验这一假设是否成立. 为了解决这一问题, 本节将给出检验这一假设合理性的检验统计量.

本节我们假设非线性回归模型 (7.1) 式中的因变量 $y_1, \cdots, y_n$ 的方差不全相等, 即模型存在异方差的情况. 此时, 不妨假设 $\mathrm{Var}(y_i) = \sigma_i^2 (i = 1, \cdots, n)$, 其中 $\sigma_1^2, \cdots, \sigma_n^2$ 不全相等. 对于该异方差回归模型, 其未知参数个数为 $n + q$ 个, 特别地, 当 n 较大时, 其参数估计问题将变得十分复杂. 即使是对线性回归模型, 这一问题也是非常复杂的. 对于非线性回归模型, 迄今都还没有找到一种大家一致认可的处理该问题的好方法. 因此, 对于一组比较复杂的数据, 如果要用非线性模型 (7.1) 进行拟合, 通常都需要对它进行方差齐性检验, 这是因为: 如果方差齐性成立, 则可基于非线性回归模型 (7.1) 进行类似于前面介绍的统计推断; 如果方差存在非齐性, 则需要考虑进行数据变换或其他处理方法来解决这一问题. 因此, 检验数据是否存在异方差是研究与处理异方差回归问题的基本步骤, 在理论上和应用上都有非常重要的意义.

考虑如下形式的异方差非线性回归模型:

$$y_i = f(\boldsymbol{x}_i, \boldsymbol{\theta}) + \varepsilon_i, \quad \varepsilon_i \sim N(0, \sigma_i^2), \quad i = 1, 2, \cdots, n. \tag{7.21}$$

为了检验该模型是否存在异方差或方差齐性, 可考虑如下的假设检验问题:

$$H_0: \sigma_1^2 = \cdots = \sigma_n^2 = \sigma^2 \longleftrightarrow H_1: \sigma_i^2 \neq \sigma_j^2 \ (\exists i \neq j \in \{1, \cdots, n\}). \tag{7.22}$$

对于模型 (7.21) 和假设检验问题 (7.20), 由于未知参数有 $n + q$ 个, 要获得模型参数的最小二乘估计是非常困难和复杂的. 然而, 在一些实际问题中, 随机误差 ε_i 的方差常常

与自变量 $\boldsymbol{x}_i$ 或它的某些分量有关. 此时, 我们可考虑 σ_i^2 的参数化形式以降低参数个数. 这里, 我们假设 ε_i 的方差有如下参数化形式:

$$\mathrm{Var}(\varepsilon_i) = \sigma_i^2 = \sigma^2 \omega_i^{-1}, \quad \omega_i = \omega(\boldsymbol{z}_i, \boldsymbol{\lambda}), \tag{7.23}$$

其中 $\omega(.,.)$ 为某一形式已知的权函数, $\boldsymbol{z}_i$ 为协变量向量, 它通常就是 $\boldsymbol{x}_i$ 或 $\boldsymbol{x}_i$ 的某些分量; $\boldsymbol{\lambda}$ 为 r 维参数向量, 并存在某个 $\boldsymbol{\lambda}_0$ 使得 $\omega(\boldsymbol{z}_i, \boldsymbol{\lambda}_0) = 1$ 对一切 i 都成立 (即 $\boldsymbol{\lambda}_0$ 对应于等方差非线性回归模型). 因此, 当 ω_i 满足上述条件时, 检验非线性回归模型是否存在异方差的问题等价于检验下面的假设问题:

$$H_0 : \boldsymbol{\lambda} = \boldsymbol{\lambda}_0 \longleftrightarrow H_1 : \boldsymbol{\lambda} \neq \boldsymbol{\lambda}_0. \tag{7.24}$$

定理 7.2 对于参数化的异方差非线性回归模型 (7.23), 假设检验问题 (7.24) 的似然比检验统计量为

$$\mathrm{LR} = \sum_{i=1}^{n} \log \hat{\omega}_i + n \log(\tilde{\sigma}^2 / \hat{\sigma}_\omega^2) = n \log(\tilde{\sigma}^2 \hat{\omega}_g / \hat{\sigma}_\omega^2),$$

其中 $\hat{\omega}_i = \omega(\boldsymbol{z}_i, \hat{\boldsymbol{\lambda}})$ $(i = 1, \cdots, n)$, $\tilde{\sigma}^2 = n^{-1} \sum_{i=1}^{n} (y_i - f(\boldsymbol{x}_i, \tilde{\boldsymbol{\theta}}))^2$, $\hat{\sigma}_\omega^2 = n^{-1} \sum_{i=1}^{n} \hat{\omega}_i (y_i - f(\boldsymbol{x}_i, \hat{\boldsymbol{\theta}}))^2$, $\hat{\boldsymbol{\theta}}$ 满足方程: $\sum_{i=1}^{n} \hat{\omega}_i (y_i - f(\boldsymbol{x}_i, \hat{\boldsymbol{\theta}})) \dot{f}(\hat{\boldsymbol{\theta}}) = 0$, $\dot{f}(\boldsymbol{\theta}) = \partial f(\boldsymbol{x}_i, \boldsymbol{\theta}) / \partial \boldsymbol{\theta}$, $\tilde{\boldsymbol{\theta}}$ 满足方程: $\sum_{i=1}^{n} (y_i - f(\boldsymbol{x}_i, \tilde{\boldsymbol{\theta}})) \dot{f}(\tilde{\boldsymbol{\theta}}) = 0$, $\hat{\boldsymbol{\lambda}}$ 是方程: $\sum_{i=1}^{n} \{(y_i - f(\boldsymbol{x}_i, \hat{\boldsymbol{\theta}}))^2 / \hat{\sigma}^2 - 1/\hat{\omega}_i\} \dot{\omega}(\boldsymbol{z}_i, \hat{\boldsymbol{\lambda}}) = 0$ 的解, 其中 $\dot{\omega}(\boldsymbol{z}_i, \boldsymbol{\lambda}) = \partial \omega_i / \partial \boldsymbol{\lambda}$, $\hat{\omega}_g = (\hat{\omega}_1 \times \cdots \times \hat{\omega}_n)^{1/n}$ 为 $\hat{\omega}_1, \cdots, \hat{\omega}_n$ 的几何平均数, LR 的渐近分布为自由度为 r 的卡方分布.

证明 在 H_0 成立的条件下, 模型 (7.21) 的对数似然函数为

$$l(\boldsymbol{\theta}, \sigma^2) = -\frac{n}{2} \log(2\pi) - \frac{n}{2} \log(\sigma^2) - \frac{1}{2\sigma^2} \sum_{i=1}^{n} (y_i - f(\boldsymbol{x}_i, \boldsymbol{\theta}))^2. \tag{7.25}$$

记 $\tilde{\boldsymbol{\theta}}$ 和 $\tilde{\sigma}^2$ 为参数 $\boldsymbol{\theta}$ 和 σ^2 关于对数似然函数 (7.25) 的极大似然估计. 则 $\tilde{\boldsymbol{\theta}}$ 是方程 $\sum_{i=1}^{n} (y_i - f(\boldsymbol{x}_i, \tilde{\boldsymbol{\theta}})) \dot{f}(\tilde{\boldsymbol{\theta}}) = 0$ 的解, 而 $\tilde{\sigma}^2 = n^{-1} \sum_{i=1}^{n} (y_i - f(\boldsymbol{x}_i, \tilde{\boldsymbol{\theta}}))^2$. 将 $\tilde{\boldsymbol{\theta}}$ 和 $\tilde{\sigma}^2$ 代入式 (7.25) 得

$$l(\tilde{\boldsymbol{\theta}}, \tilde{\sigma}^2) = -\frac{n}{2} \log(2\pi) - \frac{n}{2} \log(\tilde{\sigma}^2) - \frac{n}{2}. \tag{7.26}$$

而参数化异方差非线性回归模型 (7.23) 的对数似然函数为

$$l(\boldsymbol{\theta}, \boldsymbol{\lambda}, \sigma^2) = -\frac{n}{2} \log(2\pi) - \frac{n}{2} \log(\sigma^2) + \frac{1}{2} \sum_{i=1}^{n} \log(\omega_i) - \frac{1}{2\sigma^2} \sum_{i=1}^{n} \omega_i (y_i - f(\boldsymbol{x}_i, \boldsymbol{\theta}))^2. \tag{7.27}$$

记 $\hat{\boldsymbol{\theta}}$, $\hat{\boldsymbol{\lambda}}$ 和 $\hat{\sigma}_\omega^2$ 为模型 (7.23) 中参数 $\boldsymbol{\theta}$, $\boldsymbol{\lambda}$ 和 σ^2 关于对数似然函数 (7.27) 的极大似然估计. 则 $\hat{\boldsymbol{\theta}}$ 是方程 $\sum_{i=1}^{n} \omega_i (y_i - f(\boldsymbol{x}_i, \hat{\boldsymbol{\theta}})) \dot{f}(\hat{\boldsymbol{\theta}}) = 0$ 的解, 而 $\hat{\sigma}_\omega^2 = n^{-1} \sum_{i=1}^{n} \hat{\omega}_i (y_i - f(\boldsymbol{x}_i, \hat{\boldsymbol{\theta}}))^2$,

$\hat{\boldsymbol{\lambda}}$ 是方程：$\sum_{i=1}^{n}\{(y_i - f(\boldsymbol{x}_i, \hat{\boldsymbol{\theta}}))^2/\hat{\sigma}_\omega^2 - 1/\hat{\omega}_i\}\dot{\omega}(\boldsymbol{z}_i, \hat{\boldsymbol{\lambda}}) = 0$ 的解, 其中 $\dot{\omega}(\boldsymbol{z}_i, \boldsymbol{\lambda}) = \partial\omega_i/\partial\boldsymbol{\lambda}$. 将 $\hat{\boldsymbol{\theta}}$, $\hat{\boldsymbol{\lambda}}$ 和 $\hat{\sigma}^2$ 代入式 (7.27) 得

$$l(\hat{\boldsymbol{\theta}}, \hat{\boldsymbol{\lambda}}, \hat{\sigma}_\omega^2) = -\frac{n}{2}\log(2\pi) - \frac{n}{2}\log(\hat{\sigma}_\omega^2) - \frac{n}{2} + \frac{1}{2}\sum_{i=1}^{n}\log(\hat{\omega}_i). \tag{7.28}$$

将式 (7.26) 和式 (7.28) 代入似然比检验统计量

$$\mathrm{LR} = -2\{l(\tilde{\boldsymbol{\theta}}, \tilde{\sigma}^2) - l(\hat{\boldsymbol{\theta}}, \hat{\boldsymbol{\lambda}}, \hat{\sigma}_\omega^2)\}$$

即得定理的结论.

引理 7.2 对于参数化的异方差非线性回归模型 (7.23), 其对数似然函数的一阶偏导数 (即 Score 函数)$\partial l/\partial\boldsymbol{\lambda}$ 以及 Fisher 信息阵在 $\boldsymbol{\lambda} = \lambda_0$ 处可表示为

$$\frac{\partial l}{\partial\boldsymbol{\lambda}}|_{\boldsymbol{\lambda}_0} = \frac{1}{2}\boldsymbol{G}^{\mathrm{T}}(\mathbf{1} - \boldsymbol{\mu}) = -\frac{1}{2}\bar{\boldsymbol{G}}^{\mathrm{T}}\boldsymbol{\mu}, \tag{7.29}$$

$$\boldsymbol{J}|_{\boldsymbol{\lambda}_0} = \begin{pmatrix} \frac{1}{2}\boldsymbol{G}^{\mathrm{T}}\boldsymbol{G} & \mathbf{0} & -\frac{\boldsymbol{G}^{\mathrm{T}}\mathbf{1}}{2\tilde{\sigma}^2} \\ 0 & \frac{\boldsymbol{Z}^{\mathrm{T}}\boldsymbol{Z}}{\tilde{\sigma}^2} & \mathbf{0} \\ -\frac{\mathbf{1}^{\mathrm{T}}\boldsymbol{G}}{2\tilde{\sigma}^2} & \mathbf{0} & \frac{n}{2\tilde{\sigma}^2} \end{pmatrix}, \tag{7.30}$$

其中 $\boldsymbol{G}$ 为 $n\times r$ 阶矩阵, 其元素为 $G_{ij} = \partial\omega(\boldsymbol{z}_i, \boldsymbol{\lambda}_0)/\partial\lambda_j$, $\bar{\boldsymbol{G}} = (\boldsymbol{I} - \mathbf{1}\mathbf{1}^{\mathrm{T}}/n)\boldsymbol{G}$ 为 $\boldsymbol{G}$ 的中心化矩阵, $\boldsymbol{I}$ 为单位矩阵, $\mathbf{1} = (1, \cdots, 1)^{\mathrm{T}}$, $\boldsymbol{\mu} = (\mu_1, \cdots, \mu_n)^{\mathrm{T}}$, $\mu_i = (y_i - f(\boldsymbol{x}_i, \tilde{\boldsymbol{\theta}}))^2/\tilde{\sigma}^2$.

证明 由方程 (7.27) 可得

$$\frac{\partial l}{\partial\boldsymbol{\lambda}} = \frac{1}{2}\sum_{i=1}^{n}\left(\frac{1}{\omega_i} - \frac{(y_i - f(\boldsymbol{x}_i, \boldsymbol{\theta}))^2}{\sigma^2}\right)\frac{\partial\omega_i}{\partial\boldsymbol{\lambda}}.$$

在上式中令 $\boldsymbol{\theta} = \tilde{\boldsymbol{\theta}}$, $\boldsymbol{\lambda} = \boldsymbol{\lambda}_0$ 和 $\sigma^2 = \tilde{\sigma}^2$, 则可得式 (7.29).

类似地, 对对数似然函数 (7.27) 关于参数 $\boldsymbol{\lambda}$, $\boldsymbol{\theta}$ 和 σ^2 求二阶偏导后再对其求期望并令 $\boldsymbol{\lambda} = \boldsymbol{\lambda}_0$, $\boldsymbol{\theta} = \tilde{\boldsymbol{\theta}}$ 和 $\sigma^2 = \tilde{\sigma}^2$ 即可得式 (7.30).

定理 7.3 对于参数化的异方差非线性回归模型 (7.23), 假设检验问题 (7.24) 的 Score 检验统计量可表示为

$$\mathrm{SC} = \frac{1}{2}\boldsymbol{\mu}^{\mathrm{T}}\bar{\boldsymbol{G}}(\bar{\boldsymbol{G}}^{\mathrm{T}}\bar{\boldsymbol{G}})^{-1}\bar{\boldsymbol{G}}^{\mathrm{T}}\boldsymbol{\mu}.$$

证明 由式 (7.30) 以及分块矩阵求逆公式可得

$$\boldsymbol{J}^{11} = (\boldsymbol{J}_{11} - \boldsymbol{J}_{12}\boldsymbol{J}_{22}^{-1}\boldsymbol{J}_{21})^{-1} = 2(\bar{\boldsymbol{G}}^{\mathrm{T}}\bar{\boldsymbol{G}})^{-1}, \tag{7.31}$$

其中 $\boldsymbol{J}_{11} = \boldsymbol{G}^{\mathrm{T}}\boldsymbol{G}/2$, $\boldsymbol{J}_{12} = (\mathbf{0}, -\boldsymbol{G}^{\mathrm{T}}\mathbf{1}/(2\tilde{\sigma}^2))$, $\boldsymbol{J}_{22} = \mathrm{diag}(\boldsymbol{Z}^{\mathrm{T}}\boldsymbol{Z}/\tilde{\sigma}^2, n/(2\tilde{\sigma}^2))$, $\boldsymbol{J}_{21} = \boldsymbol{J}_{12}^{\mathrm{T}}$. 因此, 将式 (7.29) 和式 (7.31) 代入下式

$$\mathrm{SC} = \left(\frac{\partial l}{\partial\boldsymbol{\lambda}}\right)^{\mathrm{T}}\boldsymbol{J}^{11}\left(\frac{\partial l}{\partial\boldsymbol{\lambda}}\right) \xrightarrow{\mathcal{L}} \chi^2(r)$$

并做适当的化简即得定理的结论.

例 7.4(续果蝇数据) 考虑 y 与 x 之间的如下非线性回归模型:

$$\log(y_i) = \beta_1 + \beta_2 x_i + \beta_3(x_i - \beta_4)^{-1} + \varepsilon_i, \quad i =, 1 \cdots, 23.$$

现检验这组数据是否存在方差齐性, 此时我们假设

$$\omega_i = \omega(x_i, \lambda) = \exp(\lambda x_i \beta_2).$$

显然, 当 $\lambda_0 = 0$ 时, $\omega(x_i, \lambda_0) = 1$. 根据定理 7.2 和定理 7.3 可得, 似然比检验统计量 LR 的值和 Score 检验统计量 SC 的值分别为 106.76 和 53.304, 它们对应的 p 值分别都小于 0.001. 若取检验水平 $\alpha = 0.05$, 则两种方法都表明检验是显著的.

7.5 带有缺失数据的非线性回归模型

对于式 (7.3) 所定义的非线性回归模型, 如果 y_i 的观测值出现缺失, 则称该模型为带有缺失数据的非线性回归模型. 为了便于处理带有缺失数据的非线性回归模型, 定义 δ_i 为对应于数据 y_i 是否有缺失的示性函数, 即

$$\delta_i = \begin{cases} 1, & y_i \text{ 为缺失数据}, \\ 0, & y_i \text{ 为观测数据}, \end{cases}$$

其中 $i = 1, \cdots, n$.

对所有的 $i \in \{1, \cdots, n\}$, 如果 $\delta_i = 0$, 则上面定义的带有缺失数据的非线性回归模型即化为前面讨论过的非线性回归模型 (7.3).

类似地, 我们可通过填补缺失数据的办法把缺失数据补充为完全数据, 然后基于填补后的数据用前面介绍的最小二乘估计方法获得模型参数的估计或对模型参数做统计推断等.

复习思考题

1. 设曲线函数形式为 $y = a + b\ln x$, 试给出一个变换将之化为一元线性回归的形式.
2. 设曲线函数形式为 $y = a + b\sqrt{x}$, 试给出一个变换将之化为一元线性回归的形式.
3. 设曲线函数形式为 $y - 100 = ae^{-x/b}$ $(b > 0)$, 试给出一个变换将之化为一元线性回归的形式.
4. 设曲线函数形式为 $y = a + e^{bx}$, 问能否找到一个变换将之化为一元线性回归的形式.
5. 设曲线函数形式为 $y = \dfrac{1}{a + be^{-x}}$, 问能否找到一个变换将之化为一元线性回归的形式. 若能, 请给出其变换的表达式; 若不能, 请说明其理由.
6. 下表给出了某地区 1971 ~ 2000 年的人口数据. 试用 R 软件对该地区的人口变化进行曲线拟合, 并对今后 10 年的人口发展情况进行预测.

年份	t	人口 y/人	年份	t	人口 y/人	年份	t	人口 y/人
1971	1	33815	1981	11	34483	1991	21	34515
1972	2	33981	1982	12	34488	1992	22	34517
1973	3	34004	1983	13	34513	1993	23	34519
1974	4	34165	1984	14	34497	1994	24	34519
1975	5	34212	1985	15	34511	1995	25	34521
1976	6	34327	1986	16	34520	1996	26	34521
1977	7	34344	1987	17	34507	1997	27	34523
1978	8	34458	1988	18	34509	1998	28	34525
1979	9	34498	1989	19	34521	1999	29	34525
1980	10	34476	1990	20	34513	2000	30	34527

7. 下表列出了用当年价测度的中国城镇居民人均消费支出 (X) 与人均食品消费支出 (X_1) 情况, GP 表示中国城镇居民消费价格总指数, 由于在 1995 年前没有城镇居民的食品消费价格指数, 我们选取城镇食品零售价格指数 (FP) 作为城镇居民食品消费价格指数的近似替代. 由这些数据容易推算出以 1990 年价测度的城镇居民人均消费支出 (XC)、人均食品消费支出 (Q), 以及城镇居民消费支出价格缩减指数 (P_0) 与城镇居民食品消费支出价格缩减指数 (P_1). 根据需求理论, 居民对食品的消费需求函数大致为 $Q = AX^{\beta_1}P_1^{\beta_2}P_0^{\beta_3}$, 依据下列数据建立中国城镇居民食品消费需求函数模型.

年份	X	X_1	GP	FP	XC	Q	P_0	P_1
1981	456.8	420.4	102.5	102.7	646.1	318.3	70.7	132.1
1982	471.0	432.1	102.0	102.1	659.1	325.0	71.5	132.9
1983	505.9	464.0	102.0	103.7	672.2	337.0	75.3	137.7
1984	559.4	514.3	102.7	104.0	690.4	350.5	81.0	146.7
1985	673.2	351.4	111.9	116.5	772.6	408.4	87.1	86.1
1986	799.0	418.9	107.0	107.2	826.6	437.8	96.7	95.7
1987	884.4	472.9	108.8	112.0	899.4	490.3	98.3	96.5
1988	1104.0	567.0	120.7	125.2	1085.5	613.8	101.7	92.4
1989	1211.0	660.0	116.3	114.4	1262.5	702.2	95.9	94.0
1990	1278.9	693.8	101.3	98.8	1278.9	693.8	100.0	100.0
1991	1453.8	782.5	105.1	105.4	1344.1	731.3	108.2	107.0
1992	1671.7	884.8	108.6	110.7	1459.7	809.5	114.5	109.3
1993	2110.8	1058.2	116.1	116.5	1694.7	943.1	124.6	112.2
1994	2851.3	1422.5	125.0	134.2	2118.4	1265.6	134.6	112.4
1995	3537.6	1766.0	116.8	123.6	2474.3	1564.3	143.0	112.9
1996	3919.5	1904.7	108.8	107.9	2692.0	1687.9	145.6	112.8
1997	4185.6	1942.6	103.1	100.1	2775.5	1689.6	150.8	115.0
1998	4331.6	1926.9	99.4	96.9	2758.9	1637.2	157.0	117.7
1999	4615.9	1932.1	98.7	95.7	2723.0	1566.8	169.5	123.3
2000	4998.0	1958.3	100.8	97.6	2744.8	1529.2	182.1	128.1
2001	5309.0	2014.0	100.7	100.7	2764.0	1539.9	192.1	130.8

8. 为了检验 X 射线的杀菌作用, 用 200kV 的 X 射线照射杀菌, 每次照射 6min, 照射次数为 x, 照射后所剩细菌数为 y, 下表示一组试验结果.

x	y	x	y	x	y
1	783	8	154	15	28
2	621	9	129	16	20
3	433	10	103	17	16
4	431	11	72	18	12
5	287	12	50	19	9
6	251	13	43	20	7
7	175	14	31		

根据经验知道 y 关于 x 的曲线回归方程如下 $\hat{y}=ae^{bx}$, 试给出具体的回归方程, 并求其对应的决定系数 R^2 和剩余标准差.

第 8 章　含定性变量的回归模型

8.1　引　　言

在许多实际问题研究中, 人们常常碰到一些定性变量, 譬如, 性别、教育程度、职业、民族、季节、身体状况、经济状况、天气状况以及房屋类型等. 事实上, 定性变量在有关态度和意见调查的社会科学研究中是十分普遍的, 它也常常出现在临床医学研究中, 例如, 患者经历手术后是否存活 (是, 否), 受伤害的严重程度 (未受伤害、轻微伤害、中等伤害、重伤害) 以及病况 (初期、中期和晚期) 等. 因此, 在对一个实际问题建立回归模型时, 常常需要考虑这些定性变量. 为了能够在模型中反映这些因素的影响, 更好地研究定性变量, 本章主要介绍两种建模过程：一是讨论自变量含有定性变量的建模过程；一是因变量含有定性变量的建模过程.

8.2　自变量含有定性变量的回归模型

在对一个实际问题建立回归模型时, 当一些自变量是定性变量时, 我们应当首先通过引入虚拟变量或哑变量将这些定性变量数量化. 譬如, 当定性变量只取两个可能值时, 我们将其中的一个取值所对应的虚拟变量取为 1, 而将另外一个取值所对应的虚拟变量取为 0. 例如, 在粮食产量问题研究中, 假设 y 表示某一片区水稻的产量, x 为该片区水稻的施肥量, 我们知道水稻的产量除了施肥量对它有很大的影响外, 气候对它也有很大的影响, 此时可将气候分为正常和干旱两种情况, 因此, 为了考虑这一定性变量对 y 的影响, 首先引入一个 0-1 型变量 D 将气候这一定性变量数量化：$D_i = 1$ 表示第 i 年为正常年份, 而 $D_i = 0$ 表示第 i 年为干旱年份. 其次, 建立如下粮食产量回归模型：

$$y_i = \beta_0 + \beta_1 x_i + \beta_2 D_i + \varepsilon_i, \quad i = 1, \cdots, n, \tag{8.1}$$

其中随机误差项 $\varepsilon_i \sim N(0, \sigma^2)$ 且相互独立. 由此可得, 干旱年份粮食的平均产量为

$$E(y_i|D_i = 0) = \beta_0 + \beta_1 x_i,$$

而正常年份粮食的平均产量为

$$E(y_i|D_i = 1) = (\beta_0 + \beta_2) + \beta_1 x_i.$$

这里假设了干旱年份与正常年份回归直线的斜率 β_1 是相等的, 也就是说, 不论是干旱年份还是正常年份, 施肥量 x 每增加一个单位, 粮食产量 y 的平均值都增加相同的数量 β_1. 我们仍然可采用先前介绍的多元线性回归模型的普通最小二乘估计法来获得模

型 (8.1) 的参数估计. 同时, 我们也可以采用同先前一样的方法来讨论模型 (8.1) 中回归系数的检验问题.

例 8.1 某经济学家想调查文化程度对家庭储蓄的影响, 在一个中等收入的样本框中, 随机调查了 13 户高学历家庭和 14 户中低学历家庭. 因变量 y 表示上一年家庭储蓄增加额, 自变量 x_1 为上一年度家庭总收入, 自变量 x_2 表示家庭学历, 其中 $x_2=1$ 表示高学历家庭, 而 $x_2=0$ 表示低学历家庭, 其调查数据如表 8.1 所示.

表 8.1 家庭储蓄与家庭总收入以及家庭学历数据

序号	y/元	x_1/万元	x_2	序号	y/元	x_1/万元	x_2
1	235	2.3	0	15	3265	3.8	1
2	346	3.2	1	16	3265	4.6	1
3	365	2.8	0	17	3567	4.2	1
4	468	3.5	1	18	3658	3.7	1
5	658	2.6	0	19	4588	3.5	0
6	867	3.2	1	20	6436	4.8	1
7	1085	2.6	0	21	9047	5.0	1
8	1236	3.4	1	22	7985	4.2	0
9	1238	2.2	0	23	8950	3.9	0
10	1345	2.8	1	24	9865	4.8	0
11	2365	2.3	0	25	9866	4.6	0
12	2365	3.7	1	26	10235	4.8	0
13	3256	4.0	1	27	10140	4.2	0
14	3256	2.9	0				

基于表 8.1 中的数据, 我们建立 y 关于 x_1 和 x_2 的如同式 (8.1) 的线性回归模型, 并用多元线性回归模型的最小二乘法估计其模型中的未知参数 β_0,β_1 和 β_2, 即得如下回归方程:

$$\hat{y}=-7976+3826x_1-3700x_2.$$

这个结果表明: 对一个中等收入的家庭来说每增加 1 万元的收入, 平均要拿出 3826 元来作为储蓄; 而高等学历家庭每年的平均储蓄额比低学历家庭的平均储蓄额少 3700 元.

如果不引入家庭学历定性变量 x_2, 仅用 y 对家庭年收入 x_1 作一元线性回归模型, 得其样本决定系数为 $R^2=0.618$, 这一结果表明：拟合效果不很好.

家庭年收入 x_1 是连续型变量, 它对回归的贡献也是不可缺少的. 如果不考虑家庭年收入这个自变量, 13 户高学历家庭的平均年储蓄增加额为 3009.31 元, 14 户低学历家庭的平均年储蓄增加额为 5059.36 元, 这样会认为高学历家庭每年的储蓄额比低学历家庭平均要少 $5059.36-3009.31=2050.05$ 元, 而用回归分析方法算出的数值是 3700 元, 两者并不相等.

用回归分析法算出的高学历家庭每年的平均储蓄额要比低学历家庭每年的平均储蓄额平均要少 3700 元, 这是在假设两者的家庭年收入相等的基础上的储蓄差值, 或者说是消除了家庭年收入的影响后的差值, 因而, 反映了学历高低对储蓄额的真实差异. 而直接由样本计算的差值 2050.05 元是包含有家庭年收入影响在内的差值, 是虚假的差值. 所调查的 13 户高学历家庭的平均年收入额为 3.8385 万元, 14 户低学历家庭的平均年收入额为 3.4071 万元, 两者并不相等.

通过本例的分析我们不难看出, 在一些问题的分析中, 我们仅依靠平均数是不够的, 很可能得到虚拟的数值. 只有通过对数据的深入分析, 才能得到正确的结果.

这里需要特别指出的是, 虽然虚拟变量取某一数值, 但这一数值并没有任何数量大小的意义, 它仅仅用来说明观察单位的性质或属性. 以上讨论的定性自变量只取两个可能值的情况：干旱或正常；高学历或中低学历. 一般情况下, 若定性变量只取“是”或“否”两个值, 则只需引入一个 0-1 型虚拟变量表示即可. 我们可把定性变量取两个可能值的情况推广到取多个值的情况. 例如, 某商场策划营销方案, 需要考虑销售额的季节性影响, 而季节因素分为春、夏、秋、冬四种情况. 为了反映春、夏、秋、冬这一季节因素对营销的影响, 我们可引入如下 4 个 0-1 型虚拟变量：

$$\begin{cases} x_1 = 1, & \text{春季}, \\ x_1 = 0, & \text{其他}; \end{cases} \qquad \begin{cases} x_2 = 1, & \text{夏季}, \\ x_2 = 0, & \text{其他}; \end{cases}$$

$$\begin{cases} x_3 = 1, & \text{秋季}, \\ x_3 = 0, & \text{其他}; \end{cases} \qquad \begin{cases} x_4 = 1, & \text{冬季}, \\ x_4 = 0, & \text{其他}. \end{cases}$$

但是这样做却产生了一个新的问题, 即四个虚拟变量 x_1, x_2, x_3, x_4 之和恒等于 1, 即 $x_1 + x_2 + x_3 + x_4 = 1$, 这就构成完全多重共线性. 解决这个问题的方法很简单, 我们只需去掉一个 0-1 型变量, 而只保留 3 个 0-1 型虚拟变量即可. 例如, 去掉 x_4, 只保留 x_1, x_2, x_3.

一般地, 若一个定性变量有 k 个可能的取值, 则只需引入 $k-1$ 个 0-1 型虚拟变量. 例如：当 $k=2$ 时, 我们只需引入一个 0-1 型虚拟变量即可. 对包含多个 0-1 型虚拟变量的线性回归模型, 我们仍然可采用先前介绍的普通最小二乘估计法来估计其模型中的未知参数.

例 8.2 在酿酒工艺中, 要将大麦浸在水中以吸收一定的水分 x_1, 为了提高产量还要加入某种化学溶剂浸泡一定的时间 x_2, 然后测量大麦吸入化学溶剂的量 y. 控制 y 的量对酿酒质量有极为重要的影响. 根据经验可知, y 与 x_1 和 x_2 有较好的线性关系, 但是随着季节的不同会有些差异, 在三个季节的每个季节下各收集了 6 组数据, 其数据如表 8.2 所示. 为此, 我们对该数据集建立线性回归方程, 并且在 $\alpha = 0.05$ 水平下就季节对于 y 是否显著进行检验.

为了对该数据集建立线型回归模型并考虑季节因素对 y 的影响, 因此, 我们对季节这一定性变量引入如下虚拟变量：

$$\begin{cases} \mu_1 = 1, & \text{冬季}, \\ \mu_1 = 0, & \text{其他}; \end{cases} \qquad \begin{cases} \mu_2 = 1, & \text{春季}, \\ \mu_2 = 0, & \text{其他}. \end{cases}$$

并考虑如下多元线性回归模型:

$$y_i = \beta_0 + \beta_1 x_{i1} + \beta_2 x_{i2} + \delta_1 \mu_{i1} + \delta_2 \mu_{i2} + \varepsilon_i, \quad \varepsilon_i \overset{i.i.d}{\sim} N(0, \sigma^2), \quad i = 1, \cdots, 18.$$

对该数据集和上式, 根据多元线性回归模型的最小二乘估计法可得如下回归方程

$$\hat{y} = 90.31 - 0.64x_1 + 0.024x_2 - 3.83\mu_1 - 1.39\mu_2$$

表 8.2 每个季节下收集的 6 组数据

序号	季节	x_1	x_2	y	序号	季节	x_1	x_2	y
1	冬	130	200	7.5	10	春	138	240	5.6
2	冬	136	200	4.2	11	春	139	220	4.6
3	冬	140	215	1.5	12	春	141	260	3.9
4	冬	138	265	3.7	13	夏	130	205	11.0
5	冬	134	235	5.3	14	夏	140	265	6.0
6	冬	142	260	1.2	15	夏	139	250	6.5
7	春	136	215	6.2	16	夏	136	245	9.1
8	春	137	250	7.0	17	夏	135	235	9.3
9	春	136	180	5.5	18	夏	137	220	7.0

此回归方程所对应的残差平方和为 $\text{SS}_E = 1.4923$, 其自由度为 $f_E = 13$. 为了考察季节因素是否对因变量 y 有无影响, 即考虑如下的检验假设问题:

$$H_0 : \delta_1 = \delta_2 = 0 \longleftrightarrow H_1 : \delta_1、\delta_2 \text{不全为零}.$$

在原假设 H_0 成立的条件下, 模型可以写为

$$y_i = \beta_0 + \beta_1 x_{i1} + \beta_2 x_{i2} + \varepsilon_i, \quad \varepsilon_i \overset{i.i.d}{\sim} N(0, \sigma^2), \quad i = 1, \cdots, 18.$$

此时, 其对应的残差平方和为 $\text{SS}_{EM} = 46.1945$, 其自由度为 $f_{EM} = 15$. 其残差的增加量为 $\text{SS}_{EM} - \text{SS}_E = 46.1945 - 1.4923$, 其自由度的增加量为 $s = 2$. 类似于前面的讨论, 可通过构造如下的检验统计量

$$F = \frac{(46.1945 - 1.4923)/2}{1.4923/13} = 194.71 > F_{0.95}(2, 13) = 3.81$$

来检验 H_0. 由此结果, 我们可以认为在检验水平 $\alpha = 0.05$ 下拒绝原假设 H_0, 这说明在给定检验水平 $\alpha = 0.05$ 下季节因素对于 y 是有影响的. 从而, 所得的回归方程根据季节不同可写为

$$\text{冬季} : \hat{y} = 86.48 - 0.64x_1 + 0.024x_2;$$

$$\text{春季} : \hat{y} = 88.92 - 0.64x_1 + 0.024x_2;$$

$$\text{夏季} : \hat{y} = 90.31 - 0.64x_1 + 0.024x_2.$$

在一些问题研究中, 当定性变量取多个可能的值时, 我们也可只通过引入一个虚拟变量来将其定量化. 譬如, 在某项竞选活动中, 第三方想知道候选人谁将获胜, 他们通常希望通过民意调查来预测此事. 在此项民意调查中, 他们通常会问被调查者如下问题: 你对某一候选人是支持还是反对或是保持中立. 这就是一个涉及到有 3 个可能取值的定性变量的问题. 可通过引入以下虚拟变量来将此定性变量定量化: 用 $D=1$ 表示支持, 用 $D=0$ 表示中立, 用 $D=-1$ 表示反对.

8.3 因变量含有定性变量的回归模型

在许多社会经济问题或临床医学研究中, 所研究的因变量往往有两个可能的结果, 这样的因变量也可用虚拟变量来表示, 虚拟变量的取值可取为 0 或 1. 例如, 在一次住房展销会上, 与房地产商签定初步购房意向书的顾客中, 在随后的 3 个月的时间内, 只有一部分顾客确实购买了房屋. 我们可将确实购买了房屋的顾客记为 1, 没有购买房屋的顾客记为 0. 再如, 在是否参加赔偿责任保险的研究中, 根据户主的年龄、流动资产额和户主的职业, 因变量 y 被规定有两种可能的结果: 户主有赔偿责任保险单, 户主没有赔偿责任保险单. 这一结果也可以用虚拟变量 1 或 0 来表示. 再如, 在一项社会安全问题的调查中, 一个人在家是否害怕陌生人, 因变量 $y=1$ 表示害怕, $y=0$ 表示不怕; 根据某一人的犯罪前科、目前表现、家庭现状以及社会对他的认可度等来评判该同志是否有再犯罪的可能性研究中, 我们可用因变量 $y=1$ 表示该同志有可能再犯罪, 而用 $y=0$ 表示该同志可能不会再犯罪了等. 本节主要介绍如何对因变量为定性变量的数据建立回归模型.

1. 定性因变量的回归方程的意义

前面我们对因变量为定量变量的数据集建立了线性回归模型, 但它不适用于因变量为定性变量的情况. 为了说明这一现象, 假设因变量 y 为只取 0 和 1 两个值的定性变量, 并考虑如下简单线性回归模型

$$y_i=\beta_0+\beta_1x_i+\varepsilon_i. \tag{8.2}$$

我们通常假设随机误差项 ε_i 的均值为 0. 在因变量 y 只取 0 和 1 两个值的情况下, 因变量的条件均值 $E(y_i|x_i)=\beta_0+\beta_1x_i$ 有着特殊的意义. 下面便来考察它的特殊意义.

由于 y_i 为 0-1 型伯努利随机变量, 因此, 若假设 $\Pr(y_i=1)=\pi_i$ 和 $\Pr(y_i=0)=1-\pi_i$, 则根据离散型随机变量期望值的定义得

$$E(y_i)=1\times\pi_i+0\times(1-\pi_i)=\pi_i.$$

进而, 综合式 (8.2) 和上式可得

$$E(y_i|x_i)=\pi_i=\beta_0+\beta_1x_i.$$

此式表明, 因变量均值 $E(y_i|x_i)=\beta_0+\beta_1x_i$ 是给定自变量水平为 x_i 时 $y_i=1$ 的概率. 对定性因变量均值的这种解释既适应于这里的简单线性回归函数, 也适用于复杂的多元

线性回归函数. 但当因变量为取 0 和 1 两个值的定性变量时, 其因变量均值总是代表给定自变量 x 时 $y=1$ 的概率.

2. 定性因变量回归的特殊问题

(1) **离散非正态误差项**. 对一个取值为 0 和 1 的定性因变量 y_i 来说, 若它关于自变量 x_i 的回归模型如式 (8.2) 所示的话, 则其误差项 $\varepsilon_i=y_i-(\beta_0+\beta_1x_i)$ 也只能取两个值, 即

$$\text{当}y_i=1\text{时},\ \varepsilon_i=1-\beta_0-\beta_1x_i=1-\pi_i,$$

$$\text{当}y_i=0\text{时},\ \varepsilon_i=-\beta_0-\beta_1x_i=-\pi_i.$$

这样, 误差项 ε_i 为 0-1 型离散分布. 于是, 正态误差回归模型的假定也就不适用了.

(2) **零均值异方差性**. 当因变量为定性变量时, 其误差项仍然保持零均值 (这是因为 $E(\varepsilon_i)=(1-\pi_i)\times\pi_i-\pi_i\times(1-\pi_i)=0$), 但此时出现的另一个问题是误差项 ε_i 的方差不相等. 由于 y_i 与 ε_i 只相差一个常数 $\beta_0+\beta_1x_i$, 因而 y_i 与 ε_i 具有相同的方差. 由 0-1 型随机变量 ε_i 的方差的性质可得

$$\text{Var}(\varepsilon_i)=\text{Var}(y_i)=\pi_i(1-\pi_i)=(\beta_0+\beta_1x_i)(1-\beta_0-\beta_1x_i). \tag{8.3}$$

由式 (8.3) 可以看出, ε_i 的方差依赖于 x_i, 即误差项的方差随着自变量 x_i 的不同水平而变化, 因此, 其误差项为异方差. 这样, 误差项就不满足线性回归方程的基本假定. 此即表明：对因变量为定性变量的线性回归模型 (8.2), 其最小二乘估计的效果也就不会好.

(3) **回归方程的限制**. 当因变量是取值为 0 和 1 的定性变量时, 由上述分析知其回归方程代表的是因变量的概率分布. 因此, 其因变量的均值受到如下限制

$$0\leqslant E(y_i)=\pi_i=\beta_0+\beta_1x_i\leqslant 1.$$

然而, 一般的回归方程本身并不具有这种限制. 即是说, 对定性因变量用上述方式建立其回归模型是不可取的而且得不到合理的解释. 下面我们便介绍用另外的方法来对定性因变量建立其回归模型.

3. Logistic 回归模型

当因变量为一个二值变量 y 且只取 0 和 1 两个值时, 如果我们对影响 y 的因素 $x_1,\cdots,x_p$(注意：这些 x_i 中既有定性变量又有定量变量) 建立如式 (8.2) 的线性回归模型, 则将遇到以下两个问题：①因变量 y 的取值最大为 1 但最小为 0, 而式 (8.2) 右端的取值有可能超出区间 $[0,1]$ 的范围, 甚至可能在整个实数轴 $(-\infty,\infty)$ 上取值；②因变量 y 本身只取 0 和 1 两个离散值, 而式 (8.2) 右端的取值可在一个范围内连续变化.

针对第一个问题, 我们可通过寻找因变量均值的函数, 使得该函数的取值范围在 $(-\infty,\infty)$ 内来解决这一问题. 符合这一要求的函数有许多, 例如：随机变量的分布函数的反函数就符合这一要求, 其中最常用的就是标准正态随机变量的分布函数的反函数. 还有一个很重要的且符合这一要求的函数, 即

$$\text{logit}(z)=\log\frac{z}{1-z},$$

其中, z 在区间 $[0,1]$ 上取值. 我们称这一函数为 Logit 函数. 显然, 该函数的取值范围为 $(-\infty,\infty)$. 除此之外, 还有双对数变换也满足这一要求.

对于第二个问题, 由前面的分析知, π_i 就是定性变量 y_i 取 1 的概率, 其值可在 $[0,1]$ 区间内连续变化. 因此, 可用下面的模型

$$E(y_i)=\pi_i=\frac{1}{1+\exp\left\{-\left(\beta_0+\sum_{j=1}^{p}\beta_j x_{ij}\right)\right\}},\quad i=1,\cdots,n, \tag{8.4}$$

来研究 0-1 型因变量 y 与自变量 $x_1,\cdots,x_p$ 之间的关系是非常合理的. 模型 (8.4) 通常被称为 Logistic 回归模型.Logistic 回归模型也可表示为

$$\text{logit}(\pi_i)=\log\frac{\pi_i}{1-\pi_i}=\boldsymbol{x}_i^{\mathrm{T}}\boldsymbol{\beta},\quad i=1,\cdots,n, \tag{8.5}$$

其中, $\boldsymbol{x}_i=(1,x_{i1},\cdots,x_{ip})^{\mathrm{T}}$ 和 $\boldsymbol{\beta}=(\beta_0,\beta_1,\cdots,\beta_p)^{\mathrm{T}}$. 该模型有时又称为“评定模型”, 它在社会学、经济学、生物统计学、临床、数量心理学和市场营销学以及交通等领域有着广泛的应用. 它最初是由 Luce 于 1959 年首先提出, 之后, Marschark (1960) 证明了 Logit 模型与最大效用理论的一致性, Marley (1965) 研究了模型的形式和效用非确定项的分布之间的关系, 证明了极值分布可导出 Logit 形式的模型, McFadden (1974) 反过来证明了具有 Logit 形式的模型效用非确定项一定服从极值分布.

$\pi_i/(1-\pi_i)$ 是“事件发生”比“事件没有发生”的优势, 因此, Logit 变换有很多好的统计解释, 它是优势的对数. 由于 $f(\pi_i)$ 是 π_i 的严格增函数, 并且当 π_i 越接近于 0 或 1 时, $f(\pi_i)$ 就增加得越快, 越是接近于 1 或 0 的 π_i 值被 Logit 变换分隔得越开.

我们也可用分布函数的反函数去代替 Logit 函数, 从而, 得到下面的回归模型

$$\text{Probit}(\pi_i)=\varPhi^{-1}(\pi_i)=\boldsymbol{x}_i^{\mathrm{T}}\boldsymbol{\beta},\quad i=1,\cdots,n, \tag{8.6}$$

其中, $\varPhi^{-1}(z)$ 表示标准正态分布函数的反函数. 模型 (8.6) 通常被称为 Probit 回归模型 (又称为多元概率比回归模型). 该模型成立的前提条件是函数 Probit(z) 服从标准正态分布.

若我们用双对数变换 $f(\pi_i)=\log(-\log(1-\pi_i))$ 去代替 Logit 函数, 则得如下回归模型

$$\log(-\log(1-\pi_i))=\varPhi^{-1}(\pi_i)=\boldsymbol{x}_i^{\mathrm{T}}\boldsymbol{\beta},\quad i=1,\cdots,n. \tag{8.7}$$

8.4 Logistic 回归模型的参数估计及其算法

8.3 节介绍了 Logistic 回归模型, 本节将讨论其模型参数的估计问题. 下面我们分两种情况来讨论此问题.

1. 分组数据情形

假设某一事件 A 发生的概率 π 依赖于一些自变量 $x_1,\cdots,x_p$(这些自变量既可以是定性变量, 亦可以是定量变量), 我们对事件 A 在 m 个不同的自变量条件下做了 n 次观

测, 其中对应于 $\boldsymbol{x}=(x_1,\cdots,x_p)^{\mathrm{T}}$ 的一个组合 $\boldsymbol{x}_i=(x_{i1},\cdots,x_{ip})^{\mathrm{T}}$ 观测了 n_i 组结果 $(i=1,\cdots,m)$. 显然, $\sum\limits_{i=1}^m n_i=n$. 在这 n_i 个观测中事件 A 发生了 r_i 次, 于是事件 A 发生的概率可用样本比例 $\hat{\pi}_i=r_i/n_i$ 来估计. 我们把这种结构的数据称为分组数据. 用 π_i 的估计值 $\hat{\pi}_i$ 代替式 (8.5) 中的 π_i 可得关系式

$$y_i^*\triangleq\log\left(\frac{\hat{\pi}_i}{1-\hat{\pi}_i}\right)=\boldsymbol{x}_i^T\boldsymbol{\beta}+\varepsilon_i,\quad i=1,\cdots,m. \tag{8.8}$$

上式就是我们前面介绍过的线性回归模型. 因此, 若假设 $\varepsilon_1,\cdots,\varepsilon_m$ 相互独立, 且 $E(\varepsilon_i)=0$ 和 $\mathrm{Var}(\varepsilon_i)=v_i$, 则参数 $\boldsymbol{\beta}$ 的最小二乘估计为

$$\hat{\boldsymbol{\beta}}=(\boldsymbol{X}^{\mathrm{T}}\boldsymbol{V}^{-1}\boldsymbol{X})^{-1}\boldsymbol{X}^{\mathrm{T}}\boldsymbol{V}^{-1}\boldsymbol{y}^*, \tag{8.9}$$

其中,

$$\boldsymbol{y}^*=\begin{pmatrix}y_1^*\\y_2^*\\\vdots\\y_m^*\end{pmatrix},\quad \boldsymbol{X}=\begin{pmatrix}1&x_{11}&\cdots&x_{1p}\\1&x_{21}&\cdots&x_{2p}\\\vdots&\vdots&\ddots&\vdots\\1&x_{m1}&\cdots&x_{mp}\end{pmatrix},\quad \boldsymbol{V}=\begin{pmatrix}v_1&0&\cdots&0\\0&v_2&\cdots&0\\\vdots&\vdots&\ddots&\vdots\\0&0&\cdots&v_m\end{pmatrix}.$$

要考察某些 $x_j\ (j=1,2,\cdots,m)$ 是否对事件 A 发生的概率有影响, 也即要检验 x_j 对应的回归系数 $\beta_j=0$ 这一假设是否成立. 为了用前面介绍的线性回归模型的理论和方法来讨论这一问题, 我们需要假设随机误差 ε_i 服从正态分布. 但这一假设是否成立呢? 下面我们便来讨论这一问题.

由于 $\hat{\pi}_i=r_i/n_i(i=1,\cdots,m)$ 是样本的频率, 因此, 由大数定律和中心极限定理可知: 当 $n_i\to\infty$ 时, ①$\hat{\pi}_i$ 以概率 1 收敛到 π_i, ② $\hat{\pi}_i$ 依分布收敛到 $N(\pi_i,\pi_i(1-\pi_i)/n_i)$. 现在来推导 y_i^* 的渐近分布. 由

$$f(z)=\log\frac{z}{1-z}$$

可得

$$f'(z)=\frac{\mathrm{d}f}{\mathrm{d}z}=\frac{1}{z(1-z)},\quad f'(z)|_{z=\pi_i}=\frac{1}{\pi_i(1-\pi_i)}.$$

于是, 由 Delta 方法可知: 当 $n_i\to\infty$ 时, 有

$$\log\frac{\hat{\pi}_i}{1-\hat{\pi}_i}\xrightarrow{\mathcal{L}}N\left(\log\frac{\pi_i}{1-\pi_i},\ \frac{1}{n_i\pi_i(1-\pi_i)}\right),$$

其中 $\xrightarrow{\mathcal{L}}$ 表示依分布收敛. 上式表明: 当 $\min\{n_1,\cdots,n_m\}$ 充分大时, 我们可以认为 y_i^* 服从正态分布 $N(\boldsymbol{x}_i^{\mathrm{T}}\boldsymbol{\beta},v_i)$, 其中 $v_i=1/(n_i\pi_i(1-\pi_i))\ (i=1,\cdots,m)$. 由于 π_i 是未知的, 因此, 在求 $\hat{\boldsymbol{\beta}}$ 时我们可用 $\hat{v}_i=1/(n_i\hat{\pi}_i(1-\hat{\pi}_i))$ 去代替 $\boldsymbol{V}$ 中的 v_i.

尽管这一处理可用线性回归模型的理论和方法来估计 Logistic 回归模型中的参数和做假设检验, 但需要注意的是, 式 (8.8) 要求 $\hat{\pi}_i$ 不能等于 0 且也不能等于 1. 如果在 m

组试验结果中, 有一组的 $\hat{\pi}_i=0$ 或 $\hat{\pi}_i=1$ 或者没有重复观测 (即每个组只有一个观测值), 此时 $\log\{\hat{\pi}_i/(1-\hat{\pi}_i)\}$ 会取 $-\infty$ 或 ∞ 的值, 从而, y_i^* 就不是一个有限值, 则上述的方法将不再适用. 为了解决这一问题, 我们可采用在列联表分析普遍的做法——即对每一 r_i 和 n_i-r_i 都加一个数 0.5, 以使得 $\log\{\hat{\pi}_i/(1-\hat{\pi}_i)\}$ 尽可能地接近 $\log\{\pi_i/(1-\pi_i)\}$. 这可从下面的性质中看出其理由.

性质 8.1 假设 r_i 服从二项分布 $b(n_i,\pi_i)$, 其中 n_i 为试验的次数, π_i 为每次试验事件 A 发生的概率, 若记 $z_i(a)=\log(r_i+a)/(n_i-r_i+a)$, 则 $EZ_i(a)$ 与 $\log\{\pi_i/(1-\pi_i)\}$ 最接近的值 a 是 $a=0.5$.

这一性质的证明留作习题.

例 8.3 为了考察吸烟和肺癌之间的关系, 我们对 63 名肺癌病人和 43 名健康人按是否吸烟分为吸烟组和不吸烟组, 其具体数据如表 8.3 所示.

表 8.3 吸烟和肺癌数据

	对照组	肺癌
吸烟	32	60
不吸烟	11	3

我们把吸烟组和不吸烟组看成是来自两个二项分布的样本, 此时, $m=2$, $n_1=92$, $n_2=14$, $r_1=60$, $r_2=3$. 基于上面的分析知

$$y_1^*=\log\frac{r_1}{n_1-r_1}=\log\frac{60}{32}=0.6286,$$

$$y_2^*=\log\frac{r_2}{n_2-r_2}=\log\frac{3}{11}=-1.2993,$$

$$\hat{v}_1=\frac{1}{n_1\hat{\pi}_1(1-\hat{\pi}_1)}=\frac{1}{92\times\frac{60}{92}\times(1-\frac{60}{92})}=\frac{92}{60\times 32}=0.0479,$$

$$\hat{v}_2=\frac{1}{n_2\hat{\pi}_2(1-\hat{\pi}_2)}=\frac{1}{14\times\frac{3}{14}\times(1-\frac{3}{14})}=\frac{14}{3\times 11}=0.4242.$$

此时相应的回归模型可表示为

$$\begin{cases} E\begin{pmatrix} y_1^* \\ y_2^* \end{pmatrix}=\begin{pmatrix} 1 & 1 \\ 1 & 0 \end{pmatrix}\begin{pmatrix} \theta \\ \delta \end{pmatrix}, \\ \operatorname{Var}\begin{pmatrix} y_1^* \\ y_2^* \end{pmatrix}=\begin{pmatrix} \hat{v}_1 & 0 \\ 0 & \hat{v}_2 \end{pmatrix}. \end{cases}$$

我们要检验的假设是 $H_0:\delta=0$ 是否成立. 由于 y_1^* 和 y_2^* 可以看成是相互独立的正态分布随机变量, 因此, 当 H_0 成立时, $y_1^*-y_2^*\sim N(0,\hat{v}_1+\hat{v}_2)$, 即 $T=(y_1^*-y_2^*)/\sqrt{\hat{v}_1+\hat{v}_2}\sim N(0,1)$. 而统计量 T 的观测值的绝对值为 $t=1.9276/\sqrt{0.4721}=2.8059$. 因此, 当检验水平 $\alpha=0.05$ 时, 应拒绝原假设, 即认为吸烟与不吸烟对得肺癌是有影响的.

若上述资料是分别从健康人和患肺癌者中抽样得到的, 要问吸烟和不吸烟是否有影响, 此时 π_1 和 π_2 分别表示健康人和肺癌患者中吸烟者的比例. 我们希望知道这两个比例是否相同. 即希望检验假设 $H_0:\delta=0$. 此时 $m=2, n_1=43, n_2=63, r_1=32, r_2=60$, $y_1^*=\log(32/11)=1.0678$, $y_2^*=\log(60/3)=2.9957$, $\hat{v}_1=43/(32\times 11)=0.1222$, $\hat{v}_2=63/(60\times 3)=0.3500$, 统计量 $T=(y_1^*-y_2^*)/\sqrt{\hat{v}_1+\hat{v}_2}\sim N(0,1)$ 的观测值的绝对值为 2.8056. 因此, 当检验水平 $\alpha=0.05$ 时, 应拒绝原假设, 即认为吸烟者在这两个群体中的比例是不相同的.

上述分析表明：一组资料是怎样获得的, 对分析这组资料是有影响的. 尽管上面的分析方法不同, 但得到的定性结论是相同的：吸烟对肺癌是有影响的, 吸烟与是否得肺癌是相关的. 然而, 其定量的意义全然不同, 前者反映了肺癌患者的比例在吸烟和不吸烟人群中的差别, 后者反映了吸烟者的比例在健康人和肺癌患者中的差异.

例 8.4 在一次住房展销会上, 与房地产商签订初步购房意向书的共有 $n=325$ 名顾客, 在随后的 3 个月的时间内, 只有一部分顾客确实购买了房屋. 购买了房屋的顾客记为 1, 没有购买房屋的顾客记为 0. 以顾客的年家庭收入为自变量 x, 对如表 8.4 所示的数据, 分析家庭收入的不同对最终购买住房的影响.

表 8.4 签订购房意向和最终买房的客户数据

序号	年家庭收入 x/万元	签订意向书人数 n_i	实际购房人数 m_i	实际购房比例 $\hat{\pi}_i=\dfrac{m_i}{n_i}$	逻辑变换 $y_i^*=\ln\left(\dfrac{\hat{\pi}_i}{1-\hat{\pi}_i}\right)$
1	1.5	25	8	0.320000	−0.75377
2	2.5	32	13	0.406250	−0.37949
3	3.5	58	26	0.448276	−0.20764
4	4.5	52	22	0.423077	−0.31015
5	5.5	43	20	0.465116	−0.13976
6	6.5	39	22	0.564103	−0.257829
7	7.5	28	16	0.571429	−0.287682
8	8.5	21	12	0.572429	−0.287682
9	9.5	15	10	0.666667	−0.693147

这里的因变量是 0-1 型的伯努利随机变量, 因此可通过 Logistic 回归来建立签订意向的顾客最终真正买房的概率与家庭年收入之间的关系. 由于从表 8.4 中可见, 对应同一个家庭年收入组有多个重复观测值, 因此可用样本比例来估计第 i 个家庭年收入组中客户最终购买住房的概率 π_i, 其估计值记为 $\hat{\pi}_i$. 然后对 $\hat{\pi}_i$ 进行逻辑变换.

本例中, $p-1, m=9$, 由式 (8.9) 计算可得 β_0,β_1 的最小二乘估计分别为

$$\hat{\beta}_0=-0.886,\quad \hat{\beta}_1=0.156.$$

相应的线性回归方程为

$$\hat{y}^*=-0.886+0.156x.$$

其决定系数 $r^2=0.9243$, 显著性检验 p 值 ≈ 0, 线性回归方程高度显著. 最终所得的 Logistic 回归方程为

$$\hat{\pi}=\frac{1}{1+\exp(0.886-0.156x)}.$$

由上式可知, x 越大, 即家庭年收入越高, $\hat{\pi}$ 就越大, 即签订意向后真正买房的概率就越大. 对于一个家庭年收入为 9 万元的客户来说, 签订意向后真正买房的概率为

$$\hat{\pi}_0 = \frac{1}{1+\exp(0.886-0.156\times 9)} = 0.627.$$

这即是说, 约有 62.7% 的家庭年收入为 9 万元的客户, 其签订意向后真正买房.

前面我们讨论了 $\log(\pi/(1-\pi))$ 的估计的修正问题, 下面我们讨论方差 v_i 的估计的修正. 由于 $v_i = \{n_i\pi_i(1-\pi_i)\}^{-1}$, 因此, 当用频率代替概率时可得 $\hat{v}_i = n_i/(r_i(n_i-r_i))$. 此时, 我们可用 $\tilde{v}_i = (n_i+1)(n_i+2)/\{n_i(r_i+1)(n_i-r_i+1)\}$ 来估计 v_i. 显然, 当 $r_i=0$ 或 n_i 时, $\hat{v}_i$ 会变成 ∞, 而 $\tilde{v}_i$ 就没有这一缺陷了. 这样, 我们可得到如下形式的 Logistic 回归模型:

$$\begin{cases} E(\boldsymbol{y}^*) = \begin{pmatrix} Ey_1^* \\ \vdots \\ Ey_m^* \end{pmatrix} = \boldsymbol{X\beta}, \\ \mathrm{Var}(\boldsymbol{y}^*) = \begin{pmatrix} \tilde{v}_1 & & 0 \\ & \ddots & \\ 0 & & \tilde{v}_m \end{pmatrix}, \end{cases} \tag{8.10}$$

其中

$$y_i^* = \log\frac{r_i+0.5}{n_i-r_i+0.5}, \quad \tilde{v}_i = \frac{(n_i+1)(n_i+2)}{n_i(r_i+1)(n_i-r_i+1)}, \quad i=1,\cdots,m.$$

另外, 即使每组的 $\hat{\pi}_i$ 不等于 0 且也不等于 1, 但组数 m 很小或者每组的样本量很小都不能保证 $\hat{\pi}_i$ 的估计精度, 这些情况都会影响最终所得的 Logistic 回归方程的精度. 也就是说, 分组数据的 Logistic 回归只适用于某些大样本的分组数据, 对小样本的未分组数据并不适用. 对于这些情况可采用下面介绍的极大似然估计方法对 Logistic 回归模型中的参数进行估计.

2. 非分组数据情形

假设 y 为 0-1 型随机变量即 $y_i \sim b(1,\pi_i)$, 而 $x_1,\cdots,x_p$ 是对 y 的取值有影响的 p 个确定性变量. 在 $(x_1,\cdots,x_p)$ 的 n 个不同点 $\{(x_{i1},\cdots,x_{ip}): i=1,\cdots,n\}$ 分别对 y 进行了 n 次独立观测得其观测值 $\{y_i: i=1,\cdots,n\}$. 显然, $y_1,\cdots,y_n$ 是相互独立的伯努利随机变量, 其概率密度函数为

$$p(y_i|\pi_i) = \pi_i^{y_i}(1-\pi_i)^{1-y_i}, \quad y_i=0,1.$$

于是, $y_1,\cdots,y_n$ 的似然函数为

$$L(\pi) = \prod_{i=1}^n \pi_i^{y_i}(1-\pi_i)^{1-y_i}.$$

其对数似然函数为

$$\ell(\pi_1,\cdots,\pi_n)=\sum_{i=1}^{n}\{y_i\log\pi_i+(1-y_i)\log(1-\pi_i)\}.$$

将式 (8.5) 代入上式得

$$\ell(\boldsymbol{\beta})=\sum_{i=1}^{n}\{y_i\boldsymbol{x}_i^{\mathrm{T}}\boldsymbol{\beta}-\log(1+\exp(\boldsymbol{x}_i^{\mathrm{T}}\boldsymbol{\beta}))\}. \tag{8.11}$$

求 $\boldsymbol{\beta}$ 的最大似然估计 $\hat{\boldsymbol{\beta}}$ 就是找 $\boldsymbol{\beta}$ 使得 $\ell(\boldsymbol{\beta})$ 达到最大. 为此, 我们对式 (8.11) 关于 $\boldsymbol{\beta}$ 求一、二阶偏导可得

$$\frac{\partial\ell}{\partial\boldsymbol{\beta}}=\sum_{i=1}^{n}\left(y_i-\frac{\mathrm{e}^{\boldsymbol{x}_i^{\mathrm{T}}\boldsymbol{\beta}}}{1+\mathrm{e}^{\boldsymbol{x}_i^{\mathrm{T}}\boldsymbol{\beta}}}\right)\boldsymbol{x}_i=\boldsymbol{X}^{\mathrm{T}}\boldsymbol{e},$$

$$\frac{\partial^2\ell}{\partial\boldsymbol{\beta}\partial\boldsymbol{\beta}^{\mathrm{T}}}=-\sum_{i=1}^{n}\frac{\mathrm{e}^{\boldsymbol{x}_i^{\mathrm{T}}\boldsymbol{\beta}}}{(1+\mathrm{e}^{\boldsymbol{x}_i^{\mathrm{T}}\boldsymbol{\beta}})^2}\boldsymbol{x}_i\boldsymbol{x}_i^{\mathrm{T}}=-\boldsymbol{X}^{\mathrm{T}}\boldsymbol{H}\boldsymbol{X},$$

其中 $\boldsymbol{X}=(\boldsymbol{x}_1,\cdots,\boldsymbol{x}_n)^{\mathrm{T}}$, $\boldsymbol{e}=(e_1,\cdots,e_n)$, $\boldsymbol{H}=\mathrm{diag}(h_1,\cdots,h_n)$, $e_i=y_i-\mathrm{e}^{\boldsymbol{x}_i^{\mathrm{T}}\boldsymbol{\beta}}/(1+\mathrm{e}^{\boldsymbol{x}_i^{\mathrm{T}}\boldsymbol{\beta}})$, $h_i=\mathrm{e}^{\boldsymbol{x}_i^{\mathrm{T}}\boldsymbol{\beta}}/(1+\mathrm{e}^{\boldsymbol{x}_i^{\mathrm{T}}\boldsymbol{\beta}})^2$. 于是, 参数 $\boldsymbol{\beta}$ 对应的 Fisher 信息阵为 $\boldsymbol{I}(\boldsymbol{\beta})=\boldsymbol{X}^{\mathrm{T}}\boldsymbol{H}\boldsymbol{X}$, 其 Score 函数为

$$\boldsymbol{X}^{\mathrm{T}}\boldsymbol{e}=\boldsymbol{0}.$$

然而, 这个方程是关于参数 $\boldsymbol{\beta}$ 的一个较复杂的非线性函数, 这即是表明：要获得参数 $\boldsymbol{\beta}$ 的最大似然估计是非常不容易的. 一般地, 我们可采用迭代算法来求上式的数值解. 求 $\hat{\boldsymbol{\beta}}$ 的牛顿迭代公式可表示为

$$\boldsymbol{\beta}^{(t+1)}=\boldsymbol{\beta}^{(t)}+(\boldsymbol{X}^{\mathrm{T}}\boldsymbol{H}(\boldsymbol{\beta}^{(t)})\boldsymbol{X})^{-1}\boldsymbol{X}^{\mathrm{T}}\boldsymbol{e}(\boldsymbol{\beta}^{(t)}). \tag{8.12}$$

式 (8.12) 可形式地表示为加权最小二乘估计的形式：

$$\boldsymbol{\beta}^{(t+1)}=(\boldsymbol{X}^{\mathrm{T}}\boldsymbol{H}(\boldsymbol{\beta}^{(t)})\boldsymbol{X})^{-1}\boldsymbol{X}^{\mathrm{T}}\boldsymbol{H}(\boldsymbol{\beta}^{(t)})\boldsymbol{Z}^t,$$

$$\boldsymbol{Z}^t=\boldsymbol{X}^{\mathrm{T}}\boldsymbol{\beta}^{(t)}+\boldsymbol{H}^{-1}(\boldsymbol{\beta}^{(t)})\boldsymbol{e}(\boldsymbol{\beta}^{(t)}).$$

当迭代收敛时, 有

$$\hat{\boldsymbol{\beta}}=(\boldsymbol{X}^{\mathrm{T}}\boldsymbol{H}(\hat{\boldsymbol{\beta}})\boldsymbol{X})^{-1}\boldsymbol{X}^{\mathrm{T}}\boldsymbol{H}(\hat{\boldsymbol{\beta}})\boldsymbol{Z},$$

$$\boldsymbol{Z}=\boldsymbol{X}^{\mathrm{T}}\hat{\boldsymbol{\beta}}+\boldsymbol{H}^{-1}(\hat{\boldsymbol{\beta}})\boldsymbol{e}(\hat{\boldsymbol{\beta}}).$$

上式表明：模型 (8.5) 的最大似然估计 $\hat{\boldsymbol{\beta}}$ 可形式地看成如下线性回归模型的加权最小二乘估计：

$$\boldsymbol{Z}=\boldsymbol{X}\boldsymbol{\beta}+\boldsymbol{\varepsilon},\quad \mathrm{Var}(\boldsymbol{\varepsilon})=\sigma^2\boldsymbol{H}^{-1}.$$

对分组数据 (即 $y_i \sim b(n_i, \pi_i)$), 我们也可用上面的方法来获得模型 (8.5) 中参数 $\boldsymbol{\beta}$ 的最大似然估计, 其迭代公式如式 (8.12), 但 e_i 和 h_i 的表达式如下:

$$e_i = y_i - n_i \frac{\mathrm{e}^{\boldsymbol{x}_i^{\mathrm{T}}\boldsymbol{\beta}}}{(1+\mathrm{e}^{\boldsymbol{x}_i^{\mathrm{T}}\boldsymbol{\beta}})}, \quad h_i = n_i \frac{\mathrm{e}^{\boldsymbol{x}_i^{\mathrm{T}}\boldsymbol{\beta}}}{(1+\mathrm{e}^{\boldsymbol{x}_i^{\mathrm{T}}\boldsymbol{\beta}})^2}.$$

用迭代法求解的关键问题是如何确定初始值. 一般地可用第一种情况获得的参数估计值来作为其初始值.

例 8.5(白血病数据) y_i 为示性变量, 若第 i 组白血球数为 x_{i1} 的患者, 至少生存了 52 周, 则 $y_i = 1$, 否则 $y_i = 0$; x_{i2} 为示性变量, $x_{i2} = 1$ 表示患者白血球分类为阳性, $x_{i2} = 0$ 则为阴性. 其数据如表 8.5 所示.

表 8.5 白血病数据

序号	x_{i1}	x_{i2}	y_i	n_i	序号	x_{i1}	x_{i2}	y_i	n_i
1	2300	1	1	1	16	4400	0	1	1
2	750	1	1	1	17	3000	0	1	1
3	4300	1	1	1	18	4000	0	0	1
4	2600	1	1	1	19	1500	0	0	1
5	6000	1	0	1	20	9000	0	0	1
6	10500	1	1	1	21	5300	0	0	1
7	10000	1	1	1	22	10000	0	0	1
8	17000	1	0	1	23	19000	0	0	1
9	5400	1	0	1	24	27000	0	0	1
10	7000	1	1	1	25	28000	0	0	1
11	9400	1	1	1	26	31000	0	0	1
12	32000	1	0	1	27	28000	0	0	1
13	35000	1	0	1	28	21000	0	0	1
14	52000	1	0	1	29	79000	0	0	1
15	100000	1	1	3	30	100000	0	0	2

显然, 这个数据集中的 n_i 是很小的. 因此, 我们不能用前面第一种情况的方法来研究这类数据集. 为此, 我们对下面的 Logistic 回归模型

$$\mathrm{logit}(\pi_i) = \beta_0 + \beta_1 x_{i1} + \beta_2 x_{i2}, \quad i = 1, \cdots, 30$$

采用牛顿迭代公式 (8.11) 来求模型参数 $\boldsymbol{\beta} = (\beta_0, \beta_1, \beta_2)^{\mathrm{T}}$ 的最大似然估计, 经 6 次迭代即得其最大似然估计值

$$\hat{\boldsymbol{\beta}} = (\hat{\beta}_0, \hat{\beta}_1, \hat{\beta}_2)^{\mathrm{T}} = (-1.307, -0.318 \times 10^{-4}, 2.26)^{\mathrm{T}}.$$

复习思考题

1. 对自变量中含有定性变量的问题, 为什么不对同一属性分别建立回归模型, 而采取设虚拟变量的方法建立回归模型?

2. 证明性质 8.1 的结论.

3. 研究者想研究采取某项保险革新措施的速度 y 与保险公司的规模 x_1 和保险公司类型之间的关系. 因变量 y 是某一公司采纳这项革新和给定公司采纳这项革新在时间上先后间隔的月数. 保险公司的规模变量 x_1 是数量型的, 它用公司的总资产额 (百万美元) 来计量; 而保险公司的类型变量 x_2 是定性变量, 它包括两种类型: 股份公司和互助公司. 数据资料如下表所示, 试建立 y 关于公司规模和公司类型的回归.

保险公司革新措施的速度与保险公司规模和类型数据

序号	y	x_1	公司类型	序号	y	x_1	公司类型
1	17	151	互助	11	28	164	股份
2	26	92	互助	12	15	272	股份
3	21	175	互助	13	11	295	股份
4	30	31	互助	14	38	68	股份
5	22	104	互助	15	31	85	股份
6	0	277	互助	16	21	224	股份
7	12	210	互助	17	20	166	股份
8	19	120	互助	18	13	305	股份
9	4	290	互助	19	30	124	股份
10	16	238	互助	20	14	246	股份

4. 若考虑引入两个参数 a 和 b, 作变换

$$f(a,b)=\log\frac{r+a}{n-r+b}$$

去估计 $\log\{p/(1-p)\}$, 求当 $n\to\infty$ 时, 使偏差达到最小值的 a 和 b. 将所得的结果与 Logistic 回归模型 (8.10) 中的 y_i^* 作比较.

5. 在式 (8.10) 中, y_i^* 相应的变换为

$$y_i^*=\log\frac{r_i+0.5}{n_i-r_i+0.5},$$

并记 $\boldsymbol{y}^*=(y_1^*,\cdots,y_m^*)^{\mathrm{T}}$, 因此, $\mathrm{Var}(\boldsymbol{y}^*)$ 的估计也应随之而改变, 试证明: $\tilde{v}_i$ 是与 $\mathrm{Var}(y_i^*)$ 偏差最小的估计, 也即当 $n_i\to\infty$ 时, $E\tilde{v}_i-\mathrm{Var}(y_i^*)$ 是高阶的无穷小.

6. 用修正后的方差 $\tilde{v}_i$ 代替最小二乘估计 $\hat{\boldsymbol{\beta}}$ 中的 $\boldsymbol{V}$ 的 v_i 重新对例 8.3 作分析, 并比较这两个结果有无区别?

7. 在对某一新药的研究中, 记录了不同剂量 (x) 下有副作用人的比例 (p), 数据如下表所示:

剂量与副作用数据

x(剂量)	0.9	1.1	1.8	2.3	3.0	3.3	4.0
p	0.37	0.31	0.44	0.6	0.67	0.81	0.79

要求: (1) 画出 x(剂量) 与 p(有副作用人数的比例) 的散点图, 并判断建立 p 关于 x 的一元线性回归方程是否合适?

(2) 建立 p 关于 x 的 Logistic 回归方程;

第 9 章　广义线性回归模型

9.1　引　　言

对多元线性回归模型而言, 我们假设了 $\boldsymbol{Y}$ 服从多元正态分布 $N_n(\boldsymbol{X\beta}, \sigma^2\boldsymbol{I}_n)$, 其中 $\boldsymbol{Y} = (y_1, \cdots, y_n)^{\mathrm{T}}$ 为 $n \times 1$ 的响应变量向量, $\boldsymbol{X}$ 为 $n \times (p+1)$ 的设计矩阵, $\boldsymbol{\beta}$ 为 $(p+1) \times 1$ 的未知参数向量, $\boldsymbol{I}_n$ 为 $n \times n$ 的单位矩阵. 事实上, 这一假设包含了如下两个假定:

(1) $y_1, \cdots, y_n$ 独立且服从正态分布, 即 $y_i \sim N(\mu_i, \sigma^2)$, $i = 1, \cdots, n$;

(2) $\mu_i = E(y_i)$ 满足关系式: $\mu_i = \boldsymbol{x}_i^{\mathrm{T}}\boldsymbol{\beta}$, 其中, $\boldsymbol{x}_i$ 是设计阵 $\boldsymbol{X}$ 的第 i 行向量的转置, $i = 1, \cdots, n$.

然而, 在许多实际问题中, 响应变量及其期望有时并不都是满足上述模型假定. 例如, 第 8 章讨论过的例 8.4 中的签订意向书人数 $y_1, \cdots, y_n$ 服从二项分布 $b(n_i, \pi_i)$ 而不是正态分布; 而且将 y_i 的期望 $\mu_i = n_i\pi_i$ 表示成 $x_{i1}, x_{i2}, \cdots, x_{ip}$ 的线性函数也是不合适的. 另外, y_i 的方差 $\mathrm{Var}(y_i) = \mu_i(1 - \mu_i/n_i)$ 是期望的函数. 于是, 当 $\mu_1, \cdots, \mu_n$ 不全相等时, 不能保证方差 $\mathrm{Var}(y_1), \cdots, \mathrm{Var}(y_n)$ 都相等, 即 $y_1, \cdots, y_n$ 服从异方差分布. 在质量管理中, 当涉及参数设计时, 我们需要找出波动最小的条件, 而波动通常是用方差或标准差等来衡量的, 此时的因变量常常是方差或标准差, 而方差或标准差等并不服从正态分布. 在对均值作灵敏度分析时, 等方差的假设也不满足. 由此可见, 在这些情况下我们不能再用多元线性回归模型来研究因变量与解释变量之间的关系了, 而需要发展新的模型来考察因变量 y 与解释变量 $\boldsymbol{x}$ 之间的关系了. 广义线性模型 (generalized linear models) 正是在这样的背景下产生的.

广义线性模型是多元正态线性回归模型的直接推广和发展. 它的个别特例的出现距今已有很长的历史了. 早在 1919 年, Fisher 就有这方面的研究. 其中, 第 8 章介绍的 Logistic 回归模型便是广义线性回归模型的一个特例, 是最为著名的一种模型, 也是在医学研究领域最为广泛使用的一种模型. 广义线性模型最初是针对属性数据提出来的, 这类数据的分布既非线性又非正态, 引起了统计学界对各种非正态模型和非线性模型的研究. 1972 年 Nelder 和 Wedderburn 在他们发表在 *JRSS Series B* 上的一篇论文中引进了广义线性模型一词. 之后, 人们将这一模型推广到更一般的情形. 1983 年 McCullagh 和 Nelder 在他们的专著中系统地、全面地论述了广义线性模型及其参数估计、假设检验等统计推断, 从那以后, 关于此领域的研究文献数以千计. 到今天还有很多的人都在研究这一模型的各种统计推断问题.

9.2　广义线性模型

广义线性模型是多元正态线性回归模型的直接推广, 它使因变量的均值通过一个非线性连接函数 (link function) 而依赖于线性预测值, 同时还允许响应变量的概率分布为指数分布族中的任何一员. 许多广泛应用的统计模型, 如 Logistic 回归模型、Probit 回归模型、Poisson 回归模型、负二项回归模型等, 均属于广义线性模型. 广义线性模型在两个方面对经典多元正态线性回归模型进行了推广.

(1) 经典多元正态线性回归模型要求因变量是连续的并且服从正态分布, 而在广义线性模型中, 因变量的分布可扩展到非连续的情况, 如二项分布、Poisson 分布、负二项分布等.

(2) 经典多元正态线性回归模型中的自变量的线性预测值就是因变量的估计值, 而在广义线性模型中, 自变量的线性预测值是因变量的函数估计值.

基于上面的思想, 我们现给出广义线性模型的定义. 所谓"广义线性模型"定义如下.

(1) 因变量 $y_1,\cdots,y_n$ 相互独立并且每一 y_i 的概率密度函数有下面的形式

$$p(y_i|\theta_i)=\exp\left\{\frac{y_i\theta_i-b(\theta_i)}{\phi}+c(y_i,\phi)\right\}, \tag{9.1}$$

其中 θ_i 称为自然参数, ϕ 称为散度参数, 通常假定 ϕ 已知. 通常把具有密度函数 (9.1) 的分布族称为单参数指数族分布族.

(2) 存在一个严增可微的函数 $g(z)$ 使得 $\mu_i=E(y_i)$ 满足

$$\eta_i=g(\mu_i)=\boldsymbol{x}_i^{\mathrm{T}}\boldsymbol{\beta},\quad i=1,\cdots,n,$$

其中 $E(\cdot)$ 表示随机变量的数学期望, 函数 $g(\cdot)$ 通常被称为"联系函数" (link function), $\boldsymbol{\beta}=(\beta_0,\cdots,\beta_p)^{\mathrm{T}}$ 为模型的未知参数向量.

在广义线性模型中, 联系函数可以有多种选择, 不同的联系函数对应于不同的回归模型, 如 Logistic 回归模型、Probit 回归模型、Poisson 回归模型和负二项回归模型等.

9.2.1 单参数指数分布族及其性质

假设 Y 服从均值为 μ、标准差为已知 σ 的正态分布, 则其概率密度函数可以表示为

$$\begin{aligned}f(y,\mu)&=\frac{1}{\sqrt{2\pi}\sigma}\exp\left\{-\frac{(y-\mu)^2}{2\sigma^2}\right\}\\&=\exp\left\{\frac{y\mu-\mu^2/2}{\sigma^2}-\frac{y^2}{2\sigma^2}-\frac{1}{2}\log(2\pi\sigma^2)\right\}.\end{aligned}$$

若取 $\theta=\mu, b(\theta)=\mu^2/2, \phi=\sigma^2, c(y,\phi)=-y^2/(2\sigma^2)-\dfrac{1}{2}\log(2\pi\sigma^2)$, 则正态分布的概率密度函数具有如式 (9.1) 所示的形式. 即是说, 当标准差 σ 已知时, 单参数指数分布族包括正态分布.

假设 Y 服从二项分布 $b(n,p)$, 则其密度函数可以表示为

$$\begin{aligned}p(y)&=\begin{pmatrix}n\\y\end{pmatrix}p^y(1-p)^{n-y}=\begin{pmatrix}n\\y\end{pmatrix}\left(\frac{p}{1-p}\right)^y(1-p)^n\\&=\exp\left\{y\log\left(\frac{p}{1-p}\right)+n\log(1-p)+\log\begin{pmatrix}n\\y\end{pmatrix}\right\}.\end{aligned}$$

若记 $\theta=\log(p/(1-p)), b(\theta)=-n\log(1-p)=n\log(1+\mathrm{e}^{\theta}), \phi=1, c(y,\phi)=\ln\begin{pmatrix} n \\ y \end{pmatrix}$, 则二项分布的概率密度函数具有如式 (9.1) 所示的形式. 即是说, 二项分布也属于单参数指数分布族.

除了上面介绍的二项分布、方差已知的正态分布属于单参数指数分布族外, 还有许多其它的常见分布, 如泊松分布、尺度参数已知的 Γ 分布等也属于单参数指数分布族.

单参数指数分布族的均值和方差与自然参数 θ 之间存在着内在的关系, 其具体关系如下面定理所示.

定理 9.1 假设随机变量 Y 的分布属于单参数指数分布族, 其概率密度 (或概率函数) 如式 (9.1) 所示, 若 $b(\theta)$ 存在至少二阶连续的导数, 则

$$E(Y)=\dot{b}(\theta),\quad \mathrm{Var}(Y)=\phi\ddot{b}(\theta),$$

其中 $\dot{b}(\theta)$ 和 $\ddot{b}(\theta)$ 分别表示 $b(\theta)$ 的一、二阶导数.

证明 假设 Y 的概率密度函数如式 (9.1) 所示, 则由概率密度函数的定义知

$$\int_{-\infty}^{\infty} f(y|\theta)\cdot \mathrm{d}y=1.$$

由此及积分与微分可交换秩序可得

$$\int_{-\infty}^{\infty}\frac{\mathrm{d}f}{\mathrm{d}\theta}dy=\frac{\mathrm{d}}{\mathrm{d}\theta}\int_{-\infty}^{\infty}fdy=0,\quad \int_{-\infty}^{\infty}\frac{\mathrm{d}^2f}{\mathrm{d}\theta^2}dy=\frac{\mathrm{d}^2}{\mathrm{d}\theta^2}\int_{-\infty}^{\infty}f\mathrm{d}y=0. \tag{9.2}$$

对概率密度函数取对数可得

$$\ell=\log f(y|\theta)=\frac{y\theta-b(\theta)}{\phi}+c(y,\phi).$$

注意到 $\dfrac{\mathrm{d}\ell}{\mathrm{d}\theta}=\dfrac{1}{f}\dfrac{\mathrm{d}f}{\mathrm{d}\theta}$ 和 $\dfrac{\mathrm{d}\ell}{\mathrm{d}\theta}=(y-\dot{b}(\theta))/\phi$. 由此及式 (9.2) 可得

$$\int_{-\infty}^{\infty}\frac{\mathrm{d}f}{\mathrm{d}\theta}dy=\int_{-\infty}^{\infty}f\frac{\mathrm{d}\ell}{\mathrm{d}\theta}dy=E\left(\frac{\mathrm{d}\ell}{\mathrm{d}\theta}\right)=E\left(\frac{y-\dot{b}(\theta)}{\phi}\right)=0.$$

此即表明：$E(Y)=\dot{b}(\theta)$.

由于 $\dfrac{\mathrm{d}^2l}{\mathrm{d}\theta^2}=\dfrac{1}{f}\dfrac{\mathrm{d}^2f}{\mathrm{d}\theta^2}-\dfrac{1}{f^2}\left(\dfrac{\mathrm{d}f}{\mathrm{d}\theta}\right)^2$, 则由式 (9.2) 中第二式可得

$$\begin{aligned}E\left(\frac{\mathrm{d}^2l}{\mathrm{d}\theta^2}\right)&=\int_{-\infty}^{\infty}\frac{\mathrm{d}^2l}{\mathrm{d}\theta^2}f\mathrm{d}y=\int_{-\infty}^{\infty}\frac{1}{f}\frac{\mathrm{d}^2f}{\mathrm{d}\theta^2}f\mathrm{d}y-\int_{-\infty}^{\infty}\frac{1}{f^2}\left(\frac{\mathrm{d}f}{\mathrm{d}\theta}\right)^2f\mathrm{d}y\\&=\int_{-\infty}^{\infty}\frac{\mathrm{d}^2f}{\mathrm{d}\theta^2}\mathrm{d}y-E\left(\frac{1}{f}\frac{\mathrm{d}f}{\mathrm{d}\theta}\right)^2=-E\left(\frac{\mathrm{d}\ell}{\mathrm{d}\theta}\right)^2\end{aligned}$$

$$= -E(y-\dot{b}(\theta))^2/\phi^2 = -\text{Var}(Y)/\phi^2.$$

由上式和 $\dfrac{\mathrm{d}^2 l}{\mathrm{d}\theta^2} = -\dfrac{\ddot{b}(\theta)}{\phi}$ 可得 $\text{Var}(Y)/\phi^2 = \ddot{b}(\theta)/\phi$, 此即表明：$\text{Var}(Y) = \phi\ddot{b}(\theta)$.

9.2.2 广义线性模型的参数估计

1. 极大似然估计

假设 $y_1,\cdots,y_n$ 为来自单参数指数分布族 (9.1) 所示的样本, 则其似然函数为

$$L(\boldsymbol{\beta}) = \prod_{i=1}^n p(y_i|\theta_i) = \exp\left\{\sum_{i=1}^n \left(\frac{y_i\theta_i - b(\theta_i)}{\phi} + c(y_i,\phi)\right)\right\},$$

其中 $\eta_i = g(\mu_i) = \boldsymbol{x}_i^{\mathrm{T}}\boldsymbol{\beta}$. 其对数似然函数为

$$\ell(\boldsymbol{\beta}) = \log L(\boldsymbol{\beta}) = \sum_{i=1}^n \left\{\frac{y_i\theta_i - b(\theta_i)}{\phi} + c(y_i,\phi)\right\}.$$

注意到 ℓ 是 θ 的函数, θ 又通过 $\mu = \dot{b}(\theta)$ 与 μ 发生联系并且它又是 μ 的函数, μ 通过 $g(\mu) = \eta = \boldsymbol{x}^{\mathrm{T}}\boldsymbol{\beta}$ 与参数 $\boldsymbol{\beta}$ 发生联系并且它又是 $\boldsymbol{\beta}$ 的函数. 这样, 参数 $\boldsymbol{\beta}$ 的极大似然估计 $\hat{\boldsymbol{\beta}}$ 能够通过极大化对数似然函数而获得. 从而, 对数似然函数关于未知参数 $\boldsymbol{\beta}$ 的一阶导数有如下表达式：

$$\frac{\partial \ell}{\partial \boldsymbol{\beta}} = \sum_{i=1}^n \frac{\partial \ell}{\partial \theta_i}\frac{\partial \theta_i}{\partial \boldsymbol{\beta}}. \tag{9.3}$$

然而, 我们注意到

$$\frac{\partial \eta_i}{\partial \boldsymbol{\beta}} = \boldsymbol{x}_i = \frac{\partial \eta_i}{\partial \mu_i}\frac{\partial \mu_i}{\partial \theta_i}\frac{\partial \theta_i}{\partial \boldsymbol{\beta}} = \dot{g}(\mu_i)\ddot{b}(\theta_i)\frac{\partial \theta_i}{\partial \boldsymbol{\beta}}. \tag{9.4}$$

由此可得 $\partial\theta_i/\partial\boldsymbol{\beta} = w_i^{-1}\boldsymbol{x}_i$, 其中 $w_i = \dot{g}(\mu_i)\ddot{b}(\theta_i)$. 因此, 由 $\partial\ell/\partial\theta_i = (y_i - \mu_i)/\phi$ 及式 (9.3) 得, 似然方程组有如下表达式：

$$\frac{\partial \ell}{\partial \boldsymbol{\beta}} = \sum_{i=1}^n \frac{y_i - \mu_i}{\phi} w_i^{-1}\boldsymbol{x}_i = \phi^{-1}\boldsymbol{X}^{\mathrm{T}}\boldsymbol{W}^{-1}\boldsymbol{e} = 0, \tag{9.5}$$

其中 $\boldsymbol{W} = \text{diag}(w_1,\cdots,w_n)$ 和 $\boldsymbol{e} = (e_1,\cdots,e_n)^{\mathrm{T}}, e_i = y_i - u_i$. 从而, 参数 $\boldsymbol{\beta}$ 的极大似然估计 $\hat{\boldsymbol{\beta}}$ 是下面方程组的解

$$\sum_{i=1}^n (y_i - \mu_i) w_i^{-1}\boldsymbol{x}_i = \boldsymbol{X}^{\mathrm{T}}\boldsymbol{W}^{-1}\boldsymbol{e} = \boldsymbol{0}.$$

但是, 在许多实际问题中, 似然方程组 (9.5) 往往很复杂, 要求得其解并非易事, 通常可采用如下的迭代加权最小二乘估计法来获得其参数估计.

2. 迭代加权最小二乘估计法

将联系函数 $g(y)$ 在 $y=\mu$ 处进行泰勒展开并忽略其二次和更高次项可得

$$g(y)\approx g(\mu)+\dot{g}(\mu)(y-\mu)=\eta+(y-\mu)\frac{\mathrm{d}\eta}{\mathrm{d}\mu}\triangleq z.$$

对上式两边求方差得

$$\mathrm{Var}(g(y))\approx\{\dot{g}(\mu)\}^2\mathrm{Var}(y)=\phi\left(\frac{\mathrm{d}\eta}{\mathrm{d}\mu}\right)^2\ddot{b}(\theta)\triangleq\phi v.$$

于是, 可将广义线性模型写为

$$\begin{cases} g(y_i)=\boldsymbol{x}_i^{\mathrm{T}}\boldsymbol{\beta}+\varepsilon_i, \quad i=1,2,\cdots,n, \\ E(\varepsilon_i)=0,\ \ \mathrm{Var}(\varepsilon_i)=\phi v_i,\ \ \mathrm{Cov}(\varepsilon_i,\varepsilon_j)=0\ \ \forall i\neq j. \end{cases} \tag{9.6}$$

若令

$$\boldsymbol{Y}=\begin{pmatrix} g(y_1)\\ g(y_2)\\ \vdots\\ g(y_n)\end{pmatrix}=\begin{pmatrix} z_1\\ z_2\\ \vdots\\ z_n\end{pmatrix},\quad \boldsymbol{\beta}=\begin{pmatrix}\beta_0\\ \beta_1\\ \vdots\\ \beta_p\end{pmatrix},\quad \boldsymbol{\varepsilon}=\begin{pmatrix}\varepsilon_1\\ \varepsilon_2\\ \vdots\\ \varepsilon_n\end{pmatrix},$$

$$\boldsymbol{X}=\begin{pmatrix} x_{10} & x_{11} & \cdots & x_{1p}\\ x_{20} & x_{21} & \cdots & x_{2p}\\ \vdots & \vdots & & \vdots\\ x_{n0} & x_{n1} & \cdots & x_{np}\end{pmatrix},\quad \boldsymbol{V}=\begin{pmatrix} v_1 & 0 & \cdots & 0\\ 0 & v_2 & \cdots & 0\\ \vdots & \vdots & & \vdots\\ 0 & 0 & \cdots & v_n\end{pmatrix},$$

则模型 (9.6) 的矩阵表示式为

$$\boldsymbol{Y}=\boldsymbol{X}\boldsymbol{\beta}+\boldsymbol{\varepsilon},\ \ \boldsymbol{\varepsilon}\sim(\boldsymbol{0},\phi\boldsymbol{V}).$$

从而, 由线性回归模型的理论知, $\boldsymbol{\beta}=(\beta_0,\beta_1,\cdots,\beta_p)^{\mathrm{T}}$ 的加权最小二乘估计为

$$\hat{\boldsymbol{\beta}}=(\boldsymbol{X}^{\mathrm{T}}\boldsymbol{V}^{-1}\boldsymbol{X})^{-1}\boldsymbol{X}^{\mathrm{T}}\boldsymbol{V}^{-1}\boldsymbol{Y}. \tag{9.7}$$

其中 $\boldsymbol{V}$ 在 $\hat{\boldsymbol{\beta}}$ 处计值.

由于模型 (9.6) 只是原模型的近似描述, 故用式 (9.7) 计算得到的 $\boldsymbol{\beta}$ 的估计 $\hat{\boldsymbol{\beta}}$ 与它的真值有较大的偏差, 所以, 实际中通常采用迭代法来解得 $\boldsymbol{\beta}$ 的极大似然估计. 此方法称为迭代加权最小二乘估计, 下面给出迭代加权最小二乘估计的具体计算步骤:

(1) 给出 $\boldsymbol{\beta}$ 的初值, 记为 $\boldsymbol{\beta}^{(0)}$, 可由最小二乘估计得到的 β 的估计值作为迭代的初值并记 $k=0$, 记在第 k 次迭代中参数 $\boldsymbol{\beta}$ 的估计值为 $\boldsymbol{\beta}^{(k)}$;

(2) 令 $\eta_i^{(k)}=\boldsymbol{x}_i^{\mathrm{T}}\boldsymbol{\beta}^{(k)}\triangleq g(\mu_i^{(k)})$ $(i=1,\cdots,n)$;

(3) 分别计算

$$\mu_i^{(k)} = g^{-1}(\eta_i^{(k)}), \qquad \frac{\mathrm{d}\eta_i}{\mathrm{d}\mu_i}\Big|_{\mu_i=\mu_i^{(k)}} = \left(\frac{d\eta_i}{d\mu_i}\right)^{(k)}$$

$$z_i^{(k)} = \eta_i^{(k)} + (y_i - \mu_i^{(k)})\left(\frac{\mathrm{d}\eta_i}{\mathrm{d}\mu_i}\right)^{(k)}, \qquad v_i^{(k)} = \ddot{b}(\mu_i^{(k)})\left\{\left(\frac{\mathrm{d}\eta_i}{\mathrm{d}\mu_i}\right)^{(k)}\right\}^2;$$

(4) 令 $\boldsymbol{V}^{(k)} = \mathrm{diag}(v_1^{(k)}, \cdots, v_n^{(k)})$,

$$\boldsymbol{Y}^{(k)} = \begin{pmatrix} z_1^{(k)} \\ z_2^{(k)} \\ \vdots \\ z_n^{(k)} \end{pmatrix}, \quad \mathbf{X} = \begin{pmatrix} x_{10} & \cdots & x_{1p} \\ x_{20} & \cdots & x_{2p} \\ \vdots & & \vdots \\ x_{n0} & \cdots & x_{np} \end{pmatrix}.$$

由式 (9.4) 可知, 在第 $k+1$ 次迭代中参数 $\boldsymbol{\beta}$ 的加权最小二乘估计值为

$$\boldsymbol{\beta}^{(k+1)} = \{\boldsymbol{X}^{\mathrm{T}}(\boldsymbol{V}^{(k)})^{-1}\boldsymbol{X}\}^{-1}\boldsymbol{X}^{\mathrm{T}}(\boldsymbol{V}^{(k)})^{-1}\boldsymbol{Y}^{(k)};$$

(5) 如果存在某个正整数 k 使得对预先给定的 $\delta > 0$, 满足

$$\max_{j\in\{0,1,\cdots,p\}}\{|\beta_j^{(k+1)} - \beta_j^{(k)}|\} < \delta$$

则停止迭代, 并取 $\hat{\boldsymbol{\beta}} = \boldsymbol{\beta}^{(k+1)}$ 为 $\boldsymbol{\beta}$ 的极大似然估计. 否则, 设 $k = k+1$, 返回到步骤 (2) 重复上述过程.

可以证明, 在一定条件下, 上述的迭代加权最小二乘估计是收敛的, 且其收敛值即为 $\boldsymbol{\beta}$ 的极大似然估计 $\hat{\boldsymbol{\beta}}$.

3. Fisher-Score 迭代法

对式 (9.4) 两端关于参数 $\boldsymbol{\beta}$ 求偏导可得

$$0 = \dot{g}(\mu_i)\ddot{b}(\theta_i)\frac{\partial^2\theta_i}{\partial\boldsymbol{\beta}\partial\boldsymbol{\beta}^{\mathrm{T}}} + \ddot{g}(\mu_i)\ddot{b}(\theta_i)\frac{\partial\theta_i}{\partial\boldsymbol{\beta}}\frac{\partial\mu_i}{\partial\boldsymbol{\beta}^{\mathrm{T}}} + \dot{g}(\mu_i)b^{(3)}(\theta_i)\frac{\partial\theta_i}{\partial\boldsymbol{\beta}}\frac{\partial\theta_i}{\partial\boldsymbol{\beta}^{\mathrm{T}}},$$

其中 $b^{(3)}(\theta_i) = \partial^3 b(\theta_i)/\partial\theta_i^3$. 由 $w_i = \dot{g}(\mu_i)\ddot{b}(\theta_i)$, $\partial\mu_i/\partial\boldsymbol{\beta} = \ddot{b}(\theta_i)\partial\theta_i/\partial\boldsymbol{\beta}$ 和 $\partial\theta_i/\partial\boldsymbol{\beta} = w_i^{-1}\boldsymbol{x}_i$ 以及上式可得

$$\begin{aligned}\frac{\partial^2\theta_i}{\partial\boldsymbol{\beta}\partial\boldsymbol{\beta}^{\mathrm{T}}} &= -w_i^{-1}\{\ddot{g}(\mu_i)\ddot{b}^2(\theta_i) + \dot{g}(\mu_i)b^{(3)}(\theta_i)\}\frac{\partial\theta_i}{\partial\boldsymbol{\beta}}\frac{\partial\theta_i}{\partial\boldsymbol{\beta}^{\mathrm{T}}} \\ &= -w_i^{-1}\{\ddot{g}(\mu_i)\ddot{b}^2(\theta_i) + \dot{g}(\mu_i)b^{(3)}(\theta_i)\}\boldsymbol{x}_i\boldsymbol{x}_i^{\mathrm{T}}.\end{aligned}$$

对式 (9.3) 两端关于参数 $\boldsymbol{\beta}$ 求偏导并由 $\partial\ell/\partial\theta_i = \phi^{-1}e_i$, $\partial^2\ell/\partial\theta_i^2 = -\phi^{-1}\ddot{b}(\theta_i)$ 和 $\partial\theta_i/\partial\boldsymbol{\beta} = w_i^{-1}\boldsymbol{x}_i$ 以及上式可得

$$\frac{\partial^2\ell}{\partial\boldsymbol{\beta}\partial\boldsymbol{\beta}^{\mathrm{T}}} = \sum_{i=1}^{n}\left(\frac{\partial\theta_i}{\partial\boldsymbol{\beta}}\frac{\partial^2\ell}{\partial\theta_i^2}\frac{\partial\theta_i}{\partial\boldsymbol{\beta}^{\mathrm{T}}} + \frac{\partial\ell}{\partial\theta_i}\frac{\partial^2\theta_i}{\partial\boldsymbol{\beta}\partial\boldsymbol{\beta}^{\mathrm{T}}}\right)$$

$$= -\phi^{-1}\sum_{i=1}^{n}\left[\ddot{b}(\theta_i) + e_i w_i\left\{\ddot{g}(\mu_i)\ddot{b}^2(\theta_i) + \dot{g}(\mu_i)b^{(3)}(\theta_i)\right\}\right]w_i^{-2}\boldsymbol{x}_i\boldsymbol{x}_i^{\mathrm{T}}.$$

由 $E(e_i) = 0$ 以及上式可得

$$E\left\{-\frac{\partial^2 \ell}{\partial\boldsymbol{\beta}\partial\boldsymbol{\beta}^{\mathrm{T}}}\right\} = \phi^{-1}\sum_{i=1}^{n}\ddot{b}(\theta_i)w_i^{-2}\boldsymbol{x}_i\boldsymbol{x}_i^{\mathrm{T}} = \phi^{-1}\boldsymbol{X}^{\mathrm{T}}\boldsymbol{V}^{-1}\boldsymbol{X}. \tag{9.8}$$

由式 (9.5) 和式 (9.8) 可得求解 $\hat{\boldsymbol{\beta}}$ 的 Fisher Score 迭代公式如下：

$$\boldsymbol{\beta}^{(k+1)} = \boldsymbol{\beta}^{(k)} + \{\boldsymbol{X}^{\mathrm{T}}\boldsymbol{V}^{-1}\boldsymbol{X}\}^{-1}\boldsymbol{X}^{\mathrm{T}}\boldsymbol{W}^{-1}\boldsymbol{e}, \quad k = 0, 1, \cdots,$$

其中 $\boldsymbol{V}$, $\boldsymbol{W}$ 和 $\boldsymbol{e}$ 均在 $\boldsymbol{\beta}^{(k)}$ 处计值. 当 $k \to \infty$ 时, $\boldsymbol{\beta}^{(k)}$ 收敛到 $\hat{\boldsymbol{\beta}}$.

9.3 实 例 分 析

例 9.1 40 名肺癌病人的生存资料如下, 其中 x_1 表示生活行为能力评分 (1~100); x_2 表示患者的年龄 (年); x_3 表示由诊断到进入研究时间 (月); x_4 表示肿瘤类型 (“0” 是鳞瘤, “1” 是小型细胞癌, “2” 是腺癌, “3” 是大型细胞癌); x_5 表示两种化疗方法 (“1” 是常规, “0” 是试验新疗法); y 表示患者的生存时间 (“0” 是生存时间短, 即生存时间小于 200 天; “1” 表示生存时间长, 即生存时间大于或等于 200 天), 试分析患者生存时间与 x_1, x_2, x_3, x_4, x_5 的关系 (表 9.1).

表 9.1　40 名肺癌病人的生存数据

序号	y	x_1	x_2	x_3	x_4	x_5	序号	y	x_1	x_2	x_3	x_4	x_5
1	1	70	65	5	1	1	21	0	60	37	13	1	1
2	0	60	63	9	1	1	22	1	90	54	12	1	0
3	0	70	65	11	1	1	23	1	50	52	8	1	0
4	0	40	69	10	1	1	24	1	70	50	7	1	0
5	0	40	63	58	1	1	25	0	20	65	21	1	0
6	0	70	48	9	1	1	26	1	80	52	28	1	0
7	0	70	48	11	1	1	27	0	60	70	13	1	0
8	0	80	63	4	2	1	28	0	50	40	13	1	0
9	0	60	63	14	2	1	29	0	70	36	22	2	0
10	0	30	53	4	2	1	30	0	40	44	36	2	0
11	0	80	43	12	2	1	31	0	30	54	9	2	0
12	0	40	55	2	2	1	32	0	30	59	87	2	0
13	1	60	66	25	2	1	33	0	40	69	5	3	0
14	0	40	67	23	2	1	34	0	60	50	22	3	0
15	0	20	61	19	3	1	35	0	80	62	4	3	0
16	0	50	63	4	3	1	36	0	70	68	15	0	0
17	0	50	66	16	0	1	37	0	30	39	4	0	0
18	0	40	68	12	0	1	38	0	60	49	11	0	0
19	1	80	41	12	0	1	39	1	80	64	10	0	0
20	1	70	53	8	0	1	40	1	70	67	18	0	0

解　(1) 输入数据 y, x_1, x_2, x_3, x_4, x_5, 并保存成 9.1.txt, 然后使用 R 软件来调用, 程序如下:

```
>yx=read.table("9.1.txt")
>y=yx[, 1]
>x1=yx[, 2]
>x2=yx[, 3]
>x3=yx[, 4]
>x4=yx[, 5]
>x5=yx[, 6]
```

(2) 作 logistic 回归:

```
>glm.sol=glm(y~x1+x2+x3+x4+x5, family=binomial,data=yx)
>summary(glm.sol)
```

回归结果为

```
Call:
glm(formula =y~x1+x2+x3+x4+x5, family = binomial,data = yx)

 Deviance Residuals:
        Min          1Q        Median       3Q        Max
     -1.72285     -0.66984    -0.22379   0.09862   2.23329
   Coefficients:
                  Estimate   Std. Error  z value   Pr(>|z|)
   (Intercept)    -7.10550    4.49015    -1.582    0.1135
        x1         0.10013    0.04314     2.321    0.0203 *
        x2         0.01557    0.04689     0.332    0.7399
        x3         0.01765    0.05448     0.324    0.7460
        x4        -1.08210    0.58688    -1.844    0.0652 .
        x5        -0.61446    0.96114    -0.639    0.5226
Signif. codes:  0 '***' 0.001 '**' 0.01 '*' 0.05 '.' 0.1 '' 1
(Dispersion parameter for binomial family taken to be 1)
Null deviance: 44.987  on 39  degrees of freedom
Residual deviance: 28.372  on 34  degrees of freedom AIC: 40.372
Number of Fisher Scoring iterations: 6
```

由此得到初步的 logistic 回归模型:

$$p = \frac{\exp(-7.10550 + 0.10013x_1 + 0.01557x_2 + 0.01765x_3 - 1.0821x_4 - 0.61446x_5)}{1 + \exp(-7.10550 + 0.10013x_1 + 0.01557x_2 + 0.01765x_3 - 1.0821x_4 - 0.61446x_5)}$$

(3) 变量选择: 在此模型中, 由于参数 $\beta_2, \beta_3, \beta_4, \beta_5$ 没有通过检验, 可类似于线性模型, 做变量筛选.

```
>lm.step=step(glm.sol)
Start:  AIC=40.37
y~x1 + x2 + x3 + x4 + x5
```

```
         Df  Deviance   AIC
  -x3     1   28.466   38.466
  -x2     1   28.484   38.484
  -x5     1   28.780   38.780
<none>        28.372   40.372
  -x4     1   32.615   42.615
  -x1     1   38.301   48.301
Step:  AIC=38.47
y~x1 + x2 + x4 + x5
         Df  Deviance   AIC
  -x2     1   28.564   36.564
  -x5     1   28.977   36.977
<none>        28.466   38.466
  -x4     1   32.681   40.681
  -x1     1   38.476   46.476
Step:  AIC=36.56
y~x1 + x4 + x5
         Df  Deviance   AIC
  -x5     1   29.073   35.073
<none>        28.564   36.564
  -x4     1   32.892   38.892
  -x1     1   38.478   44.478
Step:  AIC=35.07
y~x1 + x4
         Df  Deviance   AIC
<none>        29.073   35.073
  -x4     1   33.535   37.535
  -x1     1   39.131   43.131
> summary(lm.step)
Call:
glm(formula = y~ x1 + x4, family = binomial, data = yx)

 Deviance Residuals:
        Min          1Q       Median       3Q       Max
     -1.4825     -0.6617     -0.1877     0.1227    2.2844
   Coefficients:
                   Estimate   Std. Error   z value   Pr(>|z|)
   (Intercept)    -6.13755    2.73844     -2.241    0.0250 *
        x1         0.09759    0.04079      2.393    0.0167 *
        x4        -1.12524    0.60239     -1.868    0.0618 .
        ...
```

```
Signif. codes:  0 '***' 0.001 '**' 0.01 '*' 0.05 '.' 0.1 '' 1
(Dispersion parameter for binomial family taken to be 1)
Null deviance: 44.987  on 39  degrees of freedom
Residual deviance: 29.073  on 37  degrees of freedom
AIC: 35.073
Number of Fisher Scoring iterations: 6
```

从上述结果可以看出, 所有参数均通过了检验 ($\alpha = 0.1$), 此时的回归模型为

$$p = \frac{\exp(-6.13755 + 0.09759x_1 - 1.12524x_4)}{1 + \exp(-6.13755 + 0.09759x_1 - 1.12524x_4)}$$

复习思考题

1. 试验证参数为 λ 泊松分布 $P(\lambda)$ 是单参数指数族分布.

2. 在什么样的条件下参数为 μ 和 ν 的 Γ 分布 $\Gamma(\mu,\nu)$ 和参数为 μ 和 σ^2 的逆高斯分布 $\mathrm{IG}(\mu,\sigma^2)$ 为单参数指数族分布, 并验证之.

3. 45 名驾驶员的调查结果如下表所示, 其中 x_1: 表示视力状况, 它是一个分类变量, 1 表示好, 0 表示有问题; x_2: 年龄; x_3: 驾车教育, 它是一个分类变量, 1 表示参加过驾车教育, 0 表示没有参加过驾车教育; y: 表示是否去年出过事故, 1 表示出过, 0 表示没有; 试分析 x_1, x_2, x_3 与发生事故的关系.

45 名驾驶员的调查数据

x_1	x_2	x_3	y	x_1	x_2	x_3	y	x_1	x_2	x_3	y
1	17	1	1	1	68	1	0	0	17	0	0
1	44	0	0	1	18	1	0	0	45	0	1
1	48	1	0	1	68	0	0	0	44	0	1
1	55	0	0	1	48	1	1	0	67	0	0
1	75	1	1	1	17	0	0	0	55	0	1
0	35	0	1	1	70	1	1	1	61	1	0
0	42	1	1	1	72	1	0	1	19	1	0
0	57	0	0	1	35	0	1	1	69	0	0
0	28	0	1	1	19	1	0	1	23	1	1
0	20	0	1	1	62	1	0	1	19	0	0
0	38	1	0	0	39	1	1	1	72	1	1
0	45	0	1	0	40	1	1	1	74	1	0
0	47	1	1	0	55	0	0	1	31	0	1
0	52	0	0	0	68	0	1	1	16	1	0
0	55	0	1	0	25	1	0	1	61	1	0

4. 用模拟数据比较获得模型参数极大似然估计的迭代加权最小二乘估计法和 Fisher-Score 迭代法的收敛速度.

参考文献

陈希孺, 王松桂. 1987. 近代回归分析——原理方法及应用. 合肥: 安徽教育出版社.

方开泰. 1988. 实用回归分析. 北京: 科学出版社.

何晓群, 刘文卿. 2011. 应用回归分析 (第三版). 北京: 中国人民大学出版社.

何晓群. 1997. 回归分析与经济数据建模. 北京: 中国人民大学出版社.

李子奈. 1992. 计量经济学——方法和应用. 北京: 清华大学出版社.

汤银才. 2008. R 语言与统计分析. 北京: 高等教育出版社.

王斌会. 2011. 多元统计分析与 R 语言建模. 广州: 暨南大学出版社.

王黎明, 陈颖, 杨楠. 2008. 应用回归分析. 上海: 复旦大学出版社.

王松桂. 1986. 线性模型的理论及其应用. 合肥: 安徽教育出版社.

王松桂, 陈敏, 陈立萍. 1999. 线性统计模型. 北京: 高等教育出版社.

韦博成, 鲁国斌, 史建清. 1991. 统计诊断引论. 南京: 东南大学出版社.

韦博成, 林金官, 解锋昌. 2009. 统计诊断. 北京: 高等教育出版社.

吴喜之. 2012. 复杂数据统计方法——基于 R 的应用. 北京: 中国人民大学出版社.

薛毅, 陈立萍. 2007. 统计建模与 R 软件. 北京: 清华大学出版社.

张尧庭等. 1991. 定性资料的统计分析. 桂林: 广西师范大学出版社.

周纪芗. 1993. 回归分析. 上海: 华东师范大学出版社.

Akaike H. 1976. Fitting autoregressive models for prediction. Annals of the institute of statistical mathematics, 21: 243-247.

Cai T T, Shen X T. 2010. High-Dimensional Data Analysis. 北京: 高等教育出版社.

Cook R D, Weisberg S. 1982. Residuals and Influence in Regression. London: Chapman and Hall.

Fuller W. 1987. Measurement Error Models. New York: Wiley.

Hoerl A E, Kennard R W. 1970. Ridge regression: Biased estimation for nonorthogonal problem. Technometrics, 12: 69-82.

Ibrahim J G, Zhu H T, Tang N S. 2008. Model selection criteria for missing-data problems using the EM algorithm. Journal of the American Statistical Association, 103: 1648-1658.

Kleinbaum D G, Kupper L, Muller K E, et al. 1998. Applied Regression and Other Multivariable Methods. 3rd ed. Brooks/Cole.

Little R J A, Rubin D B. 2002. Statistical Analysis with Missing Data. 2nd ed. Wiley: New York.

McCullagh P, Nelder J A. 1989. Generallzed Linear Models. 2nd ed. London: Chapman and Hall.

Samprit C, Ali S. 2004. Hadi and Bertram Price. 3 版. 郑明, 等, 译. 北京：中国统计出板社.

Schwarz G. 1978. Estimating the dimension of a model. Annals of Statistics, 6: 461-464.

Weisberg S. 1988. 应用线性回归. 2 版. 王静龙, 梁小筠, 李宝慧, 译. 北京：中国统计出版社.

Wei B C. 1998. Exponential Family Nonlinear Models. Singapore: Springer.

附表 1　相关系数临界值 r_α 表

$$P\{|r| > r_\alpha\} = \alpha$$

$n-2$	$\alpha = 0.1$	0.05	0.02	0.01	0.001
1	0.98768	0.99692	0.99951	0.99988	0.9999988
2	0.9000	0.95000	0.98000	0.99900	0.99900
3	0.8054	0.8783	0.93433	0.95873	0.99116
4	0.7293	0.8114	0.8822	0.91720	0.97406
5	0.6694	0.7545	0.8329	0.8745	0.95075
6	0.6215	0.7067	0.7887	0.8343	0.92493
7	0.5822	0.6664	0.7498	0.7977	0.8982
8	0.5494	0.6319	0.7155	0.7646	0.8721
9	0.5214	0.6021	0.6851	0.7348	0.8471
10	0.4973	0.5760	0.6581	0.7079	0.8233
11	0.4762	0.5529	0.6339	0.6835	0.8010
12	0.4575	0.5324	0.6120	0.6614	0.7800
13	0.4409	0.5139	0.5923	0.6411	0.7603
14	0.4259	0.4973	0.5772	0.6226	0.7420
15	0.4124	0.4821	0.5577	0.6055	0.7246
16	0.4000	0.4683	0.5425	0.5897	0.7084
17	0.3887	0.4555	0.5285	0.5751	0.6932
18	0.3783	0.4438	0.5155	0.5614	0.6783
19	0.3687	0.4329	0.5034	0.5487	0.6652
20	0.3598	0.4227	0.4921	0.5368	0.6524
25	0.3233	0.3809	0.4451	0.4869	0.5974
30	0.2960	0.3494	0.4093	0.4487	0.5541
35	0.2746	0.3246	0.3810	0.4182	0.5189
40	0.2573	0.3044	0.3578	0.4032	0.4896
45	0.2428	0.2875	0.3384	0.3721	0.4648
50	0.2306	0.2732	0.3218	0.3541	0.4433
60	0.2108	0.2500	0.2948	0.3248	0.4078
70	0.1954	0.2319	0.2737	0.3017	0.3799
80	0.1829	0.2172	0.2565	0.2830	0.3568
90	0.1726	0.2050	0.2422	0.2673	0.3375
100	0.1638	0.1946	0.2331	0.2540	0.3211

附表 2　t 分布表

$$P\{t(n) > t_\alpha(n)\} = \alpha$$

n	$\alpha = 0.25$	0.1	0.05	0.025	0.01	0.005
1	1.0000	3.0777	6.3138	12.7062	31.8205	63.6567
2	0.8165	1.8856	2.9200	4.3027	6.9646	9.9248
3	0.7649	1.6377	2.3534	3.1824	4.5407	5.8409
4	0.7407	1.5332	2.1318	2.7764	3.7469	4.6041
5	0.7267	1.4759	2.0150	2.5706	3.3649	4.0321
6	0.7176	1.4398	1.9432	2.4469	3.1427	3.7074
7	0.7111	1.4149	1.8946	2.3646	2.9980	3.4995
8	0.7064	1.3968	1.8595	2.3060	2.8965	3.3554
9	0.7027	1.3830	1.8331	2.2622	2.8214	3.2498
10	0.6998	1.3722	1.8125	2.2281	2.7638	3.1693
11	0.6974	1.3634	1.7959	2.2010	2.7181	3.1058
12	0.6955	1.3562	1.7823	2.1788	2.6810	3.0545
13	0.6938	1.3502	1.7709	2.1604	2.6503	3.0123
14	0.6924	1.3450	1.7613	2.1448	2.6245	2.9768
15	0.6912	1.3406	1.7531	2.1314	2.6025	2.9467
16	0.6901	1.3368	1.7459	2.1199	2.5835	2.9208
17	0.6892	1.3334	1.7396	2.1098	2.5669	2.8982
18	0.6884	1.3304	1.7341	2.1009	2.5524	2.8784
19	0.6876	1.3277	1.7291	2.0930	2.5395	2.8609
20	0.6870	1.3253	1.7247	2.0860	2.5280	2.8453
21	0.6864	1.3232	1.7207	2.0796	2.5176	2.8314
22	0.6858	1.3212	1.7171	2.0739	2.5083	2.8188
23	0.6853	1.3195	1.7139	2.0687	2.4999	2.8073
24	0.6848	1.3178	1.7109	2.0639	2.4922	2.7969
25	0.6844	1.3163	1.7081	2.0595	2.4851	2.7874
26	0.6840	1.3150	1.7056	2.0555	2.4786	2.7787
27	0.6837	1.3137	1.7033	2.0518	2.4727	2.7707
28	0.6834	1.3125	1.7011	2.0484	2.4671	2.7633
29	0.6830	1.3114	1.6991	2.0452	2.4620	2.7564
30	0.6828	1.3104	1.6973	2.0423	2.4573	2.7500
31	0.6825	1.3095	1.6955	2.0395	2.4528	2.7440
32	0.6822	1.3086	1.6939	2.0369	2.4487	2.7385
33	0.6820	1.3077	1.6924	2.0345	2.4448	2.7333
34	0.6818	1.3070	1.6909	2.0322	2.4411	2.7284
35	0.6816	1.3062	1.6896	2.0301	2.4377	2.7238
36	0.6814	1.3055	1.6883	2.0281	2.4345	2.7195
37	0.6812	1.3049	1.6871	2.0262	2.4314	2.7154
38	0.6810	1.3042	1.6860	2.0244	2.4286	2.7116
39	0.6808	1.3036	1.6849	2.0227	2.4258	2.7079
40	0.6807	1.3031	1.6839	2.0211	2.4233	2.7045

续表

n	$\alpha = 0.25$	0.1	0.05	0.025	0.01	0.005
41	0.6805	1.3025	1.6829	2.0195	2.4208	2.7012
42	0.6804	1.3020	1.6820	2.0181	2.4185	2.6981
43	0.6802	1.3016	1.6811	2.0167	2.4163	2.6951
44	0.6801	1.3011	1.6802	2.0154	2.4141	2.6923
45	0.6800	1.3006	1.6794	2.0141	2.4121	2.6896

附表 3　F 分布表

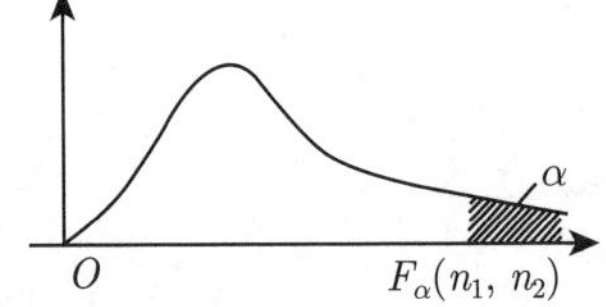

$$P\{F(n_1,n_2) > F_\alpha(n_1,n_2)\} = \alpha \quad \alpha = 0.10$$

n_2 \ n_1	1	2	3	4	5	6	7	8	9	10
1	39.86	49.50	53.59	55.83	57.24	58.20	58.91	59.44	59.86	60.19
2	8.53	9.00	9.16	9.24	9.29	9.33	9.35	9.37	9.38	9.39
3	5.54	5.46	5.39	5.34	5.31	5.28	5.27	5.25	5.24	5.23
4	4.54	4.32	4.19	4.11	4.05	4.01	3.98	3.95	3.94	3.92
5	4.06	3.78	3.62	3.52	3.45	3.40	3.37	3.34	3.32	3.30
6	3.78	3.46	3.29	3.18	3.11	3.05	3.01	2.98	2.96	2.94
7	3.59	3.26	3.07	2.96	2.88	2.83	2.78	2.75	2.72	2.70
8	3.46	3.11	2.92	2.81	2.73	2.67	2.62	2.59	2.56	2.54
9	3.36	3.01	2.81	2.69	2.61	2.55	2.51	2.47	2.44	2.42
10	3.29	2.92	2.73	2.61	2.52	2.46	2.41	2.38	2.35	2.32
11	3.23	2.86	2.66	2.54	2.45	2.39	2.34	2.30	2.27	2.25
12	3.18	2.81	2.61	2.48	2.39	2.33	2.28	2.24	2.21	2.19
13	3.14	2.76	2.56	2.43	2.35	2.28	2.23	2.20	2.16	2.14
14	3.10	2.73	2.52	2.39	2.31	2.24	2.19	2.15	2.12	2.10
15	3.07	2.70	2.49	2.36	2.27	2.21	2.16	2.12	2.09	2.06
16	3.05	2.67	2.46	2.33	2.24	2.18	2.13	2.09	2.06	2.03
17	3.03	2.64	2.44	2.31	2.22	2.15	2.10	2.06	2.03	2.00
18	3.01	2.62	2.42	2.29	2.20	2.13	2.08	2.04	2.00	1.98
19	2.99	2.61	2.40	2.27	2.18	2.11	2.06	2.02	1.98	1.96
20	2.97	2.59	2.38	2.25	2.16	2.09	2.04	2.00	1.96	1.94
21	2.96	2.57	2.36	2.23	2.14	2.08	2.02	1.98	1.95	1.92
22	2.95	2.56	2.35	2.22	2.13	2.06	2.01	1.97	1.93	1.90
23	2.94	2.55	2.34	2.21	2.11	2.05	1.99	1.95	1.92	1.89
24	2.93	2.54	2.33	2.19	2.10	2.04	1.98	1.94	1.91	1.88
25	2.92	2.53	2.32	2.18	2.09	2.02	1.97	1.93	1.89	1.87
26	2.91	2.52	2.31	2.17	2.08	2.01	1.96	1.92	1.88	1.86
27	2.90	2.51	2.30	2.17	2.07	2.00	1.95	1.91	1.87	1.85
28	2.89	2.50	2.29	2.16	2.06	2.00	1.94	1.90	1.87	1.84
29	2.89	2.50	2.28	2.15	2.06	1.99	1.93	1.89	1.86	1.83
40	2.84	2.44	2.23	2.09	2.00	1.93	1.87	1.83	1.79	1.76
60	2.79	2.39	2.18	2.04	1.95	1.87	1.82	1.77	1.74	1.71
120	2.75	2.35	2.13	1.99	1.90	1.82	1.77	1.72	1.68	1.65
∞	2.71	2.30	2.08	1.94	1.85	1.77	1.72	1.67	1.63	1.60

续表

n_2 \ n_1	12	15	20	24	30	40	60	120	∞
1	60.71	61.22	61.74	62.00	62.26	62.53	62.79	63.06	63.33
2	9.41	9.42	9.44	9.45	9.46	9.47	9.47	9.48	9.49
3	5.22	5.20	5.18	5.18	5.17	5.16	5.15	5.14	5.13
4	3.90	3.87	3.84	3.83	3.82	3.80	3.79	3.78	3.76
5	3.27	3.24	3.21	3.19	3.17	3.16	3.14	3.12	3.10
6	2.90	2.87	2.84	2.82	2.80	2.78	2.76	2.74	2.72
7	2.67	2.63	2.59	2.58	2.56	2.54	2.51	2.49	2.47
8	2.50	2.46	2.42	2.40	2.38	2.36	2.34	2.32	2.29
9	2.38	2.34	2.30	2.28	2.25	2.23	2.21	2.18	2.16
10	2.28	2.24	2.20	2.18	2.16	2.13	2.11	2.08	2.06
11	2.21	2.17	2.12	2.10	2.08	2.05	2.03	2.00	1.97
12	2.15	2.10	2.06	2.04	2.01	1.99	1.96	1.93	1.90
13	2.10	2.05	2.01	1.98	1.96	1.93	1.90	1.88	1.85
14	2.05	2.01	1.96	1.94	1.91	1.89	1.86	1.83	1.80
15	2.02	1.97	1.92	1.90	1.87	1.85	1.82	1.79	1.76
16	1.99	1.94	1.89	1.87	1.84	1.81	1.78	1.75	1.72
17	1.96	1.91	1.86	1.84	1.81	1.78	1.75	1.72	1.69
18	1.93	1.89	1.84	1.81	1.78	1.75	1.72	1.69	1.66
19	1.91	1.86	1.81	1.79	1.76	1.73	1.70	1.67	1.63
20	1.89	1.84	1.79	1.77	1.74	1.71	1.68	1.64	1.61
21	1.87	1.83	1.78	1.75	1.72	1.69	1.66	1.62	1.59
22	1.86	1.81	1.76	1.73	1.70	1.67	1.64	1.60	1.57
23	1.84	1.80	1.74	1.72	1.69	1.66	1.62	1.59	1.55
24	1.83	1.78	1.73	1.70	1.67	1.64	1.61	1.57	1.53
25	1.82	1.77	1.72	1.69	1.66	1.63	1.59	1.56	1.52
26	1.81	1.76	1.71	1.68	1.65	1.61	1.58	1.54	1.50
27	1.80	1.75	1.70	1.67	1.64	1.60	1.57	1.53	1.49
28	1.79	1.74	1.69	1.66	1.63	1.59	1.56	1.52	1.48
29	1.78	1.73	1.68	1.65	1.62	1.58	1.55	1.51	1.47
30	1.77	1.72	1.67	1.64	1.61	1.57	1.54	1.50	1.46
40	1.71	1.66	1.61	1.57	1.54	1.51	1.47	1.42	1.38
60	1.66	1.60	1.54	1.51	1.48	1.44	1.40	1.35	1.29
120	1.60	1.55	1.48	1.45	1.41	1.37	1.32	1.26	1.19
∞	1.55	1.49	1.42	1.38	1.34	1.30	1.24	1.17	1.00

$\alpha = 0.05$

n_2 \ n_1	1	2	3	4	5	6	7	8	9	10
1	161.4	199.5	215.7	224.6	230.2	234.0	236.8	238.9	240.5	241.9
2	18.51	19.00	19.16	19.25	19.30	19.33	19.35	19.37	19.38	19.40
3	10.13	9.55	9.28	9.12	9.01	8.94	8.89	8.85	8.81	8.79
4	7.71	6.94	6.59	6.39	6.26	6.16	6.09	6.04	6.00	5.96
5	6.61	5.79	5.41	5.19	5.05	4.95	4.88	4.82	4.77	4.74
6	5.99	5.14	4.76	4.53	4.39	4.28	4.21	4.15	4.10	4.06
7	5.59	4.74	4.35	4.12	3.97	3.87	3.79	3.73	3.68	3.64
8	5.32	4.46	4.07	3.84	3.69	3.58	3.50	3.44	3.39	3.35
9	5.12	4.26	3.86	3.63	3.48	3.37	3.29	3.23	3.18	3.14
10	4.96	4.10	3.71	3.48	3.33	3.22	3.14	3.07	3.02	2.98
11	4.84	3.98	3.59	3.36	3.20	3.09	3.01	2.95	2.90	2.85
12	4.75	3.89	3.49	3.26	3.11	3.00	2.91	2.85	2.80	2.75
13	4.67	3.81	3.41	3.18	3.03	2.92	2.83	2.77	2.71	2.67
14	4.60	3.74	3.34	3.11	2.96	2.85	2.76	2.70	2.65	2.60
15	4.54	3.68	3.29	3.06	2.90	2.79	2.71	2.64	2.59	2.54
16	4.49	3.63	3.24	3.01	2.85	2.74	2.66	2.59	2.54	2.49
17	4.45	3.59	3.20	2.96	2.81	2.70	2.61	2.55	2.49	2.45
18	4.41	3.55	3.16	2.93	2.77	2.66	2.58	2.51	2.46	2.41
19	4.38	3.52	3.13	2.90	2.74	2.63	2.54	2.48	2.42	2.38
20	4.35	3.49	3.10	2.87	2.71	2.60	2.51	2.45	2.39	2.35
21	4.32	3.47	3.07	2.84	2.68	2.57	2.49	2.42	2.37	2.32
22	4.30	3.44	3.05	2.82	2.66	2.55	2.46	2.40	2.34	2.30
23	4.28	3.42	3.03	2.80	2.64	2.53	2.44	2.37	2.32	2.27
24	4.26	3.40	3.01	2.78	2.62	2.51	2.42	2.36	2.30	2.25
25	4.24	3.39	2.99	2.76	2.60	2.49	2.40	2.34	2.28	2.24
26	4.23	3.37	2.98	2.74	2.59	2.47	2.39	2.32	2.27	2.22
27	4.21	3.35	2.96	2.73	2.57	2.46	2.37	2.31	2.25	2.20
28	4.20	3.34	2.95	2.71	2.56	2.45	2.36	2.29	2.24	2.19
29	4.18	3.33	2.93	2.70	2.55	2.43	2.35	2.28	2.22	2.18
30	4.17	3.32	2.92	2.69	2.53	2.42	2.33	2.27	2.21	2.16
40	4.08	3.23	2.84	2.61	2.45	2.34	2.25	2.18	2.12	2.08
60	4.00	3.15	2.76	2.53	2.37	2.25	2.17	2.10	2.04	1.99
120	3.92	3.07	2.68	2.45	2.29	2.18	2.09	2.02	1.96	1.91
∞	3.84	3.00	2.60	2.37	2.21	2.10	2.01	1.94	1.88	1.83

续表

n_2 \ n_1	12	15	20	24	30	40	60	120	∞
1	243.9	245.9	248.0	249.1	250.1	251.1	252.2	253.3	254.3
2	19.41	19.43	19.45	19.45	19.46	19.47	19.48	19.49	19.50
3	8.74	8.70	8.66	8.64	8.62	8.59	8.57	8.55	8.53
4	5.91	5.86	5.80	5.77	5.75	5.72	5.69	5.66	5.63
5	4.68	4.62	4.56	4.53	4.50	4.46	4.43	4.40	4.36
6	4.00	3.94	3.87	3.84	3.81	3.77	3.74	3.70	3.67
7	3.57	3.51	3.44	3.41	3.38	3.34	3.30	3.27	3.23
8	3.28	3.22	3.15	3.12	3.08	3.04	3.01	2.97	2.93
9	3.07	3.01	2.94	2.90	2.86	2.83	2.79	2.75	2.71
10	2.91	2.85	2.77	2.74	2.70	2.66	2.62	2.58	2.54
11	2.79	2.72	2.65	2.61	2.57	2.53	2.49	2.45	2.40
12	2.69	2.62	2.54	2.51	2.47	2.43	2.38	2.34	2.30
13	2.60	2.53	2.46	2.42	2.38	2.34	2.30	2.25	2.21
14	2.53	2.46	2.39	2.35	2.31	2.27	2.22	2.18	2.13
15	2.48	2.40	2.33	2.29	2.25	2.20	2.16	2.11	2.07
16	2.42	2.35	2.28	2.24	2.19	2.15	2.11	2.06	2.01
17	2.38	2.31	2.23	2.19	2.15	2.10	2.06	2.01	1.96
18	2.34	2.27	2.19	2.15	2.11	2.06	2.02	1.97	1.92
19	2.31	2.23	2.16	2.11	2.07	2.03	1.98	1.93	1.88
20	2.28	2.20	2.12	2.08	2.04	1.99	1.95	1.90	1.84
21	2.25	2.18	2.10	2.05	2.01	1.96	1.92	1.87	1.81
22	2.23	2.15	2.07	2.03	1.98	1.94	1.89	1.84	1.78
23	2.20	2.13	2.05	2.01	1.96	1.91	1.86	1.81	1.76
24	2.18	2.11	2.03	1.98	1.94	1.89	1.84	1.79	1.73
25	2.16	2.09	2.01	1.96	1.92	1.87	1.82	1.77	1.71
26	2.15	2.07	1.99	1.95	1.90	1.85	1.80	1.75	1.69
27	2.13	2.06	1.97	1.93	1.88	1.84	1.79	1.73	1.67
28	2.12	2.04	1.96	1.91	1.87	1.82	1.77	1.71	1.65
29	2.10	2.03	1.94	1.90	1.85	1.81	1.75	1.70	1.64
30	2.09	2.01	1.93	1.89	1.84	1.79	1.74	1.68	1.62
40	2.00	1.92	1.84	1.79	1.74	1.69	1.64	1.58	1.51
60	1.92	1.84	1.75	1.70	1.65	1.59	1.53	1.47	1.39
120	1.83	1.75	1.66	1.61	1.55	1.50	1.43	1.35	1.25
∞	1.75	1.67	1.57	1.52	1.46	1.39	1.32	1.22	1.00

$\alpha = 0.025$

n_2 \ n_1	1	2	3	4	5	6	7	8	9	10
1	647.8	799.5	864.2	899.6	921.8	937.1	948.2	956.7	963.3	968.6
2	38.51	39.00	39.17	39.25	39.30	39.33	39.36	39.37	39.39	39.40
3	17.44	16.04	15.44	15.10	14.88	14.73	14.62	14.54	14.47	14.42
4	12.22	10.65	9.98	9.60	9.36	9.20	9.07	8.98	8.90	8.84
5	10.01	8.43	7.76	7.39	7.15	6.98	6.85	6.76	6.68	6.62
6	8.81	7.26	6.60	6.23	5.99	5.82	5.70	5.60	5.52	5.46
7	8.07	6.54	5.89	5.52	5.29	5.12	4.99	4.90	4.82	4.76
8	7.57	6.06	5.42	5.05	4.82	4.65	4.53	4.43	4.36	4.30
9	7.21	5.71	5.08	4.72	4.48	4.32	4.20	4.10	4.03	3.96
10	6.94	5.46	4.83	4.47	4.24	4.07	3.95	3.85	3.78	3.72
11	6.72	5.26	4.63	4.28	4.04	3.88	3.76	3.66	3.59	3.53
12	6.55	5.10	4.47	4.12	3.89	3.73	3.61	3.51	3.44	3.37
13	6.41	4.97	4.35	4.00	3.77	3.60	3.48	3.39	3.31	3.25
14	6.30	4.86	4.24	3.89	3.66	3.50	3.38	3.29	3.21	3.15
15	6.20	4.77	4.15	3.80	3.58	3.41	3.29	3.20	3.12	3.06
16	6.12	4.69	4.08	3.73	3.50	3.34	3.22	3.12	3.05	2.99
17	6.04	4.62	4.01	3.66	3.44	3.28	3.16	3.06	2.98	2.92
18	5.98	4.56	3.95	3.61	3.38	3.22	3.10	3.01	2.93	2.87
19	5.92	4.51	3.90	3.56	3.33	3.17	3.05	2.96	2.88	2.82
20	5.87	4.46	3.86	3.51	3.29	3.13	3.01	2.91	2.84	2.77
21	5.83	4.42	3.82	3.48	3.25	3.09	2.97	2.87	2.80	2.73
22	5.79	4.38	3.78	3.44	3.22	3.05	2.93	2.84	2.76	2.70
23	5.75	4.35	3.75	3.41	3.18	3.02	2.90	2.81	2.73	2.67
24	5.72	4.32	3.72	3.38	3.15	2.99	2.87	2.78	2.70	2.64
25	5.69	4.29	3.69	3.35	3.13	2.97	2.85	2.75	2.68	2.61
26	5.66	4.27	3.67	3.33	3.10	2.94	2.82	2.73	2.65	2.59
27	5.63	4.24	3.65	3.31	3.08	2.92	2.80	2.71	2.63	2.57
28	5.61	4.22	3.63	3.29	3.06	2.90	2.78	2.69	2.61	2.55
29	5.59	4.20	3.61	3.27	3.04	2.88	2.76	2.67	2.59	2.53
30	5.57	4.18	3.59	3.25	3.03	2.87	2.75	2.65	2.57	2.51
40	5.42	4.05	3.46	3.13	2.90	2.74	2.62	2.53	2.45	2.39
60	5.29	3.93	3.34	3.01	2.79	2.63	2.51	2.41	2.33	2.27
120	5.15	3.80	3.23	2.89	2.67	2.52	2.39	2.30	2.22	2.16
∞	5.02	3.69	3.12	2.79	2.57	2.41	2.29	2.19	2.11	2.05

续表

n_2 \ n_1	12	15	20	24	30	40	60	120	∞
1	976.7	984.9	993.1	997.2	1001	1006	1010	1014	1018
2	39.41	39.43	39.45	39.46	39.46	39.47	39.48	39.49	39.50
3	14.34	14.25	14.17	14.12	14.08	14.04	13.99	13.95	13.90
4	8.75	8.66	8.56	8.51	8.46	8.41	8.36	8.31	8.26
5	6.52	6.43	6.33	6.28	6.23	6.18	6.12	6.07	6.02
6	5.37	5.27	5.17	5.12	5.07	5.01	4.96	4.90	4.85
7	4.67	4.57	4.47	4.41	4.36	4.31	4.25	4.20	4.14
8	4.20	4.10	4.00	3.95	3.89	3.84	3.78	3.73	3.67
9	3.87	3.77	3.67	3.61	3.56	3.51	3.45	3.39	3.33
10	3.62	3.52	3.42	3.37	3.31	3.26	3.20	3.14	3.08
11	3.43	3.33	3.23	3.17	3.12	3.06	3.00	2.94	2.88
12	3.28	3.18	3.07	3.02	2.96	2.91	2.85	2.79	2.72
13	3.15	3.05	2.95	2.89	2.84	2.78	2.72	2.66	2.60
14	3.05	2.95	2.84	2.79	2.73	2.67	2.61	2.55	2.49
15	2.96	2.86	2.76	2.70	2.64	2.59	2.52	2.46	2.40
16	2.89	2.79	2.68	2.63	2.57	2.51	2.45	2.38	2.32
17	2.82	2.72	2.62	2.56	2.50	2.44	2.38	2.32	2.25
18	2.77	2.67	2.56	2.50	2.44	2.38	2.32	2.26	2.19
19	2.72	2.62	2.51	2.45	2.39	2.33	2.27	2.20	2.13
20	2.68	2.57	2.46	2.41	2.35	2.29	2.22	2.16	2.09
21	2.64	2.53	2.42	2.37	2.31	2.25	2.18	2.11	2.04
22	2.60	2.50	2.39	2.33	2.27	2.21	2.14	2.08	2.00
23	2.57	2.47	2.36	2.30	2.24	2.18	2.11	2.04	1.97
24	2.54	2.44	2.33	2.27	2.21	2.15	2.08	2.01	1.94
25	2.51	2.41	2.30	2.24	2.18	2.12	2.05	1.98	1.91
26	2.49	2.39	2.28	2.22	2.16	2.09	2.03	1.95	1.88
27	2.47	2.36	2.25	2.19	2.13	2.07	2.00	1.93	1.85
28	2.45	2.34	2.23	2.17	2.11	2.05	1.98	1.91	1.83
29	2.43	2.32	2.21	2.15	2.09	2.03	1.96	1.89	1.81
30	2.41	2.31	2.20	2.14	2.07	2.01	1.94	1.87	1.79
40	2.29	2.18	2.07	2.01	1.94	1.88	1.80	1.72	1.64
60	2.17	2.06	1.94	1.88	1.82	1.74	1.67	1.58	1.48
120	2.05	1.94	1.82	1.76	1.69	1.61	1.53	1.43	1.31
∞	1.94	1.83	1.71	1.64	1.57	1.48	1.39	1.27	1.00

$\alpha = 0.01$

n_2 \ n_1	1	2	3	4	5	6	7	8	9	10
1	4052	4999	5403	5625	5764	5859	5928	5981	6022	6056
2	98.50	99.00	99.17	99.25	99.30	99.33	99.36	99.37	99.39	99.40
3	34.12	30.82	29.46	28.71	28.24	27.91	27.67	27.49	27.35	27.23
4	21.20	18.00	16.69	15.98	15.52	15.21	14.98	14.80	14.66	14.55
5	16.26	13.27	12.06	11.39	10.97	10.67	10.46	10.29	10.16	10.05
6	13.75	10.92	9.78	9.15	8.75	8.47	8.26	8.10	7.98	7.87
7	12.25	9.55	8.45	7.85	7.46	7.19	6.99	6.84	6.72	6.62
8	11.26	8.65	7.59	7.01	6.63	6.37	6.18	6.03	5.91	5.81
9	10.56	8.02	6.99	6.42	6.06	5.80	5.61	5.47	5.35	5.26
10	10.04	7.56	6.55	5.99	5.64	5.39	5.20	5.06	4.94	4.85
11	9.65	7.21	6.22	5.67	5.32	5.07	4.89	4.74	4.63	4.54
12	9.33	6.93	5.95	5.41	5.06	4.82	4.64	4.50	4.39	4.30
13	9.07	6.70	5.74	5.21	4.86	4.62	4.44	4.30	4.19	4.10
14	8.86	6.51	5.56	5.04	4.69	4.46	4.28	4.14	4.03	3.94
15	8.68	6.36	5.42	4.89	4.56	4.32	4.14	4.00	3.89	3.80
16	8.53	6.23	5.29	4.77	4.44	4.20	4.03	3.89	3.78	3.69
17	8.40	6.11	5.18	4.67	4.34	4.10	3.93	3.79	3.68	3.59
18	8.29	6.01	5.09	4.58	4.25	4.01	3.84	3.71	3.60	3.51
19	8.18	5.93	5.01	4.50	4.17	3.94	3.77	3.63	3.52	3.43
20	8.10	5.85	4.94	4.43	4.10	3.87	3.70	3.56	3.46	3.37
21	8.02	5.78	4.87	4.37	4.04	3.81	3.64	3.51	3.40	3.31
22	7.95	5.72	4.82	4.31	3.99	3.76	3.59	3.45	3.35	3.26
23	7.88	5.66	4.76	4.26	3.94	3.71	3.54	3.41	3.30	3.21
24	7.82	5.61	4.72	4.22	3.90	3.67	3.50	3.36	3.26	3.17
25	7.77	5.57	4.68	4.18	3.85	3.63	3.46	3.32	3.22	3.13
26	7.72	5.53	4.64	4.14	3.82	3.59	3.42	3.29	3.18	3.09
27	7.68	5.49	4.60	4.11	3.78	3.56	3.39	3.26	3.15	3.06
28	7.64	5.45	4.57	4.07	3.75	3.53	3.36	3.23	3.12	3.03
29	7.60	5.42	4.54	4.04	3.73	3.50	3.33	3.20	3.09	3.00
30	7.56	5.39	4.51	4.02	3.70	3.47	3.30	3.17	3.07	2.98
40	7.31	5.18	4.31	3.83	3.51	3.29	3.12	2.99	2.89	2.80
60	7.08	4.98	4.13	3.65	3.34	3.12	2.95	2.82	2.72	2.63
120	6.85	4.79	3.95	3.48	3.17	2.96	2.79	2.66	2.56	2.47
∞	6.63	4.61	3.78	3.32	3.02	2.80	2.64	2.51	2.41	2.32

续表

n_2 \ n_1	12	15	20	24	30	40	60	120	∞
1	6106	6157	6209	6235	6261	6287	6313	6339	6366
2	99.42	99.43	99.45	99.46	99.47	99.47	99.48	99.49	99.50
3	27.05	26.87	26.69	26.60	26.50	26.41	26.32	26.22	26.13
4	14.37	14.20	14.02	13.93	13.84	13.75	13.65	13.56	13.46
5	9.89	9.72	9.55	9.47	9.38	9.29	9.20	9.11	9.02
6	7.72	7.56	7.40	7.31	7.23	7.14	7.06	6.97	6.88
7	6.47	6.31	6.16	6.07	5.99	5.91	5.82	5.74	5.65
8	5.67	5.52	5.36	5.28	5.20	5.12	5.03	4.95	4.86
9	5.11	4.96	4.81	4.73	4.65	4.57	4.48	4.40	4.31
10	4.71	4.56	4.41	4.33	4.25	4.17	4.08	4.00	3.91
11	4.40	4.25	4.10	4.02	3.94	3.86	3.78	3.69	3.60
12	4.16	4.01	3.86	3.78	3.70	3.62	3.54	3.45	3.36
13	3.96	3.82	3.66	3.59	3.51	3.43	3.34	3.25	3.17
14	3.80	3.66	3.51	3.43	3.35	3.27	3.18	3.09	3.00
15	3.67	3.52	3.37	3.29	3.21	3.13	3.05	2.96	2.87
16	3.55	3.41	3.26	3.18	3.10	3.02	2.93	2.84	2.75
17	3.46	3.31	3.16	3.08	3.00	2.92	2.83	2.75	2.65
18	3.37	3.23	3.08	3.00	2.92	2.84	2.75	2.66	2.57
19	3.30	3.15	3.00	2.92	2.84	2.76	2.67	2.58	2.49
20	3.23	3.09	2.94	2.86	2.78	2.69	2.61	2.52	2.42
21	3.17	3.03	2.88	2.80	2.72	2.64	2.55	2.46	2.36
22	3.12	2.98	2.83	2.75	2.67	2.58	2.50	2.40	2.31
23	3.07	2.93	2.78	2.70	2.62	2.54	2.45	2.35	2.26
24	3.03	2.89	2.74	2.66	2.58	2.49	2.40	2.31	2.21
25	2.99	2.85	2.70	2.62	2.54	2.45	2.36	2.27	2.17
26	2.96	2.81	2.66	2.58	2.50	2.42	2.33	2.23	2.13
27	2.93	2.78	2.63	2.55	2.47	2.38	2.29	2.20	2.10
28	2.90	2.75	2.60	2.52	2.44	2.35	2.26	2.17	2.06
29	2.87	2.73	2.57	2.49	2.41	2.33	2.23	2.14	2.03
30	2.84	2.70	2.55	2.47	2.39	2.30	2.21	2.11	2.01
40	2.66	2.52	2.37	2.29	2.20	2.11	2.02	1.92	1.80
60	2.50	2.35	2.20	2.12	2.03	1.94	1.84	1.73	1.60
120	2.34	2.19	2.03	1.95	1.86	1.76	1.66	1.53	1.38
∞	2.18	2.04	1.88	1.79	1.70	1.59	1.47	1.32	1.00

$\alpha = 0.005$

n_2 \ n_1	1	2	3	4	5	6	7	8	9	10
1	16211	19999	21615	22500	23056	23437	23715	23925	24091	24224
2	198.5	199.0	199.2	199.2	199.3	199.3	199.4	199.4	199.4	199.4
3	55.55	49.80	47.47	46.19	45.39	44.84	44.43	44.13	43.88	43.69
4	31.33	26.28	24.26	23.15	22.46	21.97	21.62	21.35	21.14	20.97
5	22.78	18.31	16.53	15.56	14.94	14.51	14.20	13.96	13.77	13.62
6	18.63	14.54	12.92	12.03	11.46	11.07	10.79	10.57	10.39	10.25
7	16.24	12.40	10.88	10.05	9.52	9.16	8.89	8.68	8.51	8.38
8	14.69	11.04	9.60	8.81	8.30	7.95	7.69	7.50	7.34	7.21
9	13.61	10.11	8.72	7.96	7.47	7.13	6.88	6.69	6.54	6.42
10	12.83	9.43	8.08	7.34	6.87	6.54	6.30	6.12	5.97	5.85
11	12.23	8.91	7.60	6.88	6.42	6.10	5.86	5.68	5.54	5.42
12	11.75	8.51	7.23	6.52	6.07	5.76	5.52	5.35	5.20	5.09
13	11.37	8.19	6.93	6.23	5.79	5.48	5.25	5.08	4.94	4.82
14	11.06	7.92	6.68	6.00	5.56	5.26	5.03	4.86	4.72	4.60
15	10.80	7.70	6.48	5.80	5.37	5.07	4.85	4.67	4.54	4.42
16	10.58	7.51	6.30	5.64	5.21	4.91	4.69	4.52	4.38	4.27
17	10.38	7.35	6.16	5.50	5.07	4.78	4.56	4.39	4.25	4.14
18	10.22	7.21	6.03	5.37	4.96	4.66	4.44	4.28	4.14	4.03
19	10.07	7.09	5.92	5.27	4.85	4.56	4.34	4.18	4.04	3.93
20	9.94	6.99	5.82	5.17	4.76	4.47	4.26	4.09	3.96	3.85
21	9.83	6.89	5.73	5.09	4.68	4.39	4.18	4.01	3.88	3.77
22	9.73	6.81	5.65	5.02	4.61	4.32	4.11	3.94	3.81	3.70
23	9.63	6.73	5.58	4.95	4.54	4.26	4.05	3.88	3.75	3.64
24	9.55	6.66	5.52	4.89	4.49	4.20	3.99	3.83	3.69	3.59
25	9.48	6.60	5.46	4.84	4.43	4.15	3.94	3.78	3.64	3.54
26	9.41	6.54	5.41	4.79	4.38	4.10	3.89	3.73	3.60	3.49
27	9.34	6.49	5.36	4.74	4.34	4.06	3.85	3.69	3.56	3.45
28	9.28	6.44	5.32	4.70	4.30	4.02	3.81	3.65	3.52	3.41
29	9.23	6.40	5.28	4.66	4.26	3.98	3.77	3.61	3.48	3.38
30	9.18	6.35	5.24	4.62	4.23	3.95	3.74	3.58	3.45	3.34
40	8.83	6.07	4.98	4.37	3.99	3.71	3.51	3.35	3.22	3.12
60	8.49	5.79	4.73	4.14	3.76	3.49	3.29	3.13	3.01	2.90
120	8.18	5.54	4.50	3.92	3.55	3.28	3.09	2.93	2.81	2.71
∞	7.88	5.30	4.28	3.72	3.35	3.09	2.90	2.74	2.62	2.52

续表

n_2 \ n_1	12	15	20	24	30	40	60	120	∞
1	24426	24630	24836	24940	25044	25148	25253	25359	25464
2	199.4	199.4	199.4	199.5	199.5	199.5	199.5	199.5	199.5
3	43.39	43.08	42.78	42.62	42.47	42.31	42.15	41.99	41.83
4	20.70	20.44	20.17	20.03	19.89	19.75	19.61	19.47	19.32
5	13.38	13.15	12.90	12.78	12.66	12.53	12.40	12.27	12.14
6	10.03	9.81	9.59	9.47	9.36	9.24	9.12	9.00	8.88
7	8.18	7.97	7.75	7.64	7.53	7.42	7.31	7.19	7.08
8	7.01	6.81	6.61	6.50	6.40	6.29	6.18	6.06	5.95
9	6.23	6.03	5.83	5.73	5.62	5.52	5.41	5.30	5.19
10	5.66	5.47	5.27	5.17	5.07	4.97	4.86	4.75	4.64
11	5.24	5.05	4.86	4.76	4.65	4.55	4.45	4.34	4.23
12	4.91	4.72	4.53	4.43	4.33	4.23	4.12	4.01	3.90
13	4.64	4.46	4.27	4.17	4.07	3.97	3.87	3.76	3.65
14	4.43	4.25	4.06	3.96	3.86	3.76	3.66	3.55	3.44
15	4.25	4.07	3.88	3.79	3.69	3.58	3.48	3.37	3.26
16	4.10	3.92	3.73	3.64	3.54	3.44	3.33	3.22	3.11
17	3.97	3.79	3.61	3.51	3.41	3.31	3.21	3.10	2.98
18	3.86	3.68	3.50	3.40	3.30	3.20	3.10	2.99	2.87
19	3.76	3.59	3.40	3.31	3.21	3.11	3.00	2.89	2.78
20	3.68	3.50	3.32	3.22	3.12	3.02	2.92	2.81	2.69
21	3.60	3.43	3.24	3.15	3.05	2.95	2.84	2.73	2.61
22	3.54	3.36	3.18	3.08	2.98	2.88	2.77	2.66	2.55
23	3.47	3.30	3.12	3.02	2.92	2.82	2.71	2.60	2.48
24	3.42	3.25	3.06	2.97	2.87	2.77	2.66	2.55	2.43
25	3.37	3.20	3.01	2.92	2.82	2.72	2.61	2.50	2.38
26	3.33	3.15	2.97	2.87	2.77	2.67	2.56	2.45	2.33
27	3.28	3.11	2.93	2.83	2.73	2.63	2.52	2.41	2.29
28	3.25	3.07	2.89	2.79	2.69	2.59	2.48	2.37	2.25
29	3.21	3.04	2.86	2.76	2.66	2.56	2.45	2.33	2.21
30	3.18	3.01	2.82	2.73	2.63	2.52	2.42	2.30	2.18
40	2.95	2.78	2.60	2.50	2.40	2.30	2.18	2.06	1.93
60	2.74	2.57	2.39	2.29	2.19	2.08	1.96	1.83	1.69
120	2.54	2.37	2.19	2.09	1.98	1.87	1.75	1.61	1.43
∞	2.36	2.19	2.00	1.90	1.79	1.67	1.53	1.36	1.00

附表 4　DW 检验上下界表

5% 的上下界

	$k=2$		$k=3$		$k=4$		$k=5$		$k=6$	
n	d_L	d_U	d_L	d_U	d_L	d_U	d_L	d_U	d_L	d_U
15	1.08	1.36	0.95	1.54	0.82	1.75	0.69	1.97	0.56	2.21
16	1.10	1.37	0.98	1.54	0.86	1.73	0.74	1.93	0.62	2.15
17	1.13	1.38	1.02	1.54	0.90	1.71	0.78	1.90	0.67	2.10
18	1.16	1.39	1.05	1.53	0.93	1.69	0.82	1.87	0.71	2.06
19	1.18	1.40	1.08	1.53	0.97	1.68	0.86	1.85	0.75	2.02
20	1.20	1.41	1.10	1.54	1.00	1.68	0.90	1.83	0.79	1.99
21	1.22	1.42	1.13	1.54	1.03	1.67	0.93	1.81	0.83	1.96
22	1.24	1.43	1.15	1.54	1.05	1.66	0.96	1.80	0.86	1.94
23	1.26	1.44	1.17	1.54	1.08	1.66	0.99	1.79	0.90	1.92
24	1.27	1.45	1.19	1.55	1.10	1.66	1.01	1.78	0.93	1.90
25	1.29	1.45	1.21	1.55	1.12	1.66	1.04	1.77	0.95	1.89
26	1.30	1.46	1.22	1.55	1.14	1.65	1.06	1.76	0.98	1.88
27	1.32	1.47	1.24	1.56	1.16	1.65	1.08	1.76	1.01	1.86
28	1.33	1.48	1.26	1.56	1.18	1.65	1.10	1.75	1.03	1.85
29	1.34	1.48	1.27	1.56	1.20	1.65	1.12	1.74	1.05	1.84
30	1.35	1.49	1.28	1.57	1.21	1.65	1.14	1.74	1.05	1.84
31	1.36	1.50	1.30	1.57	1.21	1.65	1.14	1.74	1.07	1.83
32	1.37	1.50	1.30	1.57	1.23	1.65	1.16	1.74	1.09	1.83
33	1.38	1.51	1.32	1.58	1.26	1.65	1.19	1.73	1.13	1.81
34	1.39	1.51	1.33	1.58	1.27	1.65	1.21	1.73	1.15	1.81
35	1.40	1.52	1.34	1.58	1.28	1.65	1.22	1.73	1.16	1.80
36	1.41	1.52	1.35	1.59	1.29	1.65	1.24	1.73	1.18	1.80
37	1.42	1.53	1.26	1.59	1.31	1.66	1.25	1.72	1.19	1.80
38	1.43	1.54	1.37	1.59	1.32	1.66	1.26	1.72	1.21	1.79
39	1.43	1.54	1.38	1.60	1.33	1.66	1.27	1.72	1.22	1.79
40	1.44	1.54	1.39	1.60	1.34	1.66	1.29	1.72	1.23	1.79
45	1.48	1.57	1.43	1.62	1.38	1.67	1.34	1.72	1.29	1.78
50	1.50	1.59	1.46	1.63	1.42	1.67	1.38	1.72	1.34	1.77
55	1.53	1.60	1.49	1.64	1.45	1.68	1.41	1.72	1.38	1.77
60	1.55	1.62	1.51	1.65	1.48	1.69	1.44	1.73	1.41	1.77
65	1.57	1.63	1.54	1.66	1.50	1.70	1.47	1.73	1.44	1.77
70	1.58	1.64	1.55	1.67	1.52	1.70	1.49	1.74	1.46	1.77
75	1.60	1.65	1.57	1.68	1.54	1.71	1.51	1.74	1.49	1.77
80	1.61	1.66	1.59	1.69	1.56	1.72	1.53	1.74	1.51	1.77
85	1.62	1.67	1.60	1.70	1.57	1.72	1.55	1.75	1.52	1.77
90	1.63	1.68	1.61	1.70	1.59	1.73	1.57	1.75	1.54	1.78
95	1.64	1.69	1.62	1.71	1.60	1.73	1.58	1.75	1.56	1.78
100	1.65	1.69	1.63	1.72	1.61	1.74	1.59	1.76	1.57	1.78

n 是观察值的数目; k 是解释变量的数目, 包含常数项.

续表

1% 的上下界

	$k=2$		$k=3$		$k=4$		$k=5$		$k=6$	
n	d_{L}	d_{U}	d_{L}	d_{U}	d_{L}	d_{U}	d_{L}	d_{U}	d_{L}	d_{U}
15	0.81	1.07	0.70	1.25	0.59	1.46	0.49	1.70	0.39	1.96
16	0.84	1.09	0.74	1.25	0.63	1.44	0.53	1.66	0.44	1.90
17	0.87	1.10	0.77	1.25	0.67	1.43	0.57	1.63	0.48	1.85
18	0.90	1.12	0.80	1.26	0.71	1.42	0.61	1.60	0.52	1.80
19	0.93	1.13	0.83	1.26	0.74	1.41	0.65	1.58	0.56	1.77
20	0.95	1.15	0.86	1.27	0.77	1.41	0.68	1.57	0.60	1.74
21	0.97	1.16	0.89	1.27	0.80	1.41	0.72	1.55	0.63	1.71
22	1.00	1.17	0.91	1.28	0.83	1.40	0.75	1.54	0.66	1.69
23	1.02	1.19	0.94	1.29	0.86	1.40	0.77	1.53	0.70	1.67
24	1.04	1.20	0.96	1.30	0.88	1.41	0.80	1.53	0.72	1.66
25	1.05	1.21	0.98	1.30	0.90	1.41	0.83	1.52	0.75	1.65
26	1.07	1.22	1.00	1.31	0.93	1.41	0.85	1.52	0.78	1.64
27	1.09	1.23	1.02	1.32	0.95	1.41	0.88	1.51	0.81	1.63
28	1.10	1.24	1.04	1.32	0.97	1.41	0.90	1.51	0.83	1.62
29	1.12	1.25	1.05	1.33	0.99	1.42	0.92	1.51	0.85	1.61
30	1.13	1.26	1.07	1.34	1.01	1.42	0.94	1.51	0.88	1.61
31	1.15	1.27	1.08	1.34	1.02	1.42	0.96	1.51	0.90	1.60
32	1.16	1.28	1.10	1.35	1.04	1.43	0.98	1.51	0.92	1.60
33	1.17	1.29	1.11	1.36	1.05	1.43	1.00	1.51	0.94	1.59
34	1.18	1.30	1.13	1.36	1.07	1.43	1.01	1.51	0.95	1.59
35	1.19	1.31	1.14	1.37	1.08	1.44	1.03	1.51	0.97	1.59
36	1.21	1.32	1.15	1.38	1.10	1.44	1.04	1.51	0.99	1.59
37	1.22	1.32	1.16	1.38	1.11	1.45	1.06	1.51	1.00	1.59
38	1.23	1.33	1.18	1.39	1.12	1.45	1.07	1.52	1.02	1.58
39	1.24	1.34	1.19	1.39	1.14	1.45	1.09	1.52	1.03	1.58
40	1.25	1.34	1.20	1.40	1.15	1.46	1.10	1.52	1.05	1.58
45	1.29	1.38	1.24	1.42	1.20	1.48	1.16	1.53	1.11	1.58
50	1.32	1.40	1.28	1.45	1.24	1.49	1.20	1.54	1.16	1.59
55	1.36	1.43	1.32	1.47	1.28	1.51	1.25	1.55	1.21	1.59
60	1.38	1.45	1.35	1.48	1.32	1.52	1.28	1.56	1.25	1.60
65	1.41	1.47	1.38	1.50	1.35	1.53	1.31	1.57	1.28	1.61
70	1.43	1.49	1.40	1.52	1.37	1.55	1.34	1.58	1.31	1.61
75	1.45	1.50	1.42	1.53	1.39	1.56	1.37	1.59	1.34	1.62
80	1.47	1.52	1.44	1.54	1.42	1.57	1.39	1.60	1.36	1.62
85	1.48	1.53	1.46	1.55	1.43	1.58	1.41	1.60	1.39	1.63
90	1.50	1.54	1.47	1.56	1.45	1.59	1.43	1.61	1.41	1.64
95	1.51	1.55	1.49	1.57	1.47	1.60	1.45	1.62	1.42	1.64
100	1.52	1.56	1.50	1.58	1.48	1.60	1.46	1.63	1.44	1.65

n 是观察值的数目; k 是解释变量的数目, 包含常数项.